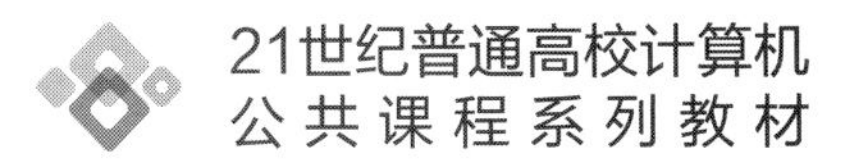

大学计算机基础任务驱动教程

华振兴 陆思辰 杨久婷 贾萍 崔磊 宋佳 编著

清華大学出版社
北京

内 容 简 介

本书内容主要包括计算机基础知识、Windows 11 操作系统、字处理软件 Word 2019、电子表格处理软件 Excel 2019、演示文稿制作软件 PowerPoint 2019、计算机网络与安全六大部分。本书以"任务驱动"为主线，以"学以致用"为原则，注重项目实践，突出各项技能的训练，强化培养学生的实际动手能力。本书特色为采用"教、学、练"相结合的模式，每个项目由相应的任务组成，通过任务引入相应的知识点和有关的概念及操作技巧。

本书既可作为高等学校计算机基础类课程的教材，也可作为相关计算机能力考试的参考书，还可作为培养计算机综合应用素质、提高办公自动化水平的自学参考书。

图书在版编目（CIP）数据

大学计算机基础任务驱动教程 / 华振兴等编著. 北京 ：清华大学出版社，2024. 8. -- (21 世纪普通高校计算机公共课程系列教材). -- ISBN 978-7-302-66940-1

Ⅰ. TP3

中国国家版本馆 CIP 数据核字第 2024241HA7 号

责任编辑：王　芳　李　晔
封面设计：刘　键
责任校对：韩天竹
责任印制：刘　菲

出版发行：清华大学出版社
网　　址：https://www.tup.com.cn，https://www.wqxuetang.com
地　　址：北京清华大学学研大厦 A 座　　**邮　　编**：100084
社 总 机：010-83470000　　**邮　　购**：010-62786544
投稿与读者服务：010-62776969，c-service@tup.tsinghua.edu.cn
质量反馈：010-62772015，zhiliang@tup.tsinghua.edu.cn
课件下载：https://www.tup.com.cn，010-83470236
印 装 者：三河市东方印刷有限公司
经　　销：全国新华书店
开　　本：185mm×260mm　　**印　　张**：20.5　　**字　　数**：499 千字
版　　次：2024 年 8 月第 1 版　　**印　　次**：2024 年 8 月第 1 次印刷
印　　数：1～2500
定　　价：65.00 元

产品编号：104603-01

前言

党的二十大报告提出，推进教育数字化，建设全民终身学习的学习型社会、学习型大国。在大数据时代，数字化是教育转型发展的基本要求，也是推动学习型大国建设的重要途径，更是落实科教兴国战略、实现教育现代化目标的重要基础。因此，要以党的二十大精神为引领，推进教育数字化转型。推进教育数字化离不开计算机，计算机的产生和发展对人类社会的进步产生了重大影响，计算机技术已经成为当代大学生必须掌握的基本技能，利用计算机进行信息处理的能力已经成为衡量现代大学生能力素质与文化修养的重要标准。

"大学计算机基础"是高等学校非计算机专业开设的第一门计算机公共基础课程。在教育部高等学校大学计算机课程教学指导委员会的领导下，计算机基础教学改革不断推进，近几年更加注重培养学生信息素养和助力教育改革，以能力为核心，旨在提升学生应用计算机的综合能力和素养。因此本书在编写上采取"任务驱动"模式，"面向应用"特色鲜明，"技能训练"特点突出，更好地满足了培养"应用型"人才的教学需要。

为适应计算机技术的发展，考虑到不同层次和学科专业对计算机知识模块需求的不同，基于全国计算机等级考试的大纲要求，本书选用较为前沿的 Windows 11 操作系统和 Office 2019 办公软件。本书内容既涵盖了计算机技术的基础知识，又包含前沿技术的介绍；既有基本理论的讲解，又有实际应用案例。在介绍计算机技术的发展和应用的同时还融入了科学精神、工匠精神、科技强国等思政元素。

作为计算机通识课程教材，本书将计算机基础知识以"任务驱动"的形式全面细致地呈现给读者，任务选材新颖，讲解细致。编者均为具有多年教学经验的一线教师，其中第一部分由华振兴编写，第二部分由宋佳编写，第三部分由杨久婷编写，第四部分由崔磊编写，第五部分由陆思辰编写，第六部分由贾萍编写，全书由华振兴负责统稿。由高曼曼组织参编教师进行书稿的校对工作。

赵卓教授对本书的编写给予了积极支持、热情关怀和悉心指导，在此谨向赵卓教授表示衷心的感谢。在本书的编写过程中还得到了吉林师范大学博达学院教务处、科研处有关领导和老师的大力支持，在此谨向他们表示诚挚的谢意。

由于编者的水平有限，书中内容难免存在不足之处，恳请广大读者批评指正。

编　者

2024 年 5 月

目录

第一部分　计算机基础知识

计算机是20世纪最伟大的科学技术发明之一，它的应用已深入到人类社会的各个领域，成为科学研究、工农业生产和社会生活中不可缺少的重要工具。越来越多的人需要学习和掌握计算机的基础知识和操作技能，因此，具有一定的计算机知识和熟练的操作技能已经成为很多单位考核员工的标准之一。

任务一　认识计算机系统

任务描述

计算机是现代办公、学习和生活中的常用工具，初入大学的小王同学迫切需要认识它，但首次接触计算机不知道从何处下手，本案例就是一个从无到有的过程，让他对计算机有一个初步的了解，为以后的学习和工作打下基础。

任务目标

- 了解计算机的发展、分类、特点、性能指标和应用领域。
- 掌握计算机系统组成及基本工作原理。
- 熟练掌握计算机中信息的表示方法与数制间的转换。

知识介绍

一、计算机的概念

计算机(Computer)全称为电子计算机，是一种能对各种信息进行存储和高速处理的工具或电子机器，如图1.1所示。上述定义明确了两点：

(1) 计算机不仅是一种计算工具，还是一种信息处理机；

(2) 计算机不同于其他任何机器，它能够接收、保存数据，并按照程序的引导自动地进行各种操作。

图1.1　电子计算机

二、计算机的发展历程

1. 电子计算机的产生

世界公认的第一台电子计算机是于1946年2月在美国宾夕法尼亚大学问世的“电子数字积分计算机”(Electronic Numerical Integrator And Computer，ENIAC)。ENIAC采用电子管作为计算机的基本元器件，全机共用电子管17 468个、继电器1500个、电容10 000个、电阻70 000个，占地面积约$170m^2$，重达30余吨，每小时耗电150kW，每秒能进行5000次加法运算或400次乘法运算。

2. **电子计算机的发展阶段**

从第一台计算机诞生以来，每隔数年在软、硬件方面就有一次重大的突破，至今计算机的发展已经历了以下几代。

第一代：电子管数字计算机（1946—1958年）

逻辑元件采用真空电子管，主存储器采用汞延迟线、阴极射线示波管静电存储器、磁鼓、磁芯；外存储器采用磁带。采用机器语言、汇编语言。应用领域以军事和科学计算为主。特点是体积大、能耗高、可靠性差、速度慢（一般为每秒数千次至数万次）、价格昂贵，但为以后的计算机发展奠定了基础。

第二代：晶体管数字计算机（1958—1964年）

逻辑元件采用晶体管，主存储器采用磁芯，外存储器采用磁盘。出现了以批处理为主的操作系统、高级语言及其编译程序。应用领域以科学计算和事务处理为主，并开始进入工业控制领域。特点是体积缩小、能耗降低、可靠性提高、运算速度提高（一般为每秒数十万次，可高达每秒300万次），性能比第一代计算机有很大的提高。

第三代：集成电路数字计算机（1964—1971年）

逻辑元件采用中、小规模集成电路（MSI、SSI），主存储器仍采用磁芯。同时出现了分时操作系统以及结构化、规模化程序设计方法。特点是速度更快（一般为每秒数百万次至数千万次），而且可靠性有了显著提高，价格进一步下降，产品走向了通用化、系列化和标准化。其应用开始进入文字处理和图形图像处理领域。

第四代：大规模和超大规模集成电路计算机（1971年至今）

逻辑元件采用大规模和超大规模集成电路（LSI和VLSI）。出现了数据库管理系统、网络管理系统和面向对象语言等。应用领域从科学计算、事务管理、过程控制逐步走向家庭。

新一代计算机：人工智能计算机

新一代计算机是人类追求的一种更接近人的人工智能计算机。它能理解人的语言，以及文字和图形。新一代计算机是把信息采集存储处理、通信和人工智能结合在一起的智能计算机系统。它不仅能进行一般的信息处理，而且能进行面向知识的处理，具有形式化推理、联想、学习和解释的能力，将能帮助人类开拓未知的领域和获得新的知识。

3. **计算机的发展趋势**

1）微型化

由于超大规模集成电路技术的进一步发展，微型机的发展日新月异，每3～5年换代一次；一台完整的计算机已经可以集成在火柴盒大小的硅片上。新一代的微型计算机由于具有体积小、价格低、对环境条件要求少、性能迅速提高等优点，大有取代中、小型计算机之势。

2）巨型化

在一些领域，运算速度要求达到每秒10亿次，这就必须发展运算速度极快、功能极强的巨型计算机。巨型计算机体现了计算机科学的最高水平，反映了一个国家科学技术的实力。现代巨型计算机的标准是运算速度每秒超过10亿次，比20世纪70年代的巨型机提高了一个数量级。

中国在超级计算机方面发展迅速，并已跃升为具有国际先进水平的国家。中国是第一个以发展中国家的身份制造了超级计算机的国家。中国在1983年就研制出第一台超级计算机“银河一号”，使中国成为继美国、日本之后第三个能独立设计和研制超级计算机的国家。中国以国产微处理器为基础制造出本国第一台超级计算机，名为“神威蓝光”，在2019年11月TOP500组织发布的最新一期世界超级计算机500强榜单中，中国占据了227个，图1.2所示的“神威·太湖之光”超级计算机位居榜单第三位，“天河二号”超级计算机位居第四位。

图1.2 “神威·太湖之光”超级计算机

3）网络化

网络化是计算机发展的又一个重要趋势。从单机走向联网是计算机应用发展的必然结果。所谓计算机网络化，是指用现代通信技术和计算机技术把分布在不同地点的计算机互联起来，组成一个规模大、功能强、可以互相通信的网络结构。网络化的目的是使网络中的软件、硬件和数据等资源能被网络上的用户共享。目前，大到世界范围的通信网，小到实验室内部的局域网已经很普及，Internet（因特网）已经连接包括我国在内的150多个国家和地区。由于计算机网络实现了多种资源的共享和处理，提高了资源的使用效率，因而深受广大用户的欢迎，得到了越来越广泛的应用。

4）智能化

智能化使计算机具有模拟人的感觉和思维过程的能力，使计算机成为智能计算机。这也是目前正在研制的新一代计算机要实现的目标。智能化的研究包括模式识别、图像识别、自然语言的生成和理解、博弈、定理自动证明、自动程序设计、专家系统、学习系统和智能机器人等。目前，已研制出多种具有人的部分智能的机器人。

5）多媒体化

多媒体计算机是当前计算机领域中最引人注目的高新技术之一。多媒体计算机就是利用计算机技术、通信技术和大众传播技术，来综合处理多种媒体信息的计算机。这些信息包括文本、视频图像、图形、声音等。多媒体技术使多种信息建立了有机联系，并集成为一个具有人机交互性的系统。多媒体计算机将真正改善人机界面，使计算机朝着人类接收和处理信息的最自然的方式发展。

三、计算机的特点

计算机已应用于社会的各个领域，成为现代社会不可缺少的工具。它之所以具备如此强大的能力，是由它自身的特点所决定的。

1. 运算速度快

运算速度快是计算机自出现以来人们利用它的主要原因。现代的巨型计算机已达到每秒几百亿次至几万亿次的运算速度。许多以前无法做到的事情现在利用高速计算机都可以实现。如众所周知的天气预报，若不采用高速计算机，就不可能对几天后的天气变化做较准确的预测。另外，像我国十多亿人的人口普查，离开了计算机也很难完成。

2. 计算精度高

计算机采用二进制数字运算，计算精度可用增加表示二进制数的位数来获得，从程序设计方面也可使用某些技巧，使计算精度达到人们所需的要求。众所周知的圆周率 π，一位数学家花了 15 年时间计算到 707 位，而采用计算机目前已达到小数点后上亿位。

3. 具有记忆和逻辑判断能力

计算机的存储器不仅能存放原始数据和计算结果，更重要的是能存放用户编制好的程序。它的容量都是以兆字节计算的，可以存放几十万至几千万个数据或文档资料，当需要时，又可快速、准确、无误地取出来。计算机运行时，它从存储器高速地取出程序和数据，按照程序的要求自动执行。

计算机还具有逻辑判断能力，这使得计算机能解决各种不同的问题。如判断一个条件是真还是假，并且根据判断的结果，自动确定下一步该怎么做。

4. 可靠性高，通用性强

现代计算机由于采用超大规模集成电路，都具有非常高的可靠性，可以安全地使用在各行各业。由于计算机同时具有计算和逻辑判断等功能，使得计算机不但可用于数值计算，还可对非数据信息进行处理，如图形图像处理、文字编辑、语言识别、信息检索等各个方面。

四、计算机的分类

计算机的分类方法很多，一般按照计算机的用途、计算机的功能和规模进行分类。

1. 按照计算机的用途分类

计算机的用途千差万别，有的用途广，有的用途单一。按照计算机的用途进行划分，可以将计算机分为通用计算机和专用计算机。

(1) 通用计算机：指功能较多，应用较广，适用于各行各业应用的计算机。目前学校机房、办公室和家庭中使用的计算机就都属于通用计算机。

(2) 专用计算机：指为完成某一特殊功能而设计的计算机。专用计算机一般配有专门开发的软件及与之相配套的接口设备，大多被应用于工业控制和军事等领域。

2. 按照计算机的功能和规模分类

(1) 巨型机(supercomputer)：巨型机具有极高的速度、极大的容量，通常应用于国防尖端技术、空间技术、大范围长期性天气预报、石油勘探等方面。目前这类机器的运算速度可达每秒百亿次。

对巨型计算机的指标一些国家这样规定：首先，计算机的运算速度平均每秒 1000 万次以上；其次，存储容量在 1000 万位以上。如由我国研制成功的“银河号”计算机，就属于巨型计算机。巨型计算机的发展是电子计算机的一个重要方向。它的研制水平标志着一个国家的科学技术和工业发展的程度，体现着国家经济发展的实力。一些发达国家正在投入大量资金和人力、物力，研制运算速度达每秒几百亿次甚至上千亿次的超级大型计算机。

(2) 大型机：一般用在尖端的科研领域，主机非常庞大，通常由许多 CPU 协同工作，具有超大的内存、海量的存储器。使用专用的操作系统和应用软件。

(3) 中型机：中型机规模介于大型机和小型机之间。

(4) 小型机：小型机是指运行原理类似于个人计算机(PC)和服务器，但性能及用途又与它们截然不同的一种高性能计算机，它是 20 世纪 70 年代由数字设备公司(DEC)首先开发的一种高性能计算产品。

(5) 微型机：采用微处理器、半导体存储器和输入输出接口等芯片组装，具有体积更小、价格更低、通用性更强、灵活性更好、可靠性更高、使用更加方便等优点。

(6) 工作站：是一种以个人计算机和分布式网络计算为基础，主要面向专业应用领域，具备强大的数据运算与图形、图像处理能力，为满足工程设计、动画制作、科学研究、软件开发、金融管理、信息服务、模拟仿真等专业领域而设计开发的高性能计算机。

任务实施

一、认识计算机系统的组成

个人计算机的结构并不复杂，计算机系统是由硬件系统和软件系统两部分组成的。硬件系统是计算机进行工作的物质基础；软件系统是指在硬件系统上运行的各种程序及有关资料，用来管理和维护计算机，方便用户，使计算机系统更好地发挥作用。计算机系统中的硬件系统和软件系统的构成如图 1.3 所示。

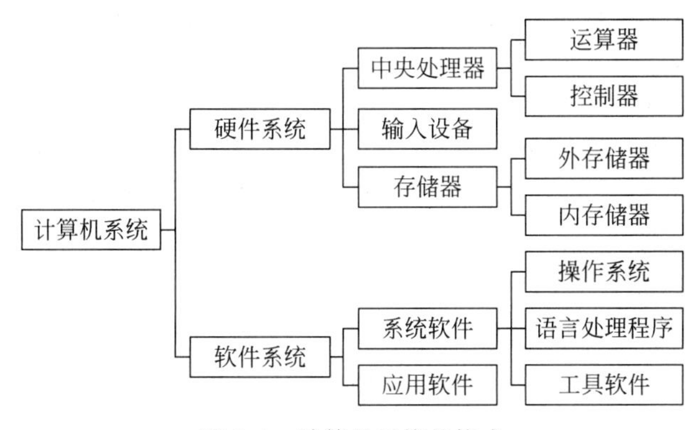

图 1.3　计算机系统的构成

1. 计算机硬件系统

计算机硬件系统是指构成计算机的物理装置，看得见、摸得着，是一些实实在在的有形实体。不管计算机为何种机型，也不论它的外形、配置有多大的差别，计算机的硬件系统都是由五大部分组成的：运算器、控制器、存储器、输入设备、输出设备，即冯·诺依曼体系结构。通常，把组成计算机的所有实体称为计算机硬件系统或计算机硬件。

计算机的五大部分通过系统总线完成指令所传达的任务。系统总线由地址总线、数据总线和控制总线组成。计算机在接收指令后，由控制器指挥，将数据从输入设备传送到存储器存储起来；再由控制器将需要参加运算的数据传送到运算器，由运算器进行处理，处理后的结果由输出设备输出，其过程如图 1.4 所示。

下面简单介绍构成计算机硬件系统的五大部件。

1) 运算器

运算器是计算机中执行各种算术和逻辑运算操作的部件。运算器的基本操作包括完成加、减、乘、除四则运算，与、或、非、异或等逻辑操作，以及移位、比较和传送等操作，亦称算术逻辑部件(Arithmetic Logic Unit，ALU)。

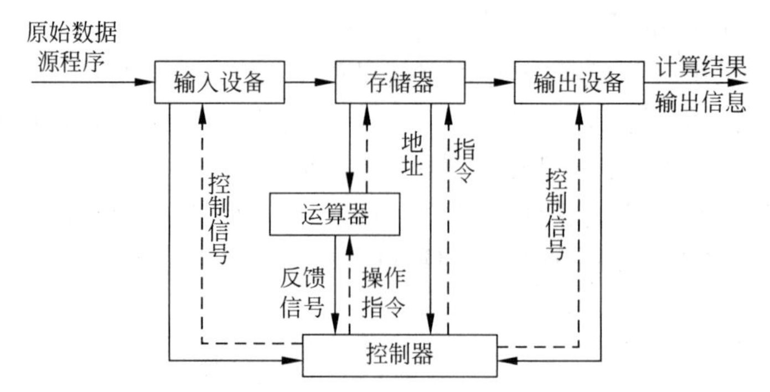

图 1.4 计算机硬件系统的工作流程

2）控制器

控制器是计算机的指挥系统。主要由指令寄存器、译码器、时序节拍发生器、操作控制部件和指令计数器组成。指令寄存器存放由存储器取得的指令，由译码器将指令中的操作码翻译成相应的控制信号，再由操作控制部件将时序节拍发生器产生的时序脉冲和节拍电位同译码器的控制信号组合起来，有时间性、有顺序性地控制各个部件完成相应的操作；指令计数器的作用是指出下一条指令的地址。就这样，在控制器的控制下，计算机就能够自动、连续地按照人们编制好的程序，实现一系列指定的操作，以完成一定的任务。

控制器和运算器通常集中在一整块芯片上，构成中央处理器（Central Processing Unit，CPU）。CPU 是计算机的核心部件，是计算机的心脏。微型计算机的 CPU 又称为微处理器。

3）存储器

存储器(memory)是计算机系统中的记忆设备，用来存放程序和数据。计算机中的全部信息，包括输入的原始数据、计算机程序、中间运行结果和最终运行结果都保存在存储器中。根据存储器的组成介质、存取速度的不同又可以分为内存储器(简称内存)和外存储器(简称外存)。

内存是由半导体器件构成的存储器，是计算机存放数据和程序的地方，计算机所有正在执行的程序指令，都必须先调入内存中才能执行，其特点是存储容量较小，存取速度快。

外存是由磁性材料构成的存储器，用于存放暂时不用的程序和数据。其特点是存储容量大，存取速度相对较慢。

存储容量的基本单位是字节(B)，还有千字节(KB)、兆字节(MB)、吉字节(GB)等，它们之间的换算关系如下：

1KB＝1024B；1MB＝1024KB；1GB＝1024MB；1TB＝1024GB

4）输入设备

输入设备是向计算机输入数据和信息的设备，是计算机与用户或其他设备通信的桥梁。输入设备由两部分组成：输入接口电路和输入装置。

- 输入接口电路是连接输入装置与计算机主机的部件。
- 输入装置通过接口电路与主机连接起来，从而能够接收各种各样的数据信息。

键盘、鼠标、摄像头、扫描仪、光笔、手写输入板、游戏杆、语音输入装置等都属于输入设备。

5）输出设备

输出设备是计算机的终端设备，用于接收计算机数据的输出显示、打印，控制外围设备操作等，也就是把各种计算结果数据或信息以数字、字符、图像、声音等形式表示出来。

常见的有显示器、打印机、绘图仪、影像输出系统、语音输出系统、磁记录设备等。

2. 计算机软件系统

我们把计算机的程序、要处理的数据及其有关的文档统称为软件。计算机功能的强弱不仅取决于它的硬件构成，也取决于软件配备的丰富程度。

计算机的软件系统可以分为系统软件和应用软件两大部分。

（1）系统软件：负责管理计算机系统中各种独立的硬件，使得它们可以协调工作。系统软件使得计算机使用者和其他软件将计算机当作一个整体而不需要顾及底层每个硬件是如何工作的。一般来讲，系统软件包括操作系统和一系列基本的工具（比如编译器、数据库管理、存储器格式化、文件系统管理、用户身份验证、驱动管理、网络连接等方面的工具）。

（2）应用软件：为了某种特定的用途而被开发的软件。它可以是一个特定的程序；也可以是一组功能联系紧密，可以互相协作的程序的集合，比如 Microsoft 的 Office 软件。现在市面上应用软件的种类非常多，例如，各种财务软件包、统计软件包、用于科学计算的软件包、用于进行人事管理的管理系统、用于对档案进行管理的档案系统等。应用软件的丰富与否、质量的好坏，都直接影响到计算机的应用范围与实际的经济效益。

人们通常用以下几个方面来衡量一个应用软件的质量：占用存储空间的多少，运算速度的快慢，可靠性和可移植性。

以系统软件作为基础和桥梁，用户就能够使用各种各样的应用软件，让计算机完成各种所需要的工作，而这一切都是由作为系统软件核心的操作系统来管理和控制的。

3. 计算机硬件和软件的关系

硬件和软件是一个完整的计算机系统互相依存的两大部分，它们的关系主要体现在以下几个方面。

（1）硬件和软件互相依存。硬件是软件赖以工作的物质基础，软件的正常工作是硬件发挥作用的唯一途径。计算机系统必须配备完善的软件系统才能正常工作，且充分发挥其硬件的各种功能。

（2）硬件和软件无严格界限。随着计算机技术的发展，在许多情况下，计算机的某些功能既可以由硬件实现，也可以由软件来实现。因此，硬件与软件在一定意义上说没有绝对严格的界限。

（3）硬件和软件协同发展。计算机软件随硬件技术的迅速发展而发展，而软件的不断发展与完善又促进硬件的更新，两者密切地交织发展，缺一不可。

二、计算机的工作原理

1. 存储程序和程序控制原理

冯·诺依曼在 1946 年提出了关于计算机组成和工作方式的基本设想，就是“存储程序和程序控制”。几十年来，尽管计算机制造技术已经发生了极大的变化，但是就其体系结构而言，仍然是根据冯·诺依曼的设计思想制造的。冯·诺依曼体系结构可以概括为以下几点。

（1）由运算器、控制器、存储器、输入设备和输出设备五大基本部分组成计算机系统，并规定了这些部分的基本功能。

（2）计算机内部采用二进制表示数据和指令。

（3）将程序和数据存入内部存储器中，计算机在工作时可以自动逐条取出指令并加以执行。

计算机能够自动地完成各种数值运算和复杂的信息处理过程的基础就是存储程序和程序控制原理。

2. 指令和程序

计算机之所以能自动、正确地按照人们的意图工作，是由于人们事先已把计算机如何工作的程序和原始数据通过输入设备输送到计算机的存储器中。当计算机执行时，控制器就把程序中的"命令"一条接一条地从存储器中取出来，加以翻译，并按"命令"的要求进行相应的操作。

当人们需要计算机完成某项任务的时候，首先要将任务分解为若干基本操作的集合，计算机所要执行的基本操作命令就是指令，指令是对计算机进行程序控制的最小单位，是一种采用二进制表示的命令语言。一个 CPU 能够执行的全部指令的集合称为该 CPU 的指令系统，不同 CPU 的指令系统是不同的。指令系统的功能是否强大、指令类型是否丰富，决定了计算机的能力，也影响着计算机的硬件结构。

每条指令都要求计算机完成一定的操作，它告诉计算机进行什么操作、从什么地址取数据、结果送到什么地方去等信息。计算机的指令系统一般应包括数据传送指令、算术运算指令、逻辑运算指令、转移指令、输入输出指令和处理机控制指令等。一条指令通常由两个部分组成，即操作码和操作数，如图 1.5 所示。操作码用来规定指令应进行什么操作，操作数用来指明该操作处理的数据或数据所在存储单元的地址。

操作码	操作数

图 1.5　指令格式

人们为解决某项任务而编写的指令的有序集合称为程序。

3. 计算机的工作过程

计算机的工作过程就是执行程序的过程。在运行程序之前，首先通过输入设备将编好的程序和原始数据输送到计算机内存储器中，然后按照指令的顺序，依次执行指令。执行一条指令的过程如下。

（1）取指令：从内存储器中取出要执行的指令输送到 CPU 内部的指令寄存器暂存。

（2）分析指令：把保存在指令寄存器中的指令输送到指令译码器，译出该指令对应的操作。

（3）执行指令：CPU 向各个部件发出相应控制信号，完成指令规定的操作。

重复上述步骤，直到遇到结束程序的指令为止。其过程如图 1.6 所示。

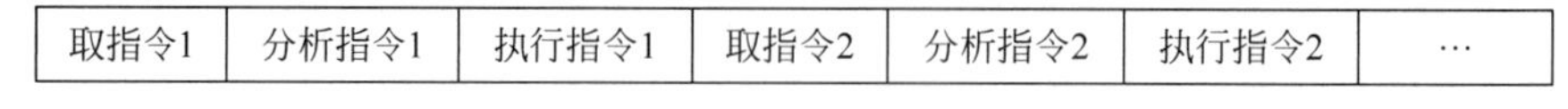

图 1.6　执行过程

程序的这种执行方式称为顺序执行方式，早期的计算机系统均采用这样的执行方式。该方式的优点是控制系统简单，设计和实现容易；缺点是处理器执行程序的速度比较慢，因为只有在上一条指令执行完后，才能取出下一条指令并执行，而且计算机各个功能部件的利用率较低。在计算机中,取指令、分析指令、执行指令是由不同的功能部件完成的,如果按照如图 1.6 所示的流程工作,则在取指令时,分析指令和执行指令的部件处于空闲状态。同样,在执行指令时,取指令和分析指令的操作也不能进行。这样,计算机各个部件的功能无法充分发挥,致使计算机系统的工作效率较低。

为了提高计算机的运行速度,在现代计算机系统中,引入了流水线控制技术,使负责取指令、分析指令和执行指令的部件并行工作。其程序执行过程如图 1.7 所示。

取指部件	取指令1	取指令2	取指令3	取指令4	取指令5	…
分析部件		分析指令1	分析指令2	分析指令3	分析指令4	…
执行部件			执行指令1	执行指令2	执行指令3	…

图 1.7　程序的并行流水线执行方式

假如这 3 个功能部件的完成操作所用的时间相等,那么,当第一条指令进入执行部件时,分析部件开始对第二条指令进行分析,取指部件也开始从内存取第三条指令。如果不考虑程序的转移情况,那么程序的顺序执行方式所需要的时间大约为并行方式的 3 倍。

4. 兼容性

某一类计算机的程序能否在其他计算机上运行,这就是计算机"兼容性"问题。比如,Intel 公司和 AMD 公司生产的 CPU,指令系统几乎一致,因此它们相互兼容。而 Apple 公司生产的 Macintosh 计算机,其 CPU 采用 Motorola 公司的 PowerPC 微处理器,指令系统大相径庭,因此无法与采用 Intel 公司和 AMD 公司 CPU 的 PC 兼容。

即便是同一公司的产品,由于技术的发展,指令系统也是不同的。每种新处理器包含的指令数目和种类越来越多,通常采用"向下兼容"的原则,即新类型的处理器包含旧类型处理器的全部指令,从而保证在旧类型处理器上开发的系统能够在新的处理器中被正确执行。

三、掌握计算机中的信息表示方法

1. 进位记数制

数制也称记数制,是指用一组固定的符号和统一的规则来表示数值的方法。按进位的原则进行计数的方法,称为进位记数制。

在日常生活中,人们通常使用十进制数,但实际上存在着多种进位记数制,如二进制(两只鞋为一双)、十二进制(12 个月为一年)、二十四进制(一天 24 小时)、六十进制(60 秒为一分,60 分为一小时)等。计算机是由电子器件组成的,考虑到经济、可靠、容易实现、运算简便、节省器件等因素,在计算机中采用的数制是二进制。

2. 十进制数表示

人们最熟悉最常用的数制是十进制,十进制数有两个主要特点:有 10 个不同的数字符号,即 0、1、2……9;采用"逢十进一"的进位原则。因此,同一个数字符号在不同位置(或数位)代表的数值是不同的。

"基数"和"位权"是进位计数制的两个要素。

(1) 基数:所谓基数,就是进位记数制的每位数上可能有的数码的个数。例如,十进制数每位上的数码,有 0、1、2……9 十个数码,所以基数为 10。

(2) 位权:所谓位权,是指一个数值的每一位上的数字的权值的大小。例如,十进制数

4567从低位到高位的位权分别为 10^0、10^1、10^2、10^3，即 $4567=4\times10^3+5\times10^2+6\times10^1+7\times10^0$。

(3) 数的位权表示：任何一种数制的数都可以表示成按位权展开的多项式之和。例如，十进制数435.05，可表示为 $435.05=4\times10^2+3\times10^1+5\times10^0+0\times10^{-1}+5\times10^{-2}$。

一般地，任意一个十进制数 $D=d_{n-1}d_{n-2}\cdots d_1d_0d_{-1}\cdots d_{-m}$ 都可以表示为

$$D=d_{n-1}\times10^{n-1}+d_{n-2}\times10^{n-2}+\cdots+d_1\times10^1+d_0\times10^0+$$
$$d_{-1}\times10^{-1}+\cdots+d_{-m}\times10^{-m} \tag{1-1}$$

式(1-1)称为十进制数的按权展开式，其中，$d_i\times10^i$ 中的 i 表示数的第 i 位；d_i 表示第 i 位的数码，它可以是0～9中的任一个数字，由具体的 D 确定；10^i 称为第 i 位的权(或数位值)，数位不同，其"权"的大小也不同，表示的数值也就不同；m 和 n 为正整数，n 为小数点左边的位数，m 为小数点右边的位数；10为计数制的基数，所以称它为十进制数。

3. 二进制数表示

在日常生活中人们并不经常使用二进制，因为它不符合人们的固有习惯。但在计算机内部的数是用二进制来表示的，这主要有以下几个方面的原因。

(1) 电路简单，易于表示。计算机是由逻辑电路组成的，逻辑电路通常只有两个状态。例如，开关的接通和断开、晶体管的饱和和截止、电压的高和低等。这两种状态正好用来表示二进制的两个数码0和1。若是采用十进制，则需要有10种状态来表示10个数码，实现起来比较困难。

(2) 可靠性高。两种状态表示两个数码，数码在传输和处理中不容易出错，因而电路更加可靠。

(3) 运算简单。二进制数的运算规则简单，无论是算术运算还是逻辑运算都容易进行。十进制的运算规则相对烦琐，现在我们已经证明，R 进制数的算术求和、求积规则各有 $R(R+1)/2$ 种。如采用二进制，求和与求积运算法只有3个，因而简化了运算器等物理器件的设计。

(4) 逻辑性强。计算机不仅能进行数值运算而且能进行逻辑运算。逻辑运算的基础是逻辑代数，而逻辑代数是二值逻辑。二进制的两个数码1和0，恰好代表逻辑代数中的"真"(true)和"假"(false)。

与十进制数类似，二进制数有两个不同的数字符号(即0、1)，采用"逢二进一"的进位原则。因此，同一数字符号在不同的位置(或数位)所代表的数值是不同的。例如，二进制数1101.11可以写成

$$1101.11=1\times2^3+1\times2^2+0\times2^1+1\times2^0+1\times2^{-1}+1\times2^{-2}$$

一般地，任意一个二进制数 $B=b_{n-1}b_{n-2}\cdots b_1b_0b_{-1}\cdots b_{-m}$ 都可以表示为

$$B=b_{n-1}\times2^{n-1}+b_{n-2}\times2^{n-2}+\cdots+b_1\times2^1+b_0\times2^0+b_{-1}\times2^{-1}+\cdots+b_{-m}\times2^{-m} \tag{1-2}$$

式(1-2)称为二进制数的按权展开式，其中，$b_i\times2^i$ 中的 b_i 只能取0或1，由具体的 B 确定；2^i 称为第 i 位的权；m、n 为正整数，n 为小数点左面的位数，m 为小数点右面的位数；2是计数制的基数，所以称为二进制数。

4. 八进制数和十六进制数表示

八进制数的基数为8，使用8个数字符号(0、1、2……7)，"逢八进一，借一当八"，一般

地，任意的八进制数 $Q=q_{n-1}q_{n-2}\cdots q_1q_0q_{-1}\cdots q_{-m}$ 都可以表示为

$$Q=q_{n-1}\times 8^{n-1}+q_{n-2}\times 8^{n-2}+\cdots+q_1\times 8^1+q_0\times 8^0+q_{-1}\times 8^{-1}+\cdots+q_{-m}\times 8^{-m} \tag{1-3}$$

十六进制数的基数为16，使用16个数字符号(0、1、2……9、A、B、C、D、E、F)，“逢十六进一，借一当十六”，一般地，任意的十六进制数 $H=h_{n-1}h_{n-2}\cdots h_1h_0h_{-1}\cdots h_{-m}$ 都可表示为

$$H=h_{n-1}\times 16^{n-1}+h_{n-2}\times 16^{n-2}+\cdots+h_1\times 16^1+ h_0\times 16^0+h_{-1}\times 16^{-1}+\cdots+h_{-m}\times 16^{-m} \tag{1-4}$$

5. 进位记数制的基本概念

归纳以上讨论，可以得出进位计数制的一般概念。

若用 j 代表某进制的基数，k_i 表示第 i 位数的数符，则 j 进制数 N 可以写成如下多项式之和：

$$N=k_{n-1}\times j^{n-1}+k_{n-2}\times j^{n-2}+\cdots+k_1\times j^1+k_0\times j^0+k_{-1}\times j^{-1}+\cdots+k_{-m}\times j^{-m} \tag{1-5}$$

式(1-5)称为 j 进制的按权展开式，其中，$k_i\times j^i$ 中 k_i 可取 $0\sim j-1$ 的值，取决于 N；j^i 称为第 i 位的权；m 和 n 为正整数，n 为小数点左面的位数，m 为小数点右面的位数。

表1.1给出了常用数制的对照关系。

表1.1 数制对照表

十进制	二进制	八进制	十六进制	十进制	二进制	八进制	十六进制
0	0000	0	0	8	1000	10	8
1	0001	1	1	9	1001	11	9
2	0010	2	2	10	1010	12	A
3	0011	3	3	11	1011	13	B
4	0100	4	4	12	1100	14	C
5	0101	5	5	13	1101	15	D
6	0110	6	6	14	1110	16	E
7	0111	7	7	15	1111	17	F

四、数制间的转换

将数由一种数制转换成另一种数制称为数制间的转换。因为日常生活中经常使用的是十进制数，而在计算机中采用的是二进制数。所以在使用计算机时就必须把输入的十进制数换算成计算机能够识别的二进制数。计算机在运行结束后，再把二进制数换算成人们所习惯的十进制数输出。这两个换算过程完全由计算机自动完成。数制间转换的实质是进行基数的转换。不同数制间的转换依据如下规则进行：如果两个有理数相等，则两数的整数部分和小数部分一定分别相等。

下面介绍一下数制间的转换。

1. 二进制数转换为十进制数

二进制数转换为十进制数的方法是：根据有理数的按权展开式，把各位的权(2的某次幂)与数位值(0或1)的乘积项相加，其和便是相应的十进制。这种方法称为按权相加法。

为说明问题，将数用圆括号括起来，在括号外右下角加一个下标以表示数制。

【例 1.1】 求$(110111.101)_2$的等值十进制数。

【解】 基数 $j=2$ 按权相加，得

$$
\begin{aligned}
(110111.101)_2 &= 1\times 2^5+1\times 2^4+0\times 2^3+1\times 2^2+1\times 2^1+\\
&\quad 1\times 2^0+1\times 2^{-1}+0\times 2^{-2}+1\times 2^{-3}\\
&=32+16+4+2+1+0.5+0.125\\
&=(55.625)_{10}
\end{aligned}
$$

2. 十进制数转换为二进制数

要把十进制数转换为二进制数，就是设法寻找二进制数的按权展开式(1-2)中的系数 $b_{n-1},b_{n-2},\cdots,b_1,b_0,b_{-1},\cdots,b_{-m}$。

1）整数转换

假设有一个十进制整数 215，试把它转换为二进制整数，即

$$(215)_{10}=(b_{n-1}b_{n-2}\cdots b_1b_0)_2$$

问题就是要找到 b_{n-1}、b_{n-2}……b_1、b_0 的值，而这些值不是 1 就是 0，取决于要转换的十进制数(例中即为 215)。

根据二进制的定义：

$$(b_{n-1}b_{n-2}\cdots b_1b_0)_2=b_{n-1}\times 2^{n-1}+b_{n-2}\times 2^{n-2}+\cdots+b_1\times 2^1+b_0\times 2^0$$

于是有

$$(215)_{10}=b_{n-1}\times 2^{n-1}+b_{n-2}\times 2^{n-2}+\cdots+b_1\times 2^1+b_0\times 2^0$$

显然，上面等式右边除了最后一项 b_0 以外，其他各项都包含有 2 的因子，它们都能被 2 除尽。如果用 2 去除十进制数$(215)_{10}$，则它的余数即为 b_0。

所以，$b_0=1$，并有

$$(107)_{10}=b_{n-1}\times 2^{n-2}+b_{n-2}\times 2^{n-3}+\cdots+b_2\times 2^1+b_1$$

显然，上面等式右边除了最后一项 b_1 外，其他各项都含有 2 的因子，都能被 2 除尽。所以，如果用 2 去除$(107)_{10}$，则所得的余数必为 b_1，即 $b_1=1$。

用这样的方法一直继续下去，直至商为 0，就可得到 b_{n-1}、b_{n-2}……b_1、b_0 的值。整个过程如图 1.8 所示。

除数	被除数	余数
2	215	1………最低位
2	107	1
2	53	1
2	26	0
2	13	1
2	6	0
2	3	1
2	1	1………最高位
	0	

图 1.8　十进制数转二进制数过程

因此：

$$(215)_{10}=(11010111)_2$$

上述结果也可以用式(1-2)来验证，即

$$(11010111)_2=2^7+2^6+2^4+2^2+2^1+2^0=(215)_{10}$$

总结上面的转换过程，可以得出十进制整数转换为二进制整数的方法：用 2 不断地去除要转换的十进制数，直至商为 0；每次的余数即为二进制数码，最初得到的为整数的最低位 b_0，最后得到的是 b_{n-1}。这种方法称为“除 2 取余法”。

2）纯小数转换

将十进制小数 0.6875 转换成二进制数，即

$$(0.6875)_{10}=(0.b_{-1}b_{-2}\cdots b_{-m+1}b_{-m})_2 \tag{1-6}$$

问题就是要确定 $b_{-1}\sim b_{-m}$ 的值。按二进制小数的定义，可以把式(1-6)写成

$$(0.6875)_{10}=b_{-1}\times 2^{-1}+b_{-2}\times 2^{-2}+\cdots+b_{-m+1}\times 2^{-m+1}+b_{-m}\times 2^{-m} \quad (1\text{-}7)$$

若把式(1-7)的两边都乘以2，则得

$$(1.375)_{10}=b_{-1}+(b_{-2}\times 2^{-1}+\cdots+b_{-m+1}\times 2^{-m+2}+b_{-m}\times 2^{-m+1})$$

显然等式右边括号内的数是小于1的(因为乘以2以前是小于0.5的)，两个数相等，必定是整数部分和小数部分分别相等，所以有 $b_{-1}=1$，等式两边同时去掉1后，剩下的为

$$(0.375)_{10}=b_{-2}\times 2^{-1}+(b_{-3}\times 2^{-2}+\cdots+b_{-m+1}\times 2^{-m+2}+b_{-m}\times 2^{-m+1})$$

两边都乘以2，则得

$$(0.75)_{10}=b_{-2}+(b_{-3}\times 2^{-1}+\cdots+b_{-m+1}\times 2^{-m+3}+b_{-m}\times 2^{-m+2})$$

于是有 $b_{-2}=0$。

如此继续下去，直至乘积的小数部分为0，就可逐个得到 b_{-1}、b_{-2}、…、b_{-m+1}、b_{-m} 的值。

因此得到结果：

$$(0.6875)_{10}=(0.1011)_2$$

上述结果也可以用式(1-2)验证，即

$$(0.1011)_2=2^{-1}+2^{-3}+2^{-4}=0.5+0.125+0.0625=(0.6875)_{10}$$

整个过程如图1.9所示。

计算	取整数部分
0.6875 × 2 = 1.3750	$b_{-1}=1$………最高位
0.375 × 2 = 0.7500	$b_{-2}=0$
0.7500 × 2 = 1.50	$b_{-3}=1$
0.5 × 2 = 1.0	$b_{-4}=1$………最低位

图1.9　纯小数转换过程

总结上面的转换过程，可以得到十进制纯小数转换为二进制小数的方法如下：

不断用2去乘要转换的十进制小数，将每次所得的整数(0或1)依次记为 b_{-1}、b_{-2}……b_{-m+1}、b_{-m}，这种方法称为“乘2取整法”。

但应注意以下两点：

(1) 若乘积的小数部分最后能为0，那么最后一次乘积的整数部分记为 b_{-m}，则 $0.b_{-1}b_{-2}\cdots b_{-m}$ 即为十进制小数的二进制表达式。

(2) 若乘积的小数部分永不为0，表明十进制小数不能用有限位的二进制小数精确表示。则可根据精度要求取 m 位而得到十进制小数的二进制近似表达式。

3) 混合小数转换

对十进制整数小数部分均有的数，转换只需将整数、小数部分分别转换，然后用小数点连接起来即可。

【例1.2】 求十进制数15.25的二进制数表示。

【解】 对整数部分和小数部分分别进行转换，然后相加，得

$$(15.25)_{10}=(1111.01)_2$$

3. 十进制数与八进制数之间的相互转换

1) 八进制数转换为十进制数

与上面所讲的二进制数转换为十进制数的方法相同，只需把相应的八进制数按它的加权展开式展开就可求得该数对应的十进制数。

【例1.3】 分别求出 $(155.65)_8$ 和 $(234)_8$ 的十进制数表示。

【解】

$$
\begin{aligned}
(155.65)_8 &= 1\times 8^2 + 5\times 8^1 + 5\times 8^0 + 6\times 8^{-1} + 5\times 8^{-2} \\
&= 64 + 40 + 5 + 0.75 + 0.078125 \\
&= (109.828125)_{10} \\
(234)_8 &= 2\times 8^2 + 3\times 8^1 + 4\times 8^0 \\
&= 128 + 24 + 4 \\
&= (156)_{10}
\end{aligned}
$$

2）十进制数转换为八进制数

与上面所讲的十进制数转换为二进制数的方法相同，对于十进制整数通过“除 8 取余”就可以转换成对应的八进制数，第一个余数是相应八进制数的最低位，最后一个余数是相应八进制数的最高位。

【例 1.4】 $(125)_{10}$ 的八进制数表示。

【解】 按照除 8 取余的方法得到

$$(125)_{10} = (175)_8$$

对于十进制小数，则同前面介绍的十进制数转换为二进制数的方法相同，那就是“乘 8 取整”，但是要注意，第一个整数为相应八进制数的最高位，最后一个整数为最低位。

【例 1.5】 求 $(0.375)_{10}$ 的八进制数表示。

【解】

$$(0.375)_{10} = (0.3)_8$$

对于混合小数，只需按上面的方法，将其整数部分和小数部分分别转换为相应的八进制数，然后再相加就是所求的八进制数。

4. 十进制数与十六进制数之间的相互转化

同理，十六进制数转换为十进制数，只需按其加权展开式展开即可。

【例 1.6】 求 $(12.A)_{16}$ 的十进制数表示。

【解】

$$(12.A)_{16} = 1\times 16^1 + 2\times 16^0 + 10\times 16^{-1} = (18.625)_{10}$$

十进制数转换为十六进制数，同样是对其整数部分按“除 16 取余”，小数部分按“乘 16 取整”的方法进行转换。

【例 1.7】 求 $(30.75)_{10}$ 的十六进制数表示。

【解】

$$(30.75)_{10} = (1E.C)_{16}$$

5. 二进制数与八进制数、十六进制数间的转换

计算机中实现八进制数、十六进制数与二进制数的转换很方便。

由于 $2^3=8$，所以一位八进制数恰好等于 3 位二进制数。同样，因为 $2^4=16$，使得一位十六进制数可表示成 4 位二进制数。

1）八进制数与二进制数的相互转换

把二进制整数转换为八进制数时，从最低位开始，向左每 3 位为一个分组，不足 3 位的前面用 0 补足，然后按表 1.1 中的对应关系将每 3 位二进制数用相应的八进制数替换，即为所求的八进制数。

【例 1.8】 求$(11101100111)_2$的等值八进制数。

【解】 按 3 位分组，得

$$
\begin{array}{cccc}
(011) & (101) & (100) & (111) \\
\downarrow & \downarrow & \downarrow & \downarrow \\
3 & 5 & 4 & 7
\end{array}
$$

所以

$$(11101100111)_2=(3547)_8$$

对于二进制小数，则要从小数点开始向右每 3 位为一个分组，不足 3 位时在后面补 0，然后写出对应的八进制数即为所求的八进制数。

【例 1.9】 求$(0.01001111)_2$的等值八进制数。

【解】 按 3 位分组，得

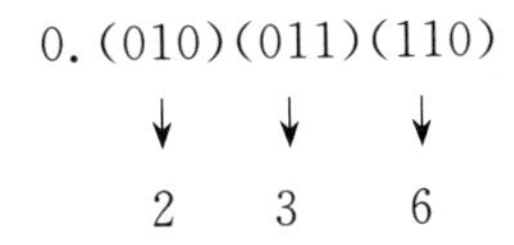

所以

$$(0.01001111)_2=(0.236)_8$$

由例 1.8 和例 1.9 可得到如下等式：

$$(11101100111.01001111)_2=(3547.236)_8$$

将八进制数转换成二进制数，只要将上述方法逆过来，即把每一位八进制数用所对应的 3 位二进制替换，就可完成转换。

【例 1.10】 分别求$(17.721)_8$和$(623.56)_8$的二进制表示。

【解】

$$
\begin{aligned}
(17.721)_8 &=(001)(111).(111)(010)(001) \\
&=(1111.111010001)_2 \\
(623.56)_8 &—(110)(010)(011).(101)(110) \\
&=(110010011.10111)_2
\end{aligned}
$$

2）二进制数与十六进制数的转换

和二进制数与八进制数之间的相互转换相仿，二进制数转换为十六进制数是按每 4 位分一组进行的，而十六进制数转换为二进制数是每位十六进制数用 4 位二进制数替换，即可完成相互转换。

【例 1.11】 将二进制数$(1011111.01101)_2$转换成十六进制数。

【解】

$$
\begin{array}{ccccc}
(1011111.01101)_2= & (0101) & (1111). & (0110) & (1000) \\
 & \downarrow & \downarrow & \downarrow & \downarrow \\
 & 5 & F & 6 & 8
\end{array}
$$

$$=(5F.68)_{16}$$

【例 1.12】 把十六进制数$(D57.7A5)_{16}$转换为二进制数。

【解】

$$
\begin{aligned}
(D57.7A5)_{16} &=(1101)(0101)(0111).(0111)(1010)(0101) \\
&=(110101010111.011110100101)_2
\end{aligned}
$$

可以看出，二进制数与八进制数、二进制数与十六进制数之间的转换很方便。八进制数和十六进制数基数大，书写较简短直观，所以在许多情况下，人们采用八进制数或十六进制数书写程序和数据。

五、二进制数的运算

二进制是计算技术中广泛采用的一种数制。二进制数是用 0 和 1 两个数码来表示的数。它的基数为 2，进位规则是“逢二进一”，借位规则是“借一当二”。

二进制数的算术运算的基本规律和十进制数的运算十分相似。

1. 二进制加法

加法运算规则：

$$0+0=0;\ 0+1=1;\ 1+0=1;\ 1+1=10$$

【例 1.13】 求$(1101)_2+(1011)_2$。

【解】 如图 1.10 所示，所以

$$(1101)_2+(1011)_2=(11000)_2$$

2. 二进制减法

减法运算规则：

$$0-0=0;\ 1-1=0;\ 1-0=1;\ 0-1=1\ (\text{借位为 } 1)$$

【例 1.14】 求$(1101)_2-(111)_2$。

【解】 如图 1.11 所示，所以

$$(1101)_2-(111)_2=(110)_2$$

3. 二进制乘法

乘法运算规则：

$$0\times0=0;\ 0\times1=0;\ 1\times0=0;\ 1\times1=1$$

【例 1.15】 求$(1110)_2\times(101)_2$。

【解】 如图 1.12 所示，所以

$$(1110)_2\times(101)_2=(1000110)_2$$

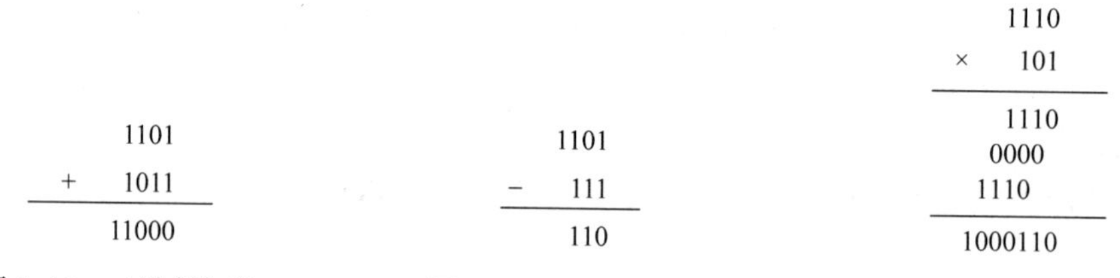

图 1.10　二进制加法　　图 1.11　二进制减法　　图 1.12　二进制乘法

4. 二进制除法

二进制数除法与十进制数除法很类似。可先从被除数的最高位开始，将被除数(或中间余数)与除数相比较，若被除数(或中间余数)大于除数，则用被除数(或中间余数)减去除数，商为 1，并得相减之后的中间余数，否则商为 0。再将被除数的下一位移下补充到中间余数的末位，重复以上过程，就可得到所要求的各位商数和最终的余数。

除法运算规则：

$$0 \div 0 = 0; \quad 0 \div 1 = 0; \quad 1 \div 1 = 1$$

【例 1.16】 求$(1110101)_2 \div (1001)_2$。

【解】 如图 1.13 所示，所以

$$(1110101)_2 \div (1001)_2 = (1101)_2$$

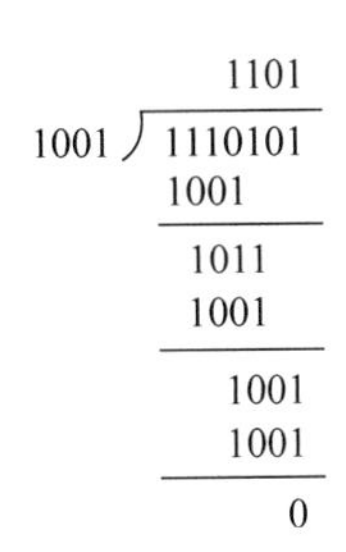

图 1.13　二进制除法

二进制数的运算除了有四则运算外，还有逻辑运算，在这里不做详细介绍。

知识拓展

计算机中数据的表示

在学习本节的内容之前，先要区分两个概念：数据和信息。数据是计算机处理的对象，是信息的载体，或称为编码了的信息；信息是有意义的数据的内容。计算机要处理的信息除了数值信息以外，还有字符、图像、视频和音频等非数值信息。而计算机只能识别和存储两个数字 0 和 1。要使计算机能处理这些信息，首先必须将各类信息转换成 0 和 1 表示的代码，这一过程称为编码。计算机专家设计了各种方法来对数据进行编码和存储。在计算机里，不同编码方式的文件格式不同，如存储文本文档、图形数据或音频数据的文件格式各不相同。本节将介绍计算机怎样存储数值、字符、图像、视频和音频等信息。

1. 数值数据的表示

在计算机中，数的长度按二进制位数来计算，由于计算机的存储器是以字节为单位进行数据存取的，所以数据长度也按字节计算。在同一计算机中，数据的长度常常是统一的，超出表示范围则无法表示，不足的部分用 0 填充，整数在高位补 0，纯小数在低位补 0。

在计算机中表示数值型数据，为了节省存储空间，小数点的位置总是隐含的。对于一般的数采用定点数与浮点数两种方法来表示。

1）定点数

所谓定点数是指小数点位置固定不变的数。在计算机中，通常用定点数来表示整数与纯小数，分别称为定点整数与定点小数。

（1）定点整数：一个数的最高二进制位是数符位，用以表示数的符号；而小数点的位置默认为在最低（即最右边）的二进制位的后面，但小数点不单独占一个二进制位。假设某计算机使用的定点数长度是 2 字节，如果有一个十进制整数为 +9963，它的二进制数为 +10011011101011，在机内以二进制补码定点数表示，则格式如图 1.14 所示。

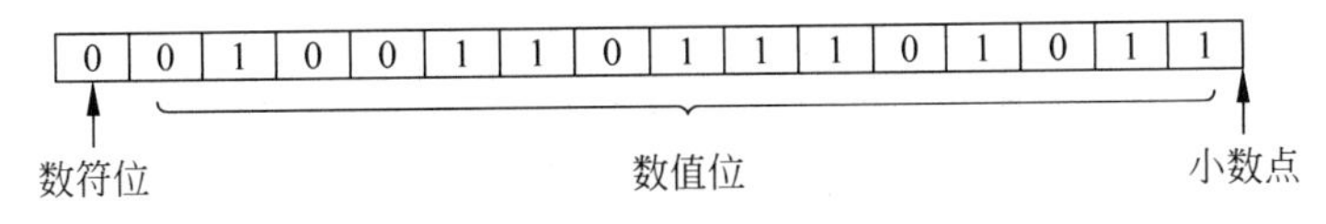

图 1.14　整数的定点表示

因此，在一个定点整数中，数符位右边的所有二进制位数表示的是一个整数值。

当数据长度为 2 字节时，补码表示的定点整数的表示范围是

$$-2^{15} \leqslant N \leqslant +(2^{15}-1)$$

即

$$-32\,768 \leqslant N \leqslant +32\,767$$

如果把定点整数的长度扩充为4字节，则补码表示的定点整数的表示范围达到

$$-2^{31} \leqslant N \leqslant +(2^{31}-1)$$

约为 0.21×10^{10}，即21亿多。

(2) 定点小数：一个数的最高二进制位是数符位，用来表示数的符号；而小数点的位置默认为在数符位后面，不单独占一个二进制位。如果有一个十进制整数为+0.7625，它的二进制数为+0.110010000101000…，在机器内以二进制补码定点数表示，则格式如图1.15所示。因此，在一个定点小数中，数符位右边的所有二进制位数表示的是一个纯小数。

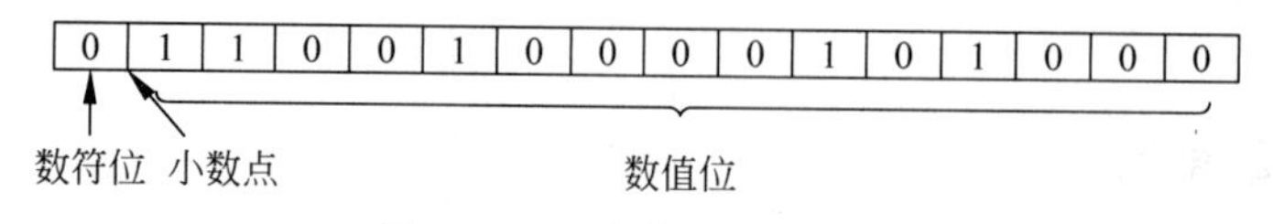

图1.15 纯小数的定点表示

当数据长度为2字节时，补码表示的定点小数的表示范围是

$$-1 \leqslant N \leqslant +(1-2^{-15})$$

2) 浮点数

在计算机中，定点数通常只用于表示整数或纯小数。而对于既有整数部分又有小数部分的数，由于其小数点的位置不固定，所以一般用浮点数表示。

计算机中所说的浮点数就是指小数点位置不固定的数。一般地，一个既有整数部分又有小数部分的十进制数 D 可以表示成如下形式：

$$D = R \times 10^{N}$$

其中，R 为一个纯小数，N 为一个整数。

如一个十进制数123.456可以表示成 $0.123\,456\times10^{3}$，十进制小数0.001 234 56可以表示成 $0.123\,456\times10^{-2}$。纯小数 R 的小数点后第一位一般为非零数字。

同样，对于既有整数部分又有小数部分的二进制数也可以表示成如下形式：

$$D = R \times 2^{N}$$

其中，R 为一个二进制定点小数，称为 D 的尾数；N 为一个二进制定点整数，称为 D 的阶码，它反映了二进制数 D 的小数点的实际位置。

由此可见，每个浮点数由两部分组成，即阶码和尾数。浮点数的阶码相当于数学中的指数，其长度决定了数的表示范围；浮点数的尾数为纯小数，表示方法与定点小数相同，其符号将决定数的符号，其长度将影响数的精度。为了使有限的二进制位数能表示出最多的数字位数，要求尾数的小数点后的第一位为非零数字(即为1)，这样表示的数称为"规格化"的浮点数。

在计算机中，通常用一串连续的二进制位来存放二进制浮点数，它的一般结构如图1.16所示。

阶码	N	数符	R

图1.16 浮点数的格式

假定某计算机的浮点数用4字节来表示，其中阶码占1字节，尾数占3字节，且每一部分的第一位用于表示该部分的符号。则数的表示范围可达到 $2^{127}\approx10^{38}$，远远大于4字节定

点整数的表示范围 0.21×10^{10}。

浮点数的阶码和尾数均为带符号数,可分别用原码或补码表示。

2. 字符数据的表示

计算机除了用于数值计算外,还要处理大量符号如英文字母、汉字等非数值的信息。例如,当你要用计算机编写文章时,就需要将文章中的各种符号、英文字母、汉字等输入计算机,然后由计算机进行编辑排版。

目前,国际上通用的且使用最广泛的字符有:十进制数字符号 0～9,大小写的英文字母,各种运算符、标点符号等,这些字符的个数不超过 128 个。为了便于计算机识别与处理,这些字符在计算机中是用二进制形式来表示的,通常称为字符的二进制编码。由于需要编码的字符不超过 128 个,因此,用 7 位二进制数就可以对这些字符进行编码。但为了方便,字符的二进制编码一般占 8 个二进制位,它正好占计算机存储器的一个字节。目前国际上通用的是美国标准信息交换码(American Standard Code for Information Interchange),简称为 ASCII(取英文单词的第一个字母的组合)。标准的 ASCII 编码使用 7 位二进制数来表示 128 个字符,包括英文大小写字母、数字、标点符号、特殊符号和特殊控制符。

3. 图像数据的表示

随着信息技术的发展,越来越多的图形、图像信息要求计算机来存储和处理。

在计算机系统中,有两种不同的图形、图像编码方式,即位图编码和矢量编码方式。两种编码方式的不同,影响到图像的质量、图像所占用的存储空间的大小、图像传送的时间和修改图像的难易程度。

1) 位图图像

位图图像是以屏幕上的像素点信息来存储图像的。

最简单的位图图像是单色图像。单色图像只有黑白两种颜色,如果像素点上对应的图像单元为黑色,则在计算机中用 0 表示;如果对应的是白色,则在计算机中用 1 表示。

灰度图像要比单色图像看起来更真实些。灰度图像用灰色按比例显示图像,使用的灰度级越多,图像看起来越真实。

16 色的图像中,每个像素可以有 16 种颜色。每个像素需要 4 位二进制数存储信息。因此,一幅满屏的 16 色位图图像需要的存储容量为 $38\,400 \times 4 = 153\,600$ 字节。

在 256 色的位图图像中,每个像素可以有 256 种颜色。为了表示 256 个不同的信息单元,每个像素需要用 8 位二进制数存储信息。因此,一幅满屏的 256 色位图图像需要的存储容量为 307 200 字节,是 16 色的两倍,与 256 级灰度图像相同。

1670 万色的位图图像称为 24 位图像或真彩色图像。其每个像素可以有 1670 万种颜色。每个像素需要 24 位二进制数存储信息,即 3 字节。显然,一幅满屏的真彩色图像需要的存储容量更大。

位图图像常用来表现现实图像,其适合表现比较细致、层次和色彩比较丰富、包含大量细节的图像。例如,扫描的图像,摄像机、数字照相机拍摄的图像,或帧捕捉设备获得的数字化帧画面。经常使用的位图图像文件格式有 BMP、PCX、TIF、JPG 和 GIF 等。

2) 矢量图像

矢量图像是由一组存储在计算机中,描述点、线、面等大小形状及其位置、维数的指令组成,而不是真正的图像。它是通过读取这些指令并将其转换为屏幕上所显示的形状和颜色的方式来显示图像的，矢量图像看起来没有位图图像真实。

矢量图像的主要优点在于它的存储空间比位图图像小。矢量图像的存储空间依赖于图像的复杂性，每条指令都需要存储空间，所以图像中的线条、图形、填充模式越多，需要的存储空间越大。但总体来说，由于矢量图像存储的是指令，要比位图图像文件小得多。

4. 视频数据的表示

视频是图像数据的一种，由若干有联系的图像数据连续播放而形成。人们一般讲的视频信号为电视信号，是模拟量，而计算机视频信号则是数字量。

视频信息实际上是由许多幅单个画面所构成的。电影、电视通过快速播放每帧画面，再加上人眼的视觉滞留效应便产生了连续运动的效果。视频信号的数字化是指在一定时间内以一定的速度对单帧视频信号进行捕获、处理以生成数字信息的过程。与模拟视频相比，数字视频的优点如下：

(1) 数字视频可以无失真地进行无限次复制，而模拟视频信息每转录一次，就会有一次误差积累，产生信息失真。

(2) 可以用许多新方法对数字视频进行创造性的编辑，如字幕电视特技等。

(3) 使用数字视频可以用较少的时间和费用创作出用于培训教育的交互节目，以及实现用计算机播放电影或电视节目等。

5. 音频数据的表示

计算机可以记录、存储和播放声音。在计算机中声音可分成数字音频文件和 MIDI 文件。

1) 数字音频

复杂的声波由许多具有不同振幅和频率的正弦波组合而成，这些连续的模拟量不能由计算机直接处理，必须将其数字化才能被计算机存储和处理。

计算机获取声音信息的过程就是声音信号的数字化处理过程。经过数字化处理之后的数字声音信息能够像文字和图像信息一样被计算机存储和处理。如图 1.17 所示为模拟声音信号转化为数字音频信号的大致过程。

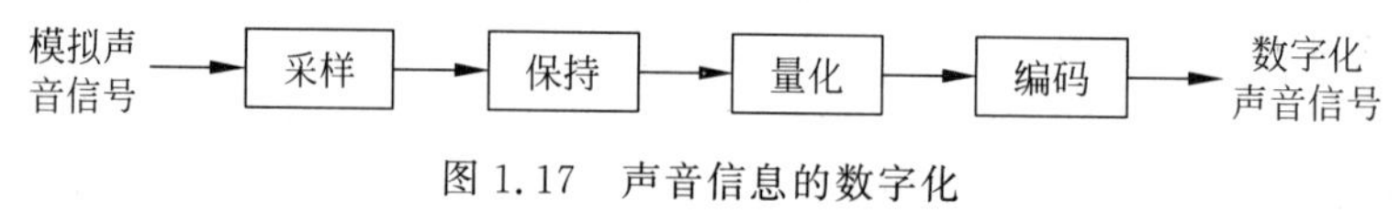

图 1.17　声音信息的数字化

采样频率越高，量化精度越高，单位时间内所得到的振幅值就越多，那么对原声音曲线的模拟就越精确。把数字化的声音文件以同样的采样频率转换为电压值去驱动扬声器，则可听到和原波形几乎一样的声音。

2) MIDI 文件

乐器数字接口(Musical Instrument Digital Interface，MIDI)是电子乐器与计算机之间的连接界面和信息交流方式。MIDI 格式的文件扩展名为.mid，通常把 MIDI 格式的文件简称为 MIDI 文件。

MIDI 是数字音乐国际标准。数字式电子乐器的出现，为计算机处理音乐创造了极为有利的条件。MIDI 声音与数字化波形声音完全不同，它不是对声波进行采样、量化和编码。它实际上是一串时序命令，用于记录电子乐器键盘弹奏的信息，包括键名、力度、时值长短等。这些信息称为 MIDI 消息，是乐谱的一种数字式描述。当需要播放时，只需从相应的 MIDI 文件中读出 MIDI 消息，生成所需要的乐器声音波形，经放大后由扬声器输出即可。

任务二　多媒体计算机的购置

任务描述

经过对计算机基础知识的系统学习和了解，小郭同学打算自己购置一台价格在3000元左右的PC。

任务目标

◆ 了解多媒体、多媒体计算机的基础知识。
◆ 学会自己配置PC。

知识介绍

一、微型计算机的硬件组成

日常所见的计算机大都是微型计算机，简称为微机。它由微处理器CPU、存储器、接口电路、输入输出设备组成。从微机的外观看，它是由主机、显示器、键盘、鼠标、磁盘存储器和打印机等构成的。

下面具体介绍这几部分设备的组成和使用。

1. 主机

主机是一台微机的核心部件。主机从外观上看，分为卧式和立式两种。

通常在主机箱的正面有Power和Reset按钮。Power是电源开关，Reset按钮用来重新冷启动计算机系统。主机箱上一般都配置了软盘驱动器、光盘驱动器和音箱、麦克风、U盘等插孔。

在主机箱的背面配有电源插座用来给主机及其外部设备提供电源，一般的微机都有一个并行接口和两个串行接口。并行接口用于连接打印机，串行接口用于连接鼠标、数字化仪等串行设备，但现在多用USB口连接。另外，通常微机还配有一排扩展卡插口，用来连接其他的外部设备，如图1.18所示。

图1.18　主机前后面板

打开主机箱后，可以看到以下部件。

1）主板

主板（mainboard）就是主机箱内较大的那块电路板，有时称为母板（motherboard），是微机的核心部件之一，是CPU与其他部件相连接的桥梁。在主板上通常有CPU、内存条、CMOS、BIOS、时钟芯片、扩展槽、键盘接口、鼠标接口、串行口、并行口、电池以及各种开关和跳线，还有与软盘驱动器、硬盘驱动器、光盘驱动器和电源相连的接口。主板的构成如图1.19所示。

为了实现CPU、存储器和输入输出设备的连接，微机系统采用了总线结构。所谓总线（bus），就是系统部件之间传送信息的公共通道。总线通常由数据总线（Data Bus，DB）、控

图 1.19 主板的构成

制总线(Control Bus,CB)和地址总线(Address Bus,AB)3 部分组成。

(1) 数据总线用于在 CPU 与内存或输入输出接口电路之间传送数据。

(2) 控制总线用于传送 CPU 向内存或外设发送的控制信号,以及由外设或有关接口电路向 CPU 送回的各种信号。

(3) 地址总线用于传送存储单元或输入输出接口的地址信息。地址总线的根数与内存容量有关,如 CPU 芯片有 16 根地址总线,那么可寻址的内存单元数为 65 536(2^{16}),即内存容量为 64KB;如果有 20 根地址总线,那么内存容量就可以达到 1MB(2^{20}B)。

2) CPU

CPU 是整台微机的核心部件,微机的所有工作都要通过 CPU 来协调处理,完成各种运算、控制等操作,而且 CPU 芯片型号直接决定着微机档次的高低,如图 1.20 所示。

目前比较成熟的商用 CPU 厂家有两家:一家是 Intel,Intel 的 CPU 在处理数据、文档、图片编辑等方面有一定的优势;另一家是 AMD,ADM 的 CPU 在游戏性能等方面有一定的优势,价格较 Intel 稍微便宜,性价比比较高,随着 CPU 型号的不断更新,微机的性能也不断提高。

3) 内存储器

内存储器(也称主存储器)是微机的记忆中心,用来存放当前计算机运行所需要的程序和数据。内存的大小是衡量计算机性能的主要指标之一。根据它作用的不同,可以分为以下几种类型。

(1) 随机存储器(Random Access Memory,RAM)用于暂存程序和数据,如图 1.21 所示。RAM 具有的特点是:用户既可以对它进行读操作,也可以对它进行写操作;RAM 中的信息在断电后会消失,也就是说,它具有易失性。

图 1.20 CPU

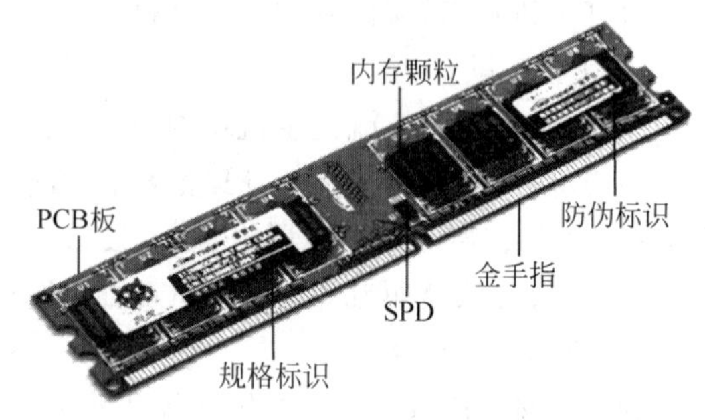

图 1.21 RAM

通常所说的内存大小是指 RAM 的大小，一般以 KB、MB 或 GB 为单位。RAM 内存的容量一般有 640KB、1MB、4MB、16MB、32MB、64MB、128MB、256MB、1GB、2GB 或更多。

(2) 只读存储器(Read Only Memory，ROM)存储的内容是由厂家装入的系统引导程序、自检程序、输入输出驱动程序等常驻程序，所以有时又叫 ROM BIOS。ROM 具有的特点是：只能对 ROM 进行读操作，不能进行写操作；ROM 中的信息在写入后就不能更改，在断电后也不会消失，也就是说，它具有永久性。

4) 扩展槽

主机箱的后部是一排扩展槽，用户可以在其中插上各种功能卡，有些功能卡是微机必备的，而有些功能卡则不是必需的，用户可以根据实际的需要进行安装。

显示卡是显示器与主机相连的接口。显示卡的种类很多，如单色、CGA、EGA、CEGA、VGA、CVGA 等。不同类型的显示器配置不同的显示卡，显示卡如图 1.22 所示，现在的显示卡一般都集成在主板上了。

5) CMOS 电路

在微机的主板上配置了一个 CMOS(Complementary Metal Oxide Semiconductor)电路，如图 1.23 所示，它的作用是记录微机各项配置的重要信息。CMOS 电路由充电电池维持，在微机关掉电源时电池仍能工作。在每次开机时，微机系统都首先按 COMS 电路中记录的参数检查微机的各部件是否正常，并按照 CMOS 的指示对系统进行设置。

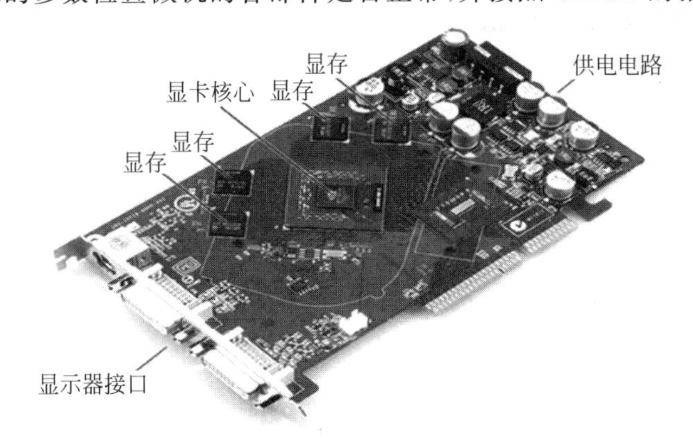

图 1.22　显示卡

图 1.23　CMOS 电路

2. 显示器、键盘和鼠标

1) 显示器

显示器是计算机系统最常用的输出设备。由监视器(monitor)和显示控制适配器(adapter)两部分组成，显示控制适配器又称为适配器或显示卡，不同类型的监视器应配备相应的显示卡。人们习惯直接将监视器称为显示器。目前广泛使用的监视器有液晶监视器、阴极射线管(CRT)监视器。

显示器的类型很多，分类的方法也各不相同。如果按照显示器显示的分辨率，可以分为以下几种。

(1) 低分辨率显示器：分辨率约为 300×200px。

(2) 中分辨率显示器：分辨率约为 600×350px。

(3) 高分辨率显示器：分辨率为 640×480px、1024×768px、1440×900px 等。

(4) 4K 分辨率显示器：是一种新兴的数字电影及数字内容的解析度标准，4K 的名称得自其横向解析度约为 4000 像素(pixel)，电影行业常见的 4K 分辨率包括 Full Aperture 4K(4096×3112)、Academy 4K(3656×2664)等多种标准。

适配器的分辨率越高、颜色种数越多、字符点阵数越大，所显示的字符或图形就越清晰，效果也更逼真。

2) 键盘

键盘是人们向微机输入信息的最主要的设备，各种程序和数据都可以通过键盘输入微机中。键盘通过一根五芯电缆连接到主机的键盘插座内，键盘通常有 101 键或 104 键。104 键的键盘如图 1.24 所示。

3) 鼠标

鼠标是一种输入设备，如图 1.25 所示。在某些环境下，使用鼠标比键盘更直观、方便。而有些功能则是键盘所不具备的。例如，在某些绘图软件下，利用鼠标可以随心所欲地绘制出线条丰富的图形。

图 1.24　104 键的键盘

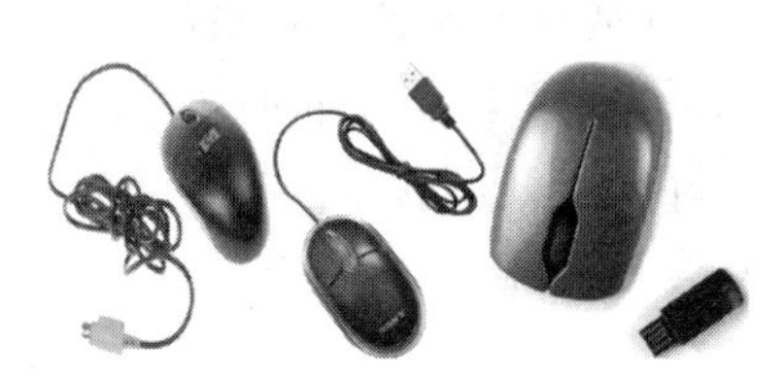

图 1.25　鼠标

根据结构的不同，鼠标可以分为机电式和光电式两种。

3. 磁盘存储器、光盘、可移动外存储器、打印机

1) 磁盘存储器

磁盘存储器简称为磁盘，分为硬盘和软盘两种。相对于内存储器，磁盘存储器又称为外存储器(外存)。内存在微机运行时只作为临时处理存储数据的设备，而大量的数据、程序、资料等都存储在外存上，使用时再调入内存。

(1) 软盘驱动器。早期的微机一般都配有 1.44MB 的软盘驱动器(软驱)，现在很少使用了。

(2) 硬盘。硬盘位于主机箱内，硬盘的盘片通常由金属、陶瓷或玻璃制成，上面涂有磁性材料，如图 1.26 所示。硬盘的种类很多，根据工作原理可分为机械硬盘、固态硬盘等。硬盘相对于软盘所具有的特点是：存储容量大、可靠性高。

图 1.26　硬盘

2) 光盘

随着多媒体技术的推广，光盘的使用日趋广泛。光盘存储器是激光技术在计算机领域中的一个应用。光盘最大的特点是存储容量大。

3) 可移动外存储器

(1) U 盘。U 盘是一种可读写非易失的半导体存储器，通过 USB 接口与主机相连。不需要外接电源，即插即用。它体积小、容量大、存取快捷、可靠。

(2) 可移动硬盘。可移动硬盘采用计算机外设标准接口(如 USB),是一种便携式的大容量存储系统。它容量大,速度快,即插即用,使用方便。

4) 打印机

打印机是计算机系统的输出设备,如果要把某些信息显示在纸上,就要将它们通过打印机打印出来。

打印机可以分为击打式和非击打式两种。击打式打印机主要是针式打印机,非击打式打印机主要有热敏打印机、喷墨打印机和激光打印机等。下面分别介绍目前常用的针式打印机、喷墨打印机和激光打印机。

(1) 针式打印机。目前国内较流行的针式打印机,有 9 针和 24 针两种。9 针打印机的打印头由 9 根针组成,24 针打印机的打印头由 24 根针组成。针数越多,打印出来的字就越美观。当然,24 针打印机也要比 9 针打印机昂贵。针式打印机的主要优点是简单、价格便宜、维护费用低,它的主要缺点是打印速度慢、噪声大,打印质量也较差。

(2) 喷墨打印机。喷墨打印机没有打印头,打印头用微小的喷嘴代替。按打印机打印出来的字符颜色,可以将它分为黑白和彩色两种,按照打印机的大小可以分台式和便携式两种。喷墨打印机的主要性能指标有分辨率、打印速度、打印幅面、兼容性以及喷头的寿命等。喷墨打印机的主要优点是打印精度较高、噪声较低、价格较便宜,主要缺点是打印速度较慢、墨水消耗量较大。

(3) 激光打印机。激光打印机是近年来发展很快的一种输出设备,由于它具有精度高、打印速度快、噪声低等优点,已越来越成为办公自动化的主流产品,受到广大用户的青睐。随着它普及性的提高,激光打印机的价格也有了大幅度的下降。激光打印机如图 1.27 所示。

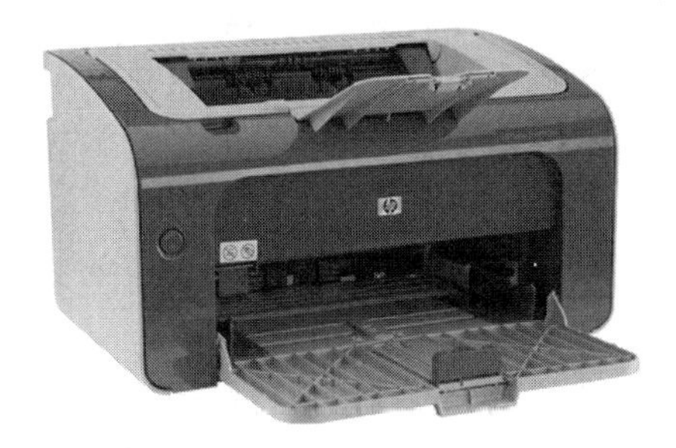

图 1.27　激光打印机

分辨率的高低是衡量打印机质量好坏的标志,分辨率通常以 DPI(每英寸的点数)为单位。现在国内市场上的打印机分辨率以 300DPI、400DPI 和 600DPI 为主。一般来说,分辨率越高,打印机的输出质量就越好,当然其价格也越昂贵,用户可以根据自己的实际需要选择一种打印机质量和价格均适当的激光打印机。

二、多媒体基础知识

多媒体技术是融合了计算机技术、通信技术和数字化声像技术等一系列技术的综合性电子信息技术。多媒体技术使计算机具有综合处理文字、声音、图像、视频等信息的能力,其直观、简便的人机界面大大改善了计算机的操作方式,丰富了计算机的应用领域。多媒体技术的应用不仅渗透到了社会的各个领域,改变了人类获取、处理、使用信息的方式,还起到了服务大众生活、引领时尚潮流的作用。

1. 多媒体及多媒体技术的定义

从字面上理解,多媒体即为多种媒体的集合。多媒体就是融合两种或者两种以上媒体的一种人机交互式信息交流和传播的媒体,包括文字、图形、图像、声音、动画和视频等。

多媒体技术就是计算机综合处理多种媒体信息(文字、图形、图像、声音和视频等),使多种信息建立逻辑连接，集成为一个系统并具有交互性。

2. 多媒体信息元素的类型

多媒体技术中能显示给用户的媒体元素称为多媒体信息元素，主要有以下几种类型。

1）文本

文本（text）是以各种文字和符号表达的信息集合，它是现实生活中使用最多的一种信息存储和传递方式。在多媒体计算机中，文本主要用于对知识的描述性表示。可利用文字处理软件对文本进行一系列处理，如输入、输出、存储和格式化等。

2）图形和图像

图形（graphic）和图像（image）也是多媒体计算机中重要的信息表现形式。

图形一般指计算机绘制的画面，描述的是点、线、面等几何图形的大小、形状和位置，在文件中记录的是所生成图形的算法和基本特征。一般是用图形编辑器产生或者由程序产生，因此也常被称作计算机图形。

图像是指由输入设备所摄取的实际场景的画面，或以数字化形式存储的画面。图像有两种来源：扫描静态图像和合成静态图像。前者是通过扫描仪、普通相机与模数转换装置、数码相机等从现实生活中捕捉；后者是计算机辅助创建或生成，即通过程序、屏幕截取等生成。

3）音频

在多媒体技术中，音频（audio）也泛指声音，是人们用来传递信息、交流感情最方便、最熟悉的方式之一。在多媒体计算机中，按其表达形式，可将声音分为语音、音乐、音效3类。计算机的音频处理技术主要包括声音的采集、无失真数字化、压缩/解压缩及声音的播放等。

4）视频

多媒体中的视频（video）非常类似于我们熟知的电影和电视，有声有色，在多媒体中充当起重要的角色。

视频是一系列图像连续播放形成的，具有丰富的信息内涵。视频信号具有时序性。由多幅连续的、顺序的图像序列构成动态图像，序列中的每幅图像称为“帧”。若每帧图像为实时获取的自然景物图像时，则称为动态影像视频，简称视频。

视频信号可以来自录像带、摄像机等视频信号源，但由于这些视频信号的输出大多是标准的彩色全电视信号，要将其输入计算机不仅要进行视频捕捉，实现由模拟向数字信号的转换，还要有压缩、快速解压缩及播放的相应软硬件处理设备。

3. 多媒体的相关技术

多媒体技术涵盖的范围广、领域新，研究的内容深，是正处于发展过程中的一门跨学科的综合性高新技术，是科技进步的必然结果。它融合了当今世界上的一系列先进技术。目前，有关多媒体技术的研究主要集中在以下几方面。

1）数据压缩与编码技术

多媒体信息（如音频和视频等）包含数据量大，存储和传输都需要大量的空间和时间。因此必须考虑对数据进行压缩编码。选用合适的数据压缩与编码技术，可以将音频数据量压缩到原来的1/2～1/10，图像数据量压缩到原来的1/2～1/60。

目前，数据压缩与编码技术已日渐完善，并且在不断发展和深化。

2）大规模集成电路技术

大规模集成电路(LSI)技术是支持多媒体硬件系统结构的关键技术。

多媒体计算机可快速、实时地对音频和视频信号进行压缩、解压缩、存储与播放，这离不开大量的高速运算。而实现多媒体信息的一些特殊生成效果，也需要很快的运算处理速度，因此，要想取得满意的效果，只有采用专用芯片。

3）多媒体存储技术

图像、声音和视频等多媒体信息，即使经过压缩处理，仍然需要相当大的存储空间。利用光存储技术，可以有效地解决这个问题。光存储技术是通过光学的方法读、写数据，使用的光源基本上是激光，又称为激光存储。

4）多媒体通信技术

多媒体通信技术集声音、图像、视频等多种媒体功能于一体，提供具有交互功能的信息服务。多媒体通信技术使计算机、通信网络和广播电视三者有机地融为一体，它使人们的工作效率大大提高，改变了人们的生活和娱乐方式，如可视电话、视频会议、视频点播以及分布式网络系统等，都是多媒体通信技术的应用。

5）超文本与超媒体技术

超文本是一种用于将文本、图形和图像等计算机信息结合在一起的组织形式。它使得单一的信息元素之间相互交叉“引用”。这种“引用”并不是通过复制来实现的，而是通过指向对方的地址字符串来指引用户获取相应的信息。这是一种非线性的信息组织形式。它使得 Internet 真正成为大多数人能够接受的交互式的网络。利用超文本形式组织起来的文件不仅仅是文本，也可以是图、文、声、像以及视频等多媒体形式的文件。这种多媒体信息就构成了超媒体。

超文本和超媒体技术应用于 Internet，大大促进了 Internet 的发展，也造就了 Internet 的 WWW 服务今天的地位。

6）多媒体数据库技术

多媒体数据库技术中的关键技术包括多媒体数据库的存储和管理技术、分布式技术、多媒体信息再现技术和良好的用户界面处理技术等。

多媒体信息占用存储空间大，数据源广泛、结构复杂，使得关系数据库已不适用于多媒体信息管理，需要从多媒体数据模型、数据管理及存取方法、用户接口等方面进行研究。

7）虚拟现实技术

虚拟现实技术是一项综合集成技术，它综合了计算机图形学、人机交互技术、传感技术、人工智能等领域最先进的技术，生成模拟现实环境的三维的视觉、听觉、触觉和嗅觉的虚拟环境。在虚拟环境中，使用者戴上特殊的头盔、数据手套等传感设备，或利用键盘、鼠标等输入设备，便可以进入虚拟空间，成为虚拟环境的一员，进行实时交互，感知和操作虚拟世界中的各种对象，从而获得身临其境的感受和体会。

8）多媒体信息检索技术

文本的检索通常采用关键词检索技术实现。但图形、图像、声音、视频等多媒体数据是非规格化数据，不能按关键词检索，需要采用基于内容的检索技术实现。各类媒体有较大的差异性，并且与组成媒体信息的相关领域专业知识密切相关，信息特征的提取方法以及匹配方法的研究要依赖相关领域的专业知识和经验。基于内容的检索技术研究，不仅是多媒体技术研究的重要领域，也是当今高新技术研究和发展的热点。

三、数字信息——声音

1. 数字音频

声音是人类使用最多、最熟悉的传达、交流信息的方式。生活中的声音种类繁多，如语音、音乐、动物的叫声及自然界中的雷声、风声和雨声等。多媒体制作中需要加入声音以增强其效果，因此音频处理是多媒体技术研究中的一个重要内容。用计算机产生音乐以及语音识别、语音合成技术都得到了越来越广泛的研究和应用。多媒体数字音频处理技术在音频数字化、语音处理、合成及识别等诸多方面都起到了关键作用。

1）数字音频的特点

声音作为一种波，有两个基本参数：频率和振幅。频率是声音信号每秒变化的次数，振幅表示声音的强弱。

在计算机中，音频常常泛指音频信号或声音。音频信号是指 20Hz～20kHz 频率范围内的声音信号。

数字音频是通过采样和量化，把由模拟量表示的声音信号转换成由二进制数组成的数字化的音频文件。数字音频信号的特点如下。

(1) 数字音频信号是一种基于时间的连续媒体。处理时要求有很高的时序性，在时间上如果有 25ms 的延迟，人就会感到声音的断续。

(2) 数字音频信号的质量是通过采样频率、样本精度和信道数来反映的。上述 3 项指标越高，声音失真越小、越真实，但用于存储音频的数据量就越大，所占存储空间也越大。

(3) 由于人类的语音信号不仅是声音的载体，还承载了一系列感情色彩，因此对语音信号的处理，不仅仅是数据处理，还要考虑语义、情感等其他信息，这就涉及声学、语言学等知识，同时还要考虑声音立体化的问题。

2）常见的声音文件格式及其特点

在多媒体计算机处理音频信号时，涉及采集、存储和编辑的过程。存储音频文件和存储文本文件一样需要有存储格式。当前在网络上和各类机器上运行的声音文件格式很多，在此只简单介绍几种常见的声音文件格式及其特点。

(1) WAV(Wave Form Audio)格式的文件又称波形文件，是由 Microsoft 公司开发的一种声音文件格式。WAV 格式的音频可以得到相同采样率和采样大小条件下的最好音质，因此，也被大量用于音频编辑、非线性编辑等领域。WAV 格式是数字音频技术中最常用的格式，它还原的音质较好，但所需存储空间较大。

(2) MIDI 格式是 20 世纪 80 年代提出来的，是数字音乐和电子合成器的国际标准。MIDI 信息实际上是一段乐谱的数字描述，当 MIDI 信息通过一个音乐或声音合成器进行播放时，该合成器对一系列的 MIDI 信息进行解释，然后产生相应的一段音乐或声音，MIDI 能提供详细描述乐谱的协议(音符、音调、使用什么乐器等)。MIDI 规定了各种电子乐器、计算机之间连接的电缆和硬件接口标准及设备间数据传输的规程。MIDI 数据文件紧凑，所占空间小。

(3) MP3 是对 MPEG-1 Layer3 的简称，其技术采用 MPEG-1 Layer3 标准对 WAV 音频文件进行压缩而成。MP3 对音频信号采取的是有损压缩方式；但是它的声音失真极小，而压缩比较高，因此它以较小的比特率、较大的压缩率达到接近 CD 的音质。MP3 压缩率可达 1∶12，对于每分钟的 CD 音乐，大约需要 1MB 的磁盘空间。

(4) RM(Real Media)格式的特点是可以随着网络带宽的不同而改变声音的质量。它是目前在网络上相当流行的跨平台的客户/服务器结构多媒体应用标准。用最新版本的 RealPlayer 可以找到几千个网上电台，有丰富的节目源。RM 格式文件具有高压缩比，音质相对较差。

2. 数字音频处理

1) 声音的采集

语音或音乐、音效的使用，使多媒体作品更具活力和吸引力，因此声音的采集就成为一个重要的问题。

获取声音的方法很多，下面介绍一些常用的方法。

(1) 从声音素材中选取。随着电子出版物的不断丰富，市面上有许多 WAV、MP3 和 MIDI 格式的音乐、音效素材光盘，这些光盘中包含的声音文件范围很广泛，有各种各样的背景音乐，也有许多特效音乐，可以从中选取素材使用。

(2) 通过多媒体录音机获取声音。Windows 自带的软件“录音机”具有很好的声音编辑功能，它能够录音、放音，并且可以混合声音，如图 1.28 所示。

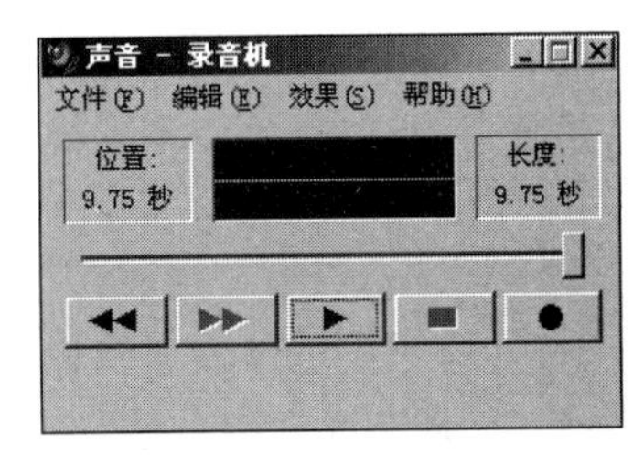

图 1.28　Windows 录音机

利用话筒，在 Windows 录音机的帮助下，可以录制自己需要的声音。下面以录制编辑一段波形声音为例来说明具体的使用方法，操作步骤如下。

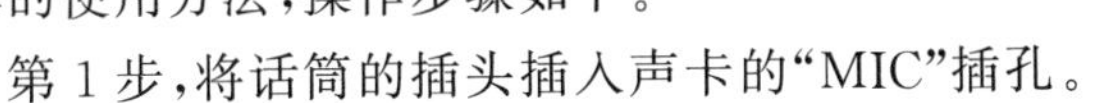

第 1 步，将话筒的插头插入声卡的“MIC”插孔。

第 2 步，选择“开始”|“程序”|“附件”|“娱乐”|“录音机”选项，打开录音机程序。

第 3 步，选择“编辑”菜单下的“音频属性”选项，打开“音频属性”对话框，根据需要对录音参数进行设置；通过“编辑”菜单还可以进行“复制”“粘贴”“插入”“删除”等操作。

第 4 步，在录音主窗口中，单击“录音”按钮，开始录音。录音时，在窗口中会出现与声音相关的波形图，可以通过看是否出现波形图来判断是否录音成功。在录音过程中，若单击“暂停”按钮，就会停止录音。

第 5 步，录音完成后，可以通过“播放”键试听录音效果。如果不满意，选择“文件”|“新建”命令创建新的文件，重复第 4 步，可重新录音。

第 6 步，录音成功后，选择“文件”|“保存”命令，在弹出的对话框中，输入一个文件名和存储路径，最后单击“确定”按钮即完成保存，保存的文件为 WAV 格式。

(3) 从磁带获取声音。从磁带获取声音的方法和从话筒获取声音的方法类似，不同的是，要将磁带播放机的线路输出插孔通过连线与声卡 MIC 孔连接。

(4) 从网络获取声音。网络上有许多声音素材可供人们下载使用。使用时要考虑文件的大小及格式。

(5) 从 CD 光盘中获取声音。CD 光盘中有极为丰富的音乐素材，但这种格式的声音文件不能直接在多媒体作品中使用，必须将其转换成其他格式文件才能使用。

2) 数字音频格式的相互转换

数字音频文件存在多种格式，这些数字音频格式可以进行相互间的格式转换。一些常用的音频播放软件往往附带了转换格式的插件，例如，千千静听、QQ影音等软件工具可以对常见的声音格式进行相互转换。

四、数字信息——图像

1. 数字图像

人类接收的信息有70%来自视觉。视觉是人类最丰富的信息来源。

多媒体计算机中的图像处理主要是对图像进行编码、重现、分割、存储、压缩、恢复和传输等，从而生成人们所需的便于识别和应用的图像或信息。

1）图像的特点

计算机中的图像是指点阵图。点阵图由一些排成行列的点组成，这些点称为像素点，点阵图也称位图。

位图中的位用来定义图中每个像素点的颜色和亮度。在计算机中用1位表示黑白线条图；用4位(16种灰度等级)或8位(256种灰度等级)表示灰度图的亮度。而彩色图像则有多种描述方法。

位图图像适用于表现层次和色彩比较丰富、包含大量细节的图像。彩色图像需要由硬件(显示卡)合成显示。

图像文件的存储格式很多，一般数据量都较大。图像有许多存储格式，如BMP、GIF、JPEG、TIF等。

在计算机中可以改变图像的性质。对图像文件可进行改变尺寸大小、对图像位置进行编辑修改、调节颜色等处理。必要时可用软件技术改变亮度、对比度、明度，以求用适当的颜色描绘图像，并力求达到多媒体制作需要的效果。

2）图像的格式

图像的格式有很多，下面简单介绍几种常见的图像格式。

(1) BMP(Bitmap)格式是标准的Windows图像位图格式，其扩展名为.bmp。许多在Windows下运行的软件都支持这种格式。最典型的应用BMP格式的程序就是Windows自带的“画图”。其缺点是BMP文件几乎不压缩，占用磁盘空间较大，因此该格式文件比较大，常应用在单机上。

(2) GIF(Graphics Interchange Format)格式主要用于网络传输和存储。它支持24位彩色，由一个最多256种颜色的调色板实现，可基本满足主页图形的需要，而且文件较小，适合网络环境传输和使用。

(3) JPEG(Joint Photographic Experts Group)格式是一种由复杂的文件结构与编码方式构成的格式。可以用不同的压缩比例对这种文件压缩，其压缩技术十分先进。它是用有损压缩方式除去计算机内冗余的图像和色彩数据，压缩对图像质量影响很小，用最少的磁盘空间可以获得较好的图像质量。由于其性能优异，所以应用非常广泛，是网络上的主流图像格式。

(4) PSD(Photoshop Document)格式是Adobe公司开发的图像处理软件Photoshop中自建的标准文件格式，它是Photoshop的专用格式，里面可存放图层、通道、遮罩等多种设计草稿。在该软件所支持的各种格式中，PSD格式功能强大，存取速度比其他格式快很多。由于Photoshop软件越来越广泛的应用，这种格式也逐步流行起来。

(5) PNG(Portable Network Graphics)是一种新兴的网络图形格式,结合了 GIF 和 JPEG 的优点,具有存储形式丰富的特点。PNG 最大颜色深度为 48 位,采用无损方案存储,可以存储最多 16 位的 Alpha 通道。

2. 图像处理技术

1) 图像的采集

图像是多媒体作品中使用频繁的素材,除通过图像软件的绘制、修改获取图像外,使用最多的还是直接获取图像,主要有以下几种方法。

(1) 利用扫描仪和数码相机获取。扫描仪主要用来取得印刷品以及照片的图像,还可以借助识别软件进行文字的识别。目前市场上的扫描仪种类繁多,在多媒体制作中可以根据需要选择。数码相机可以直接产生景物的数字化图像,通过接口装置和专用软件完成图像输入计算机的工作。

(2) 从现有图片库中获取。多媒体电子出版物中有大量的图像素材资源。这些图像主要包括山水木石、花鸟鱼虫、动物世界、风土人情、边框水纹、墙纸图案、城市风光、科幻世界等,几乎应有尽有。另外,还要养成收集图像的习惯,将自己使用过的图像分类保存,形成自己的图片库,以便以后使用。

(3) 在屏幕上截取。多媒体制作中,有时候可以将计算机显示屏幕上的部分画面作为图像。从屏幕上截取部分画面的过程叫作屏幕抓图。具体方法是:在 Windows 环境下,单击键盘功能键中的 Print Screen 键,然后进入 Windows 附件中的画图程序,用粘贴的方法将剪贴板上的图像复制到"画纸"上,最后保存。

(4) 用"QQ 影音"捕获 VCD 画面。多媒体制作中,常常需要影片中的某一个图像,这时可以借助"QQ 影音"来完成。

(5) 从网络上下载图片。网络上有很多图像素材,可以很好地利用它们。但使用时,应考虑图像文件的格式、大小等因素。

2) 图像格式的转换

利用一些专门的软件,可以在图像格式之间进行转换,从而满足多媒体制作的要求。

(1) 在 ACDSee 中转换图像格式。ACDSee 是目前最流行的数字图像处理软件之一,可应用在图片的获取、管理、浏览及优化等方面。在 ACDSee 中转换图像格式的方法如下:

第一步,在 ACDSee 中打开图像文件,选择"文件"|"另存为"菜单命令。

第二步,在"图像另存为"窗口中,选择保存的路径,并单击"保存类型"选项的下三角按钮,在其中选择所需的图像格式。

第三步,单击"保存"按钮,完成转换工作。

(2) 图像处理软件可以对图像进行编辑、加工、处理,使图像成为合乎需要的形式。下面简单介绍几种常用的图像处理软件。Windows 画图是 Windows 下的一个小型绘图软件,可以用它创建简单的图像,或用"画图"程序查看和编辑扫描好的照片;可以用"画图"程序处理图片,例如 JPEG、GIF 或 BMP 文件,可以将"画图"图片粘贴到其他已有文档中,也可以将其用作桌面背景。Photoshop 是目前最流行的平面图像设计软件,它是针对位图图形进行操作的图像处理程序。它的工作主要是进行图像处理,而不是图形绘制。使用 Photoshop 处理位图图像时,可以优化微小细节或进行显著改动,以及增强效果。

五、数字信息——视频

1. 数字视频

通常所说的视频指的是运动的图像。若干关联的图像连续播放便形成了视频。视频信号使多媒体系统功能更强大,效果更精彩。

视频信号处理技术主要包括视频信号数字化和视频信号编辑两个方面。由于视频信号多是标准的电视信号,在其输入计算机时,要涉及信号捕捉、模/数转换、压缩/解压等技术,难免受到广播电视技术的影响。

1）视频信号的基础知识

通常我们在电视上看到的影像和摄像机录制的片段等都是模拟视频信号,模拟视频信号是涉及一维时间变量的电信号。

数字视频就是以数字信号方式处理视频信号,它不但更加高效而精确,并且提供了一系列交互式视频通信和服务的机会。一旦视频信号被数字化和压缩,就可以被大多数处理静止图像的软件操作和管理。因此可以对每一个画面进行精细的编辑以达到较为完美的效果。

如果想在多媒体计算机中应用录像带、光盘等携带的视频信号,就要先将这些模拟信号转换成数字视频信号。这种转换需要借助一些压缩方法,还要有硬件设备支持,如视频采集卡,还要有相应的软件配合来完成。

2）数字视频信号的特点

（1）数字视频信号具有时间连续性,表现力更强、更自然。它的信息量比较大,具有更强的感染力,善于表现事物细节；通常情况下,视频采用声像复合格式,即在呈现事物图像的时候,同时伴有解说或背景音乐。当然,视频在呈现丰富色彩画面的同时,也可能传递大量的干扰信息。

（2）视频是对现实世界的真实记录。借助计算机对多媒体的控制能力,可以实现数字视频的播放、暂停、快速播放、反序播放和单帧播放等功能。

（3）视频影像在规定的时间内必须更换画面,处理时要求有很强的时序性。

（4）数字视频信号可以进行复制,还可以进行格式转换、编辑等处理。

3）视频信号处理环境

视频信号的特点对其处理环境提出了特殊的要求。

（1）软件环境。处理视频信号,除了要有一般的多媒体操作系统外,还要求有相应的视频处理工具软件,这些软件包括视频编辑软件、视频捕捉软件、视频格式转换软件及其他视频工具软件等,如 Premiere、QuickTime for Windows 等,这些软件都是进行视频处理必不可少的。

上述的支持软件可以提供视频获取、无硬件回放、支持各种视频格式播放,有的还可以提供若干独立的视频编辑应用程序。

（2）硬件环境。处理视频素材的计算机应该有较大的磁盘存储空间。除了多媒体计算机通常的硬件配置,如主机、声卡、显卡和外设等,还必须安装视频采集卡。

视频采集卡又称"视频捕捉卡"或"视频信号获取器"。其作用是将模拟视频信号转变为数字视频信号。用于视频采集的模拟视频信号可以来自有线电视、录像机、摄像机和光盘等，这些模拟信号通过视频采集卡，经过解码、调控、编程、数/模转换和信号叠加，被转换成数字视频信号而被保存在计算机中。

目前市场上有各种档次的视频采集卡，从几百元的家用型视频采集卡到十几万元的非线性编辑视频采集卡，让人们有很大的选择空间，也使得视频信号的多媒体制作得以轻松实现。

4）视频信号格式

在多媒体节目中常见的视频格式有 AVI 数字视频格式、MPEG 数字视频格式和其他一些格式。

（1）AVI（Audio Video Interleave）数字视频格式是一种音频/视频交叉记录的数字视频文件格式。1992 年初，Microsoft 公司推出了 AVI 技术及其应用软件 VFW（Video For Windows）。在 AVI 文件中，运动图像和伴音数据以交织的方式存储在同一文件中，并独立于硬件设备。

（2）MPEG 数字视频格式。MPEG 数字视频格式是 PC 上的全屏活动视频的标准文件格式。可分为 MPEG-1、MPEG-2、MPEG-3、MPEG-4 和 MPEG-7 共 5 个标准。其中，MPEG-4 制定于 1998 年，是当前主要使用的视频格式，它不仅针对一定比特率下的视频、音频编码，更加注重多媒体系统的交互性和灵活性。这个标准主要应用于可视电话、可视电子邮件和视频压缩等。

（3）流媒体（Streaming Media）格式是应用视频、音频流技术在网络上传输的多媒体文件。其中，REAL VIDEO（RA、RAM）格式较多地用于视频流应用方面，也可以说是视频流技术的开创者。它可以在用 56kb/s Modem 拨号上网的条件下实现不间断的视频播放，但其图像质量较差。

（4）MOV 格式是 Apple 公司为在 Macintosh 微机上应用视频而推出的文件格式。MOV 是 QuickTime for Windows 视频处理软件支持的格式，适合在本地播放或是作为视频流格式在网上传播。

2. 视频信号处理

1）视频信号的采集

视频信号主要从以下途径获得：

（1）利用 CD-ROM 数字化视频素材库。可以直接购买光盘数字化视频素材库，也可以通过使用抓取软件从 VCD 影碟中节选一段视频作为素材。

（2）利用视频采集卡。将摄像机、录像机与视频采集卡相连，可以从现场拍摄的视频得到连续的帧图像，生成 AVI 文件。这种 AVI 文件承载的是实际画面，同时记录了音频信号。

（3）利用专门的硬件和软件设备，将录像带上的模拟视频转换为数字视频。

（4）利用 Internet，从网上下载。

（5）捕捉屏幕上的活动画面。利用专门的视频捕捉软件。

（6）利用数码摄像机。数码摄像机可以直接拍摄数字形式的活动图像，不需要进行任何转换，就可以输入计算机中，并以 MPEG 形式存储下来。

2）视频信号的转换

不同的场合要用到不同格式的视频信号，一般在 PC 平台上要使用 AVI 格式，苹果机系列使用 QuickTime 格式；使用较大的视频素材时要选用 MPEG 高压缩比格式，在网上实时传输视频类素材时使用流媒体格式。

视频信号转换常用的软件有 Honestech MPEG Encoder、bbMPEG、QQ 影音等，可以按照不同的需要选取不同的工具软件。

3）视频信号编辑软件简介

视频信号的编辑离不开多媒体视频编辑制作软件。下面介绍几种常用的视频编辑制作软件：

（1）Ulead VideoStudio。数字视频编辑制作通常只有专家才能掌握。但随着技术的进步，几乎任何人都可以创建视频作品。随着个人计算机的功能越来越强大，视频编辑制作软件也变得更加智能化。Ulead VideoStudio 提供了完整的剪辑、混合、运动字幕、添加特效以及包含数字视频编辑制作的所有功能，从而将用户带入视频技术的前沿。由于 Ulead VideoStudio 将复杂的视频编辑制作过程变得相当简单和有趣，因此初学者也可以制作出专业化的作品。

（2）QuickTime。QuickTime 是 Apple 公司最早在 Macintosh 机上推出的视频处理软件。使用它可以不用附加硬件在计算机上回放原始质量的高清晰视频。QuickTime 以超级视频编码为主要特征，使用户以极小的文件尺寸得到清晰度高的视频影像。其用户界面组合合理，操作简单易学，使用 QuickTime 可以轻易地创建幻灯片或视频节目，是一个很好的视频信号处理、编辑软件。

任务实施

一、填写计算机配置清单

配置清单如表 1.2 所示。

表 1.2　计算机配置清单

项　　目	产 品 型 号	价格/元
CPU	Intel 酷睿 i3-12100 4 核 8 线程	655
主板	微星 H610M BOMBER	569
内存	金士顿 FURY 16GB(8G×2) DDR4 3200	298
硬盘	西部数据 SN570 1TB	388
电源	长城 HOPE-4500DS 350W	199
机箱	鑫谷图灵 N5	159
键盘	自选	—
鼠标	自选	—
显示器	自选	—
CPU	Intel 酷睿 i3-12100 4 核 8 线程	655

二、装机基本软件列表

软件列表如表 1.3 所示。

表 1.3　装机基本软件列表

软件类别	软件名称	软件类别	软件名称
安全软件	360 安全卫士/金山卫士	驱动工具	驱动精灵/鲁大师
杀毒软件	360 杀毒软件/金山毒霸	视频播放	QQ 影音/暴风影音
办公软件	Microsoft Office/金山 WPS	音频播放	QQ 音乐/酷狗音乐
输入法	搜狗输入法/百度输入法	图像工具	ACDSee/Adobe Flash
解压软件	WinRAR/360 压缩		

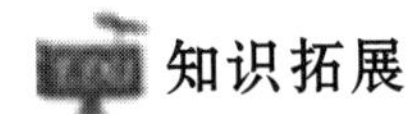

知识拓展

现代信息技术

现代信息技术主要是借助以微电子学为基础的计算机技术和电信技术的结合而形成的手段，对声音、图像、文字、数字和各种传感信号的信息进行获取、加工、处理、储存、传播和使用的技术。

1. 信息技术的发展历程

信息技术是在信息技术革命的带动下发展起来的，在人类社会发展历程中，信息技术经历了以下几个发展阶段。

第一个阶段，是以语言的产生和应用为主要标志的信息技术的初始阶段，语言的产生和应用是人类从猿到人转变的重要标志，人类的信息能力产生了质的飞跃。

第二个阶段，是以文字的发明和使用为主要标志的信息技术的初始阶段，文字的发明和使用使信息的存储和传递取得了重大突破，首次超越了时间和空间的限制。在文字出现之前人类进行信息的传递只能通过面对面的交流，文字出现后使得信息能够通过传阅进行传递，而且还可以记录、保存，供后人借鉴和学习。

第三个阶段，是以造纸和印刷术的发明和使用为主要标志的信息技术的中级阶段，造纸和印刷术的发明和使用使信息的传递和存储变得更便利，扩大了信息交流的范围。

第四个阶段，是以电报、电话、电视等的出现为标志的信息技术的发展阶段，电报、电话、电视等近代通信技术的出现使信息的传递有了历史性的变革，进一步突破了信息存储和传递的时空限制。

第五个阶段，是以计算机和现代通信技术为标志的高级应用阶段，信息技术由此进入了飞速发展时期，信息的处理、传递和存储都发生了本质性的变化，人类社会进入了数字化的信息时代。

2. 信息技术的发展趋势

今后信息技术的发展趋势可以用“五个化”来概括。

(1) 多元化。信息技术应用于各个学科领域，产生跨学科、跨领域的多元交叉学科。比如与管理学科紧密结合，涌现出物流管理、项目管理、信息管理等新兴学科。今后信息技术将会更深入各个学科领域，会产生更多的新学科，向着多元化的方向发展。

(2) 网络化。网络化是指利用卫星、光纤等现代通信设备构成全球高速网络，使信息传播速度变得更快，影响范围更广，用户可以更方便地进行信息的共享。

(3) 多媒体化。多媒体化是指将文字、图片、声音、视频等媒体信息有机地结合起来组成一个内容丰富、生动形象的媒体,同时与计算机技术、网络技术相结合使得多媒体信息传播更为方便快捷。

(4) 智能化。随着现代信息技术的发展,人类社会将会进入一个高智能化的时代,机器人、自动化监控仪等各种各样的全自动电子设备将会进入人们日常的工作和生活当中。

(5) 虚拟化。由计算机仿真生成虚拟的现实世界,给人一种身临其境的真实感觉,通过虚拟的现实情境去感知客观世界和获取有关知识和技能。

小　　结

本部分系统地阐述了计算机发展史、计算机的数制及其换算、计算机系统的软硬件组成及其工作原理等一些预备基础知识;同时对计算机各部件的主要性能指标做了详细的展示与评测。通过本部分的学习,学生可以对计算机特别是个人计算机有一个比较全面的理性认识和较为具体的感性认识。

匠心筑梦——国内计算机发展的奠基人

计算机技术在中国的发展中,不乏有许多杰出的人物,他们的贡献为计算机技术在中国的推广和发展提供了不可替代的支撑。下面就来谈一下国内对计算机技术发展有重要贡献的典型人物事迹。

(1) 陈景润先生是我国信息领域的杰出科学家之一,他在计算机领域的研究和创新成果丰硕。他曾发明了著名的"陈景润算法",为解决某些复杂的计算问题提供了重要的理论基础,也为计算机科学领域的发展做出了巨大的贡献。

(2) 李国桢先生被誉为我国计算机技术的奠基人之一,他曾主导研制了我国第一台电子计算机——"六三机",为中国计算机技术的起步做出了重要贡献。他还在计算机教育和人才培养方面做出了杰出的贡献,为我国计算机事业的发展提供了坚实的人才支持。

(3) 吴文俊先生是我国著名的数学家和信息科学家,他在计算机技术的研究和发展方面也做出了杰出贡献。他曾领导研制了我国第一台高速计算机——"银河一号",为我国计算机技术的发展打开了新的局面。他还在计算机领域的基础研究方面做出了许多重要贡献,对我国计算机事业的发展起到了重要的推动作用。

以上是国内对计算机技术发展有重要贡献的典型人物事迹,他们的杰出贡献和突出成就,不仅对我国计算机技术的发展做出了不可替代的贡献,也为后人树立了榜样和激励。我们应该倍加珍视他们的贡献,为我国计算机事业做出自己的努力和贡献。

习　　题

一、选择题

1. 世界上第一台电子计算机是在(　　)年诞生的。

   A. 1927　　B. 1946　　C. 1936　　D. 1952

2. 世界上第一台电子计算机的电子逻辑元件是(　　)。

A. 继电器　　B. 晶体管　　C. 电子管　　D. 集成电路

3. 20 世纪 50 年代到 60 年代,电子计算机的功能元件主要采用的是(　　)。

A. 电子管　　B. 晶体管

C. 集成电路　　D. 大规模集成电路

4. 计算机中用来表示信息的最小单位是(　　)。

A. 字节　　B. 字长　　C. 位　　D. 双字

5. 通常计算机系统是指(　　)。

A. 主机和外设　　B. 软件

C. Windows　　D. 硬件系统和软件系统

6. 微机系统中存储容量最大的部件是(　　)。

A. 硬盘　　B. 内存　　C. 高速缓存　　D. 光盘

7. 微型计算机中运算器的主要功能是(　　)。

A. 控制计算机运行　　B. 算术运算和逻辑运算

C. 分析指令并执行　　D. 负责存取存储器中的数据

8. CPU 的中文含义是(　　)。

A. 运算器　　B. 控制器　　C. 中央处理器　　D. 主机

9. 微型计算机中的 80586 指的是(　　)。

A. 存储容量　　B. 运算速度　　C. 显示器型号　　D. CPU 类型

10. 计算机硬件系统主要由(　　)、存储器、输入设备和输出设备等部件构成。

A. 硬盘　　B. 声卡　　C. 运算器　　D. CPU

11. (　　)设备分别属于输入设备、输出设备和存储设备。

A. CRT、CPU、ROM　　B. 磁盘、鼠标、键盘

C. 鼠标、绘图仪、光盘　　D. 磁盘、磁带、键盘

12. 完成将计算机外部的信息送入计算机这一任务的设备是(　　)。

A. 输入设备　　B. 输出设备　　C. 软盘　　D. 电源线

13. 所谓“裸机”是指(　　)。

A. 单片机　　B. 单板机

C. 没装任何软件的计算机　　D. 只装备了操作系统的计算机

14. 计算机软件系统分为系统软件和应用软件两大类,其中(　　)是系统软件的核心。

A. 数据库管理系统　　B. 语言处理系统

C. 操作系统　　D. 工资管理系统

15. 对计算机软件正确的认识应该是(　　)。

A. 计算机软件不需要维护

B. 计算机软件只要能复制得到就不必购买

C. 受法律保护的计算机软件不可以随便复制

D. 计算机软件不必有备份

16. 将十进制数 255 转换成二进制数是(　　)。

A. 11111111　　B. 11101010　　C. 1101011　　D. 11010110

17. 十六进制数 FF 转换成十进制数是(　　)。

A. 512　　B. 256　　C. 255　　D. 511

18. 有一个数为 152,它与十六进制数 6A 等值,则该数值是(　　)。

A. 二进制数　　B. 八进制数　　C. 十进制数　　D. 四进制数

19. 二进制数 10000001 转换成十进制数是(　　)。

A. 127　　B. 129　　C. 126　　D. 128

20. 与十进制数 97 等值的二进制数是(　　)。

A. 1011111　　B. 1100001　　C. 1101111　　D. 1100011

21. 十六进制数 1000 转换成十进制数为(　　)。

A. 4096　　B. 1024　　C. 2048　　D. 8192

22. 下列字符中,ASCII 值最小的是(　　)。

A. D　　B. a　　C. k　　D. M

二、判断题

1. 计算机只可以处理数字信号,不能处理模拟信号。(　　)

2. 突然断电时,没有存盘的资料将丢失。(　　)

3. 一般来说,光电鼠标的寿命比机械鼠标的寿命长。(　　)

4. 盗版光盘质量低劣,光驱读盘时频繁纠错,这样激光头控制元件容易老化,时间长了,光驱纠错能力将大大下降。(　　)

5. 在使用光盘时,应注意光盘的两面都不能划伤。(　　)

6. 多媒体指的是文字、图片、声音和视频的任意组合。(　　)

7. CD-ROM 是多媒体微型计算机必不可少的硬件。(　　)

8. 买来的软件是系统软件,自己编写的软件是应用软件。(　　)

三、填空题

1. 第一台电子数字计算机是(　　)年发明的,名字叫(　　)。

2. 第四代计算机所采用的主要功能器件是(　　)。

3. 目前,国际上按照性能将计算机分类为巨型机、大型机、中型机、小型机、(　　)和工作站。

4. 计算机的主要应用领域有科学和工程计算、(　　)、过程控制、(　　)、人工智能。

5. CAD 是指(　　),CAI 是指(　　)。

6. (　　)是一系列指令所组成的有序集合。

7. (　　)是让计算机完成某个操作所发出的指令或命令。

8. 一条指令的执行可分为 3 个阶段: 取出指令、分析指令和(　　)。

9. 一个完整的计算机系统由(　　)和(　　)两大部分组成。

10. 从计算机工作原理的角度讲,一台完整的计算机硬件主要由运算器、控制器、(　　)、输入设备和(　　)等部分组成。

11. 微型计算机中的 CPU 通常是指(　　)和(　　)。

12. 计算机存储器记忆信息的基本单位是(　　),记为 B。

13. 显示器必须与(　　)共同构成微型机的显示系统,显示器的(　　)越高,组成的字符和图形的像素的个数越多,显示的画面就越清晰。

14. 键盘与鼠标是微型计算机上最常用的(　　)设备。

15. 一般把软件分为(　　)和(　　)两大类。

16. 操作系统属于(　　)。

17. 为解决具体问题而编制的软件称为(　　)。

四、简答题

1. 简述计算机硬件系统和软件系统的关系。

2. 简述媒体的定义及其种类。

3. 举例说明什么是多媒体。

4. 什么是多媒体技术？多媒体技术主要具备哪几个特点？

第二部分　Windows 11 操作系统

计算机系统由硬件系统和软件系统组成。这一部分所介绍的操作系统是软件系统中的一种系统软件，是管理和控制计算机系统中所有硬件、软件资源，使之协调一致、有条不紊工作的用户与计算机的接口。操作系统具体都有什么功能？是如何进行操作的？本章将结合 Windows 11 操作系统的工作环境、文件管理、系统设置等进行介绍。

任务一　认识 Windows 11

任务描述

Windows 11 操作系统有很多版本，这节内容中详细介绍了各个版本的区别，在这里的任务就是学会安装、启动和退出 Windows 11 操作系统。

任务目标

- 掌握 Windows 11 操作系统的基本知识。
- 掌握 Windows 11 操作系统的安装过程。
- 掌握 Windows 11 操作系统的启动及退出方法。

知识介绍

一、操作系统的基本知识

1. 操作系统的基本概念

操作系统是最基本的系统软件，它的概念可从两方面阐述。

(1) 从系统管理人员的观点来看。引入操作系统是为了合理地组织计算机工作流程，管理和分配计算机系统的硬件及软件资源，使之能为多个用户所共享。因此，操作系统是计算机资源的管理者。

(2) 从用户的观点来看。引入操作系统是为了给用户使用计算机提供一个良好的界面，用户无须了解计算机许多硬件和系统软件的细节，就能方便灵活地使用计算机。因此，可以把操作系统定义为：操作系统是计算机系统中的一个系统软件，它是这样一些模块的集合——它们管理和控制计算机系统中的硬件及软件资源，合理地组织计算机工作流程，有效地利用这些资源为用户提供一个功能强大、使用方便的工作环境。有人把操作系统在计算机中的作用比作“总管家”——它管理、分配和调度所有计算机的硬件和软件使之统一协调地运行，以满足用户实际操作的需求。图 2.1 给出了操作系统与计算机软、硬件的层次关系。

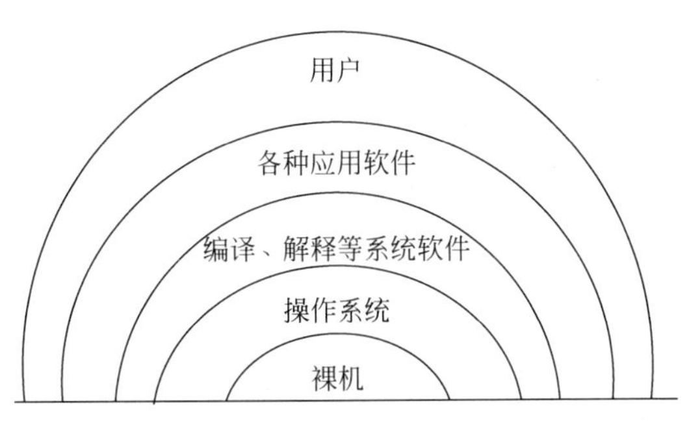

图 2.1　操作系统与计算机软、硬件的层次关系

2. **操作系统的基本功能**

操作系统的功能体现在为用户和计算机之间提供了友好的界面及对存储器、外部设备、文件和作业等计算机资源的管理。操作系统将这些硬件的管理功能设置成相应的程序模块,每个模块分管一定的功能。下面从资源管理和用户接口的角度说明操作系统的基本功能及其特性。

(1) 内存管理功能。计算机的内存中有成千上万个存储单元,里面都存放着程序和数据,它的管理主要由内存管理模块来完成。内存管理模块对内存的管理分为 3 步：首先为内存分配,即系统为各个用户作业分配内存空间；其次是内存保护和内存扩充,即保护已占内存空间的作业不被破坏；最后是地址映射,即结合硬件实现信息的物理地址至逻辑地址的变换,使用户在操作中不必担心信息究竟在哪个具体空间(即实际物理地址)就可以操作,从而方便了用户对计算机的使用和操作。内存管理模块使用一种优化算法对内存管理进行优化处理,以提高内存的利用率。

(2) 处理器管理功能。大型操作系统中可存在多个处理器,并可同时管理多个作业。怎样选出其中一个作业进入主存储器准备运行,怎样为这个作业分配处理器等,都由处理器管理模块负责。它的优劣直接影响整个系统的性能。处理器管理功能包括作业和进程调度、进程控制。处理器管理模块要对系统中各个微处理器的状态以及各个作业对处理器的要求进行登记；要用一个优化算法实现最佳调度规则,将所拥有的处理器分配给各个用户作业使用,以提高处理器的利用率。

(3) 设备管理功能。设备管理模块的任务是当用户请求某种设备时立即为其分配,并根据用户要求驱动外部设备供用户使用。设备管理模块还要响应外部设备的中断请求,并予以处理。计算机系统中配有各种各样的外部设备。操作系统的设备管理功能采用统一的管理模式,自动处理内存和设备间的数据传递,从而减轻用户为这些设备设计输入、输出程序的负担。设备管理功能主要包括缓冲区管理、设备分配、设备驱动和设备无关性。

(4) 文件管理功能。计算机系统中的程序或数据都要存放在相应的存储介质上,操作系统对文件的管理主要是通过文件管理模块来实现的。为了便于管理,操作系统将相关的信息集中在一起,称为文件。文件管理模块管理的范围包括文件目录、文件组织、文件操作和文件保护。操作系统的文件管理功能就是负责这些文件的存储、目录检索、读写管理和存取控制。

(5) 进程管理功能。用户交给计算机处理的工作称为作业,进程管理也称作业管理。作业管理是由进程管理模块来控制的,多个作业在活动过程中彼此间会发生相互依赖或者相互制约的关系,为保证系统中所有作业都能正常活动,进程管理模块对作业执行的全过程进行管理和控制。

(6) 用户接口功能。操作系统是计算机与用户之间的桥梁。用户通过操作系统向计算机发送指令。现代操作系统向用户提供3种类型的界面：图形界面、命令界面、程序界面。

3. 常用的操作系统

操作系统是伴随着计算机技术的发展而不断发展进化的。根据计算机的类型和功能的不同，人们开发了不同的操作系统。下面简要介绍几种常见的操作系统：MS-DOS、UNIX、Linux、Windows、macOS 和 iOS、Android、HarmonyOS。

(1) MS-DOS 也叫磁盘操作系统，是 Microsoft 公司在 1981 年推出的一种字符界面的系统，运行的是单个任务，必须使用指令来控制计算机的资源。在 Windows 中可以利用命令提示符程序模拟 MS-DOS 的运行环境。

(2) UNIX 是通用、交互式、多用户、多任务应用领域的主流操作系统之一。由于强大的功能和优良的性能，它成为业界公认的工业化标准的操作系统。UNIX 也是目前唯一能在微型计算机、工作站到巨型计算机各种硬件平台上稳定运行的操作系统。

(3) Linux 是 20 世纪 90 年代推出的多用户、多任务操作系统。它与 UNIX 完全兼容，具有 UNIX 最新的全部功能和特性，是一类 UNIX 的统称。Linux 这个词表示的是系统内核，由于核心代码是免费的，可以自由扩展，人们用 Linux 来表示基于 Linux 内核使用 GNU 工程和数据库的操作系统。越来越多的商业软件公司和 UNIX 爱好者加盟到 Linux 系统的开发行列中，在各种机器平台上使用的 Linux 版本不断涌现，其中常见的有国内华为的 openEuler、红旗 Linux。

(4) Windows 操作环境诞生于 1985 年，是基于图形用户界面的视窗操作系统，具有友好的彩色图形操作界面，支持外设鼠标和键盘功能。它的系列产品包括 Windows 1.0、Windows 95、Windows 98、Windows 2000、Windows Me、Windows XP、Windows Vista、Windows 7、Windows 8、Windows 10 以及最新的 Windows 11。

(5) macOS 和 iOS 是由 Apple 公司开发的操作系统。macOS 是运行于苹果计算机的专用系统，在一般的普通计算机上无法安装。iOS 是手机操作系统，开始是为 iPhone 设计的，但后期也用到了 iPod touch、iPad 和 Apple TV 等产品中。由于苹果产品的多样化，该系统也占有一定的市场份额。

(6) 安卓(Android)是 Andy Rubin 为手机设备开发的一种基于 Linux 的自由及开放源代码的操作系统。2005 年 8 月被 Google 公司收购，2008 年 10 月第一部安卓智能手机发布，后来逐渐应用到平板电脑、电视机、游戏机等其他产品上。

(7) 鸿蒙操作系统(HarmonyOS)是华为公司开发的一款商用操作系统，不同于其他操作系统，鸿蒙操作系统适配手机、平板、智慧屏、车载系统、智能穿戴等多种终端形态，适用于办公、社交、娱乐、运动等多种场景。使用该操作系统的设备形成一个系统层面的终端，使设备硬件之间进行互联，达到资源共享。2019 年 8 月鸿蒙系统正式发布，截至 2023 年 8 月，升级到了 HarmonyOS 4.0 版本。

二、Windows 11 操作系统简介

1. 操作系统的发展历史

Microsoft Windows 是一个为 PC 和服务器用户设计的操作系统，有时也被称为“视窗

操作系统"它的第一个版本由 Microsoft 公司发行于 1985 年，并最终获得了世界 PC 操作系统软件的垄断地位。表 2.1 介绍了整个 Windows 操作系统的发展历史过程。

表 2.1　Windows 操作系统的发展历史过程

年　份	事　件
1985 年	Microsoft 公司正式推出第一款视窗操作系统——Windows 1.0
1987 年	Microsoft 公司发布了 Windows 2.0，比 Windows 1.0 有了不少进步，细节之处有了改变，程序文件也显著增多
1990 年	Microsoft 公司正式发布 Windows 3.0，该版本具备图形用户界面，拥有文件和内存管理功能，受到大量用户欢迎，是 Microsoft 公司历史上首款成功的操作系统。此后的 Windows 3.1 提供了多媒体功能，加入了网络和即插即用技术，Windows 3.2 有了中文版，在我国得到了广泛的应用
1995 年	Windows 95 发布，在操作系统历史上具有划时代的意义，Windows 系统发生了质的变化，Windows 95 在桌面上增加了一个开始按钮和一个工具条
1996 年	Windows NT 4.0 发布，采用了 Windows 95 相同的用户界面，NT 系统主要面向服务器市场，稳定性比 Windows 95 更高
1998 年	Windows 98 发布，与 Windows 95 界面没有太大区别，改进了对硬件标准的支持，对 FAT32 文件系统的支持、多显示器、对 Web TV 的支持整合到 Windows 图形用户界面的 Internet Explorer
2000 年	Windows 2000 发布，是 NT 架构的第 5 个版本，又称为 Windows NT 5.0
2001 年	Windows XP 发布，它较之前的系统是一个非常大的进步，在较低的硬件上实现了更强大的功能和更好的兼容性，XP 来自英文单词 experience 的第二和第三个字母，Microsoft 公司为 Windows XP 提供了 13 年的技术支持
2006 年	Microsoft 公司发布了一个新的操作系统 Windows Vista。Vista 比 XP 界面更优化，但对系统要求过高，性能难以发挥，市场较为冷淡
2009 年	Windows 7 正式发布，是 Vista 的升级版本，系统要求降低了，具有超级任务栏，提供多任务切换的使用体验，也是第一款支持触控技术的桌面操作系统。使用率超过了 Windows XP
2012 年	Windows 8 正式发布，系统取消了之前的开始按钮，独特的开始界面和触控式交互系统让人们的日常计算机操作更加简单和快捷
2015 年	Windows 10 正式发布，它是新一代跨平台及设备应用的操作系统，共有 7 个发行版本，分别面向不同的用户和设备
2021 年	Windows 11 正式发布，增加了新版开始菜单和输入逻辑等，支持与时代相符的混合工作环境，侧重于在灵活多变的体验中提高用户的工作效率

2. Windows 11 操作系统的版本介绍

Windows 11 操作系统是 Microsoft 公司开发的新一代跨平台及设备应用的操作系统，延续了 Windows 10 的云服务、智能移动设备、自然人机交互等技术的融合，同时也做了较大的调整和改进，尤其是在用户界面和设计上，Windows 11 具有全新的用户界面，重新设计了"开始"菜单，位置由传统右侧变为居中。任务栏也被简化，在默认状态下居中，增加了小组件功能。

Windows 11 目前主要分为 4 个版本，表 2.2 介绍了 Windows 11 的各个版本。

表 2.2　Windows 11 的各个版本

版　本	备　注
家庭版(Windows 11 Home)	主要针对家庭用户,不能加入 ActiveDirectory 和 AzureAD,不支持远程连接。家庭中文版和单语版针对 OEM 设备,是家庭版的两个分支
专业版(Windows 11 Pro)	在家庭版的基础上,增加了域账号、Bitlocker 加密、远程连接支持、企业存储等功能。建议普通用户首选
企业版(Windows 11 Enterprise)	大中型企业使用。在专业版的基础上,增加了 DirectAccess、AppLocker 等高级企业功能
教育版(Windows 11 Education)	学校(教职工、管理员、教师、学生)使用。其功能与企业版几乎相同,但仅授权给学校或教育机构

任务实施

一、Windows 11 操作系统的安装

Windows 11 操作系统的安装分为几种情况,包括全新安装、从 Windows 7 升级到 Windows 11、从 Windows 10 升级到 Windows 11,这里主要介绍的是在 Microsoft 官方网站下载 Windows 11 后安装到计算机的过程。图 2.2 为 Windows 11 的官方下载界面。在这里可以下载 Windows 11 安装助手,以检测计算机硬件是否支持该系统的运行。

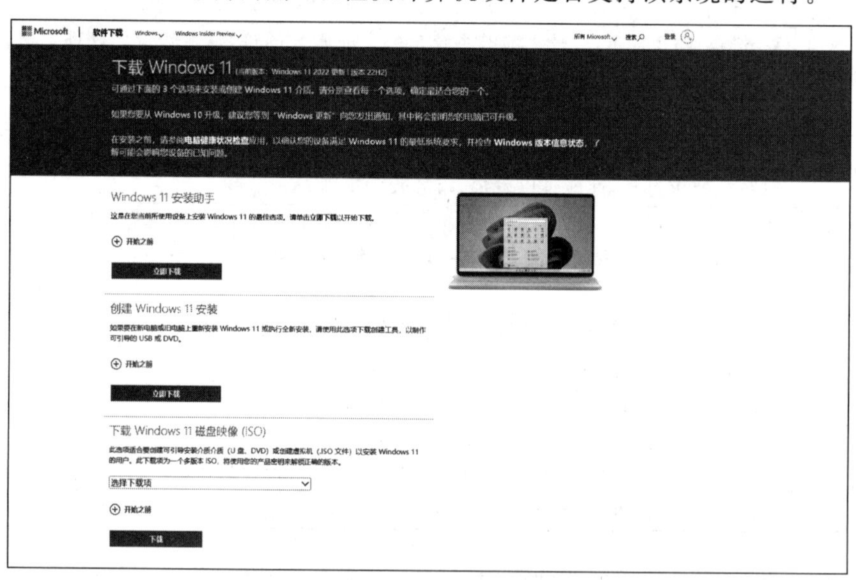

图 2.2　Windows 11 的官方下载界面

通过下拉列表选择下载项,如图 2.3 所示,将 Windows 11 家庭版下载到计算机。下载到计算机后的安装过程比较简单,因为安装的是家庭版(仅限中国),语言选择只有简体中文,接着就进入了安装程序初始化界面。

接下来系统将自动进行更新,如图 2.4 所示。

准备就绪就可以安装了,单击“安装”后会出现“适用的声明和许可条款”界面,单击“接受”按钮,系统即进入了自动安装界面,这里出现的进度方式是以百分比的形式不断增加。整个安装过程如图 2.5 所示,需要几分钟时间,当进程变为 100%就可以了。

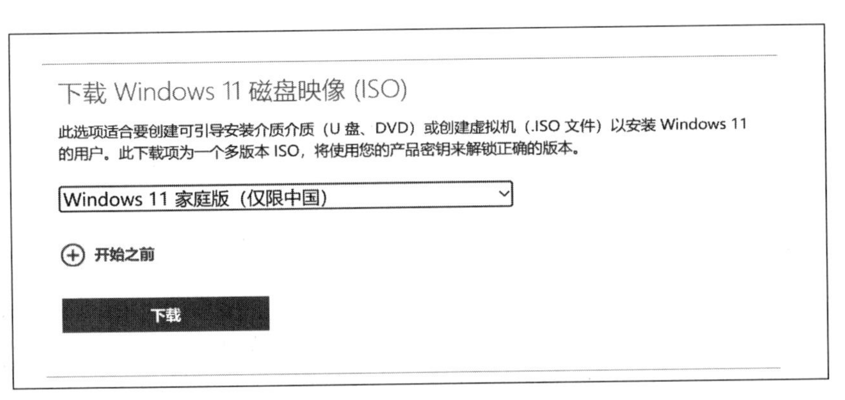

图 2.3　磁盘映像选择

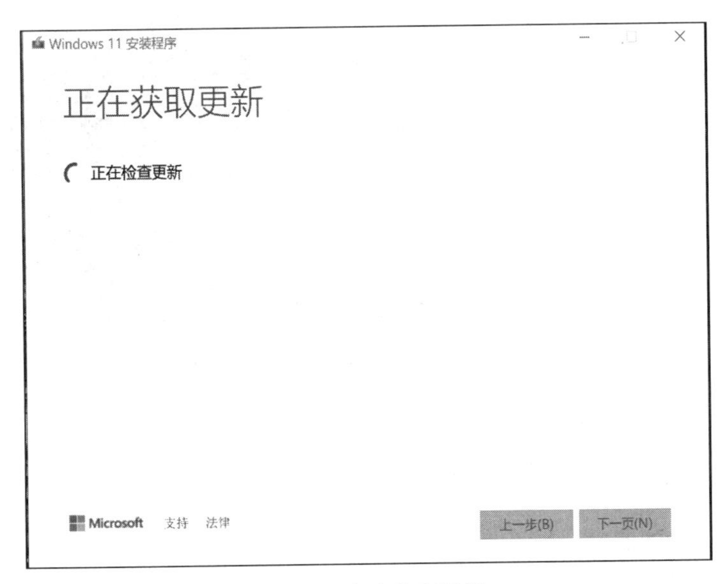

图 2.4　自动检查更新

图 2.5　安装进度显示

安装完成后系统会自动重新启动，在第一次运行时，新的 Windows 11 需要做一些简单的设置，例如，设置用户名、登录密码、连接网络等。设置完成后进入运行界面，如图 2.6 所示。

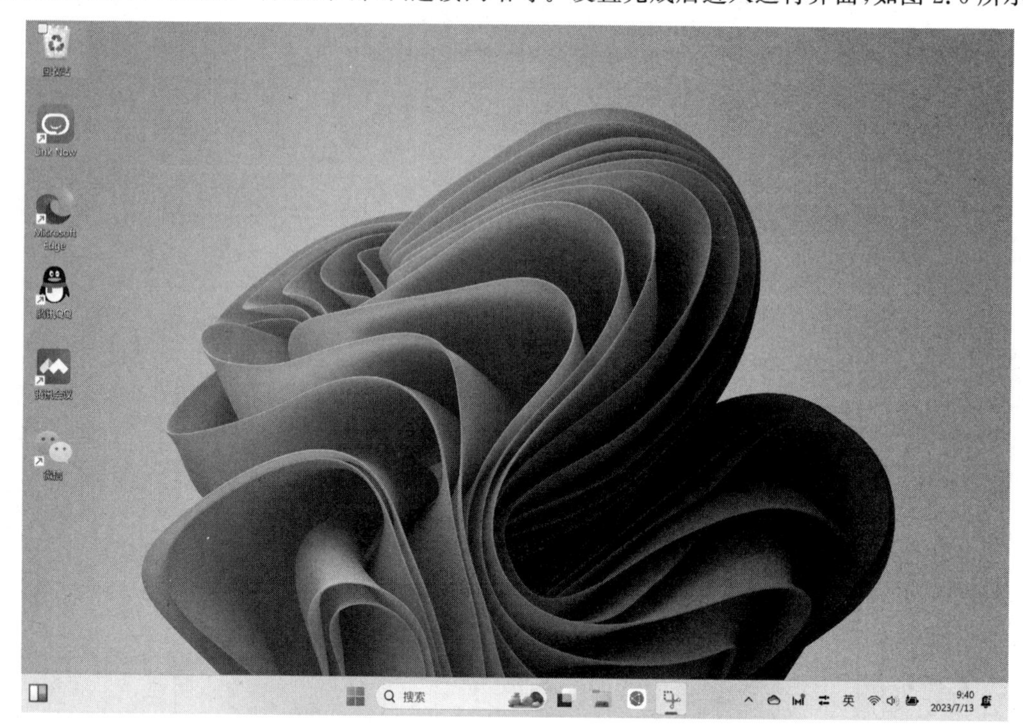

图 2.6　Windows 11 运行界面

二、Windows 11 的启动和退出

1. Windows 11 的启动

启动操作系统的顺序就是先打开显示器，然后按下主机电源按钮，Windows 11 显示启动画面，然后进入登录界面，单击"登录"按钮，需要输入预先设置的密码，或者比对人脸、指纹进行生物识别，登录成功后显示的运行界面如图 2.6 所示。

2. Windows 11 的退出

退出 Windows 11 时，第一步操作的是关闭主机，再关闭显示器。单击计算机屏幕下方的"开始"|"电源"|"关机"命令，如图 2.7 所示。此时系统进入退出检测状态，自动关闭程序和文件，之后退出 Windows 11 操作系统，最后关闭电源。

图 2.7　"关机"命令界面

任务二　文件和文件夹操作

任务描述

了解 Windows 11 的桌面、窗口，会设置桌面背景；了解文件及文件夹的概念，并能够完成文件夹的新建、重命名、复制、移动及删除操作。

任务目标

◆ 掌握 Windows 11 操作系统桌面的窗口组成及多窗口操作。
◆ 掌握 Windows 11 操作系统的个性化桌面设置方法。
◆ 掌握文件和文件夹的基本操作方法。
◆ 掌握回收站的基本管理方法。

知识介绍

一、Windows 11 的工作环境

1. Windows 11 的桌面

进入操作系统后首先呈现在用户面前的就是桌面，桌面屏幕包括桌面背景、桌面图标、任务栏。图 2.8 为桌面的组成。

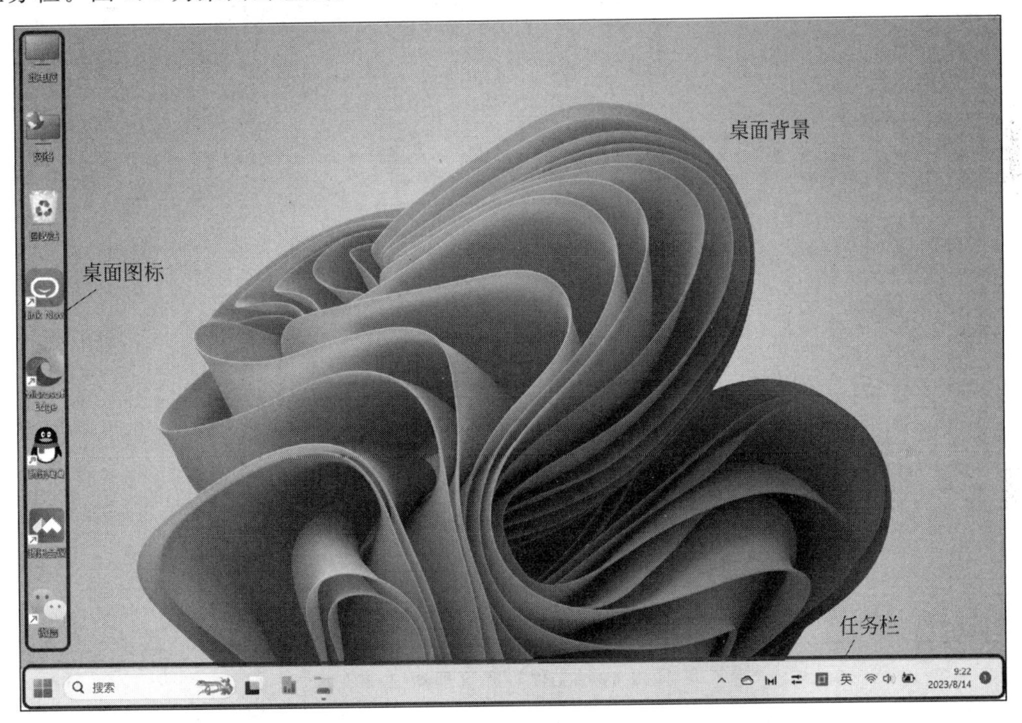

图 2.8　桌面的组成

任务栏位于 Windows 桌面的底部，显示了系统正在运行的程序和打开的窗口、当前时间等内容。当启动某项应用程序或打开一个窗口后，在任务栏中会自动增加一个应用程序或窗口的最小化按钮，当打开的任务较多时，来自同一程序的多个窗口将汇集到任务栏中唯一的图标里，以节省任务栏的空间，方便用户快速地定位、查看和切换到已经打开的程序或窗口。

任务栏主要由“开始”按钮、“搜索”图标、“任务视图”按钮、通知区域和“文件资源管理器”按钮及小组件组成。如图 2.9 所示，通过任务栏可以完成多项操作和设置。

“开始”按钮是访问计算机资源的一个入口，用于引导用户在计算机上开始大多数的工

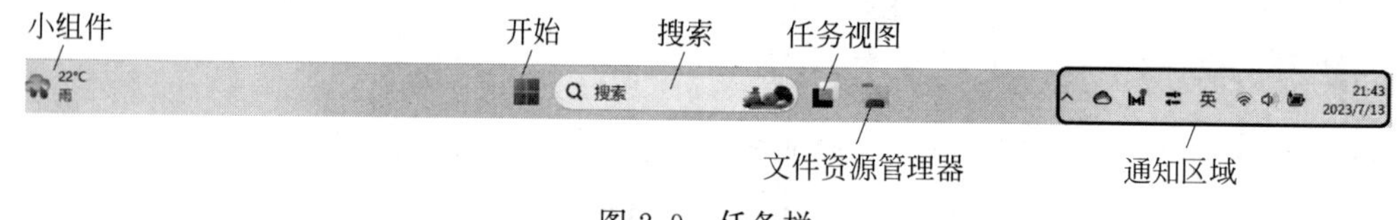

图 2.9　任务栏

作。单击桌面任务栏的▆按钮即可打开“开始”菜单。

“搜索”图标位于“开始”按钮的右侧，单击“搜索”图标，在搜索区的文本框中输入搜索的关键字，系统将自动在计算机中查找符合关键字的程序和文件，搜索结果显示在上方的区域中，单击即可打开相应的程序或文件。

“任务视图”按钮位于任务栏的中间，单击进入虚拟桌面界面；单击“新建桌面”选项，可以创建多桌面。

“文件资源管理器”是 Windows 系统中常用的工具，就是之前的“我的电脑”或“此电脑”，Windows 11 版本默认在任务栏中显示。图 2.10 为打开的文件资源管理器窗口。

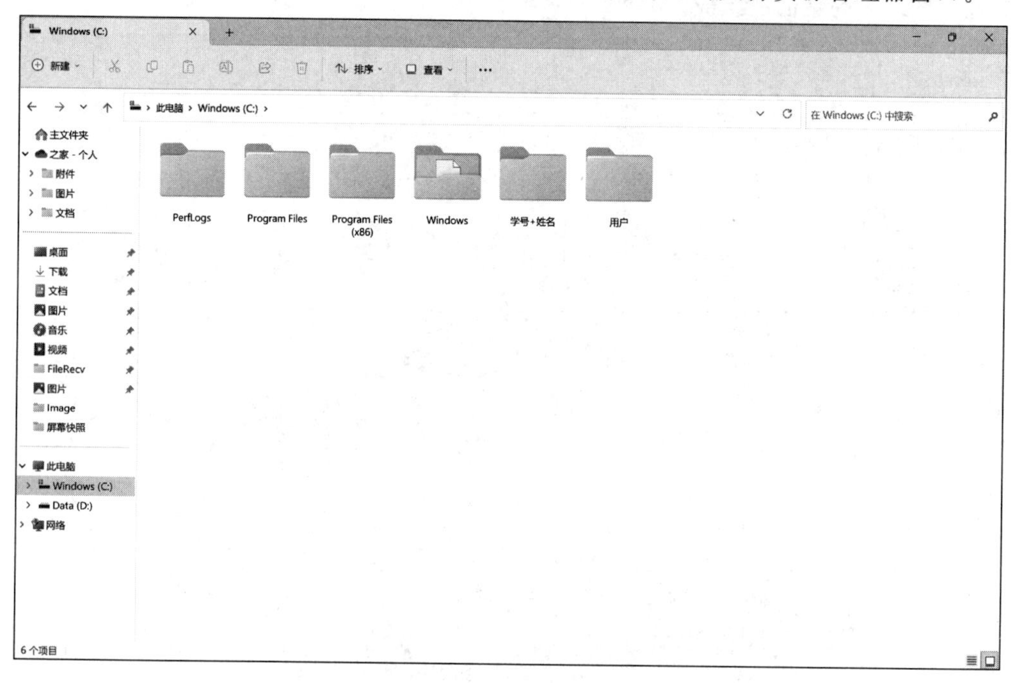

图 2.10　文件资源管理器窗口

通知区域位于任务栏的最右侧，主要用于显示语言栏、系统时间、音量控制、网络连接、反病毒实时监控等一些常驻内存的程序图标以及 Windows 的通知图标。单击该区域中的折叠图标，会弹出小窗口(也称通知)以通知某些信息，图 2.11 为折叠的通知区域显示。

小组件窗口可显示计算机桌面信息。在小组件面板上，可以根据用户的兴趣和使用习惯自行新增、删除、排列、调整大小及自定义桌面信息。小组件可汇集常用的 App 和服务中的个性化内容，便于快速查看最新信息。

“显示桌面”按钮位于通知区域的最右端，单击此按钮会显示桌面，再次单击则恢复到原来打开窗口的状态，该按钮会隐藏在时间之后，用鼠标找到会显示如图 2.12 所示的“竖线”。

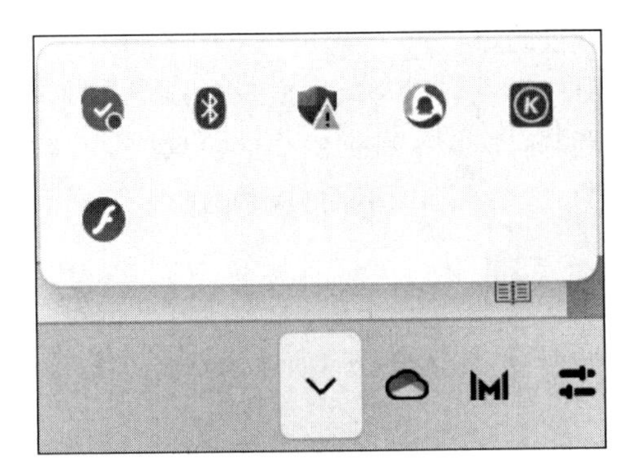

图 2.11 折叠的通知区域

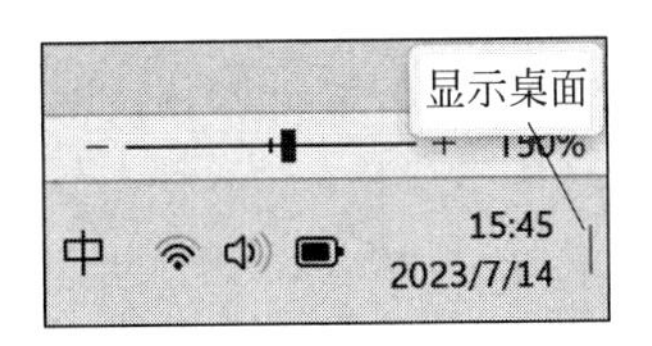

图 2.12 "显示桌面"按钮

2. Windows 11 的窗口操作

Windows 的中文含义就是窗口,所以 Windows 系统的主要操作平台就是窗口,接下来认识窗口的组成,学习窗口的基本操作。

1) 窗口的组成

在 Windows 11 中,打开文件资源管理器,通过它去认识窗口的组成。图 2.13 给出了"此电脑"C 盘的窗口。

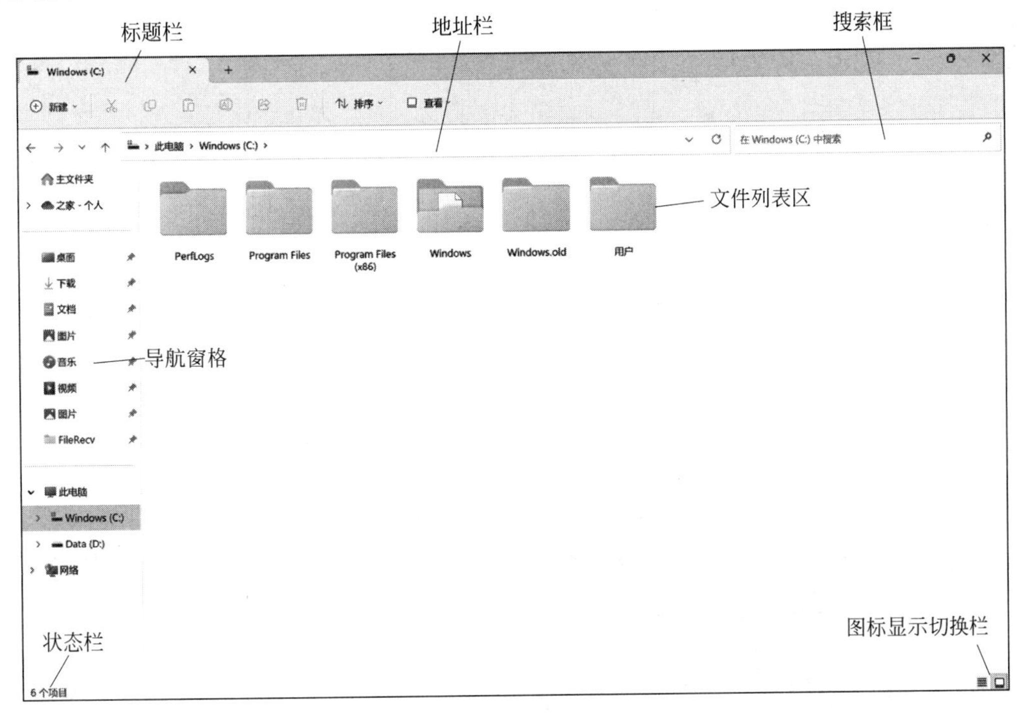

图 2.13 "此电脑"C 盘的窗口

标题栏：显示文档和程序的名称,如果正在打开文件夹,则显示文件夹的名称。

地址栏：显示当前打开文件所在系统中的位置,单击地址栏右侧的下三角按钮可在相应的文件夹之间进行切换。

搜索框：用于搜索计算机中符合条件的文件。搜索时,在地址栏中选择搜索路径,在搜索框中输入搜索内容的关键字,搜索结果将显示在文件列表区。

导航窗格：单击某一项，可快速切换或打开对应的窗口。

文件列表区：位于窗口的中部，用于显示应用程序或当前对象中所包含的全部内容。

状态栏：位于窗口的最左下方，用于显示与当前窗口操作有关的文件信息。

图标显示切换栏：位于窗口的最右下方，用于文件大、小图标的显示切换。

2）多窗口的基本操作

多窗口切换。同时打开多个窗口，例如，同时打开了“Word”“文件资源管理器”“浏览器”，当按下 Alt+Tab 快捷键（按住 Alt 键不放，同时按 Tab 键）时，会弹出这 3 个当前正在运行的窗口，按 Tab 键就可以选择所有切换的窗口，如图 2.14 所示。

图 2.14　多任务切换窗口

当打开多个窗口时，Windows 11 还具有分屏功能。具体操作步骤是：先按住鼠标左键选中窗口的标题栏，再将它拖动至屏幕上方，在出现的分屏窗格中选择一种方式释放鼠标，即完成了分屏方式选择。分屏窗格如图 2.15 所示，打开的窗口将按照这种方式同屏展现，图 2.16 为 Word、“文件资源管理器”“浏览器”分屏显示。

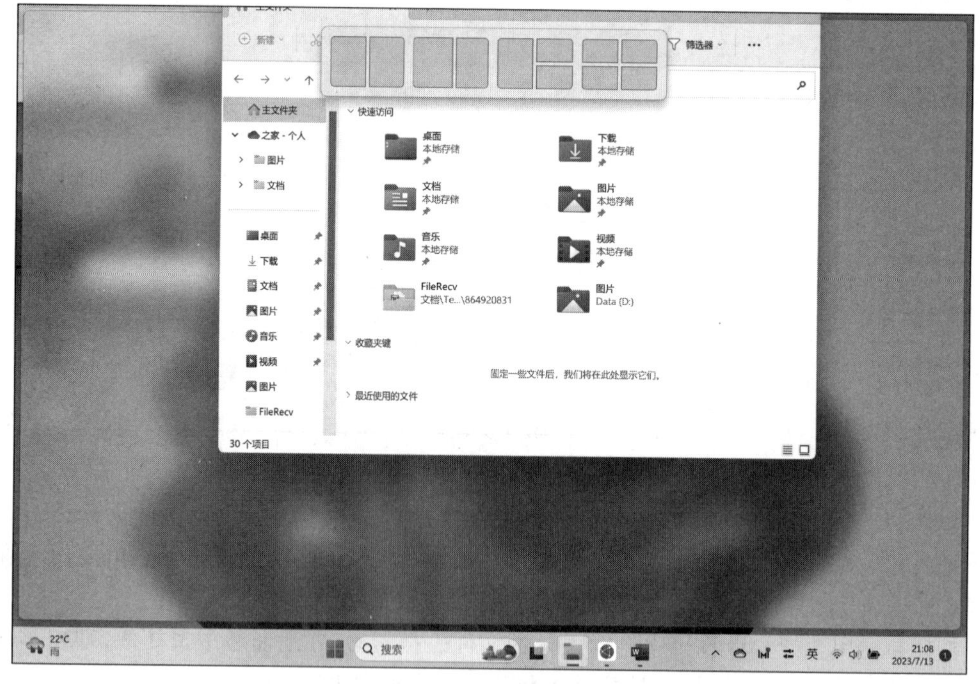

图 2.15　分屏窗格

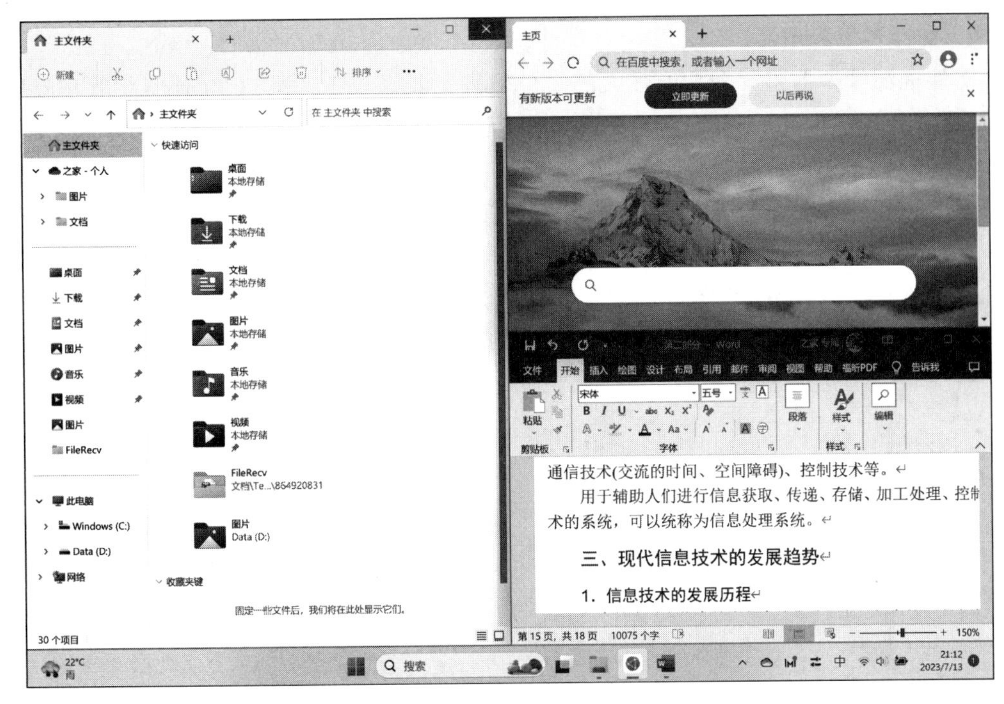

图 2.16　分屏显示

二、Windows 11 的文件管理

1. 文件和文件夹的概念

文件是指存放于计算机中,具有唯一文件名的一组相关信息的集合。文件表示的范围很广,计算机中的所有信息都是以文件的形式存放的,包括文字、图片、声音、视频以及应用程序等。文件可以作为一个独立单位进行相应操作。

Windows 是用文件夹来保存和管理文件的,文件夹可以帮助我们整理文件,其中既可以包含文件也可以包含文件夹。文件或文件夹的组织结构采用树状结构,每个文件放在特定的文件夹或文件目录中。文件目录一般分为根目录和子目录,其根目录为一级目录,子目录为二级目录或多级目录等。

2. 文件和文件夹的命名规则

所有的文件外观都包括文件图标和文件名,同一类型文件的图标相同,所以每一个文件都有一个名称,用来标识不同的文件。一个完整的文件命名形式为“文件名称.扩展名”。比如新建一个文件,包括文件名和未见的扩展名。一般扩展名是由 3 或 4 个字母组成,比如在 Word 中写了一篇“个人总结”的文章,命名文件名为“总结”,然后以扩展名.docx 保存。这个文件的文件名就是“总结.docx”,即自动保存为 Word 文件了。

文件的命名可用英文字母、数字以及一些特殊符号的组合随意命名,规则是文件名不能超过 255 个英文字符,也就是不能超过 127 个汉字。文件名可以用空格,但还是有几个特殊字符是系统保留不能使用的,例如,\、|、?、*、“、<、>。文件名不区分字母大小写,在同一个文件夹中,不能有相同的文件命名,若文件名相同,则扩展名不能相同。

文件夹的命名与文件的命名方式一致,唯一的区别就是文件夹没有扩展名,也不像文件可以用扩展名来标识。

3. 文件资源管理器

文件资源管理器是一个功能强大的文件管理工具。单击工具栏"文件资源管理器"按钮，或者从"开始"菜单中选择"文件资源管理器"命令，就可以打开"文件资源管理器"窗口。Windows 11 对文件的组织采用树状结构，如图 2.17 所示为文件的目录结构。

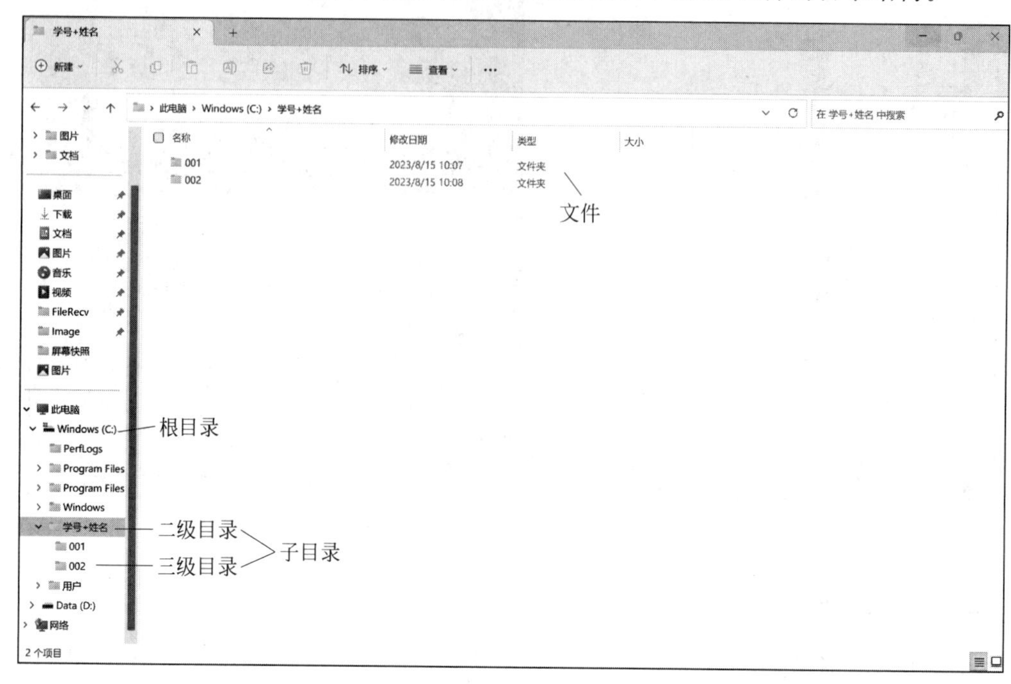

图 2.17　文件的目录结构

(1) 文件或文件夹显示。在窗口中文件和文件夹是以左右窗格形式显示的，左侧窗格显示计算机的磁盘和文件夹等资源目录，右侧窗格用于显示左侧窗格选定对象所包含的内容。图 2.18 展示了"此电脑"D 盘图片文件列表。

图 2.18　"此电脑"D 盘图片文件列表

（2）设置预览窗格。如果选中的图片需要在窗口突出放大显示，则需要进行预览设置。在文件列表区域，选定要浏览的文件图标，单击窗口中的“查看”|“显示”|“预览窗格”选项，就可以打开文件预览窗口，看到当前图片的放大显示。图 2.19 显示的是文件“校园(1)”的预览内容。

图 2.19　预览文件内容

（3）设置查看方式。文件和文件夹图标显示方式可以为图 2.19 中“查看”选项中的“超大图标”“大图标”“中图标”“小图标”等 8 种方式，单击其中一种方式，可以改变当前窗口中文件的显示方式。要改变文件和文件夹的图标显示方式，还可以在窗口空白处右击，从弹出的快捷方式中单击“查看”命令，同样可以找到 8 种显示方式，图 2.20 为“查看”命令的子菜单。

图 2.20　“查看”命令的子菜单

三、文件和文件夹的基本操作

1. 文件和文件夹的创建与选定

1）创建新文件夹

创建一个新的文件夹有几种方式，下面就 Windows 11 中经常使用的两种方式进行步骤说明。

（1）选中欲在其下建立文件夹的驱动器或文件夹，选择“新建”|“文件夹”菜单命令，将出现一个默认名为“新建文件夹”的文件夹，在文件夹旁的名称框中，可以直接输入新文件夹的名称，如图 2.21 所示。

（2）通过右击文件夹窗口或者桌面上的空白区域，在弹出的快捷菜单中选择“新建”|“文件夹”菜单命令，也可以创建新的文件夹，如图 2.22 所示。

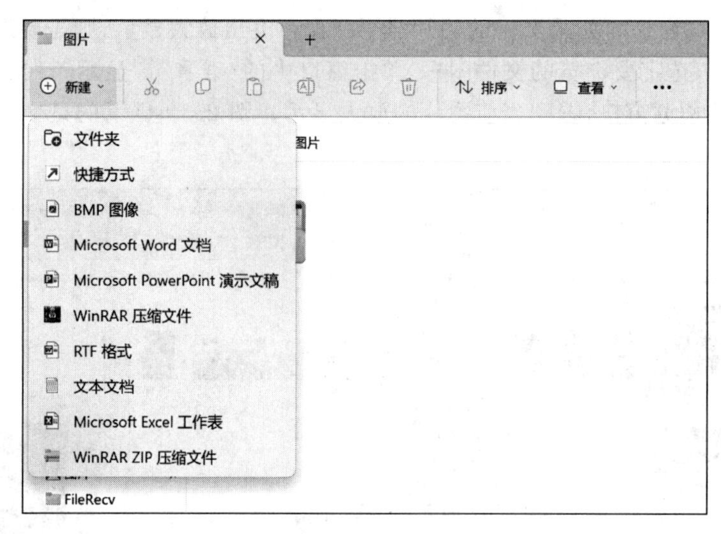

图 2.21　第一种方法

图 2.22　第二种方法

2）文件、文件夹的选定

在 Windows 11 中执行打开文件、运行程序、删除文件或复制文件等操作时，都要首先选定文件或文件夹。文件、文件夹的选定分为选定单个文件或文件夹、选定一组连续的文件或文件夹、选定一组非连续的文件或文件夹、选定某一区域中的文件或文件夹、选定所有文件或文件夹、反向选择文件或文件夹。

(1) 选定单个文件或文件夹。在文件夹窗口中，单击要操作的文件或文件夹图标，使其反色显示，则表示选中了该文件或文件夹。

(2) 选定一组连续的文件或文件夹。首先单击欲选择的第一个文件或文件夹，使其反色显示，然后按住 Shift 键不放，单击欲选择的最后一个文件或文件夹即选中了第一个到最后一个文件或文件夹间的所有文件。

(3) 选定一组非连续的文件或文件夹。首先单击欲选择的第一个文件或文件夹，使其反色显示，然后按住 Ctrl 键不放，单击欲选择的其他文件或文件夹即可。

(4) 选定某一区域中的文件或文件夹。首先将鼠标指针指向欲选择的文件或文件夹外的空白区域，按住鼠标左键不放，拖动鼠标指针，此时可以看到鼠标指针移动过的地方出现了一个矩形框，并且矩形框覆盖的文件或文件夹呈反色显示，表明这些文件或文件夹已被选中。

(5) 选定所有文件或文件夹。选择窗口上的“更多”按钮 ⋯，然后选择“全部选择”选项，如图 2.23 所示。或者按住快捷键 Ctrl+A，窗口中的所有文件或文件夹均变为反色显示，说明该窗口中的所有文件或文件夹匀被选中。

(6) 反向选择文件或文件夹。首先使用选择非连续文件或文件夹的方法，选择若干文件或文件夹，然后选择选择窗口中的“查看更多”按钮 ⋯，然后选择“反向选择”选项，窗口中原先被选中的文件或文件夹将去掉反色显示，而原来未被选中的文件或文件夹则呈反色显示，这表示它们已被选中了。

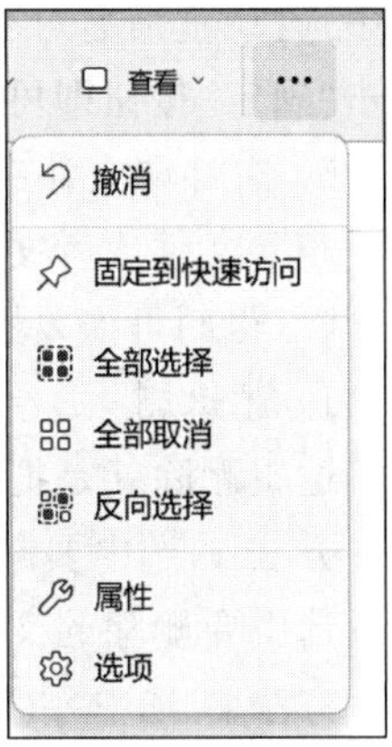

图 2.23　更多按钮

2. 文件和文件夹的复制

(1) 使用文件资源管理器“复制”按钮。首先选中要复制的文件或文件夹，然后选择上方的按钮，就可以复制这个文件或文件夹。接下来选择想要复制到的目标驱动器或文件夹位置，选择按钮进行粘贴。

(2) 使用鼠标拖放。在不同的磁盘驱动器、文件夹或窗口之间复制，选中要复制的文件或文件夹，然后将所选的文件或文件夹拖放到目标磁盘驱动器、文件夹或窗口中，即开始复制。

(3) 利用“复制”和“粘贴”命令。选中要复制的文件或文件夹，将鼠标置于被选中的文件或文件夹上右击，在弹出的快捷菜单中选择“复制”选项；或者选择窗口中的“显示更多”选项在弹出的命令菜单中单击“复制”。接下来转到复制的目标位置，如磁盘驱动器、文件夹或窗口，右击空白区域，在弹出的快捷菜单中选择“粘贴”命令。

(4) 使用快捷键。选中要复制的文件或文件夹，按住快捷键 Ctrl+C 进行复制，然后转到复制的目标位置，再按住快捷键 Ctrl+V 进行粘贴。

3. 文件和文件夹的移动

在移动前，可以一次复制多个文件或文件夹。

(1) 使用文件资源管理器“剪切”命令。首先选中要移动的文件或文件夹，然后选择上方的按钮，就可以移动这个文件或这个文件夹。接下来选择想要复制到的目标驱动器或文件夹位置，选择按钮进行粘贴。

(2) 使用鼠标拖放。在不同的磁盘驱动器、文件夹或窗口之间移动。选中要移动的文件或文件夹，然后按住鼠标左键将所选的文件或文件夹拖放到目标磁盘驱动器、文件夹或窗口，释放鼠标即开始移动。

(3) 利用“剪切”和“粘贴”命令。选中要移动的文件或文件夹，将鼠标置于被选中的文件或文件夹上右击，在弹出的快捷菜单中选择“剪切”选项；或者在窗口中的“显示更多”选项下拉菜单中单击“剪切”命令。然后转到移动的目标位置，如磁盘驱动器、文件夹或窗口，右击空白区域，在弹出的快捷菜单中选择“粘贴”命令。

(4) 使用快捷键。选中要移动的文件或文件夹，按住快捷键 Ctrl+X 进行剪切，然后转到空白的目标位置，再按住快捷键 Ctrl+V 进行粘贴。

4. 文件和文件夹的重命名

文件和文件夹的重命名就是更改文件或文件夹的名称。单击选中欲重新命名的文件或文件夹，选择文件资源管理器上方的重命名按钮；或者在选中的要重命名的文件或文件夹上右击，在弹出的快捷菜单中选择“重命名”选项；或者在窗口的“显示更多”选项下拉菜单中选择“重命名”菜单命令。在文件夹旁的矩形框中键入新文件夹的名称，按 Enter 键或单击“确定”按钮即可。

5. 文件和文件夹的删除管理

删除文件或者文件夹是为了释放磁盘空间，通常文件或文件夹的删除有两种方式，即逻辑删除(也叫可恢复删除)和物理删除(也叫永久性删除)。

1) 逻辑删除

逻辑删除就是把要删除的文件、文件夹放到回收站中。

方法 1，选中要删除的文件或文件夹，按住鼠标左健将其拖曳到回收站再释放鼠标键；或者选中要删除的文件或文件夹，单击文件资源管理器的按钮。

方法 2，选中要删除的文件或文件夹并右击，在弹出的快捷菜单中选择“删除”选项，或者在“显示更多”下拉窗口菜单中选择“删除”菜单命令。

方法 3，选中要删除的文件或文件夹，按 Delete 键。

放在回收站中的文件或文件夹是可以恢复的，具体操作如下：双击桌面上的回收站图标，选择要恢复的文件或者文件夹，选择“还原选定项目”命令即可恢复文件或者文件夹，也可以选择“还原所有项目”将回收站的内容全部还原，图 2.24 展示了这种操作。另外也可以选中要恢复的文件或者文件夹并右击，在弹出的快捷菜单种选择“还原”菜单命令。

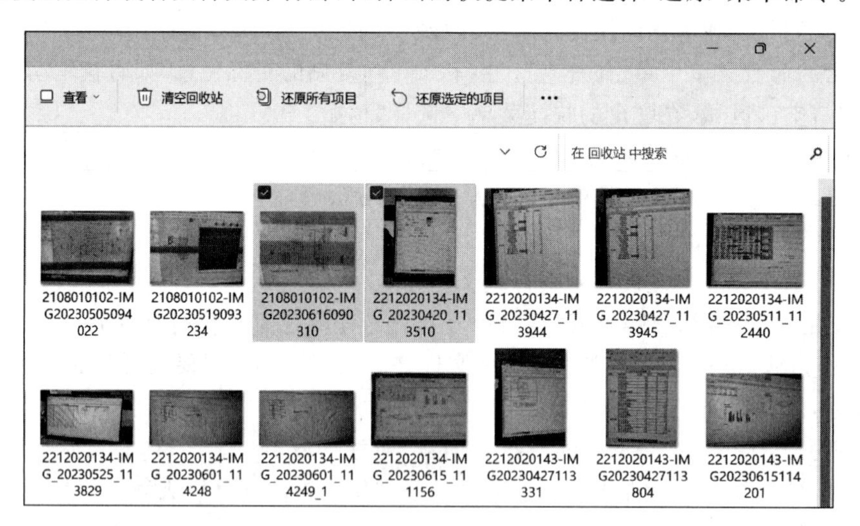

图 2.24　还原项目

2) 物理删除

物理删除是从磁盘上彻底删除文件或文件夹。

方法 1，选中要删除的文件或文件夹，按快捷键 Shift+Delete，弹出如图 2.25 所示的对话框，单击“是”按钮即永久删除了该文件。

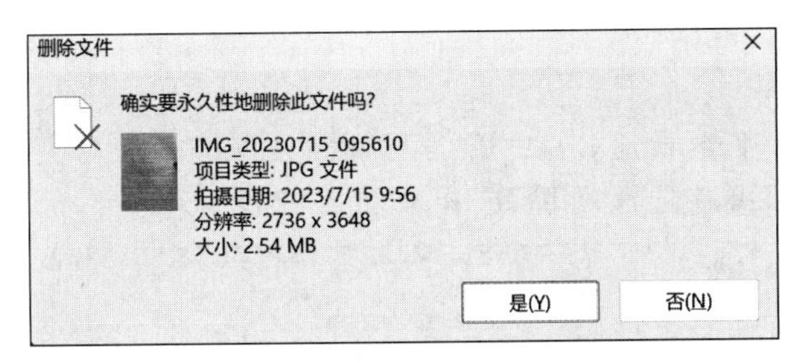

图 2.25　永久删除文件对话框

方法 2,打开回收站窗口,选择“清空回收站”命令就将回收站内容彻底删除,或者选中部分需要永久删除的文件,执行删除操作即可实现物理删除。

任务实施

一、新建和重命名练习

在文件资源管理器中或者桌面空白处右击,选择“新建”|“文件夹”菜单命令,创建一个默认命名为“新建文件夹”的文件夹;右击文件夹,在弹出的快捷菜单中选择“重命名”,在文件夹的矩形框中输入学生的学号和姓名作为文件夹的名字。

二、复制和移动练习

将以学生学号和姓名命名的文件夹选中并右击,在弹出的快捷菜单中选择“复制”(或者“剪切”)选项,找到 C 盘,在空白处右击,选择“粘贴”命令。将该文件夹“复制”(或者“移动”)到 C 盘目录下,效果如图 2.26 所示。

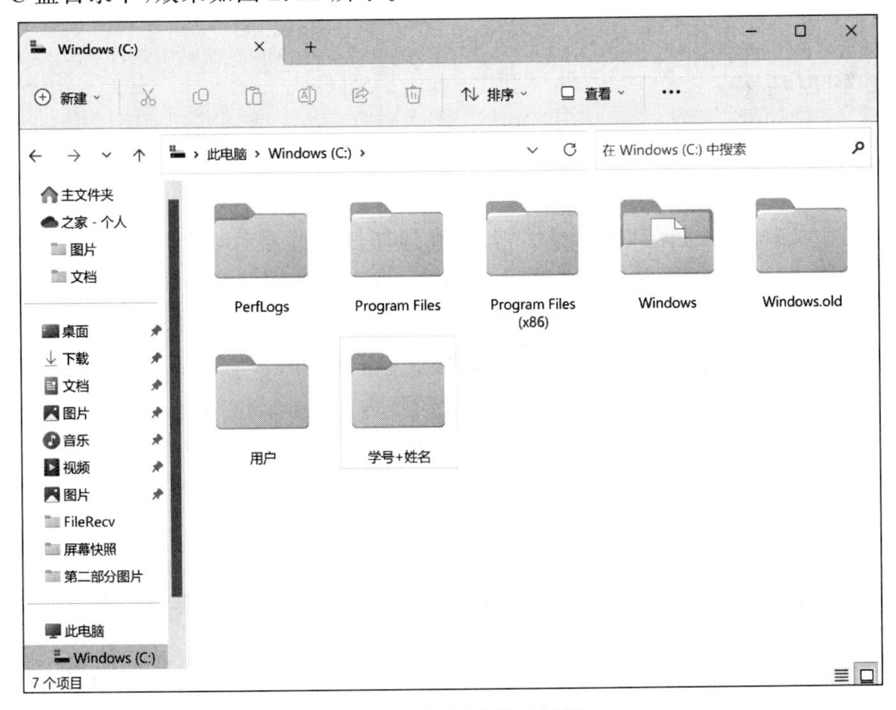

图 2.26　复制或移动效果

三、删除练习

打开文件资源管理器，找到C盘中用“学号和姓名”命名的文件夹，选中这个文件夹并右击，在弹出的快捷菜单中选择“删除”选项，如图2.27所示。

图2.27　删除文件

知识拓展

一、设置文件或文件夹的属性

每个文件或文件夹都有自己的属性，要正确地使用这些对象，就需要了解它们的属性。在要了解或者设置属性的文件或者文件夹上右击，从弹出的快捷菜单中选择“属性”命令，打开“属性”窗口，如图2.28所示。在此窗口中，可查看或更改对象的各种属性信息，如位置、大小、创建时间、隐藏或只读等。所选对象类型不同打开的“属性”也会有所不同，例如图2.29所示为回收站的“属性”窗口，其中显示的是常规选项。若在下面的选项区域中可以选择“不将文件移到回收站中。移除文件后立即将其删除。”单选按钮，则会将文件进行永久性删除。

二、搜索文件或文件夹

利用 Windows 11 的搜索功能，可快速找到所需的文件或文件夹。常用方法有如下两种。

方法1，单击任务栏中的“搜索”框，在“搜索”文本框中输入要搜索文件的全名或部分名称。在文件名中也可以包含通配符“*”和“?”，“*”代表所在位置的任意多个字符，“?”代表

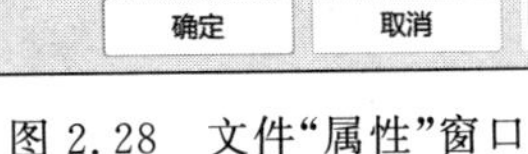

图 2.28　文件“属性”窗口

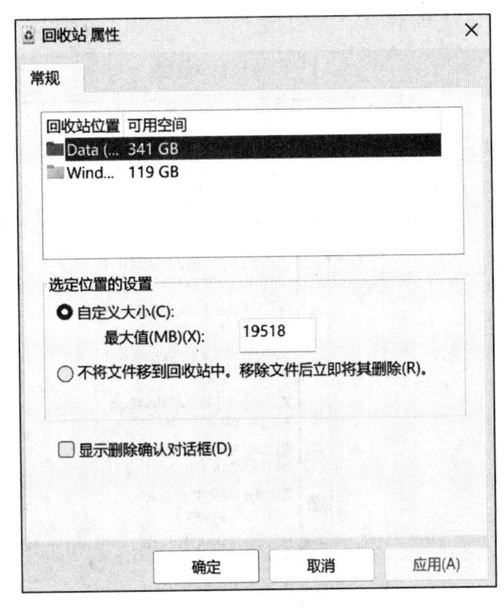

图 2.29　回收站“属性”窗口

任意一个字符。如，“A＊.pptx”表示主文件名以“A”开头，扩展名为“.pptx”的所有文件；而“A???.pptx”表示以“A”开头的、其后3个字符为任意字符，扩展名为“.pptx”的文件。输入完毕后系统将按照输入的内容进行搜索，搜索结果显示在搜索框的上方，如图2.30所示。

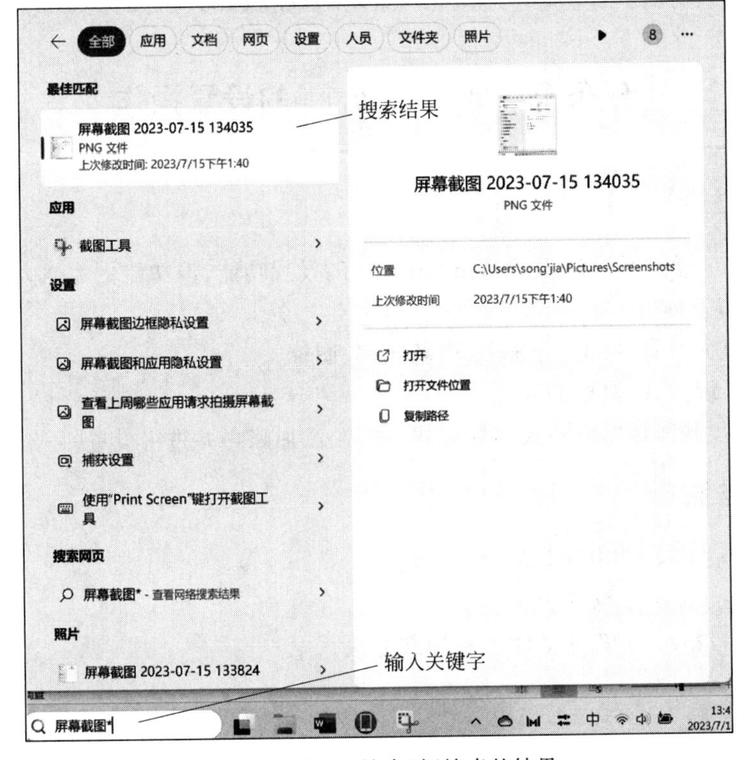

图 2.30　利用“搜索”框搜索的结果

方法 2,单击任务栏“文件资源管理器”图标,在打开的窗口中找到“搜索”框,在其中输入要搜索文件的全名或部分名称,在“地址栏”中输入搜索范围,搜索结果将显示在右侧的窗格中,如图 2.31 所示。

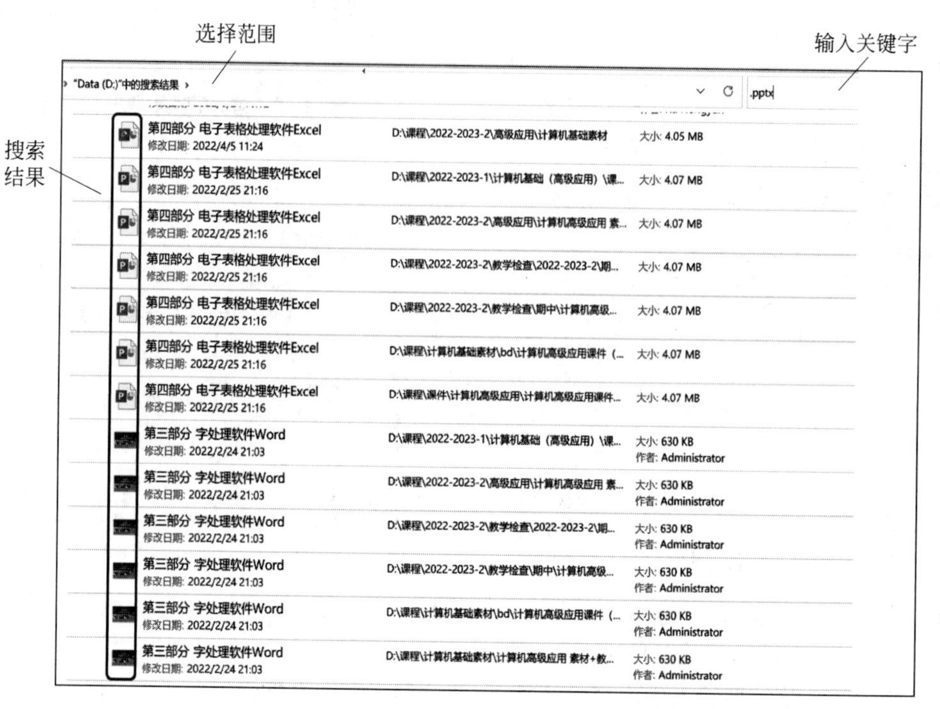

图 2.31　利用“文件资源管理器”搜索的结果

任务三　Windows 11 的设置操作

任务描述

Windows 11 操作系统延续了 Windows 10 的设置功能,但功能更为强大。通过这部分学习可以掌握以下内容。

(1) 更改桌面背景、屏保、分辨率、刷新频率、图标。

(2) 更改系统声音、鼠标的属性。

(3) 打开“控制面板”,设置大图标方式,查看、添加账户并进行设置。

任务目标

- 掌握 Windows 11 个性化的设置方法。
- 掌握 Windows 11 账户设置方法。
- 掌握 Windows 11 程序的添加和卸载方法。

知识介绍

一、个性化显示设置

个性化显示设置主要是对桌面的整体外观，包括主题、背景、显示、字体等进行设置，以更好地体现用户对计算机设置的个性化。

1. 桌面背景设置

桌面背景也叫作壁纸，是启动操作系统后首先进入用户视觉的桌面颜色或图片。右击桌面空白处，从弹出的如图 2.32 所示的快捷菜单中选择“个性化”选项。也可以单击“开始”菜单，选择“设置”|“个性化”选项，弹出如图 2.33 所示的“个性化”窗口。

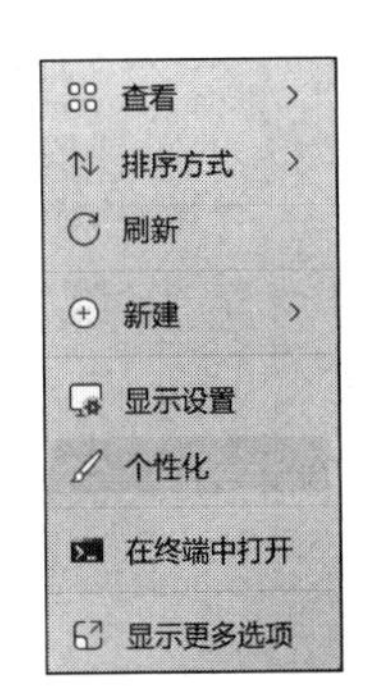

图 2.32　右击桌面显示的快捷菜单

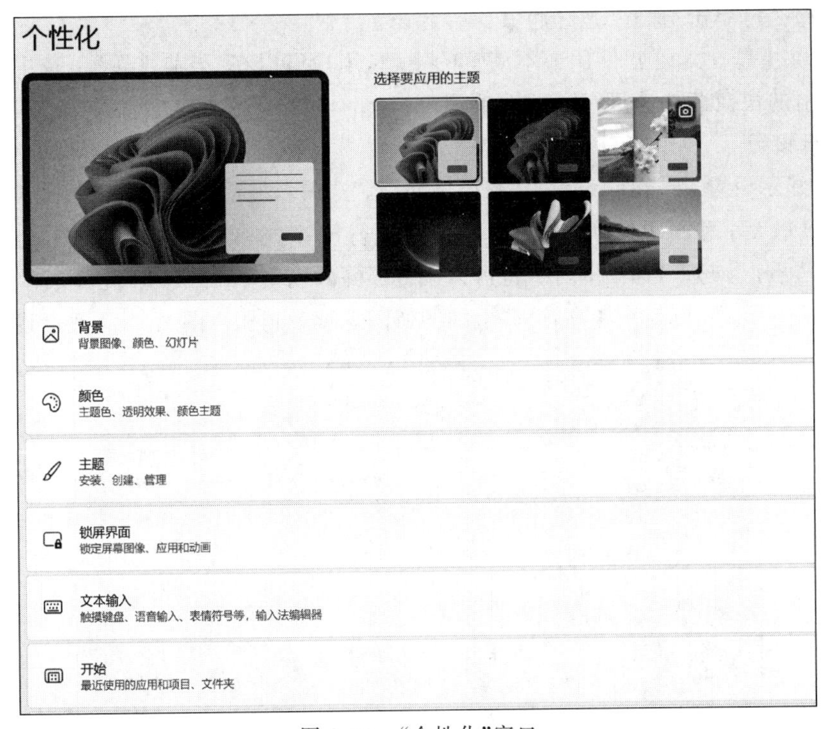

图 2.33　“个性化”窗口

在打开的窗口中选择“背景”选项，之后进行如图 2.34 所示的背景形式设置。用户也可以选择纯色、幻灯片放映作为桌面背景。

2. 主题设置

桌面主题是计算机上的图片、颜色、鼠标光标和声音的组合。下面介绍主题的保存、更改和删除。Windows 11 提供了一些免费的主题，可以联机下载。

(1) 更改主题。当用户对系统提供的主题不满意时，可以在“个性化”窗口中更改主题的每一个部分，包括桌面背景、窗口颜色、声音和鼠标光标。

(2) 保存主题。用户使用主题，只需要选择“个性化”|“主题”选项，在图标中选择新的

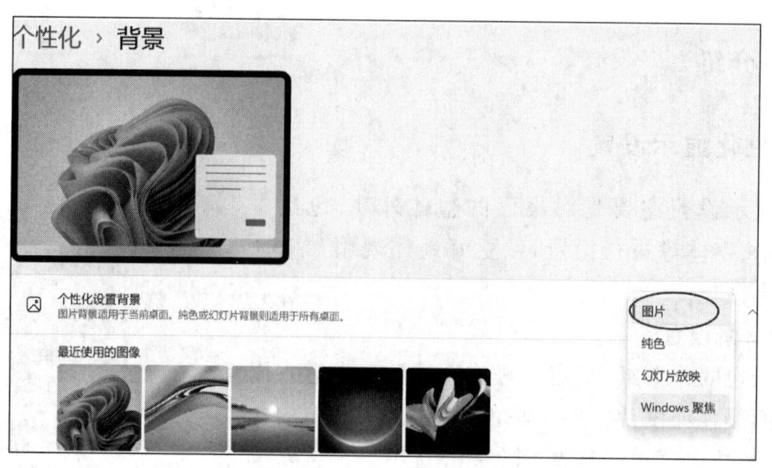

图 2.34　更改背景图片

主题，可以立即更改桌面的背景、窗口颜色、声音和鼠标光标设置。如果用户对自己更改的主题满意，那么可单击“保存”按钮将其保存起来。

(3) 删除主题。对不常使用或不满意的主题，用户可以在“当前主题”下选中主题图片，右击，在弹出的快捷菜单选择“删除”选项即可。

3. 显示设置

要进行显示设置，可选择“设置”|“系统”|“屏幕”选项。显示设置主要包括亮度与颜色、屏幕分辨率、显示大小和刷新率等。对屏幕分辨率进行设置，在桌面空白处右击，在弹出的快捷菜单中选择“显示分辨率”选项即可。也可以设置屏幕的刷新率。刷新率表示屏幕的图像每秒在屏幕上刷新的次数，刷新率越高，屏幕上的图像闪烁感就越弱。图 2.35 为显示设置界面。

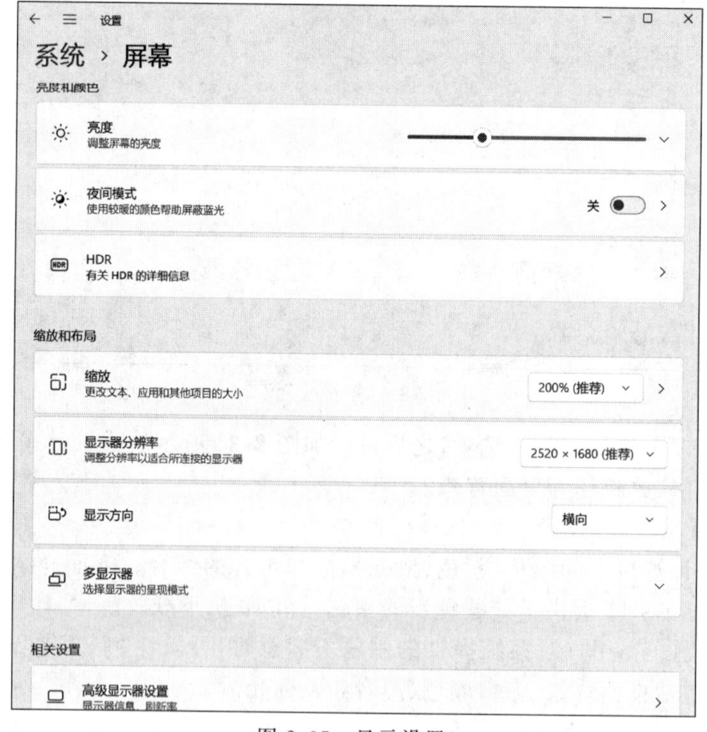

图 2.35　显示设置

4. “开始”菜单和任务栏设置

(1) “开始”菜单的设置包括自定义“开始”菜单、更改“开始”菜单中的图片选项。选择“开始”|“设置”|“个性化”|“开始”命令，可对“布局”“显示最近添加的应用”“显示最常用的应用”“在‘开始’、‘跳转列表’和‘文件资源管理器’中显示最近打开的项目”等进行设置。图 2.36 为“开始”菜单的设置界面。

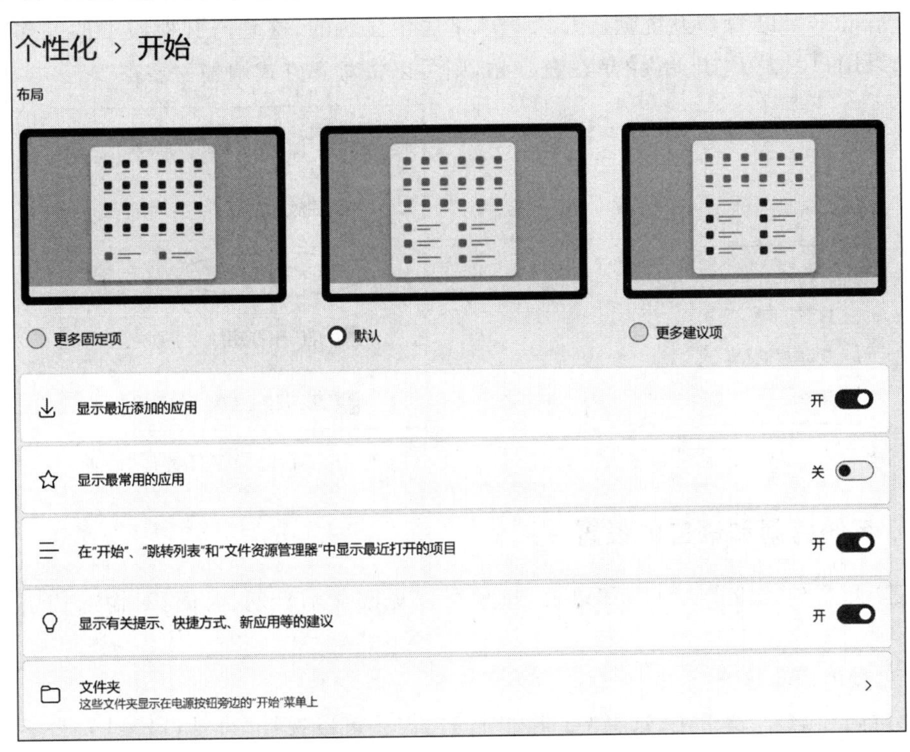

图 2.36 “开始”菜单设置

(2) 任务栏的设置。包括任务栏项、系统托盘图标、其他系统托盘图标、任务栏行为的设置，如图 2.37 所示。

图 2.37 任务栏的设置

通过“任务栏项”设置可显示或隐藏在任务栏上的按钮，例如，“搜索”的显示方式有“隐藏”“仅‘搜索’图标”“搜索图标和标签”“搜索框”4 种，如图 2.38 所示。设置方法同“开始”菜单的设置一样。

任务栏还可以设置为隐藏状态，在“任务栏行为”中就可以进行设置，如图 2.39 所示，选中“自动隐藏任务栏”复选框就可以了。除此之外，在任务栏中还可以设置对齐方式。前面介绍的 Windows 11 操作系统默认开始菜单是居中显示的，这是与其他版本的操作系统的区别，如果用户习惯于“开始”菜单在左下角，则可以将对齐方式调整为靠左。

图 2.38 “搜索”设置

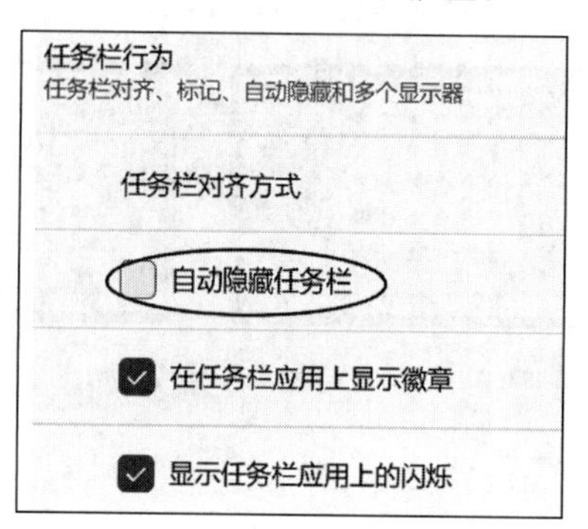

图 2.39 “自动隐藏任务栏”设置

二、系统时间和语言的设置

通过“开始”|“设置”|“时间和语言”选项可以更改显示日期、时间，对输入和语言进行设置。

1. 设置时间和日期

在“时间和语言”窗口中，选择“日期和时间”选项，可以选择“自动设置时间”“手动设置日期和时间”“自动设置时区”“同步时间服务器上的时间”等。同步时间的操作必须在计算机与 Internet 连接时才可以进行。

2. 设置输入法

选择“输入”选项，单击“高级键盘设置”按钮，弹出如图 2.40 所示的窗口，可在其中设置系统默认的输入法，“替代默认输入法”选项区域列出了本机上已经安装的输入法，也可以改变输入法。在“切换输入法”选项区域能够设置每个窗口使用不同的输入法和使用桌面语言栏。

3. 设置语言和区域

在“语言和区域”选项中还可以添加语言，进入“添加语言”选项后，选择一种语言（可以直接搜索，也可以语言列表中寻找），如图 2.41 所示。在“区域”中可以设置时间和日期格式以及当前位置。选择“区域格式”|“更改格式”选项，可以对当前位置的日期、时间、数字格式进行更改。

三、硬件和声音的设置

硬件和声音的设置，主要包括设备和打印机的添加、鼠标和键盘属性的设置、声音属性的设置等。其中，鼠标和键盘属性的设置也可以通过“个性化”选项进行管理。可以选择“开

图 2.40　输入法设置

图 2.41　添加语言

始”|“设置”|“声音”选项，然后进行管理和设置。

四、账户设置

1. 用户账户

用户账户用于为共享计算机的每个用户设置个性化的 Windows，可以选择自己的账户名、图片和密码，并选择只适用于自己的其他设置。在 Windows 11 中，用户账户被分为两大类：一类是计算机管理员账户；另一类是标准账户。

2. 管理用户账户

在完成 Windows 11 的安装并初次启动系统时，会要求设置用户名，通过“设置”|“账户”选项可以对用户账户进行管理。

(1) 更改账户。用户在账户设置窗口中，可以更改账户图片、账户名称、账户密码等。在登录选项窗口可以完成用户的登录方式更改，包括“面部识别”“指纹识别”、PIN、“安全密钥”“密码”“图片密码”6 种方式，如图 2.42 所示。

(2) 添加账户。在“其他用户”|“添加账户”窗口中，选择“添加账户”，输入用户的电子邮箱或者手机号码，即可添加一个新账户。注意，该用户一定是已经注册过的。

(3) 删除账户。在“用户账户”|“管理账户”窗口可以看到计算机上的所有用户，直接单击选择需要删除的用户，然后单击“删除账户”按钮就可以将该用户删除。需要注意的是，对 Guest 账户只能更改图片设置是否启用，不能删除；不能删除处于登录状态的账户，只能删除其他账户；普通账户不能删除管理员账户。

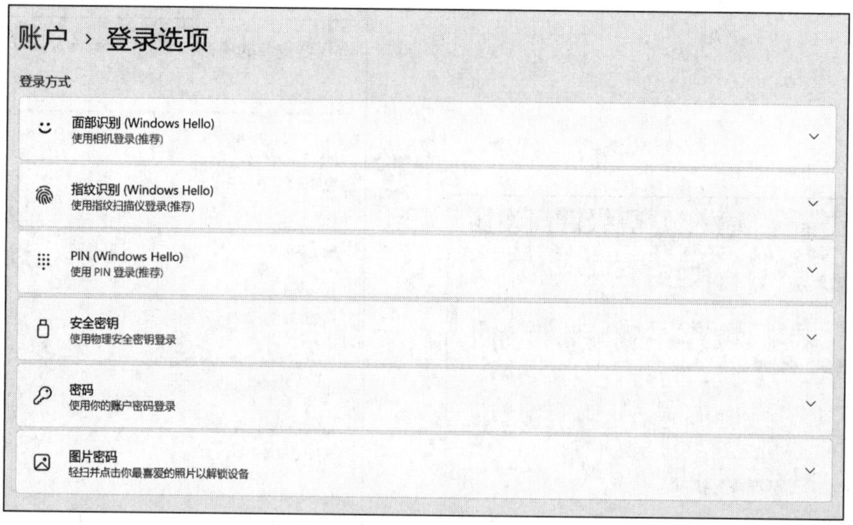

账户 › 登录选项
登录方式
面部识别 (Windows Hello)
使用相机登录(推荐)
指纹识别 (Windows Hello)
使用指纹扫描仪登录(推荐)
PIN (Windows Hello)
使用 PIN 登录(推荐)
安全密钥
使用物理安全密钥登录
密码
使用你的账户密码登录
图片密码
轻扫并点击你最喜爱的照片以解锁设备

图 2.42　登录选项

任务实施

一、显示操作

1. 更改桌面背景

右击桌面空白处，在弹出的快捷菜单中选择“个性化”|“背景”|“个性化设置背景”选项，选择一张“最近使用的图像”进行桌面背景图片设置，如图 2.43 所示。或者用一张其他图片进行设置，单击“浏览照片”按钮，如图 2.44 所示，在弹出的对话框中找到预先存放好的图片，单击“确定”按钮。

个性化 › 背景
1
个性化设置背景
图片背景适用于当前桌面。纯色或幻灯片背景则适用于所有桌面。
图片
2
最近使用的图像
选择一张照片
浏览照片
选择适合你的桌面图像
填充

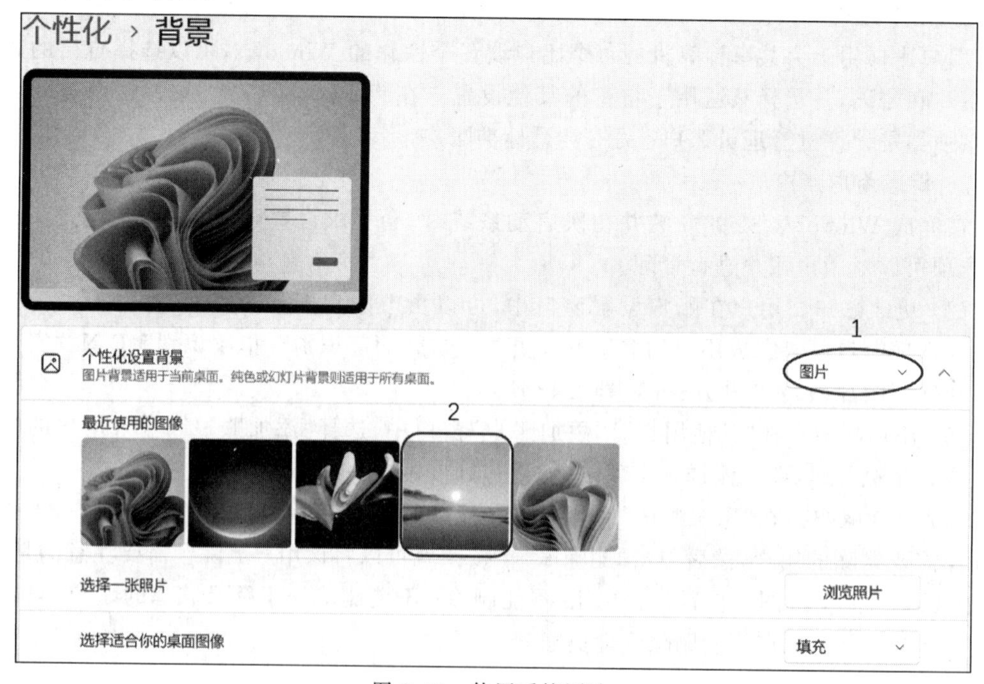

图 2.43　使用系统图片

图 2.44　使用其他图片

2. 设置屏保、分辨率、刷新率、系统图标

1）设置屏幕保护程序

使用计算机时，若需要暂时离开计算机，在不关机的情况下担心其他人使用自己的计算机或查看计算机上的一些东西，这时选择锁屏界面无疑是最好的方法。设置锁屏界面的步骤如下。

步骤 1，在桌面空白处右击，从弹出的快捷菜单中选择“个性化”命令，打开了显示设置窗口。

步骤 2，选择左侧窗格中的“锁屏界面”选项，右侧窗格中会显示关于锁屏界面的预览图以及相关的配置信息。在“个性化锁屏界面”下拉列表框中选择锁屏的类型，Windows 11 锁屏界面有 3 种类型：Windows 聚焦、图片、幻灯片放映，选择图片作为锁屏界面，如图 2.45 所示。

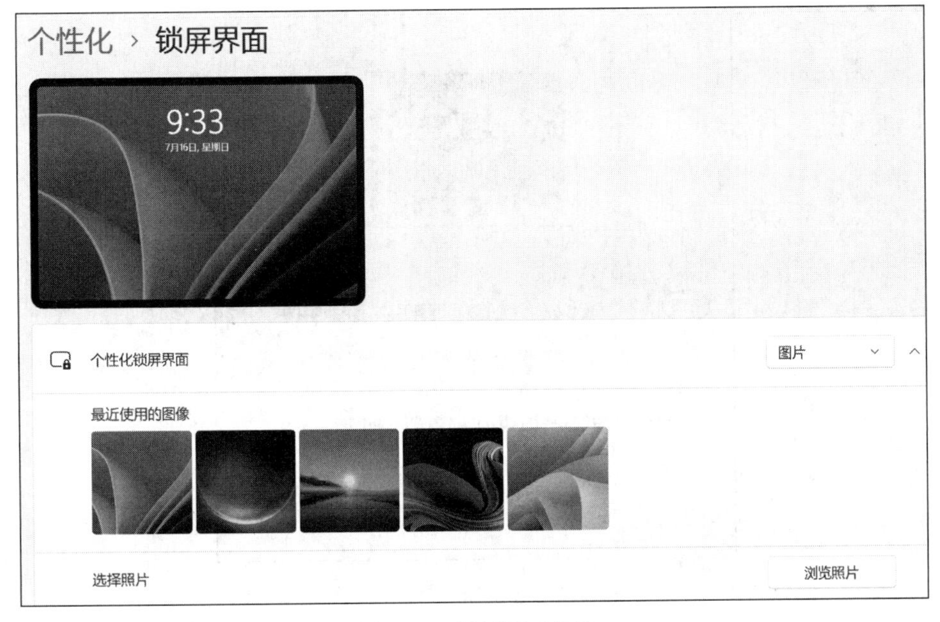

图 2.45　锁屏界面类型

步骤3,单击“浏览照片”按钮,从打开的窗口中选择需要的图片,再单击“选择图片”按钮,如图2.46所示。在“预览”区域可以查看效果。

图2.46　设置锁屏图片

步骤4,选择“屏幕保护程序”进入“屏幕保护程序”设置,在“屏幕保护程序”下拉列表框中选择一种保护程序,预览效果会出现在上方的显示器中。

步骤5,选择“等待”时间,可以通过按钮调整也可以手动输入。选中“恢复时显示登录屏幕”复选框,单击“确定”按钮,这样就设置好了屏幕保护程序,如图2.47所示。

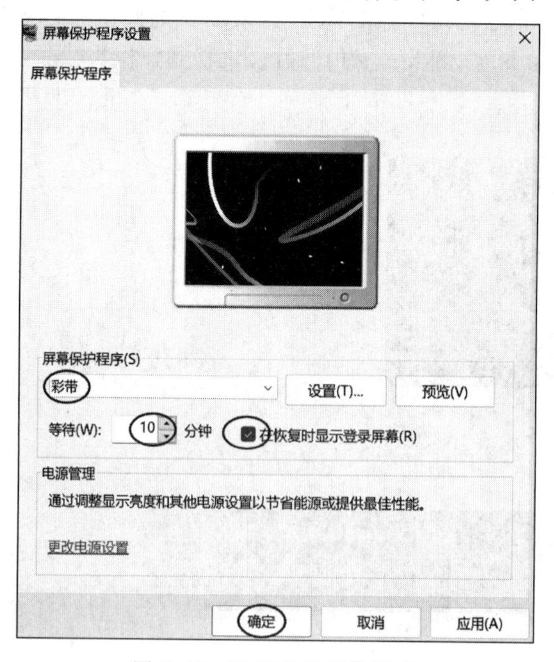

图2.47　设置屏幕保护程序

注意，在“屏幕保护程序设置”对话框中，可以单击“预览”按钮，查看屏幕保护效果，若不满意，可以重新设置。

2）设置分辨率和刷新率

选择“设置”|“系统”|“屏幕”选项，在“显示器分辨率”下拉列表框中选择“推荐”的分辨率即可。

选择“屏幕”|“高级显示器设置”选项，在新的窗口中的“选择刷新率”下拉列表框中选择合适的刷新率，如图 2.48 所示。

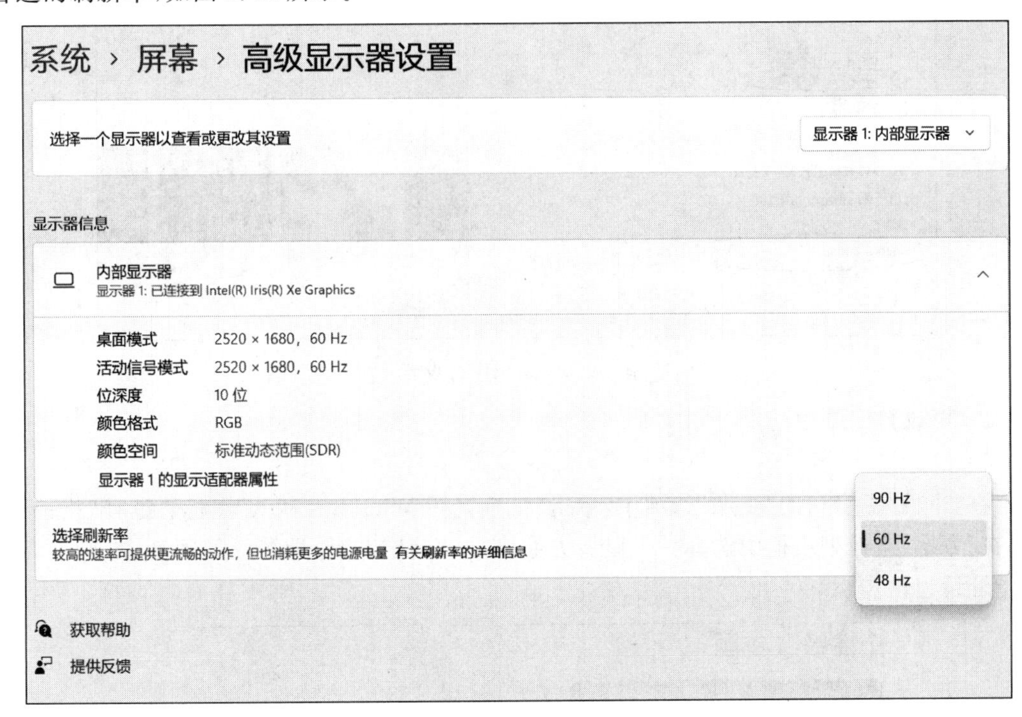

图 2.48　设置刷新率

3）设置桌面图标

打开“个性化”窗口，选择“主题”|“桌面图标设置”选项，在弹出的对话框中，添加“计算机”“网络”“回收站”图标，选中对应的复选框，单击“确定”按钮即可。这样就把“此电脑”“网络”“回收站”添加到了桌面，显示效果如图 2.49 所示。

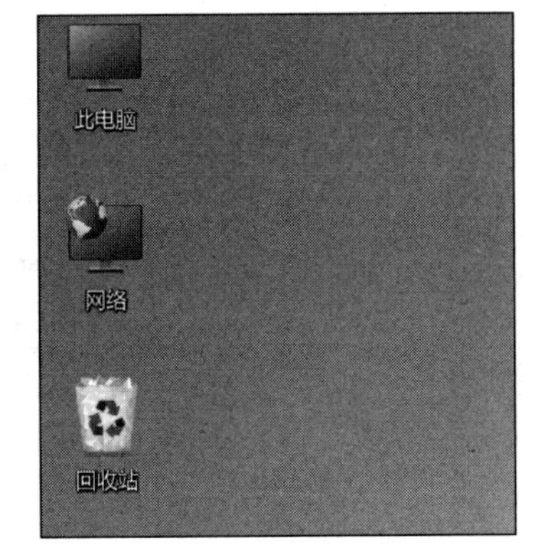

图 2.49　显示效果

二、系统声音、鼠标操作

1. 更改系统声音

右击桌面空白处，在弹出的快捷菜单中选择“个性化”选项，打开“个性化”设置窗口，选择“主题”选项，单击“声音 Windows 默认”图标。在“声音”对话框的“程序事件”中选择“Windows 用户账户控制”选项。单击“声音”下拉列表框中选择要使用的声音。单击“测试”按钮，试听声音，若满意则单击“确定”按钮，如图 2.50 所示。

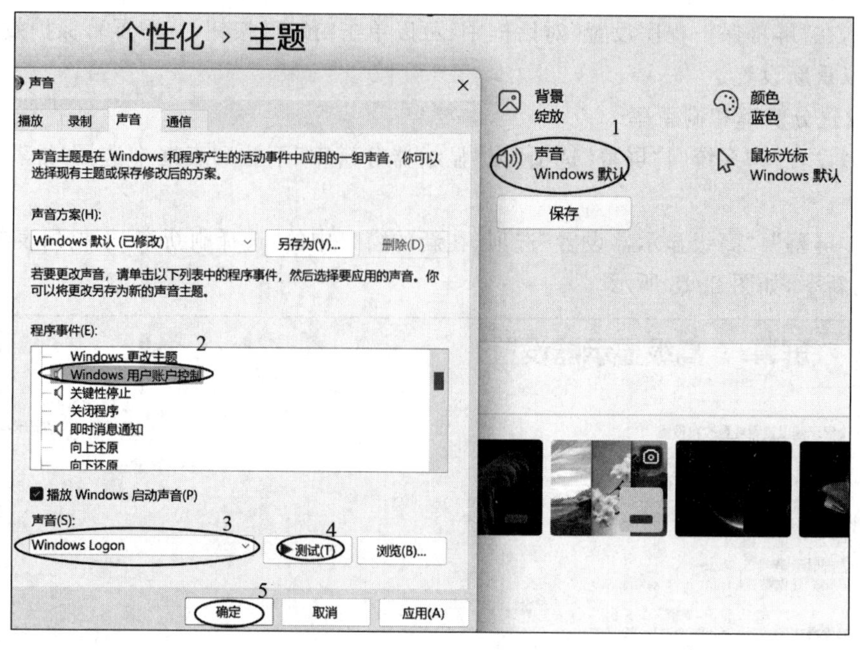

图 2.50　系统声音设置

2. 更改鼠标属性

1）鼠标指针设置

在“个性化”窗口的“主题”选项中，单击“鼠标光标 Windows 默认”图标。选择“指针”选项，在“方案”下拉列表框中选择一个鼠标方案，单击“确定”按钮即可。如图 2.51 所示为鼠标指针设置的步骤。

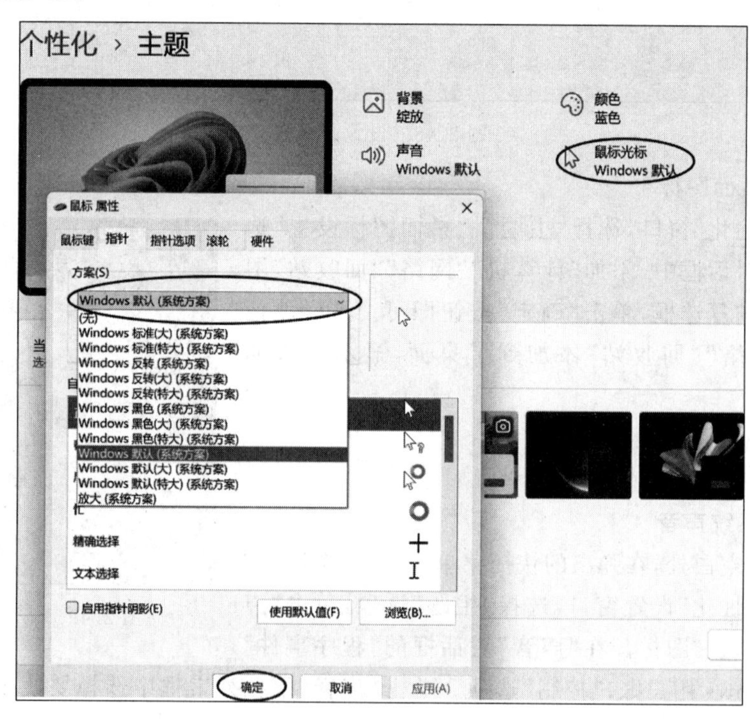

图 2.51　鼠标指针设置

2）鼠标键设置

在“个性化”窗口的“主题”选项中，单击“鼠标光标 Windows 默认”图标，在弹出的“鼠标属性”对话框中选择“鼠标键”选项卡，如图 2.52 所示为鼠标键的设置界面。在这里可以更改鼠标的按键属性，在“鼠标键配置”选项区域选中“切换主要和次要的按钮”复选框，可交换鼠标左右按键的功能；在“双击速度”选项区域将“速度”滑块向“慢”或“快”方向拖动，可更改鼠标双击的速度；单击选中“启用单击锁定”复选框，用户可以不用一直按着鼠标左键就能突出显示或拖曳目标。

3）指针选项设置

在“个性化”窗口的“主题”选项中，单击“鼠标光标 Windows 默认”图标，在弹出的“鼠标属性”对话框中选择“指针选项”选项卡，如图 2.53 所示为指针的设置界面。在“移动”选项区域将“选择指针移动速度”滑块向“慢”或“快”方向移动，可更改鼠标指针移动的速度；在“移动”选项区域选中“提高指针精确度”复选框，可在缓慢移动鼠标时使指针工作更精确；在“贴靠”选项区域选中“自动将指针移动到对话框中的默认按钮”复选框，可在出现对话框时加快选择选项速度；在“可见性”选项区域选中“显示指针轨迹”复选框，在移动指针时可使指针显示更清晰；在“可见性”选项区域将滑块向“短”或“长”方向移动，可减小或增加指针踪迹的长度；在“可见性”选项区域选中“在打字时隐藏指针”复选框，使指针不会阻挡用户看到输入的文本；在“可见性”选项区域选中“当按下 CTRL 键时显示指针的位置”复选框，可以按 Ctrl 键查找放错位置的指针。

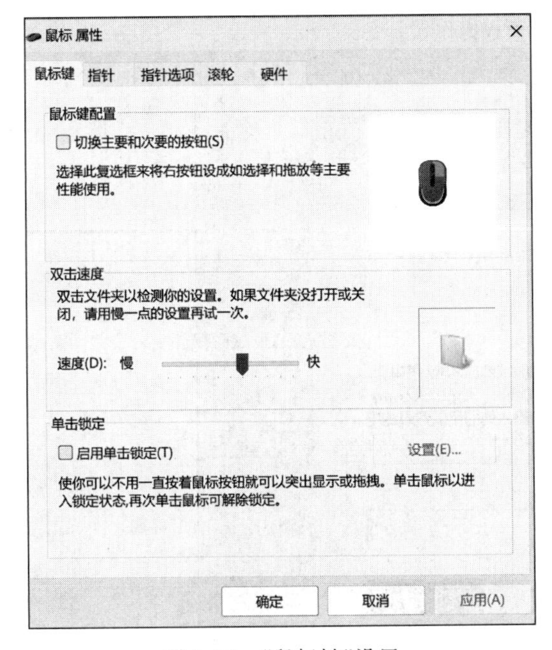

图 2.52 “鼠标键”设置

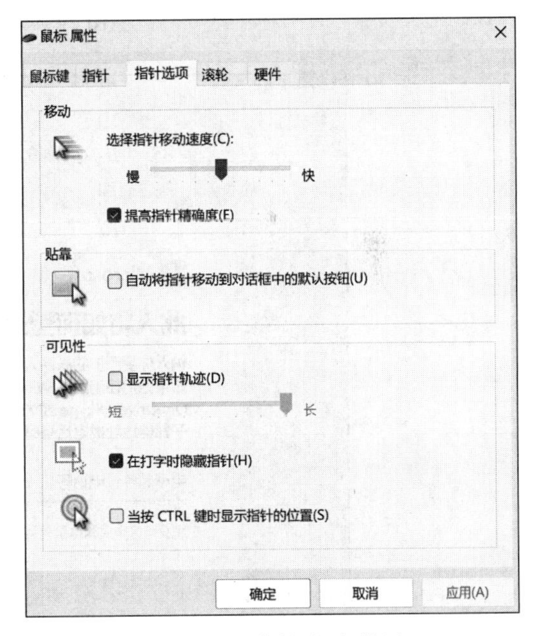

图 2.53 “指针选项”设置

三、添加账户

选择“开始”|“设置”选项，在弹出页面的搜索框中输入“控制面板”，在右侧的“查看图标”列表框中选择“大图标”。接下来选择“用户账户”，图 2.54 为设置大图标查看操作和选

择用户账户操作。在弹出的窗口中选择"管理其他账户",接下来单击"在电脑设置中添加新用户",弹出如图 2.55 所示对话框,输入登录账户的电子邮件或者电话号码,单击"下一步"按钮即可。

图 2.54　控制面板操作

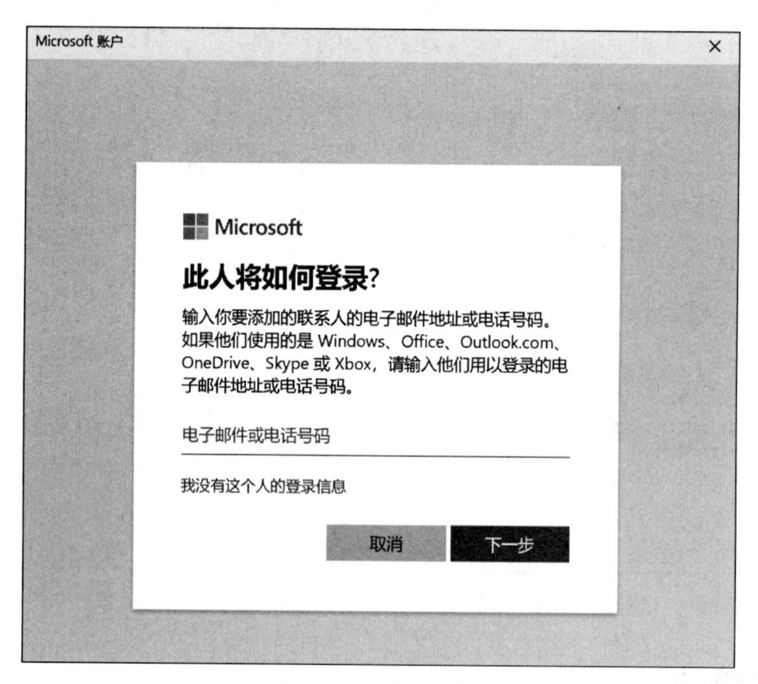

图 2.55　添加账户

知识拓展

卸载应用程序

卸载应用程序主要用于计算机上已经安装的程序和组件。当不再需要程序时，为了节省磁盘空间，需要将它“删除”。如果单纯地删除程序安装目录下的所有文件，并不能彻底卸载应用程序，应该通过 Windows 11“设置”中提供的卸载功能完成。选择“设置”|“应用”|“安装的应用”选项，打开如图 2.56 所示的窗口，可以查看已经安装的程序、卸载已经安装的程序等。

图 2.56　卸载程序窗口

任务四　Windows 11 的常用附件程序

任务描述

不同 Windows 系统版本的附件程序略有差距，Windows 11 与 Windows 10 的附件功能有所不同，使用“开始”菜单可以打开它们，完成以下任务：

(1) 使用记事本输入一段文字进行排版和保存。

(2) 使用便笺设置课程提醒。

(3) 使用画图工具完成一个流程图制作并使用截图工具保存起来。

任务目标

◆ 掌握记事本的排版方法。

◆ 掌握便笺的设置方法。
◆ 掌握画图工具的使用方法。
◆ 掌握截图工具的使用方法。

知识介绍

一、记事本和便笺

1. 记事本

记事本是一个用来创建简单文档的基本文本编辑器，常用来查看或编辑文本文件。如许多源程序代码文件、系统配置文件等都使用记事本处理。记事本保存的文本文件不包含特殊格式代码或控制码，能被 Windows 的大部分应用程序调用，也可以用于编辑各种高级语言程序文件。在默认情况下，文件保存后的扩展名为.txt。

2. 便笺

Windows 11 的便笺程序类似于手机中的备忘录，可以使用它来记笔记、设置待办事项，并把它粘贴到计算机桌面上，便于提醒。

二、画图和截图工具

1. 画图

“画图”是绘图工具，用户可以用它创建简单或者复杂的图画，也可以编辑图片以及为图片着色等。所以这些图画可以是黑白的，也可以是彩色的，并可以存为位图文件。利用“画图”程序可以打印图片，将它作为桌面背景；也可以粘贴到另一个文档中，甚至还可以用“画图”程序查看和编辑扫描好的照片。通过菜单及左边的工具选择和右面的颜色选择，可以进行简单的图像编辑处理。

2. 截图工具

用截图工具可以捕捉计算机屏幕上任何对象的屏幕快照，还可以添加注释，对其进行保存操作或者共享。截图工具提供了 4 种截图时间：“无延迟”“3 秒延迟”“5 秒延迟”“10 秒延迟”。图 2.57 为截图时间界面。选定截图时间后选择截图模式，包括“矩形模式”“窗口模式”“全屏模式”“自由形状模式”。图 2.58 为截图模式界面，开始截图前用户应当先选择采用哪种截图时间和哪种屏幕截图模式。如果要继续或者重新截图，单击“新建”按钮即可。

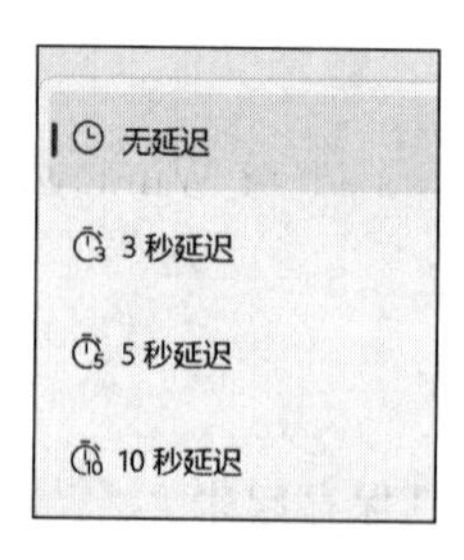

图 2.57　截图时间

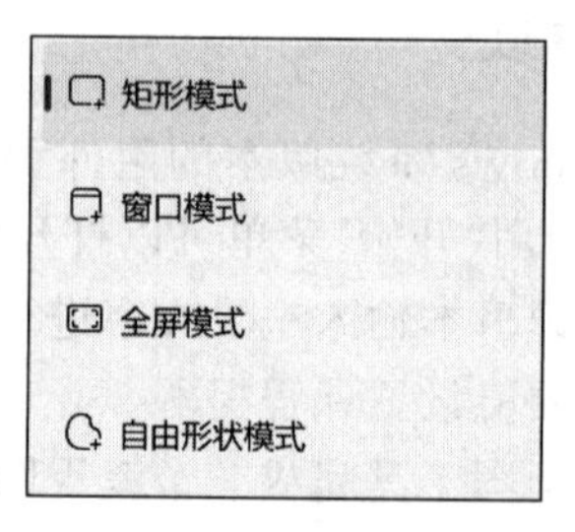

图 2.58　截图模式

三、计算器和录音机

1. 计算器

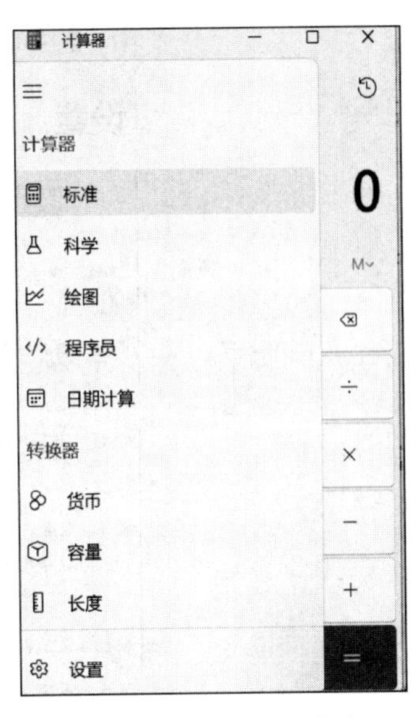

图 2.59 计算器的模式

"计算器"是 Windows 11 的数学计算工具，包括"标准""科学""绘图""程序员""日期计算"5 种模式，如图 2.59 所示。标准型计算器和科学型计算器与我们日常生活中的小型计算器类似，可完成简单的算术运算和较为复杂的科学运算，如函数运算等。计算器还可完成进制运算(需切换到"程序员"模式)。

2. 录音机

录音机可用于录制和简单编辑音频。选择"开始"|"录音机"选项，单击红色录制按钮 ●，开始录制音频。要停止录制音频，就单击停止录音按钮 ■。停止后就会显示已录制的音频文件。

任务实施

一、记事本和便笺操作

1. 使用记事本输入文字

选择"开始"|"所有应用"选项，在"J"字母下找到并选择记事本，打开的记事本界面如图 2.60 所示。

图 2.60 打开记事本

打开记事本后就可以在空白的文本输入区输入文本了，例如，输入"计算机基础"，系统会以默认的格式显示。想要改变格式，可单击记事本右上角的"设置"按钮，图 2.61 为打开的"设置"窗口。在"设置"窗口中，可利用"主题"和"字体"的下拉列表选项改变设置，"自动换行"功能为开关模式，白色圆钮在"开"的一端即设置为"自动换行"。

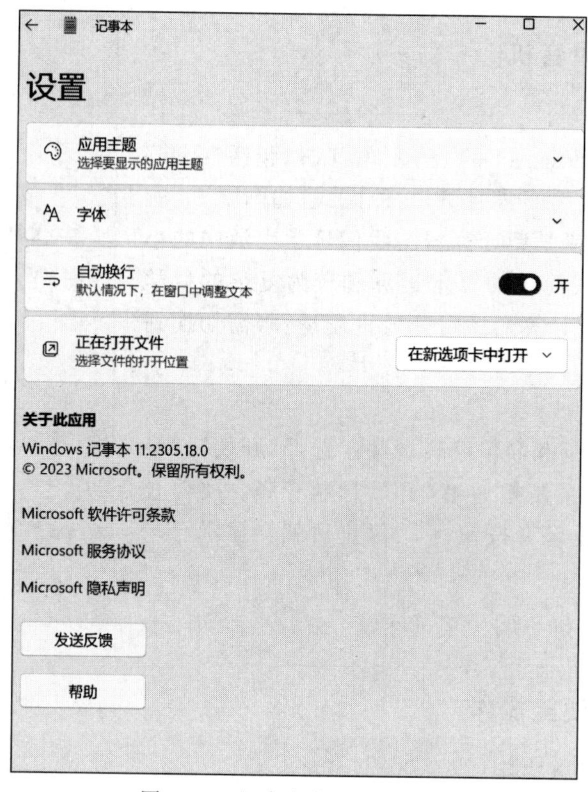

图 2.61　记事本的“设置”窗口

记事本中编辑的内容是可以打印输出的。图 2.62 为打开的“文件”菜单，在这里选择“打印”选项后可对打印页面进行设置。在打开的“页面设置”窗口，即可对纸张大小、源、方向、边距等进行设置，如图 2.63 所示。

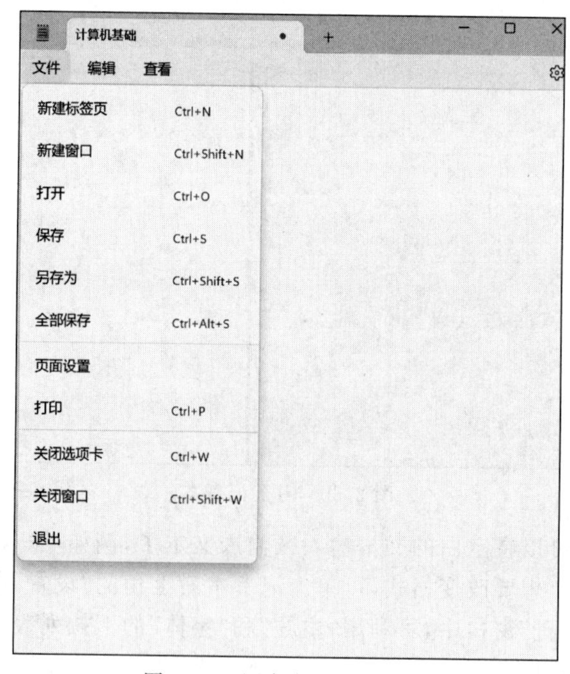

图 2.62　记事本“文件”菜单

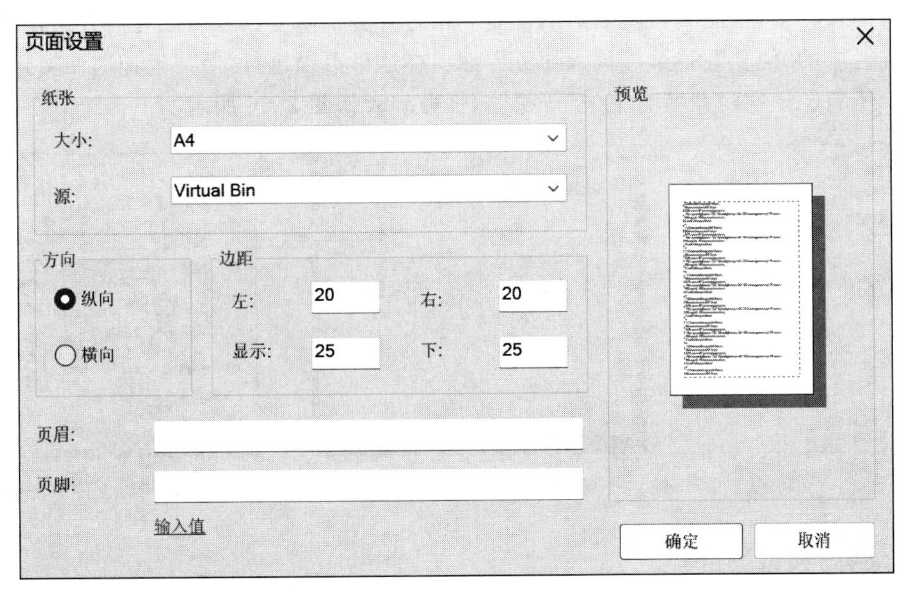

图 2.63 “页面设置”窗口

2. 使用便笺设置提醒

便签提醒是从 Windows 10 版本以后增加的一款新的常用小程序，Windows 11 版本改为“便笺”，下面介绍便笺的功能和使用步骤。

便笺工具可以为用户提供编写代办事项列表、记录电话号码、记录相关提醒等其他任何可用便签纸上记录的内容。可以把它放置在桌面上，帮助用户快速处理。下面介绍具体过程。

选择“开始”|“所有应用”选项，在“B”字母下找到并选择“便笺”，如图 2.64 所示。

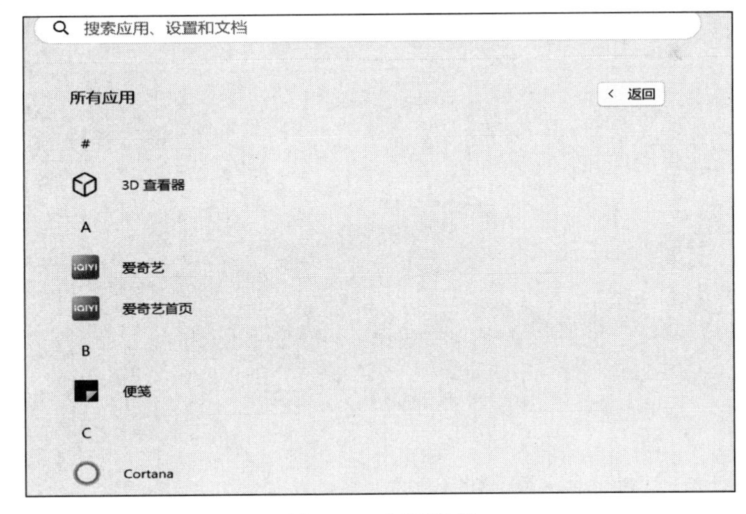

图 2.64 打开便笺

打开便笺后会默认出现一个命名为“记笔记”的空白便笺，单击进入编辑状态，就可以随意设置提醒内容。如图 2.65 所示，输入课程提醒。

单击“便笺”列表左上角的“＋”按钮，能够添加新的空白便笺，默认内容为“记笔记”。单击右上角的“×”按钮，能够关闭当前的便签。在打开多个便笺任务时或者后台运行便笺时，长按任务栏中的“便笺”图标，可进入任务界面。在这里可以进行“新建笔记”“便笺列表”“设置”“显示所有笔记”“隐藏所有笔记”等操作，任务列表如图 2.66 所示。

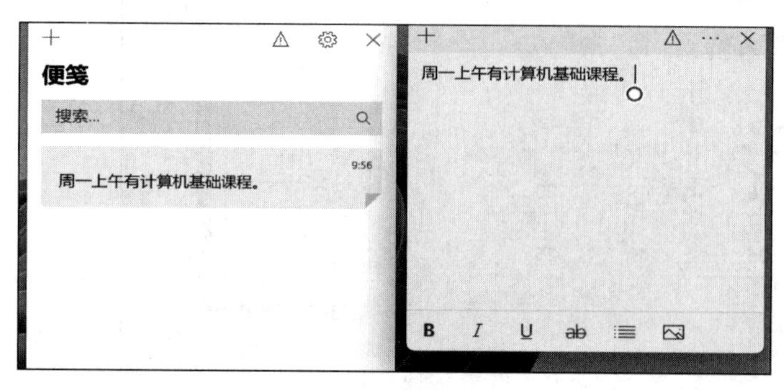

图 2.65　输入提醒内容

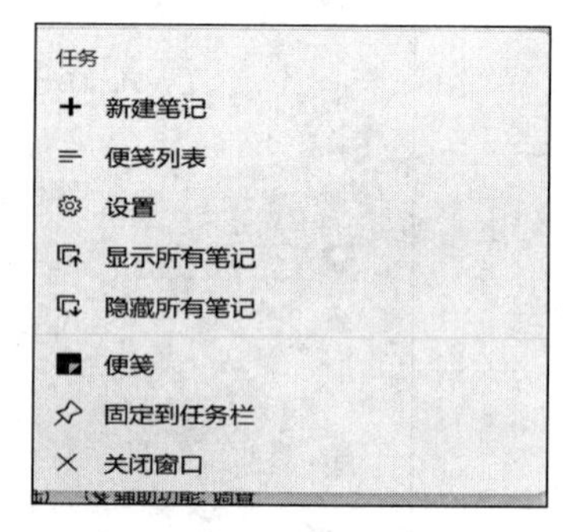

图 2.66　便笺任务列表

二、画图和截图操作

1. 使用画图制作流程图

画图是 Windows 自带的一款简单的图形绘制软件，用户可以利用它来绘制各种图形，但它仅限于简单的图形绘制，复杂的需要使用更专业的软件。

在“开始”菜单中同样能够找到画图工具，打开方式和记事本及便笺相似。进入画图工具后界面如图 2.67 所示。

图 2.67　打开画图工具

用户在打开画图工具后可以看到,系统创建了一个默认命名为“无标题”的文件,可以在“文件”菜单中进行“新建”“打开”“保存”“另存为”等操作。若想画流程图,可以在“形状”功能区找到需要的图形和箭头进行组合,这里用到了矩形、箭头、五角星、三角形、线段,在选择它们之前可以先选择旁边的“线形”“填充”“颜色”,想要输入文字可以选择“工具”功能区中的“A”,弹出文本工具后可以对字体字号等进行设置,之后输入想要的文字即可。如图 2.68 为完成的“四战四平”流程图。

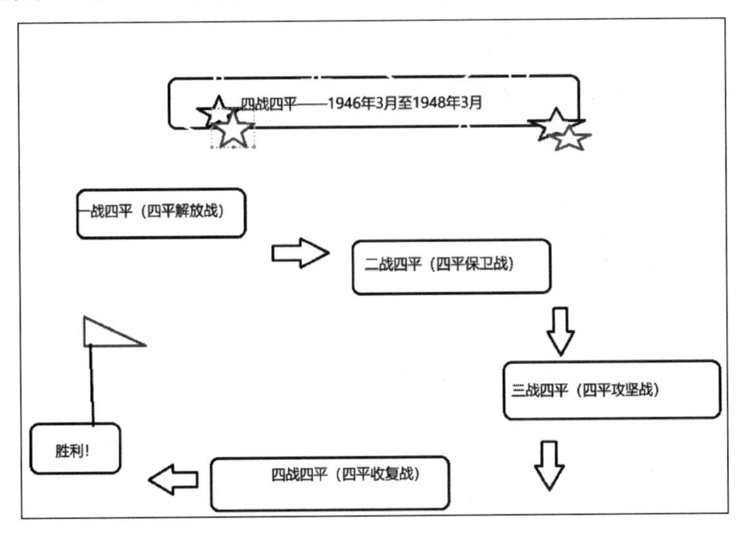

图 2.68 “四战四平”流程图

2. 使用截图工具将流程图保存到计算机

在做好流程图的画图窗口中,要想单独保存这张流程图,只要按下 PrtSc(PrintScreen)键,在弹出的截图工具中选择矩形截图形状,用鼠标在屏幕上拖选需要的区域,可以看到截取好的流程图出现在了右下角的截图通知中,双击可以打开截图,单击“保存”按钮将它另存到计算机中。图 2.69 为截图的保存界面。

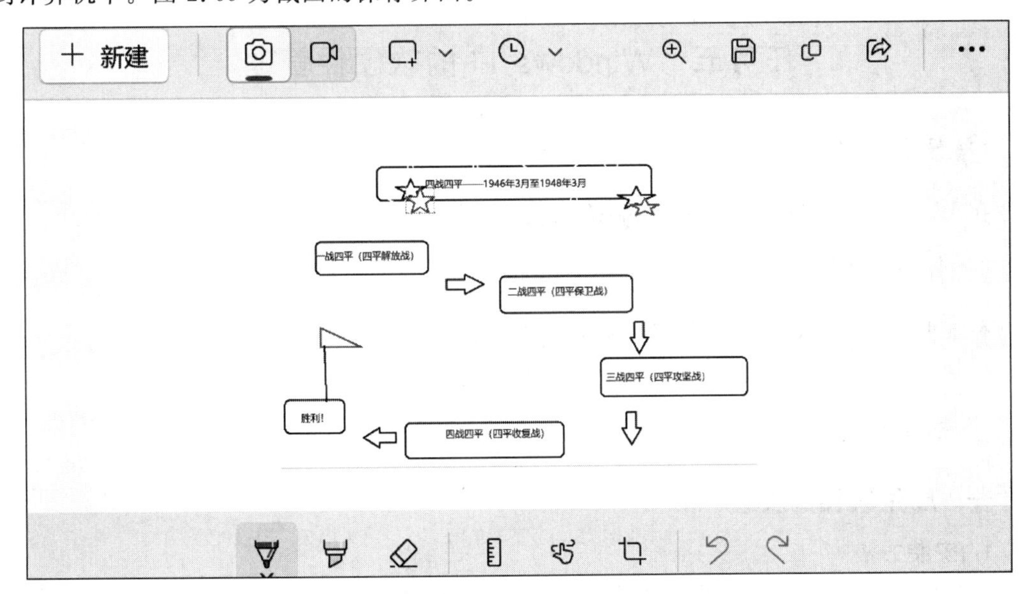

图 2.69 “四战四平”流程图截图的保存界面

知识拓展

远程桌面连接

远程桌面连接是一项使用户坐在计算机旁边就可以连接到不同位置的远程计算机的技术。例如，我们可以用工作单位的计算机去连接家里的计算机，并访问所有程序、文件和网络资源，就像坐在家里的计算机前面一样。打开的远程桌面连接页面如图 2.70 所示。

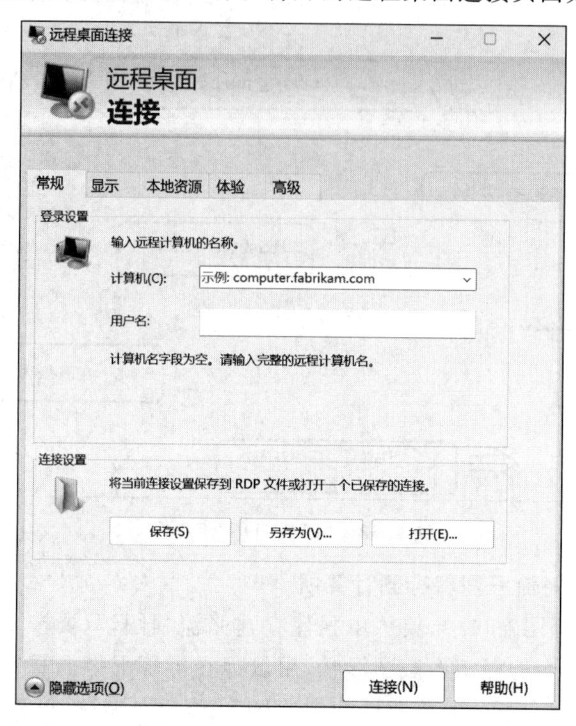

图 2.70 远程桌面连接页面

任务五 Windows 11 的软硬件管理

任务描述

在 Windows 11 操作系统下，安装杀毒软件；安装打印机，并设置驱动程序。

任务目标

- 掌握在 Windows 11 操作系统下安装常用软件的方法。
- 掌握在 Windows 11 操作系统下驱动程序的安装过程。

知识介绍

一、应用软件的安装

1. 安装方法

安装好操作系统后，用户会根据个人的实际需求来安装相应的应用软件。应用软件的发布方式多种多样，有的通过光盘发布，有的通过网络以压缩包形式发布，虽然方式不同，但安装方法基本相同。

(1) 光盘发布。这一类软件安装一般都是自运行的，只要把光盘插入计算机光驱，就会自动运行进入安装界面。如果光驱禁止了自动运行功能，则可以打开光盘根目录上的 Autorun. inf 文件，找到自动运行的程序，手动启动运行即可。

(2) 压缩包发布。安装以压缩包方式发布的软件，要先进行解压，将压缩包解压到磁盘的某一个目录中。找到解压后的文件夹，去执行其中的 setup. exe(可执行文件)程序进行安装。

(3) 绿色软件。只要将绿色软件压缩包传输到计算机中并进行解压，执行其中的可执行文件就能运行程序了，无须安装。

2. 安装模式

目前软件的安装都比较简单，一般采取安装向导的方式。可供用户选择的一般有安装模式、安装目录等内容。安装模式即安装哪些内容，小型软件一般分为全部安装、快速安装和自定义安装。

二、硬件的添加

添加硬件一般分为两步，首先将硬件连接到计算机中，其次安装硬件设备的驱动程序。驱动程序是指用来驱动硬件工作的程序，即对 BIOS 不能支持的硬件设备进行解释，使计算机能够识别这些硬件设备，保证它们能够正常工作。

添加硬件的驱动程序既可以来自 Windows 11 自带的驱动程序库，也可以来自随硬件设备配套的安装盘。通常情况下，将硬件连接到计算机之后，如果系统能够自动识别该设备，则会在 Windows 11 系统带有的上千种设备的驱动程序中进行匹配，并自动安装其驱动程序。如无法找到匹配的驱动程序，会提示用户插入设备所带的安装盘来添加驱动程序。

目前，大多数硬件都支持即插即用，自动对其进行设置并分配资源，使其与机器中已有的部件协调工作。即插即用使硬件的安装过程大大简化。

任务实施

一、杀毒软件的安装

杀毒软件也叫反病毒软件，通常集成了监控识别、病毒扫描和清除、自动升级、主动防御等功能，主要用于消除计算机病毒、木马和恶意软件。现在有很多免费的杀毒软件，下面以 360 杀毒软件为例介绍软件的安装过程。

1. 下载软件

登录 360 官方网站，下载杀毒软件，如图 2.71 所示。

2. 安装软件

双击下载好的杀毒软件应用程序，进入安装界面。选择安装路径，系统默认安装到 C 盘，也可以更改到其他路径下。选中“阅读并同意许可使用协议和隐私保护说明”后单击“立即安装”按钮，如图 2.72 所示。

安装好的杀毒软件主界面如图 2.73 所示。

图 2.71　下载杀毒软件

图 2.72　安装杀毒软件

图 2.73　杀毒软件主界面

二、设置打印机驱动

在 Windows 11 系统中添加打印机，首先将打印机连接到计算机，选择“开始”|“设置”命令，打开“Windows 设置”窗口，单击“蓝牙和其他设备”选项。然后在右侧窗格中选择“打印机和扫描仪”选项，单击图 2.74 所示的“添加打印机或扫描仪”后面的“添加设备”按钮，系统会自动搜索已连接的打印机。若长时间未找到，则单击“我需要的打印机不在列表中”后面的“手动添加”按钮，如图 2.75 所示。

图 2.74 添加设备

图 2.75 手动添加打印机

打开“手动添加”窗口后，选择“通过手动设置添加本地打印机或网络打印机”单选按钮，再单击“下一步”按钮，如图 2.76 所示。如图 2.77 所示，在“选择打印机端口”窗口不做操作选择，单击“下一步”按钮，进行打印机的厂商和型号选择，确认好打印机名称再单击“下一步”按钮，开始安装打印机驱动程序。安装完成后，可以测试一下打印机是否能够正常工作，即打印一张测试页，单击“完成”按钮，完成打印机的安装。

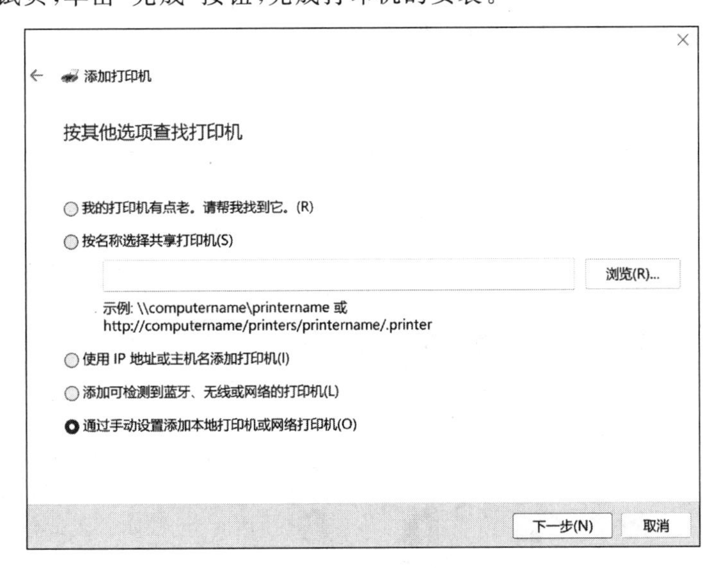

图 2.76 查找打印机

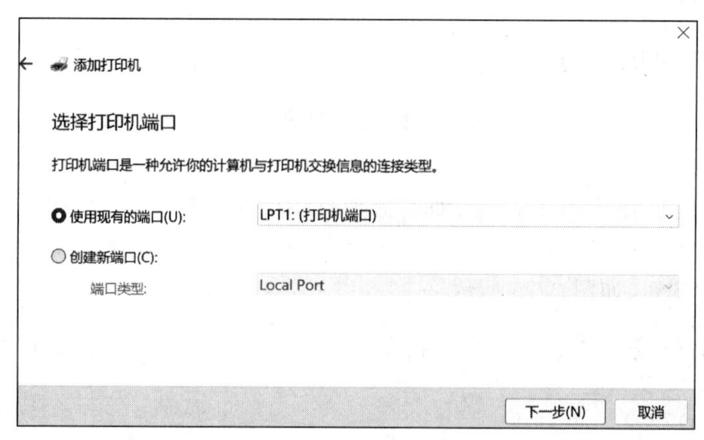

图 2.77　选择打印机端口

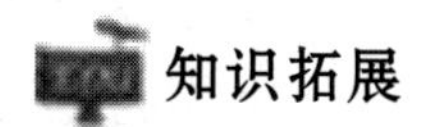

知识拓展

运行与打开应用程序

软件安装完成后，一般就可以开始运行了。在 Windows 11 操作系统中，如果遇到不能正常运行的程序，则可以使用兼容模式让其正常运行，同时还可以以不同的用户权限来运行应用程序。运行软件的方法有很多，较为常用的有如下几种。

1. 从桌面快捷图标运行程序

软件安装完成后，通常会自动在桌面创建快捷图标，双击桌面图标即可运行相应的程序，这也是最常用的运行程序的方法。

2. 从“开始”菜单中运行程序

“开始”菜单为安装在系统中的所有程序提供了一个选项列表，通过开始菜单找到程序图标，单击运行程序。

3. 从“搜索应用、设置和文档”文本框中运行程序

“搜索应用、设置和文档”文本框是“开始”菜单的选项之一，一般用来运行一些系统程序，如图 2.78 所示。

图 2.78　“搜索应用、设置和文档”文本框

4. 从程序安装目录中运行程序

如果在"开始"菜单和桌面上都找不到下载的应用软件快捷图标，那么可以通过安装路径找到目录中的可执行文件，双击运行程序。

小　　结

本章设计了5个任务，分别从 Windows 11 操作系统的基本知识、文件和文件夹操作、系统设置功能、附件程序和软硬件的安装方面全面地对 Windows 11 操作系统进行了介绍。学生通过这部分的任务，可以学会 Windows 11 操作系统安装、文件和文件夹的基本操作、设置功能的使用、常用附件的操作、安装应用软件和添加硬件，还可以了解到 Windows 11 版本与以往操作系统版本的不同、其他操作系统的基本知识，对操作系统的发展现状有正确的认识。

国产鸿蒙系统，照见未来科技

2023年8月，华为推出了 HarmonyOS 4.0 版本操作系统，成为全球首个嵌入了 AI 大模型能力的移动终端操作系统，也是首个具备 AI 大模型能力的手机操作系统，向世界展示了更加成熟、更具系统性的鸿蒙生态。华为在芯片和射频器件等零部件紧缺的情况下，不断突破自我，通过持续的研发及数字基础设施创新、面向全球广泛集合行业组织和产业伙伴共同开发，为鸿蒙构建了自己的生态体系。作为中国自主研发的操作系统，鸿蒙一路走来不断探索与创新。在困难面前无畏前行、在技术层面开源共建、在国际事业中兼容并包，鸿蒙系统的开发只是我国建设社会主义强国事业中的一个缩影。通过对鸿蒙操作系统的了解，学生对当前电子行业的发展现状有了较为客观的认识；作为一名中国当代大学生，由国产系统的发展产生由衷的民族自豪感，对投身祖国建设事业产生浓烈的兴趣与责任担当。

习　　题

选择题

1. Windows 11 操作系统的特点是（　　）。
   A. 单用户多任务操作系统　　B. 单用户单任务操作系统
   C. 多用户多任务操作系统　　D. 多用户单任务操作系统
2. Windows 操作的一般方式是（　　）。
   A. 对象和操作同时选择　　B. 先选对象，后选操作
   C. 先选操作，后选对象　　D. 把操作图标拖动到对象处
3. 打开 Windows 11 的个性化设置窗口，不能设置（　　）。
   A. 一个桌面主题　　B. 一组可自动更换的图片
   C. 桌面颜色　　D. 桌面小工具
4. Windows 11 中操作中心由（　　）两部分组成。
   A. 信息列表和快捷操作按钮　　B. 通知信息列表和屏幕草图

C. 快捷操作按钮和屏幕草图　　　　　D. 便笺和草图版

5. Windows 11 内置的浏览器有(　　)。

A. 谷歌浏览器和 IE 11　　　　　B. Microsoft Edge 和 IE 11

C. Microsoft Edge 和谷歌浏览器　　　　　D. 谷歌浏览器和 360 安全浏览器

6. 首次引入 Modern 界面的 Windows 版本是(　　)。

A. Windows 7　　B. Windows 10　　C. Windows 8　　D. Windows XP

7. 在 Windows 11 的文件资源管理器中,要一次选择多个连续排列的文件,应进行的操作是(　　)。

A. 按住 Shift 键,然后依次单击第一个文件和最后一个文件

B. 单击第一个文件,然后按住 Ctrl 键,再单击多个不连续的文件

C. 依次单击各个文件

D. 按住 Ctrl 键,然后依次单击第一个文件和最后一个文件

8. 某台运行着 Windows 11 的计算机,要判断它安装了哪些应用程序,可在(　　)找到相关信息。

A. 在"控制面板"中查看 Windows 系统变动日志

B. 通过"控制面板"|"系统和安全"下的系统日志中查看应用程序日志

C. 通过"控制面板"|"程序"查看"卸载程序"日志

D. 在系统性能监视控制台中查看 Windows 系统诊断报告

9. Windows 对文件的组织结构采用(　　)。

A. 树状　　B. 网状　　C. 环状　　D. 层次

10. 在 Windows 11 中,对桌面背景的设置可以通过(　　)完成。

A. 右击"此电脑",在弹出的快捷菜单中选择"属性"选项

B. 右击"开始"菜单

C. 右击桌面空白区,在弹出的快捷菜单中选择"个性化"选项

D. 右击任务栏空白区,在弹出的快捷菜单中选择"属性"选项

11. Windows"任务栏"上的内容为(　　)。

A. 所有已经打开的窗口图标　　　　　B. 已启动并正在执行的程序名

C. 当前窗口的图标　　　　　D. 已经打开的文件名

12. 在 Windows 11 中,"任务栏"(　　)。

A. 既能改变位置,也能改变大小　　　　　B. 只能改变大小,不能改变位置

C. 既不能改变大小,也不能改变位置　　　　　D. 只能改变位置,不能改变大小

13. 在 Windows 11 中"回收站"的内容(　　)。

A. 不占磁盘空间　　B. 能恢复　　C. 永久不必消除　　D. 不能恢复

14. 在 Windows 11 中,应用程序最好安装在(　　)。

A. 指定的非系统盘分区　　　　　B. 系统盘分区

C. 硬盘的最后一个分区　　　　　D. 安装程序默认的安装位置

15. 在 Windows 11 桌面上已经有某个应用程序的图标,要运行该程序,只需要(　　)。

A. 双击该图标　　B. 单击该图标　　C. 拖动该图标　　D. 右击该图标

第三部分　字处理软件 Word 2019

Word 2019 是使用最为广泛的文字处理工具之一，它集成了文字编辑、图文混排、表格制作、邮件合并等多种功能，是 Microsoft Office 办公套件的重要组成部分。本部分以 Office 2019 环境下的 Word 2019 为蓝本，讲述 Word 的各种功能及操作方法。通过对各任务的学习，帮助用户掌握文字处理的基本方法。

任务一　短文档的排版与美化

任务描述

仰望星空，北斗环绕，嫦娥奔月，神舟飞天！

中国航天事业经过了近 70 年的发展，取得了辉煌的成就，从“东方红一号”卫星发射成功，到神舟飞船载人飞行；从嫦娥探月工程，到天问火星探测；从天宫空间实验室，到天和空间站，中国航天人用自己的智慧和勇气，不断攀登着科技的高峰，展现着中国的实力和魅力。

恰值国庆来临，问天同学需要帮助校报老师编辑一篇关于中国航天事业发展的文档，具体要求如下，请根据要求帮助问天同学一起完成吧！

(1) 新建 Word 空白文档，设置文档页边距上下 2cm，左右 2.5cm，纵向排版，页面行数为每页 42 行，每行 45 个字。在文档内输入如下文字：

> 中国航天事业起始于 1956 年。在国外层层的技术封锁下，中国航天白手起家，不断突破，于 1970 年 4 月 24 日发射第一颗人造地球卫星，是继苏联、美国、法国、日本之后世界上第 5 个能独立发射人造卫星的国家。

(2) 在文档末尾插入素材文件“中国航天素材.docx”中文字，取消插入文本中的所有超链接。

(3) 为文档插入标题文本“中国航天”，字体为隶书初号字，字体颜色蓝色，轮廓颜色为黄色，居中对齐，段前段后 0.5 行；修改“正文”样式，文字为小四黑体，字体颜色黑色，两端对齐，行间距固定值 20 磅，首行缩进 2 个字符。

(4) 替换文档中“航天”二字颜色为标准色蓝色，将正文第一段文字设置首字下沉，下沉行数为 3 行。

(5) 为文档添加图片水印，水印图片为“中国航天.jpg”，并应用“冲蚀”效果。

(6) 在“初步发展阶段”“载人航天阶段”“开启新征程”3 个段落前添加项目符号。

(7) 将制作完成的文档以“中国航天.docx”为名保存在“D:\校报”文件夹中。

任务目标

◆ 掌握 Word 2019 文档的创建、打开与保存方法。
◆ 掌握 Word 文字的编辑和处理方法。
◆ 掌握字体、段落、样式和页面格式的设置方法。
◆ 掌握 Word 文档水印背景设置方法。
◆ 掌握文本内容及格式的查找与替换方法。

知识介绍

Word 2019 是 Microsoft 公司开发的办公软件 Office 2019 的一个重要组件。Word 集成了文字编辑、表格制作、图文混排、文档管理、网页设计和发布等多项功能，具有简单易学、界面友好、智能程度高等特点，是一款使用广泛、深受用户欢迎的文字处理软件。

一、Word 2019 的安装

虽然 Word 2019 是一款可以单独使用的软件，但是它没有独立的安装程序。作为 Office 2019 中的一个组件，Word 2019 必须使用 Office 2019 的安装程序。Office 2019 中除 Word 2019 外还有许多组件，用户可以有选择地安装。

二、Word 2019 的启动和退出

1. Word 2019 的启动

在安装了 Office 2019 以后即可启动 Word 2019。可以使用以下方法启动 Word 2019：
(1) 单击任务栏左边的“开始”按钮，在“程序”菜单中选择 Word 2019；
如果桌面上有 Word 2019 的快捷方式图标，则可直接双击打开。
(2) 双击计算机中的某一个 Word 文档，直接启动 Word 并打开已保存过的文档。

2. Word 2019 的退出

退出 Word 的操作非常简单，用户可以使用以下方法：
(1) 单击窗口右上角的“关闭”按钮。
(2) 在当前编辑窗口为工作窗口的情况下，直接按 Alt+F4 快捷键。
(3) 在当前窗口的任务栏上右击，在弹出的快捷菜单中选择“关闭窗口”命令。

三、Word 2019 的工作界面

启动 Word 2019 之后，将打开 Word 2019 的窗口，如图 3.1 所示。

窗口由标题栏、快速访问工具栏、功能区标签、功能区、导航窗格、编辑区和状态栏等部分组成。下面将对窗口中的各个主要组成部分进行简要的介绍。

(1) 标题栏位于窗口的最顶端，其中包含当前文档的名称和软件的名称，右侧有“登录”“功能区显示选项”“最小化”“最大化/向下还原”“关闭”按钮(分别折叠功能区，控制窗口的最小化、最大化/还原和关闭操作等)。

(2) 快速访问工具栏显示常用工具图标，单击图标即可执行相应的命令。要添加或删除快速访问工具栏上的图标，可通过单击 ▾ 图标，在弹出的“自定义快速访问工具栏”菜单

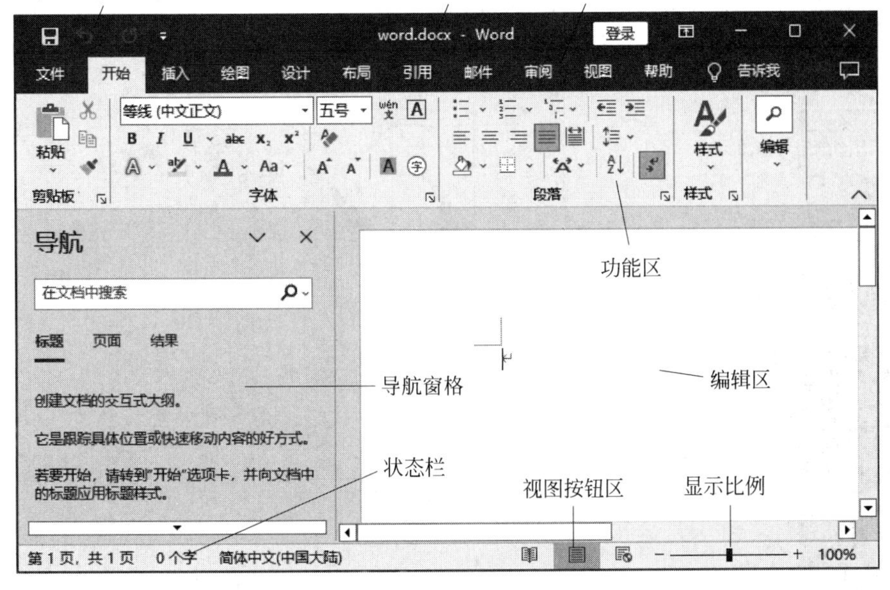

图 3.1　Word 2019 窗口

中重新选择。

(3) 功能区标签显示各功能区的名称，通过单击功能区标签可以显示功能区中的按钮和命令。默认情况下，Word 2019 包含"开始""插入""绘图""设计""布局""引用""邮件""审阅""视图""帮助"等功能区选项卡。

(4) 功能区选项卡以组的形式管理命令，每个组由一组相关的命令构成。例如，"插入"选项卡包括"页面""表格""插图""批注""页眉和页脚""文本""符号"等组。

(5) 编辑区也称为文档窗口。用户可以在编辑区内输入文本，或者对文档进行编辑、修改和格式化等操作。

(6) 视图按钮区位于状态栏右侧，用于切换文档的不同视图，包括"阅读视图""页面视图""Web 版式视图"3 个按钮。

(7) 状态栏可显示当前文档的页数、当前页码、插入点所在的位置、插入/改写状态等文档相关信息。

(8) 导航窗格是 Word 中一个很有用的功能，可以打开"视图"选项卡，选中"显示"栏中的"导航窗格"，即可在编辑窗口的左侧打开"导航窗格"。

四、文档的基本操作

使用 Word 的主要目的是创建、编辑和打印文档。文档是指各种文件、报表、信件、表格、备忘录等。本节将介绍文档的创建、打开、保存和关闭。

1. 创建新文档

通常情况下，当进入 Word 主窗口时，系统会自动创建一个名为"文档 1"的空白文档，标题栏上显示"文档 1-Word"。在 Word 中允许用户同时编辑多个文档，而不必关闭当前的文档。新建文档可以采用以下方法。

(1) 选择"文件"|"新建"|"空白文档"，如图 3.2 所示，单击"创建"按钮，可新建文档。

图 3.2 新建 Word 文档

(2) 使用模板创建文档。Word 2019 提供了丰富的模板供用户选择,如图 3.2 所示,可利用在本地计算机存储的模板文件创建新的文档。如果要从网络上获取模板,可以从“搜索联机模板”中选择模板类别,再选择所需的模板,然后单击“下载”按钮,将模板文件下载到本地计算机,再创建文档。

2. 打开文档

在编辑一个已经存在的文档之前,必须先将其打开。打开文档可以按以下步骤操作。

(1) 使用下列两种方法打开“打开”对话框。

方法 1:选择“文件”|“打开”命令;

方法 2:按 Ctrl+O 快捷键。

(2) 在“打开”对话框中选择驱动器、路径、文件类型和文件名。Word 文档的扩展名是.docx,确定后单击“打开”按钮。此时指定的文档被打开,文档的内容将显示在文档编辑区内。

3. 文档的保存

在完成文本的输入和编辑工作后,需要将文档存储在磁盘上,由于用户所输入的内容仅存放在内存中并显示在屏幕上,所以要将输入的内容保存起来,即需要把输入的内容以文档的形式保存到磁盘上,以便日后使用。

在编辑文件时,正在编辑的内容处于内存中,如果不及时保存,有可能会造成数据的丢失。有经验的用户每隔一段时间(如10分钟)会做一次存档操作,以免在断电等意外事故发生时未存盘的文档内容丢失。文档的存储有以下几种情况。

(1) 保存新建文档的步骤如下:

① 单击快速访问工具栏上的“保存”按钮或选择“文件”|“保存”命令,打开“另存为”对话框,如图3.3所示;

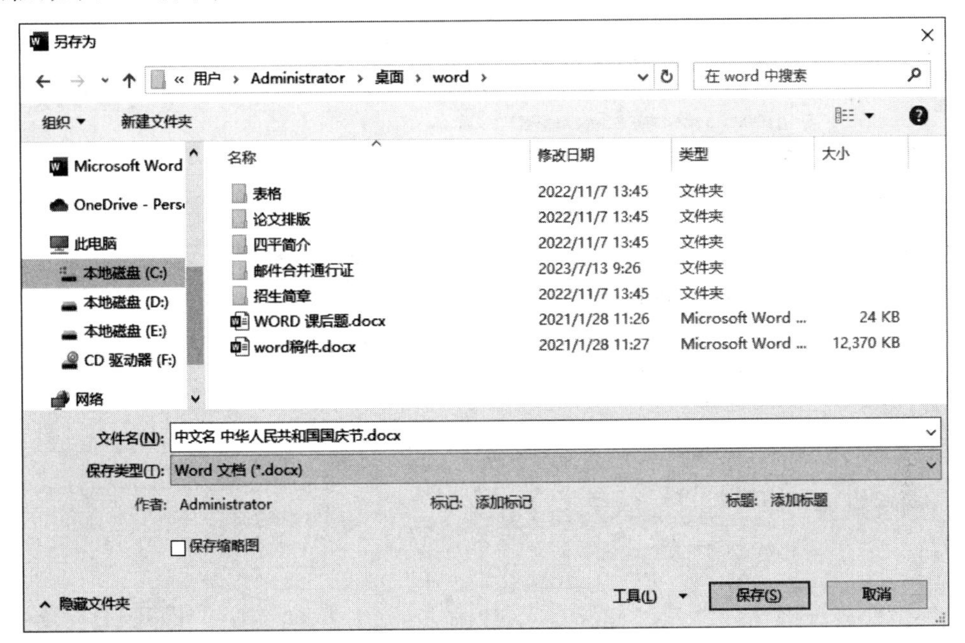

图3.3 “另存为”对话框

② 在“另存为”对话框中指定驱动器、路径、文件名和文件类型;

③ 单击“保存”按钮,文件存盘后并不关闭文档窗口,继续处在编辑状态下。

(2) 保存已有的文档。如果当前编辑的文档是打开的已有文档,可以按Ctrl+S快捷键、单击快速访问工具栏中的“保存”按钮或选择“文件”|“保存”命令,即可按照原来的驱动器、路径和文件名保存文档,不会出现“另存为”对话框。文件保存后并不关闭文档窗口,同样继续处在编辑状态下。

(3) 以其他新文件名存盘。如果当前编辑的文档是已有文档,文件名是F1.docx,现在希望既保留原来的F1.docx文档,又要将修改后的文档以F2.docx存盘,则操作步骤如下:

① 单击“文件”|“另存为”命令,打开“另存为”对话框;

② 在“另存为”对话框内指定存储修改后的新文件F2.docx的驱动器、路径和文件名;

③ 单击“另存为”对话框中的“保存”按钮,则当前编辑的文档内容以新的文件名存盘,而原文件仍保留。

(4) 自动保存文档。Word有自动保存文档的功能,即每隔一定时间就会自动地保存一次文档。系统默认时间是10分钟,用户可以自己修改间隔时间,方法是:选择“文件”|“选项”命令,在弹出的“Word选项”对话框中打开“保存”选项卡,选中“保存”选项组中的“自动保存时间间隔”复选框,并在右边的微调框中输入时间,单击“确定”按钮即可,如图3.4所示。

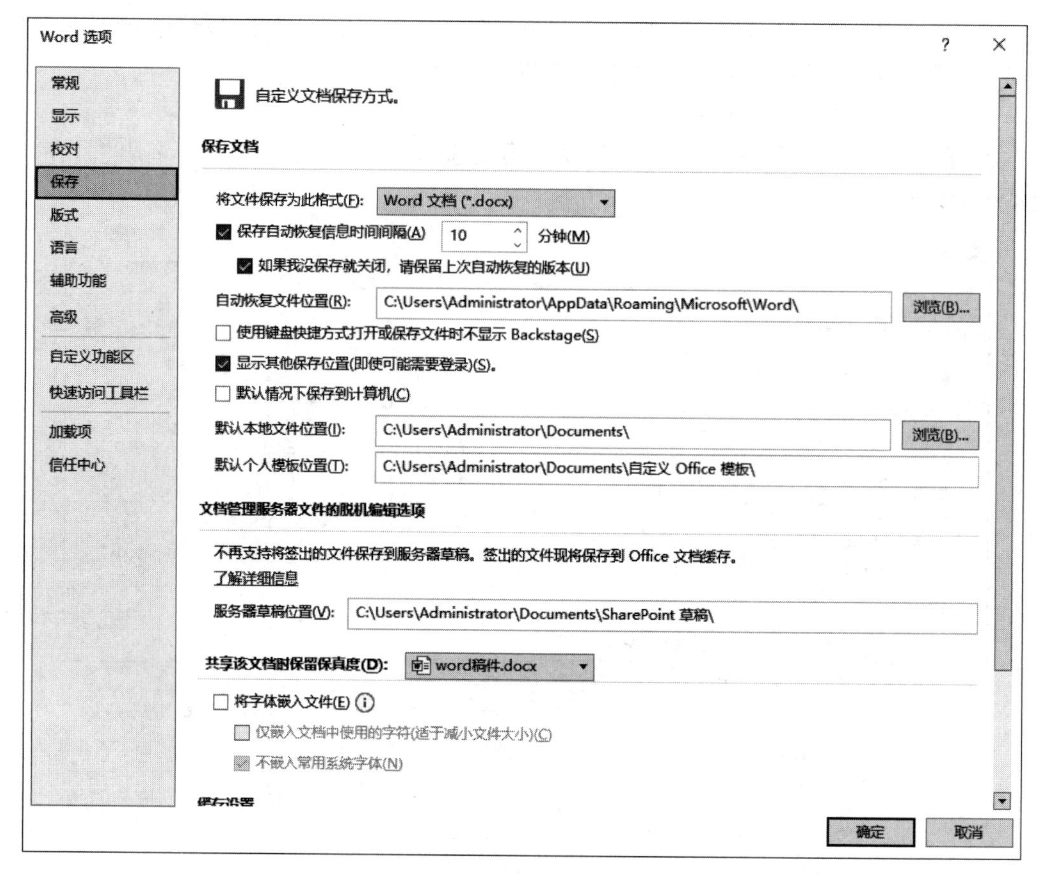

图 3.4　设置“自动保存文件”

4. 关闭 Word 文档编辑窗口

当完成文档编辑之后，可以用下列方法关闭文档窗口。

方法 1：选择“文件”|“关闭”命令。

方法 2：单击文档窗口右上角的“关闭”按钮 ×，相应的文档窗口被关闭。

方法 3：使用 Alt+F4 快捷键，可将当前活动窗口关闭。

如果要关闭的文档尚未保存，屏幕将显示保存文件对话框，以提醒用户是否需要保存当前文档，如图 3.5 所示。

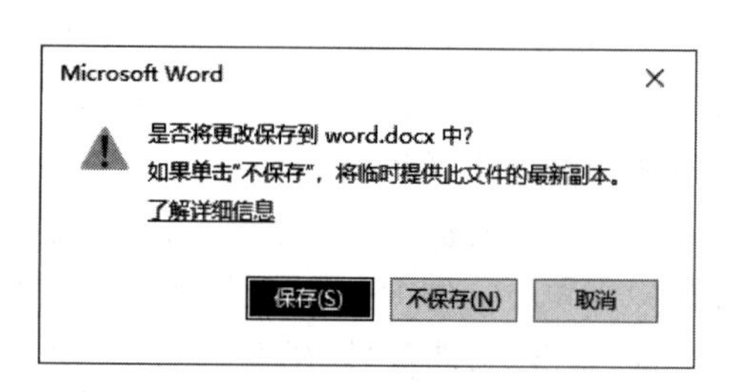

图 3.5　Word 文档保存提示对话框

五、录入文本

在打开文档之后，可以在文档窗口内输入文字、特殊字符、当前日期、当前时间，也可以插入其他文件的内容，输入这些内容的操作称为录入文本。

1. 插入点的移动

启动 Word 后，即出现一个空白文档，在新文档窗口中，有一个不断闪烁的光标，它所在的位置就是文本输入的插入点。

(1) 单击垂直滚动条上的上箭头或下箭头,可以使窗口中显示的文本上移或下移一行。再单击可见部分的任意位置,即可定位插入点。

(2) 上下拖动垂直滚动条上的滚动框,可以使窗口中显示的文本上移或下移任意行。再单击可见部分的任意位置,即可重新定位插入点。

(3) 上下滚动鼠标滚轮,可以使窗口中显示的文本上移或下移,移动后再单击可见部分的任意位置,也可重新定位插入点。

当用户敲击键盘录入文字时,光标依次向后移动一个字的位置,到达右边界后,不必按 Enter 键,接下来输入的文本会随光标的移动而自动转至下一行。当一个段落结束时,需按 Enter 键换行。可以使用方向键等方法移动光标,具体操作控制键如表 3.1 所示。

表 3.1　常用的光标控制键

类　别	光标控制键	作　用
水平	←、→	向左、右移动一个字或字符
	Ctrl+ ←、Ctrl+ →	向左、右移动一个词
	Home、End	到当前行首、尾
垂直	↑、↓	向上、下移动一行
	Ctrl+ ↑、Ctrl+ ↓	到上、下段落的开始位置
	Page Up、Page Down	向上、下移动一页
	Ctrl+ PgUp、Ctrl+PgDn	到当前屏幕顶端、底端
文档	Ctrl+Home、Ctrl+End	到文档的首、尾

2. 使用输入法输入文字

可以用以下方法切换不同的输入法:用 Ctrl+Shift 快捷键可以在英文和各种中文输入法之间进行切换;用 Ctrl+Space(空格)快捷键可以快速切换中英文输入法。在输入文档时还应注意两种不同的工作状态,即“改写”和“插入”。在“改写”状态下,输入的文本将覆盖光标右侧的原有内容,而在“插入”状态下,将直接在光标处插入新输入的文本,原有内容依次右移。按 Insert 键或双击状态栏右侧的“改写”状态标记,可将“改写”状态切换为“插入”状态。

六、编辑文档

1. 文本的选定

选定文本的目的是为 Word 指明操作的对象。Word 中的许多操作都遵循“选定—执行”的操作原则,即在执行操作之前,必须指明操作的对象,然后才能执行具体的操作。

用鼠标选定文本的最基本操作是“拖动”,即按住鼠标左键拖过所要选定的所有文字。“拖动”可以选定任意数量的文字,或者通过键盘和鼠标的配合来选定文本。

2. 插入、复制与粘贴文本

1) 插入文本

在编辑文档的过程中经常会插入文本,如果要插入的文本是已存在的独立文档,前面已经提到过,在“插入”状态下,直接在插入点插入文件即可。如果要插入的文本是非独立文档,在输入点直接输入即可。

2) 复制与粘贴文本

如果文档中的某一部分内容与另一部分的内容相同,则可以使用复制功能将这部分内容复制到目标位置上，从而节约时间，加快录入速度。复制与粘贴是一个互相关联的操作，一般来说，复制的目的是粘贴，而粘贴的前提是要先复制。

当要复制的源文本距离粘贴位置较近时，可以通过拖动鼠标的方法复制文本。当要复制的文本距离粘贴位置较远时，需要使用“复制”命令：先选定需要复制的文本；选择“开始”|“复制”命令，也可以按 Ctrl+C 快捷键；把光标移动到要插入文本的位置，然后选择“开始”|“粘贴”命令，也可以按 Ctrl+V 快捷键。“复制”命令是把要复制的文本复制到剪贴板中，因此在“复制”一次之后可以多次粘贴。

3. 移动与删除文本

在编辑文档时，有时需要把一段已有文本移动到另外一个位置。

（1）当要移动的文本距离新位置较近时，可以通过拖动鼠标的方法移动文本：选定要移动的文本；将鼠标指针移到所选文本上，当鼠标变为空心指针时按住鼠标左键将文本拖动到新的位置，释放鼠标左键即可实现移动。

（2）当要移动的文本距离粘贴位置较远时，需要使用“剪切”命令或 F2 功能键，先选定需要移动的文本；选择“开始”|“剪切”命令，也可以按 Ctrl+X 快捷键；把光标移动到要插入文本的新位置，然后选择“开始”|“粘贴”命令，也可以按 Ctrl+V 快捷键。“剪切”命令也是把要移动的文本剪切到剪贴板中，因此，在“剪切”一次之后也可以多次粘贴。

对于文档中不需要的部分文本，应该将其删除。删除文本的方法有以下几种：

（1）要删除插入点左侧的一个字符（包括一个汉字），只需直接按 BackSpace 键。

（2）要删除插入点右侧的一个字符（包括一个汉字），只需直接按 Delete 键。

（3）要删除大段文字或多个段落，可以先选定要删除的文本，再按 Delete 键或 BackSpace 键进行删除。

4. 撤销与恢复操作

在进行文档录入、编辑或者其他处理时，难免出现误操作。比如，误删除或移动部分文本。此时，利用 Word 的“撤销”和“恢复”功能，可以及时纠正误操作。Word 2019 可以记录多达 100 次用户进行过的操作。每单击一次快速访问工具栏中的“撤销”按钮，就撤销一个上一次的操作。

（1）撤销操作。要撤销最后一步操作，可以单击快速访问工具栏中的撤销按钮，即可恢复上一次的操作，也可以使用 Ctrl+Z 快捷键。要撤销多步操作，可重复按 Ctrl+Z 快捷键，或者单击按钮右侧的下拉按钮，可以从弹出的下拉列表中选择要撤销的多次操作，直到文档恢复到原来的状态。

（2）恢复操作。当使用“撤销”命令撤销了本应保留的操作时，可以使用“恢复”命令恢复刚做的撤销操作。恢复操作的方法是：单击快速访问工具栏中的恢复按钮，就可以恢复上一次的撤销操作，或者使用 Ctrl+Y 快捷键。如果撤销操作执行过多次，也可单击按钮右侧的下拉按钮，在弹出的下拉列表中选择恢复撤销过的多次操作，或重复按 Ctrl+Y 快捷键。

5. 查找文本

用户在编辑较长的文档时，可能会遇到查找某个字或词，或者是把多处同类错误的字或词替换为正确的内容等情况。这些工作如果由用户自己来完成，显然是很麻烦的，Word 提供的查找和替换功能可以很方便地解决上面的问题。Word 的查找与替换功能不止这些，还可以查找和替换指定格式、段落标记、图形之类的特定项，以及使用通配符查找等。

查找文本功能可以帮助用户找到所需的文本以及该文本所在的位置。具体操作步骤如下：

(1) 选择“开始”选项卡|“编辑”组|“查找”命令，或按快捷键 Ctrl＋F，打开“导航”对话框。

(2) 在“搜索文档”下拉列表框内输入要查找的文本。

(3) 单击“查找选项和其他搜索命令”按钮 ⌕，Word 即开始查找文本。

(4) 当 Word 找到第一处要查找的文本时，就会停下来，并把找到的文本反白显示，再次单击“查找下一处”按钮可继续查找。按 Esc 键或单击“取消”按钮，可取消正在进行的查找操作并关闭此对话框。

(5) 可以单击 ⌕ 旁的下拉按钮对查找选项设置，并进行“高级查找”“替换”“转到”等操作，也可以选择不同的查找内容。

6. 替换文本

替换文本功能是用新文本替换文档中的指定文本。例如，用“Word 2019”替换“Word”，具体操作步骤如下：

(1) 选择“开始”|“替换”命令，或者按快捷键 Ctrl＋H，打开“查找和替换”对话框的“替换”选项卡，如图 3.6 所示。

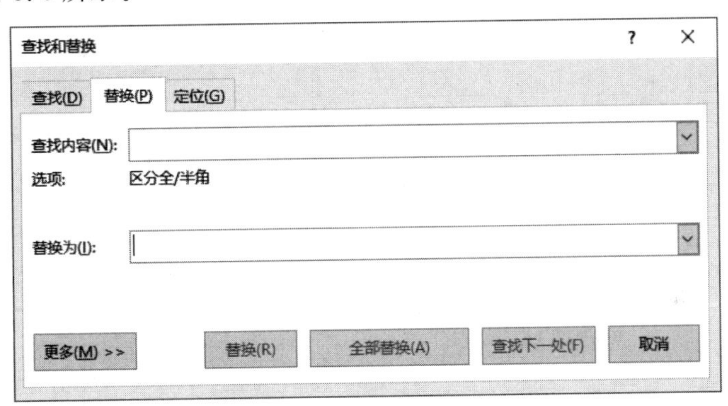

图 3.6 “查找和替换”对话框

(2) 在“查找内容”下拉列表框中输入要查找的文本，如 Word。

(3) 在“替换为”下拉列表框中输入替换文本，如 Word 2019。

(4) 如果需要设置高级选项，可单击“更多”按钮，然后设置所需的选项。

(5) 这时单击“查找下一处”按钮或“替换”按钮，Word 开始查找要替换的文本，找到后会选中该文本并反白显示。如果替换，则可以单击“替换”按钮；如果不想替换，则可以单击“查找下一处”按钮继续查找。如果单击“全部替换”按钮，那么 Word 将自动替换所有需要替换的文本而不再询问。

按 Esc 键或单击“取消”按钮，则可以取消正在进行的查找、替换操作并关闭此对话框。

七、文档排版

1. 设置字符格式

字符格式主要包括字体、字号、字形、上标、下标、字间距、边框和底纹等设置。以下是

Word 设置的几种字符样例。

五号宋体 **四号黑体**三号 隶书 **宋体加粗**

*宋体倾斜*下画线点画线 上标 下标

字符间距加宽 字符间距紧缩 字符加底纹 字符加边框

字符提升 字符降低 字符缩 90% 放 200%

在 Word 窗口的“开始”|“字体”组中有设置字符格式的工具按钮，如图 3.7 所示。

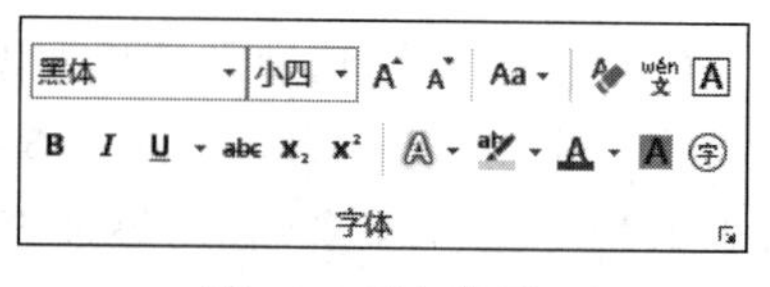

图 3.7 “字体”组

利用“字体”组设置字符格式的方法是：首先选择需要设置格式的文本，然后单击“字体”组中的相应按钮，就可以对所选文本进行相应的设置。当光标指向命令按钮时，系统会弹出对话框提示每个按钮的功能。

在设置字符格式时，除了利用前面提到的“字体”组以外，还可以利用“字体”对话框进行字符格式的统一设置，具体操作步骤如下。

(1) 选定需要设置的文本。

(2) 单击“开始”|“字体”组的对话框启动器按钮，打开“字体”对话框，如图 3.8 所示。

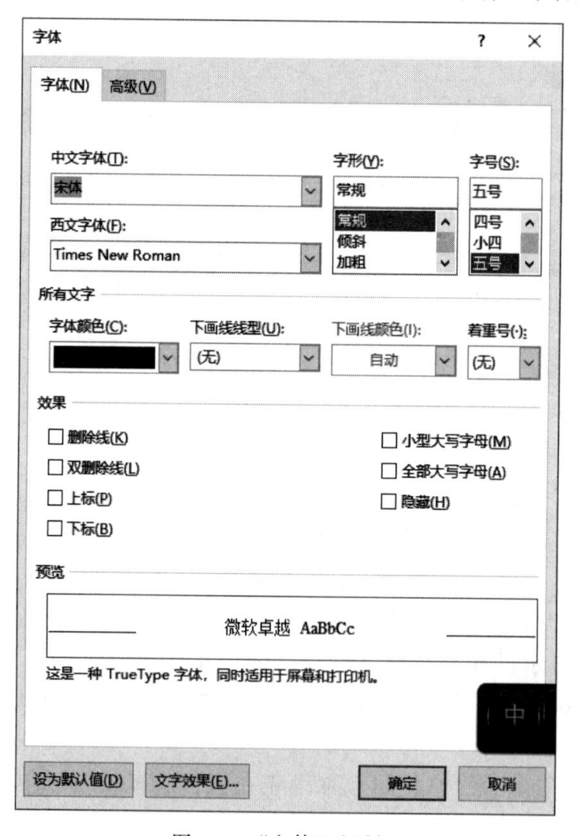

图 3.8 “字体”对话框

(3) 在该对话框的“字体”选项卡中可以对选中文本的字体、字号、颜色、上下标、下画线、删除线、字母大小写等进行设置。

(4) 在该对话框的“高级”选项卡中可以对选中文本的字符间距、字符缩放比例和字符位置进行设置。

(5) 设置完毕后单击“确定”按钮，就可以改变所选文本的格式。

2. 设置段落格式

多数情况下，一篇 Word 文档是由多个自然段组成的，而段落是指两个段落标记(即 Enter 符)之间的文本内容。构成一个段落的内容可以是一个字、一句话、一个表格，也可以是一个图形。段落可以作为一个独立的排版单位，设置相应的格式。段落格式主要包括对齐方式、缩进、行间距和段间距等设置。在设置段落格式时，首先把光标定位在要设置的段落中的任意位置上，再进行设置操作。

设置段落水平对齐一般包括两端对齐、居中对齐、左对齐、右对齐、分散对齐。简便的设置方法是：根据实际需要单击“格式”组中的 、 、 、 按钮，也可以选择“开始”|“段落”命令，打开“段落”对话框，如图 3.9 所示。在该对话框中打开“缩进和间距”选项卡，在“常规”选项组内的“对齐方式”下拉列表框中选择所需要的对齐方式。5 种对齐方式的特点如下。

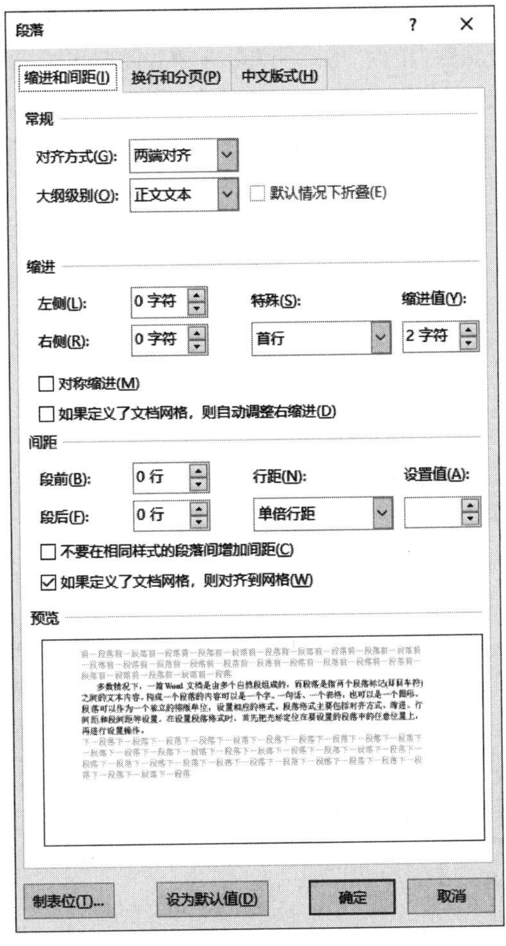

图 3.9 “段落”对话框

(1) 左对齐：对齐正文行的左端。

(2) 右对齐：对齐正文行的右端。

(3) 两端对齐：对齐正文行的左端和右端。

(4) 居中对齐：在左右页边之间居中正文行。

(5) 分散对齐：使文字均匀地分布在该段的页边距或单元格之间。

Word 2019 默认整个文档以页边距为边界。用户可以修改整个文档的左右边界值，也可以分别为各段落设定不同的左右边界。段落的左边界可以大于页面的左边距。此时，两个边距之间的空白处称为"左缩进"。同样，段落的右边界也可以小于页面的右边距，段落的右边界与页面的右边距之间的空白称为"右缩进"。

段落缩进有 4 种形式，分别是首行缩进、悬挂缩进、左缩进和右缩进。设置段落缩进可以使用标尺和"段落"对话框两种方法。

3. 格式刷的使用

如果文档中有多处需要设置相同的文档格式，可以使用"格式刷"按钮。"开始"|"剪贴板"中的"格式刷"按钮 既可以用于复制字符格式、段落格式，也可以用于复制项目符号和编号、标题样式等格式。文本格式复制的具体操作步骤如下：

(1) 选定要复制格式的文本，或将光标置于该文本中的任意位置。

(2) 单击"开始"|"剪贴板"中的"格式刷"按钮 ，此时鼠标指针变为刷子形状。

(3) 将鼠标指针指向要设置格式的文本开始位置，按住鼠标左键，拖动到该文本结束位置，此时目标文本呈反色显示，然后释放鼠标，完成文本格式的复制操作。

如果要复制格式到多个目标文本上，则需双击"格式刷"按钮，锁定"格式刷"状态，然后逐个拖动复制，全部复制完毕后，再次单击"格式刷"按钮或按 Esc 键，结束格式复制。

4. 设置边框和底纹

前面提到过使用"开始"|"字体"中"字符边框"按钮 A 和"字符底纹"按钮 A ，设置字符边框和底纹，如果设置段落或整篇文档的边框和底纹，则要单击"开始"|"段落"中 的下拉按钮。

1) 设置文本边框

设置文本边框的具体操作步骤如下：

(1) 选定要加边框的文本。

(2) 在"开始"选项卡中选择"段落"组中的"边框和底纹"按钮，打开"边框和底纹"对话框，打开"边框"选项卡，如图 3.10 所示。

(3) 从"设置"选项组的"无""方框""阴影""三维""自定义"5 种类型中选择需要的边框类型。

(4) 从"样式"列表框中选择边框线的线型。

(5) 从"颜色"下拉列表框中选择边框框线的颜色。

(6) 从"宽度"下拉列表框中选择边框框线的线宽。

(7) 在"应用于"下拉列表框中选择效果应用于文字或段落。

(8) 设置完毕后单击"确定"按钮，即可设置边框。

2) 设置页面边框

在"边框和底纹"对话框中，打开"页面边框"选项卡，其设置方法与设置文本边框类似，只是多了一个"艺术型"下拉列表框，用来设置具有艺术效果的边框。

3）设置底纹

在“边框和底纹”对话框中，打开“底纹”选项卡，在该选项卡中包含“填充”和“图案”选项组，分别用来设置底纹颜色和底纹样式。在“应用于”下拉列表中包含“文字”和“段落”两个选项，要设置文本底纹必须先选定该文本，要设置段落底纹光标必须置于该段落内的任意位置。

5. 设置首字下沉

在 Word 中，可以把段落的第一个字符设置成一个大的下沉字符，以达到引人注目的效果，具体操作步骤如下：

(1) 将光标定位于待设置首字下沉的段落中。

(2) 选择“插入”选项卡，在“文本”组中选择“首字下沉”，打开“首字下沉”下拉菜单；也可选择“首字下沉选项”命令，打开“首字下沉”对话框，如图 3.11 所示。

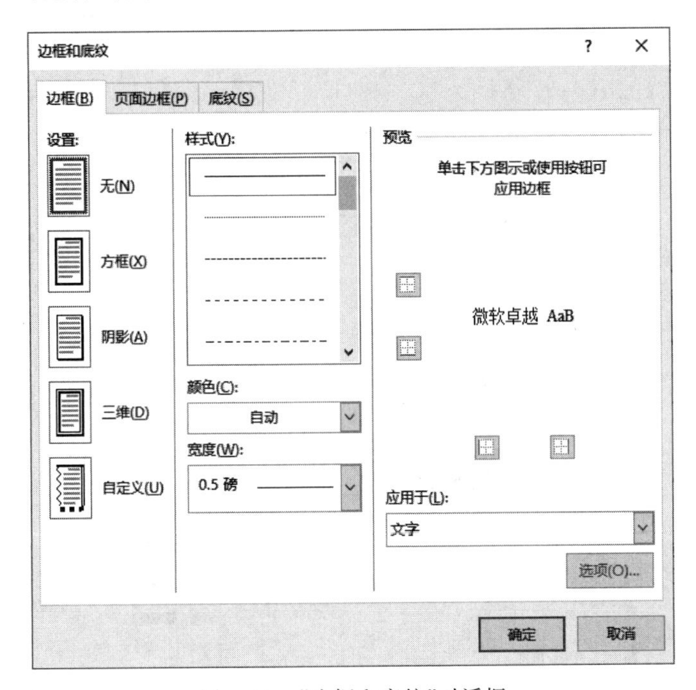

图 3.10 “边框和底纹”对话框

图 3.11 “首字下沉”对话框

(3) 在“位置”中选择“下沉”，并在“选项”中设置下沉的行数和距离正文的位置。

(4) 设置完毕后单击“确定”按钮，即可设置首字下沉。

任务实施

一、创建 Word 2019 空白文档，录入文本，设置页面格式

(1) 单击计算机屏幕左下角“开始”按钮。

(2) 在弹出的菜单中选择 Word 2019 命令。

(3) 选择“布局”选项卡，在“页面设置”组中单击“页面设置”按钮，在弹出的“页面设置”对话框中选择“页边距”选项卡，在“页边距”区域选择上、下页边距 2 厘米，左、右页边距 2.5 厘米，

“纸张方向”设为“纵向”。选择“文档网格”选项卡，在“网格”区域选择“指定行和字符网格”单选按钮进行相应的页面设置，如图 3.12 所示。

（4）在编辑区内录入相应的文字。

二、插入对象中文字，删除超链接

（1）定位光标到文档尾，选择“插入”|“文本”|“对象”命令，弹出“对象”对话框。选择“由文件创建”|“浏览”，找到素材文件，单击“确定”按钮。

（2）使用 Ctrl＋A 快捷键全选整篇文档，使用 Ctrl＋Shift＋F9 快捷键取消超链接。

三、设置标题格式和正文样式

（1）定位光标到文档头，插入文本“中国航天”，选中标题文字，选择“开始”选项卡，在“字体”组中（或者右击，在弹出的快捷菜单中选择“字体”命令）进行字体格式设置，如图 3.13 所示。

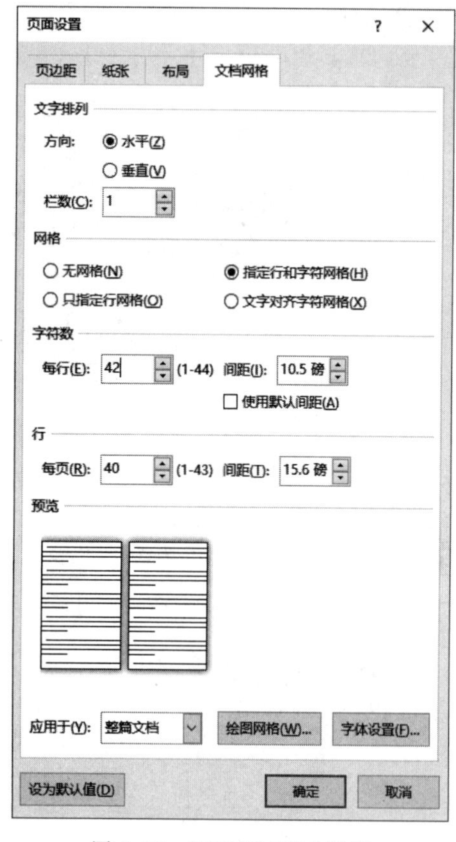

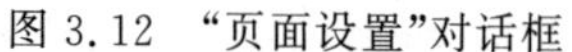

图 3.12 “页面设置”对话框

图 3.13 “字体”格式设置对话框

（2）选择“开始”|“段落”命令（或采用快捷菜单操作），进行段落格式设置。

（3）选择“开始”|“样式”命令（或者右击，在弹出快捷菜单中选择“修改样式”命令），按照要求对正文样式进行修改，如图 3.14 所示。

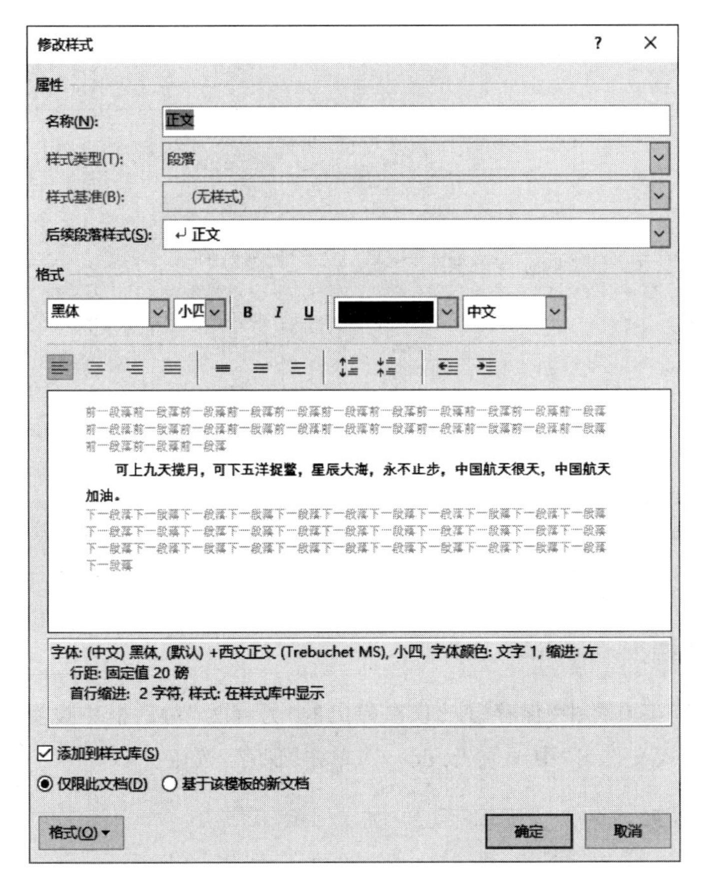

图 3.14　样式设置对话框

四、文本格式替换，首字下沉

(1) 查找与替换操作，选择“开始”|“编辑”|“替换”命令，弹出“查找和替换”对话框。

(2) 定位光标在“替换”选项卡的“查找内容”编辑框中输入“航天”，然后将光标定位到“替换为”组合框中，单击“更多”按钮，单击“格式”按钮，选择“字体”命令，在弹出的对话框中进行格式设置，如图 3.15 所示。

(3) 将光标定位在第一段，选择“插入”|“文字”|“首字下沉”命令进行首字下沉效果设置，位置选择为“下沉”，“下沉行数”设置为 3。

五、为文档添加水印背景

选择“设计”|“页面背景”|“水印”命令，在如图 3.16 所示的对话框中选择“图片水印”的“冲蚀”效果。

六、设置边框和底纹

选择添加项目符号的段落，选择“开始”|“段落”的项目符号按钮 ☰ ，在弹出的级联菜单中选择合适的项目符号即可。

图 3.15 "查找和替换"对话框

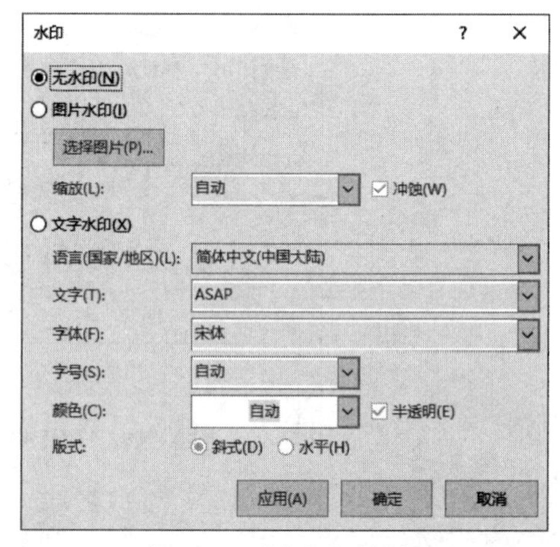

图 3.16 "水印"对话框

七、保存文档

单击快速访问工具栏中"保存"按钮,在弹出的"另存为"对话框中设置保存位置,在"文件名"文本框中输入文件名"中国航天.docx",单击"保存"按钮。

知识拓展

一、输入当前日期和时间

在 Word 文档中可以用不同的格式插入当前的日期和时间,具体操作步骤如下:

(1) 单击"插入"|"日期和时间"命令,弹出"日期和时间"对话框,如图 3.17 所示。

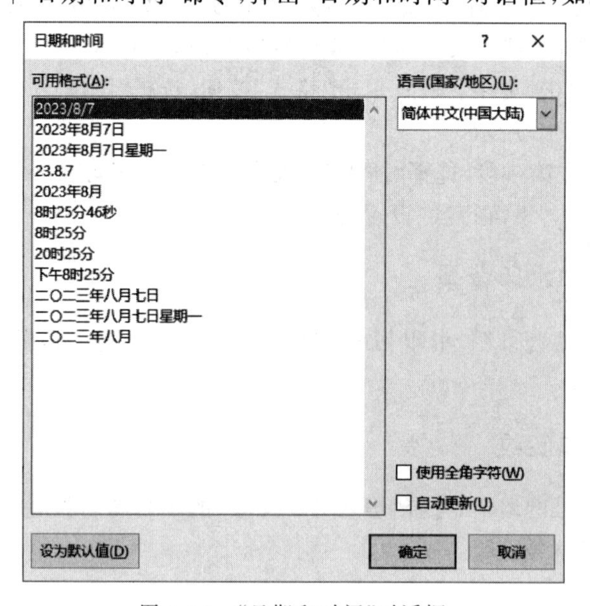

图 3.17 "日期和时间"对话框

(2) 在“日期和时间”对话框中，单击所需的日期和时间后，再单击“确定”按钮，当前的日期和时间以所选的形式插入文档的插入点位置上。

二、视图

Word 提供了“视图”选项卡，为了编辑文档的需要可以在此选项卡中进行视图的调整。

(1) 文档视图包含“页面视图”“阅读视图”“Web 版式视图”“大纲视图”“草稿”几种视图形式，可根据需求自行选择。

(2) 可以控制“标尺”“网格线”“导航窗格”是否显示。

(3) 调整当前窗口的“显示比例”“单面/双面/宽页”等。

(4) 在进行多个文档编辑时，可以选择“拆分”“全部重排”等按钮，还可以实现“并排查看”文档。在进行文档的“并排查看”时，“同步滚动”是默认选中状态，适用于两篇文档对比查看。

(5) “宏”具有可自动执行任务的功能，很多的病毒就是由宏编写的，所以一般的系统安全等级是禁止宏运行的。

任务二　表格制作

任务描述

不经风雨，怎见彩虹，没有人能轻轻松松成功。

在现今社会，招聘会上的招人简章总写着“有经验者优先”，为了拓展自身的知识面，扩大与社会的接触面，增加个人在社会竞争中的经验，张小贝作为在校大学生，决定提前去公司实习。通过参加一些实践性活动巩固所学的理论，增长一些书本上学不到的知识和技能。为了获得实习机会，他打算利用 Word 精心制作一份简洁而醒目的个人简历，示例如图 3.18 所示，现在让我们一起帮他完成吧！

具体要求：

(1) 在页面上绘制如样例所示“个人简历”，完善文本。

(2) 表格中的文本字体均采用黑色“楷体”，小四号字，“自我评价”“个人能力”水平居左，其余文字水平、垂直方向均在单元格内居中。适当加大“个人简历”“自我评价”“个人能力”文本的字号。调整“邮箱”字符宽度为 4 个字符。

(3) 设置“主修课程”“所获证书”“社会实践”“兴趣爱好”为“竖排文字”，所在四行等高，在“照片”单元格插入素材中的“个人简历照片.jpg”，单元格上下左右页边距设为 0，取消选中“自动调整单元格尺寸适应内容”，调整图片大小使图片在单元格内充分显示。

(4) 为表格添加背景图片，表格宽度根据页面自动调整，表格水平、垂直方向位于页面的中间位置，设置表格边框线如样例所示。

(5) 保存文件为“个人简历.docx”。

任务目标

- ◆ 掌握表格的创建、内容的编辑操作。
- ◆ 掌握 Word 表格的编辑、格式化方法。

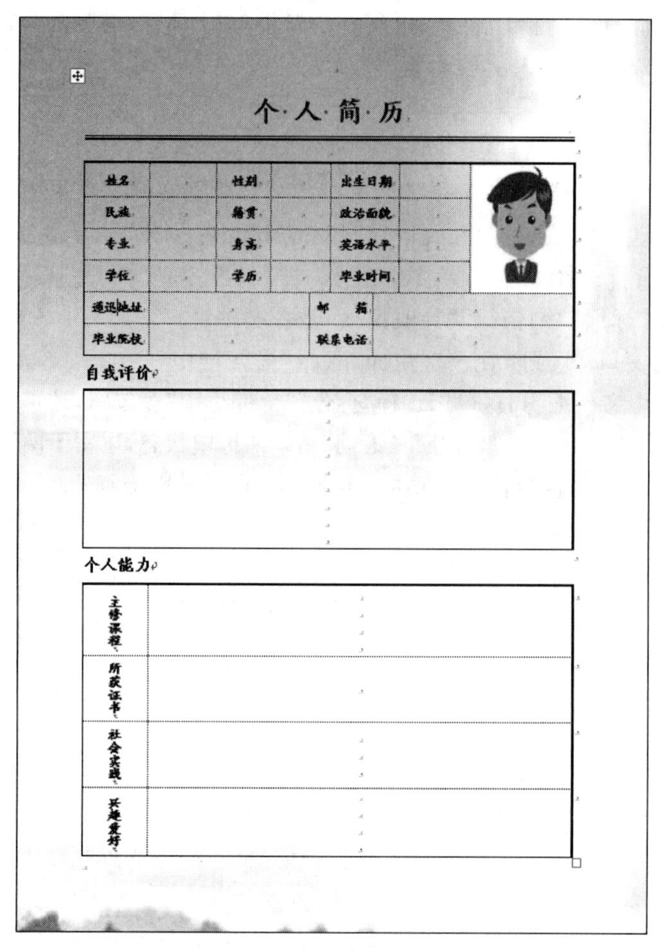

个人简历

姓名		性别		出生日期		
民族		籍贯		政治面貌		
专业		身高		英语水平		
学位		学历		毕业时间		
通讯地址		邮　箱				
毕业院校		联系电话				

自我评价

个人能力

主修课程	
所获证书	
社会实践	
兴趣爱好	

图 3.18 “个人简历”样张

◆ 掌握文字方向的调整方法。

知识介绍

在日常生活中，经常用到各种表格，如课程表、履历表等。表格都是以行和列的形式组织信息，其结构严谨，效果直观，而且信息量很大。Word 提供了强大的表格处理功能，用户可以非常轻松地制作和使用各种表格。本节将介绍表格的创建和编辑功能。

一、创建表格

Word 中提供了多种创建表格的方法，包括使用“插入”选项卡中的表格按钮，弹出“插入表格”下拉菜单，可以使用菜单中的“插入表格”命令，也可以使用“绘制表格”命令绘制表格，还可以利用鼠标拖曳创建表格。下面分别进行介绍。

1. 使用鼠标创建表格

在使用鼠标创建表格时，首先要确定在文档中插入表格的位置，并将光标置于此处，再按以下步骤操作。

(1) 单击“插入”选项卡中的表格按钮，下拉菜单中弹出如图 3.19 所示的示意网格。

(2) 将鼠标指针指向网格，向右下方拖动鼠标，鼠标指针掠过的单元格将被选中。同时在网格底部提示栏中显示选定表格的行数和列数。当达到所需的行数和列数后释放鼠标就会在文本区中生成如图 3.20 所示的表格。

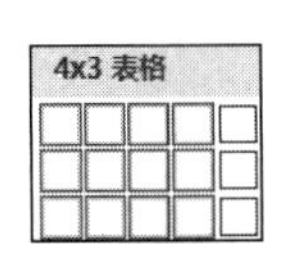

图 3.19 “插入表格”网格

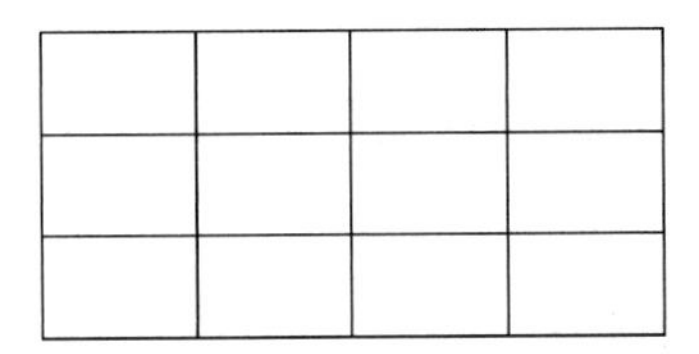

图 3.20 4×3 表格

2. 利用工具按钮创建表格

利用插入表格方法创建出来的表格都是固定的格式，即单元格的高度和宽度都是相等的，这种简单的表格在实际应用中并不常见，而是经常用到单元格大小不同的表格。对于这些复杂的不固定格式的表格，需要使用 Word 提供的绘制表格功能创建。Word 提供了强大的绘制表格功能，可以像用铅笔一样随意绘制复杂的或非固定格式的表格。

绘制表格的具体操作步骤如下：

(1) 单击“插入”选项卡中的表格按钮，在弹出的下拉菜单中选择“绘制表格”命令，则鼠标指针变为铅笔形状，这时就可以使用笔状鼠标绘制各种形状的表格。

(2) 用笔状鼠标指针在页面拖曳后，出现“表设计”选项卡，如图 3.21 所示。在绘制表格时，首先设置线条的样式、颜色以及粗细。通常先绘制外围边框。将笔状鼠标指针移动到文本区内，按住鼠标左键拖动鼠标，到适当的位置释放鼠标，就绘制出一个矩形，即表格的外围边框。

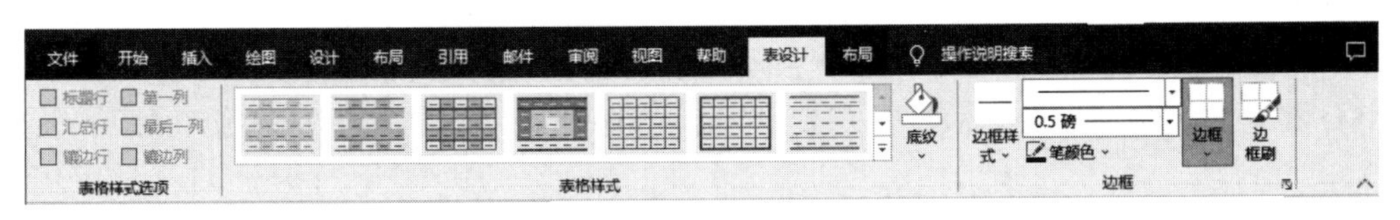

图 3.21 “表设计”选项卡

(3) 在外围框内绘制表格的各行和各列。在需要画线位置按住鼠标左键，横向、纵向或斜向拖动鼠标，就可以绘制出表格的行线、列线或斜线。

(4) 当绘制了不必要的框线时，可以单击“布局”选项卡中的“擦除”按钮，此时鼠标指针变为橡皮形状。将橡皮形状的鼠标指针移动到要擦除的框线的一端时按住鼠标左键，然后拖动鼠标到框线的另一端再释放鼠标，即可删除该框线。

3. 使用菜单创建表格

使用菜单创建表格时，同样要先确定在文档中插入表格的位置，并将光标置于此处，具体操作步骤如下：

(1) 单击“插入”|“表格”|“插入表格”命令，打开“插入表格”对话框。

(2) 在该对话框中可以通过“表格尺寸”选项组内的“列数”和“行数”微调框，分别设置所创建表格的列数和行数；通过“自动调整”选项组来设置表格每列的宽度，默认选项是“固定列宽”，默认值是“自动”，即表格各列的宽度等于文本区宽度的均分。

(3) 单击“确定”按钮，即可创建表格。

4. 插入 Excel 电子表格

Word 2019 可以直接插入 Excel 电子表格，并且可以向表中输入数据和处理数据，对数据的处理就像在 Excel 中一样方便。插入 Excel 电子表格可通过两种方法来实现，具体操作步骤如下：单击“插入”|“表格”|“Excel 电子表格”命令，拖动鼠标选择电子表格的行数和列数。松开鼠标左键，在光标位置出现电子表格，窗口中出现了 Excel 软件的环境，对它的操作与 Excel 完全相同。

二、编辑表格的内容

1. 在表格中输入文本

创建一个空表格之后，就需要在表格内输入内容。在表格中输入内容是以单元格为单位的，也就是需要把内容输入单元格中，每输入完一个单元格，按 Tab 键，插入点会移到本行的下一个单元格，或者是下一行的第一个单元格，也可以用鼠标直接定位插入点。当插入点到达表格中最后一个单元格时，再按 Tab 键，Word 会为此表格自动添加一个空行。

2. 表格中文本的选定

在对表格中文本的编辑和排版时，也与普通文本一样需要首先选定文本，在表格中选定文本的方法有以下几种。

(1) 拖动鼠标选定单元格区域：与选择文本一样，在需要选择的起始单元格按住鼠标左键并拖动，拖过的单元格就会被选中，在选定所有内容之后释放鼠标即可完成选定。

(2) 选定单元格：将鼠标指针移动到单元格左侧，鼠标指针变成指向右上角的实心箭头形状时，单击鼠标就可以选定当前单元格，这时如果按住鼠标左键拖动则可以选定多个连续的单元格。

(3) 选定一行单元格：将鼠标指针移动到表格左侧的行首位置，光标变成指向右上角的空心箭头形状时，单击鼠标就可以选定当前行，这时如果按住鼠标左键拖动则可以选定多行。

(4) 选定一列单元格：将鼠标指针移动到表格上侧的列上方，鼠标指针变成指向下端的实心箭头形状时，单击鼠标就可以选定当前列，这时如果按住鼠标左键拖动则可以选定多列。

(5) 选定整个表格：将鼠标指针移动到表格左上角的控制柄⊞上，单击鼠标就可以选定整个表格。

三、编辑表格的结构

一个建立好的表格，在使用时经常需要对表格结构进行修改，比如插入单元格或删除单元格、插入行或插入列、拆分单元格或合并单元格等操作。下面将介绍如何对表格结构进行编辑。

1. 插入和删除行与列

在表格中插入行或列的具体操作步骤如下：

(1) 在表格中选定与需要插入行的位置相邻的行（或列），选定的行数和需要增加的行数相同。

(2) 右击，在弹出的快捷菜单中选择“插入”命令中的对应命令，可以完成各种插入操

在左侧插入列(L)
在右侧插入列(R)
在上方插入行(A)
在下方插入行(B)
插入单元格(E)...

图 3.22 表格“插入”级联菜单

作，如图 3.22 所示。

在表格中删除行的具体操作步骤如下：

(1) 选定需要删除的行或将光标置于该行的任意单元格中。

(2) 右击，在弹出的快捷菜单中选择“删除单元格”命令。

(3) 在弹出的对话框中选择“删除整行”。

在表格中删除列的操作与删除行的操作方法基本相同。

2. 插入和删除单元格

在表格中插入单元格的具体操作步骤如下：

(1) 选定要插入单元格的位置。

(2) 右击，在弹出的快捷菜单中选择“插入”|“插入单元格”命令，弹出如图 3.23 所示的对话框。

(3) 在该对话框中选择一种操作方式。

(4) 单击“确定”按钮就可以插入单元格。

要删除单元格，可以先选定单元格，右击，在弹出的快捷菜单中选择“删除单元格”命令，打开“删除单元格”对话框，如图 3.24 所示。在其中选择一种删除方式，单击“确定”按钮即可。

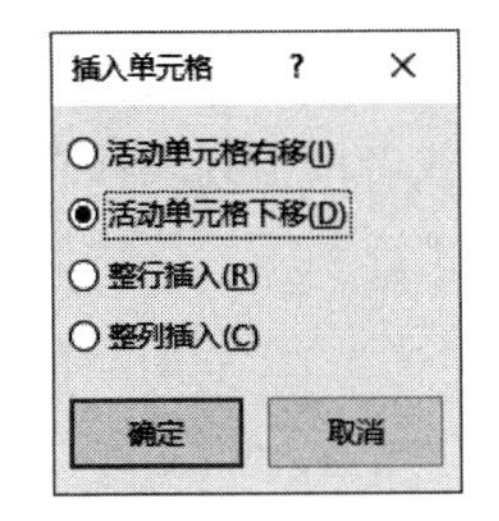

图 3.23 “插入单元格”对话框

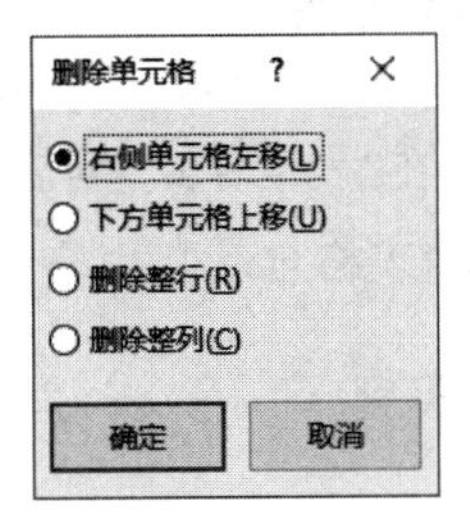

图 3.24 “删除单元格”对话框

3. 调整表格的行高和列宽

在表格中要调整行高和列宽，可以使用标尺或拖动鼠标的方法来实现。下面对这两种方法分别进行介绍。

(1) 使用标尺调整：必须确保在屏幕上显示标尺。首先选定要调整的行或列，或者将光标置于该行或列的任意位置。然后，将鼠标指针移动到对应的行或列的垂直标尺或水平标尺上，当鼠标指针变为垂直双向箭头或水平双向箭头形状时，此时屏幕上会出现一条水平或垂直的虚线，可根据需要向对应的方向拖动鼠标，如果在按住 Alt 键的同时按住鼠标左键在标尺上拖动，在标尺上会出现动态的大小值。

(2) 使用鼠标调整：将鼠标指针置于要调整的行或列的边框上，当鼠标指针变为双向箭头形状时拖动鼠标，到达所需位置时释放鼠标即可实现行高或列宽的调整。

4. 自动调整表格

使用上面的方法调整表格行高或列宽之后，会出现表格的行高或列宽不一致的情况，这时可以使用 Word 提供的自动调整功能，利用这一功能，可以方便地调整表格。

操作方法是：首先选定要调整的表格，单击“自动调整”下拉按钮，弹出如图 3.25 所示的菜单。

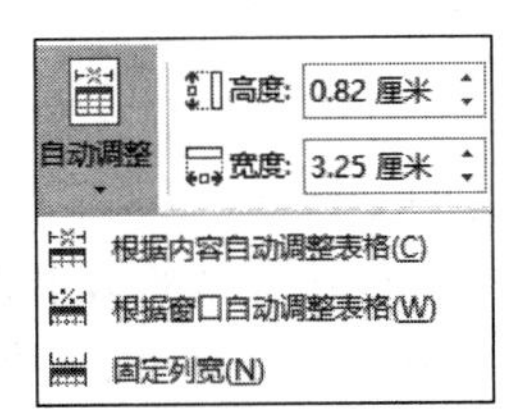

图 3.25 “自动调整”表格菜单

这个菜单中列出了“根据内容自动调整表格”“根据窗口自动调整表格”“固定列宽”3个命令，用户可以根据自己的需求，单击相应的命令，即可完成相应的自动调整。

5. 合并和拆分单元格

合并单元格就是把两个或多个单元格合并为一个单元格；拆分单元格是把一个单元格拆分为若干个单元格。

（1）合并单元格：首先选择需要合并的单元格，然后右击，在弹出的快捷菜单中选择“合并单元格”命令，就可以合并单元格了。

（2）拆分单元格：首先将光标置于要拆分的单元格中，然后右击，在弹出的快捷菜单中选择“拆分单元格”命令，指定拆分行数和列数，单击“确定”按钮即可。

四、设置表格的格式

对创建好的表格还可以进一步设置表格的格式，进而美化和修饰表格。表格的格式设置与段落的格式设置很相似，可以设置底纹和边框，也可以自动套用已有格式来修饰表格。

1. 设置表格边框和底纹

使用“边框和底纹”按钮和快捷菜单中的“边框和底纹”命令，可以方便地设置表格框线。

2. 表格自动套用格式

使用表格自动套用格式的操作方法是：将光标置于表格中的任意位置，单击标题栏上方的“表设计”，在“表格样式”列表框中选择一种表格样式，或者单击列表框右下角的“其他”按钮 ，弹出“表格自动套用格式”对话框，选择对应的格式。

任务实施

一、创建基本表格，录入文字

先创建一个15行7列的有规律表格，然后利用“合并单元格”和“拆分单元格”等命令实现相应样张表格的操作。

可采用如下3种方式创建表格：

（1）单击“插入”|“表格”命令，通过拖曳操作拖动出行、列数。

（2）选择“插入”|“表格”|“插入表格”命令，在弹出的“插入表格”对话框中输入所需的行数和列数。

（3）选择“插入”|“表格”|“绘制表格”命令，在弹出的“表格和边框”工具栏中单击“绘制表格”按钮，直接画出自由表格。

在表格内录入样例中的文字。

二、字体格式设置

（1）单击表格左上角的 选中句柄，通过“开始”|“字体”命令按钮设置字体颜色为黑色 ，设置字体、字号为 楷体 五号 。

（2）保持表格的选中状态，通过“表格工具”|“布局”|“对齐方式”| （水平居中）命令，设置所有字体在水平、垂直方向均为在单元格内居中。选中“自我评价”“个人能力”，选择“中部两端对齐”。

（3）选中“个人简历”，利用 工具，适当调整大小，使其作为标题。选中“自我评价”“个人能力”，调整字号为“三号”。

（4）选中“邮箱”，选择“开始”|“段落”|（中文版式）|“调整宽度”命令，“新文字长度”设为4个字符。

三、单元格格式设置

（1）选中“主修课程”“所获证书”“社会实践”“兴趣爱好”4个单元格，选择“表格工具”|“布局”|“对齐方式”|（文字方向）命令，使横排文字转换成竖排文字。

（2）选中“自我评价”下方的4行单元格，选择“表格工具”|“布局”|“单元格大小”|分布行命令，平均分布4行。

（3）选中“照片”单元格，选择“插入”|“图片”|“来自文件”，插入素材文件中的“个人简历照片.jpg”。

（4）选中图片，选择“表格工具”|“布局”|“对齐方式”|（单元格边距）命令，在弹出的对话框中设置单元格上下左右页边距均为0，取消选中“自动调整单元格尺寸适应内容”复选框。

（5）调整图片大小和位置，使图片在单元格内充分显示。

四、表格格式设置

（1）通过在“设计”选项卡的“页面背景”组中选择“页面颜色”|“填充效果”命令，在“填充效果”对话框的“图片”选项卡下选择素材文件夹的“表格背景.jpg”，插入图片作为背景。

（2）选中表格，在“表格”工具“布局”选项卡的“单元格大小”组中选择“自动调整”命令，在弹出的级联菜单中选择“根据窗口自动调整表格”。

（3）选中表格，选择“段落”组中的≡按钮，使表格水平居中；单击“布局”选项卡中的“页面设置”按钮，打开“页面设置”对话框，在“版式”|“页面”组中将“垂直对齐方式”设为“居中”，使表格垂直方向居中。

（4）在“表格”工具“设计”选项卡的“边框”组中选择线型、粗细，利用边框刷工具经过要改变的边框线，反复操作，使其调整成和样例一样。

五、保存设置

选择“文件”|“另存为”命令，保存文件为“个人简历.docx”。

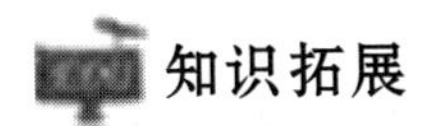

知识拓展

一、剪贴板

剪贴板是Windows应用程序可以共享的一块公共信息区域，其功能强大，剪贴板不但可以保存文本信息，也可以保存图形、图像和表格等各种信息。

单击“开始”选项卡“剪贴板”组中的对话框启动按钮，剪贴板即显示在主文档窗口的左侧，如图3.26所示。

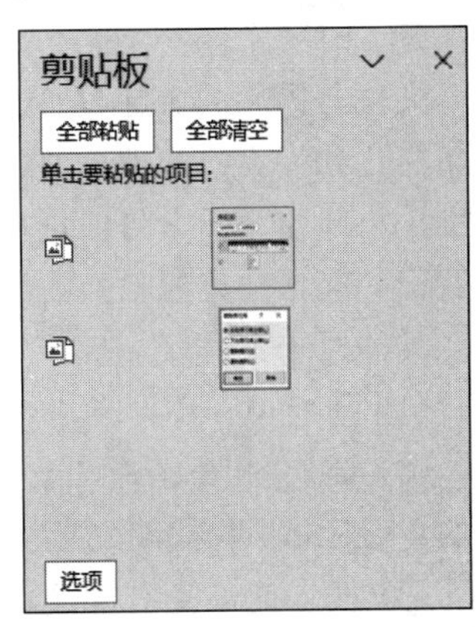

图3.26 “剪贴板”任务窗格

当进行了剪切、复制操作后，其内容会被放入剪贴板，并依次显示在“剪贴板”任务窗格中，最多可存放24次复制或剪切的内容，如果超出了这个数目，最前面的对象将从剪贴板中被删除。在“剪贴板”任务窗格中单击所要粘贴的对象图标，该对象就会被粘贴到光标所在位置。

在“剪贴板”任务窗格中，可执行下列操作。

(1) 若要清空一个项目，则将指针指向要删除的项目，其右侧即显示下拉按钮，单击该按钮，在弹出的下拉列表中选择“删除”；若要清空所有项目，则单击“全部清空”按钮。

(2) 单击“剪贴板”任务窗格底部的“选项”按钮，打开级联菜单，设置所需的命令选项。

在对应的粘贴操作中，会在粘贴位置的右侧显示“粘贴选项”智能按钮，单击该按钮右侧的向下箭头可选择粘贴选项，快速完成相应操作。

二、拼写和语法检查

Word 的拼写和语法检查功能可以检查英文拼写和语法错误。如果文章中某个单词拼写错误，那么 Word 就会在这个单词下面用红色的波浪线标出；如果有语法错误，那么 Word 会在出错的地方用绿色的波浪线标出。Word 同时还会给出修改建议。

改正拼写错误和语法错误的操作步骤如下：

选择“审阅”|“校对”|“拼写和语法”，弹出“校对”窗格，此时可以查看错误的内容，若确实有误，窗格中会列出可能的修改建议，如图 3.27 所示。

继续查看下一处错误，在文中单击下一处有蓝色波浪线的地方，可以查看到文档中其他错误或特殊用法的文本内容。在检查过程中，如果显示的错误内容为特殊用法，而并非错误的时候，可以在“拼写检查”中单击“忽略”按钮，忽略此处的内容。

图 3.27 “校对”窗格

任务三 图 文 混 排

任务描述

文化是民族的血脉，是人民的精神家园。文化自信是更基本、更深层、更持久的力量。中华文化独一无二的理念、智慧、气度、神韵，增添了中国人民和中华民族内心深处的自信和自豪。小赵作为国学培训班招生老师，负责制作招生简章，校长给了他一份参考模板，现在让我们一起帮他完成吧！国学班招生简章样例如图 3.28 所示。

具体要求：

(1) 新建 Word 文档，插入“背景图片.jpg”，调整图片大小使其作为页面背景。

(2) 插入“孔子画像.jpg”、logo.jpg、“二维码.jpg”，依据样例进行裁剪和调整，删除图片的裁剪区域，并调整图片位置。

(3) 插入简单文本框，添加文字“中国传承经典文化”，在文字中间插入特殊符号“希腊语”大写字母 lota“I”及“几何图形符”加重号“·”。参照示例文件，在图片下方插入文本框

图 3.28 “图文混排”样张

和文字,并调整文字的字体、字号、颜色、底纹和位置。

(4) 插入艺术字“人杰国学班招生了”,字体为“华文琥珀”,文字颜色为黄红黑渐变,“从中心”变体,轮廓颜色“深红”,文本效果为“转换”|“弯曲”|“双波形 2”、棱台“冷色斜面”。

(5) 应用素材文件中提供文字,在适当位置插入 SmartArt 图形,并适当进行编辑(“随机至结果流程”版式,“彩色范围-个性色 3 至 4”颜色,“优雅”样式),以展示良好的视觉效果。

(6) 对文档进行打印,打印份数为 1000 份。

任务目标

- ◆ 熟练掌握插入图片、图片的编辑和格式化。
- ◆ 掌握特殊符号的插入和使用。
- ◆ 掌握艺术字和文本框的使用。
- ◆ 掌握 SmartArt 图形的插入和设置。
- ◆ 掌握文档打印设置。

知识介绍

Word 不仅是一个强大的文字处理软件,还具有很强的图形处理功能,可以将其他软件的图形、表格、数据插入 Word 文档,使得 Word 文档图文并茂,生动美观。

一、插入图片

1. 插入联机图片

如果网络空间中有合适的图片,可以选择相应的命令,插入网络上自己喜欢的图片,具体操作步骤如下：

(1) 将光标定位于要插入图片的位置。

(2) 单击“插入”|“联机图片”命令，打开“联机图片”对话框，如图 3.29 所示。在该对话框中选择要插入的图片。

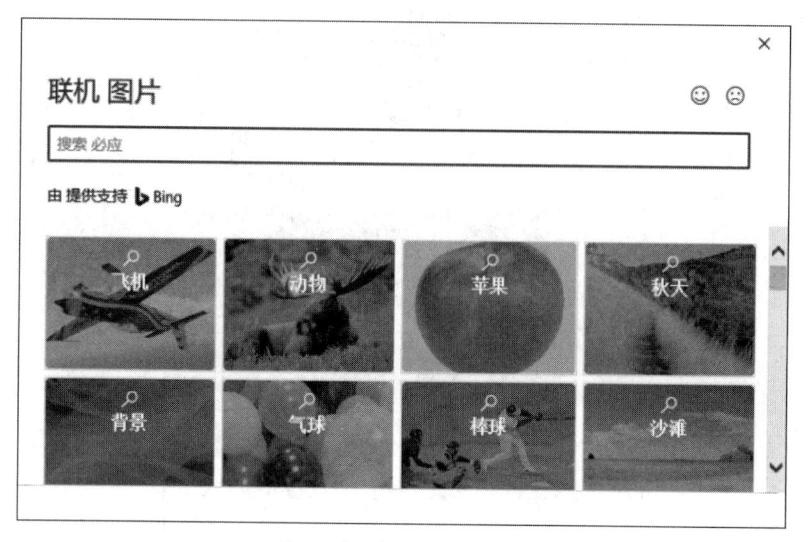

图 3.29 “联机图片”对话框

(3) 单击“插入”按钮，即可将图片插入文档中指定的位置。

2. 插入图片文件

如果硬盘空间中有合适的图片，可以选择相应的命令。插入图片文件的具体操作步骤如下：

(1) 将光标定位于要插入图片的位置。

(2) 单击“插入”|“图片”|“此设备”命令，打开“插入图片”对话框，如图 3.30 所示。在该对话框中选择要插入的图片。

(3) 单击“插入”按钮，即可将图片插入文档中指定的位置。

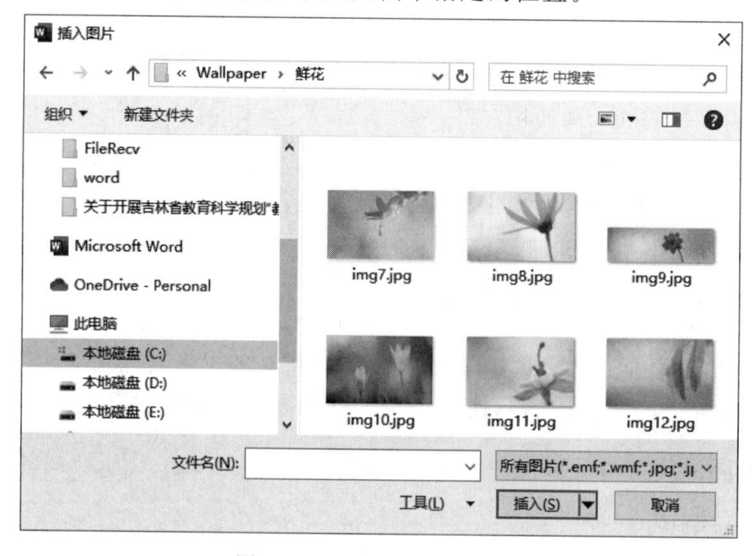

图 3.30 “插入图片”对话框

二、编辑图片

将图片插入文档中后，还需要对其进行编辑，比如调整图片的大小、位置和设置环绕方式等。

在编辑图片时，需要启动“图片格式”选项卡，显示“图片格式”选项卡的方法是：执行插入图片操作或有图片被选中后，会自动出现“图片格式”选项卡。“图片格式”选项卡如图 3.31 所示。

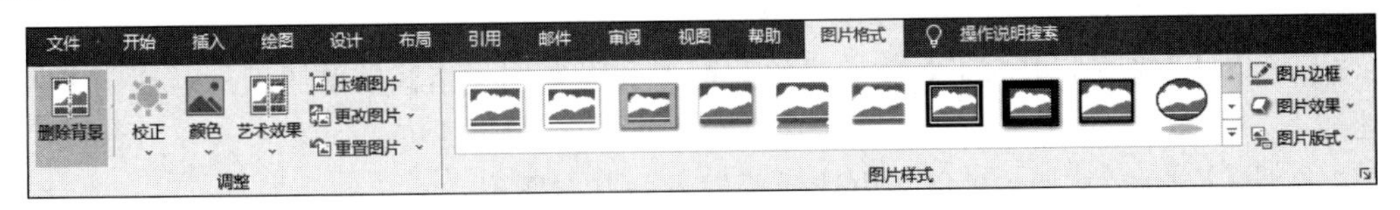

图 3.31 “图片格式”选项卡

1. “图片格式”选项卡中常用工具按钮的介绍

（1）删除背景：可以通过颜色删除图片背景。

（2）校正 ：可以调整图片的亮度对比度，进行锐化和柔化。

（3）颜色 ：单击该按钮可以弹出下拉菜单，如图 3.32 所示。

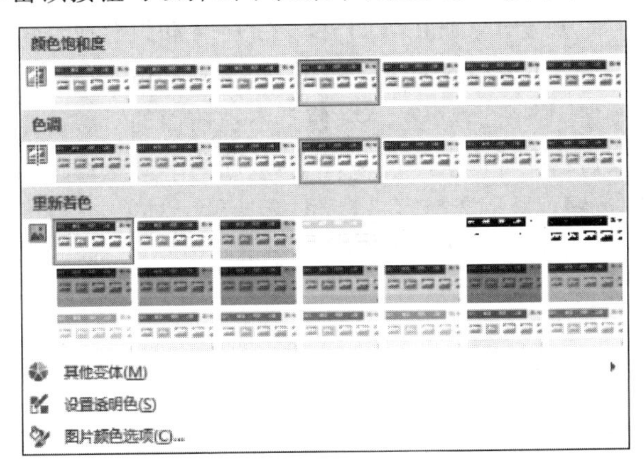

图 3.32 “颜色”下拉菜单

（4）艺术效果 ：可以调整图片的各种艺术样式。

2. 调整图片的大小

在 Word 中可以对插入的图片进行缩放。直接单击图片，移动鼠标指针到图片四边的句柄上，鼠标指针显示为双向箭头，此时拖动鼠标使图片边框移动到合适位置，释放鼠标，即可实现图片的整体缩放。如果要精确地调整图片的大小，可选择图片工具栏的“大小”，在该对话框中输入精确数值。

三、绘制基本图形

除了提供插入图片的功能以外，Word 中还提供了强大的绘图功能，用户可以方便地利用这些工具在文档中绘制出所需要的图形。

要在 Word 文档中使用绘图工具，首先要打开“形状格式”选项卡。打开“形状格式”选项卡的方法是：单击“插入”|“形状”按钮，打开图形列表框，选择所需的形状并进行拖曳后，

即可得到所需的形状，如图 3.33 所示；或者在“绘图”选项卡的“插入”组选择画布，打开“形状格式”选项卡。

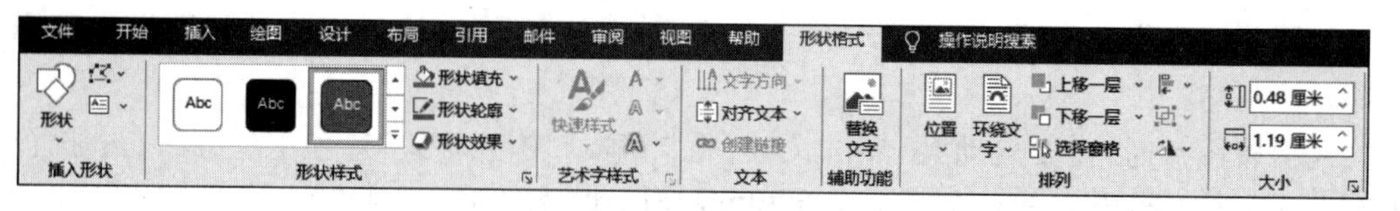

图 3.33 “形状格式”选项卡

1. **“形状格式”选项卡常用工具按钮的介绍**

“形状格式”选项卡中的工具按钮是绘制图形和设置图形格式的便捷工具。这些工具的功能如下。

(1) “插入形状”按钮：可以从中选择要插入的基本图形。

(2) “形状样式”按钮右侧的编辑形状按钮：更改绘图的形状，将其转换成任意多边形，或编辑环绕点以文字环绕的绘图方式。

(3) “形状填充”按钮：使用纯色、渐变、图片或纹理填充选定图片。

(4) “形状轮廓”按钮：用于指定选定形状轮廓的颜色、宽度和线型。

(5) “形状效果”按钮：对选定形状应用外观效果。

(6) “位置”按钮：将所选对象放在页面上，文字将自动设置成环绕方式。

(7) “环绕文字”按钮：更改所选对象周围的文字环绕方式。

(8) “上移一层”按钮：将所选对象上移，使其不被前面的对象遮挡。

(9) “下移一层”按钮：将所选对象下移，使其被前面的对象遮挡。

(10) “选择窗格”按钮：显示选择窗格，帮助选择单个对象，并改变其顺序和可变性。

(11) “对齐”按钮：将所选多个对象边缘对齐，也可居中对齐，或在页面中均匀地分散对齐。

2. **图形设置**

在实际操作中，经常需要对绘制好的图形进行各种调整、设置等工作。下面介绍常用的图形设置操作。

(1) 选定图形。和对文本操作一样，要对绘制好的图形进行设置，也必须先选定该图形。选定图形的操作方法是：将鼠标指针移动到该图形上单击，此时图形周围会出现 8 个控制点，表明此图形已被选定。

如果需要同时选定多个图形，可以先按住 Shift 键，然后依次对每个图形操作，使每个图形四周都出现 8 个控制点即可。

要取消选定，只需在文本区域中按 Esc 键或在选定图形以外的任意位置上单击即可。

(2) 设置填充效果。绘制好的图形可以填充颜色、图案、纹理或图片，这样做可以使图形增加美感。设置填充的方法是：选定要设置填充的图形，单击“绘图”工具栏上的“形状填充”按钮右侧的下拉按钮，弹出填充色调色板，从中可以选择填充颜色，如果没有需要的颜色可以单击“其他填充颜色”命令，打开“颜色”对话框选择其他颜色。要想设置填充图案、纹理或图片时，选择“图片”“渐变”“纹理”“图案”命令，打开相应的填充效果对话框。图 3.34 为各种填充的效果图。

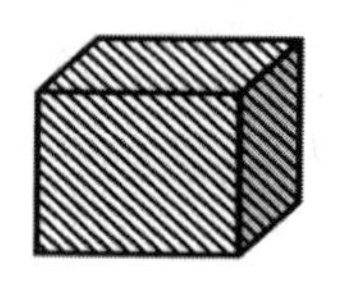

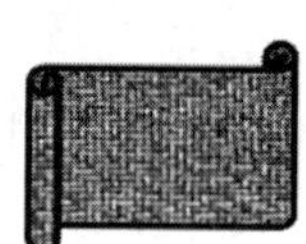

图 3.34 填充效果图

(3) 组合。当在文本中有多个图形时，可以将多个图形组合为一个形状。先按住 Ctrl 键将多个图形选中，然后在被选中的图形中右击，在弹出的菜单中选择“组合”命令。当需要拆开组合时，可先选择组合对象，然后右击，在弹出的菜单中选择“组合”|“取消组合”命令。

四、使用文本框

文本框是一种可移动、可调节大小的文字或图形容器。使用文本框，可以在一页上设置多个文字块，也可以使文字按照与文本中其他文字不同的方向排列。Word 把文本框看作特殊图形对象，它可以被放置于文档中的任何位置，其主要功能是用来创建特殊文本，比如书中图或表的说明。

1. 插入文本框

插入文本框的具体操作步骤如下：

(1) 将光标置于需要插入文本框的位置。

(2) 选择“插入”|“文本”组中的“文本框”按钮，在弹出的对话框中选择对应的内置对话框样式。

(3) 按住鼠标左键并拖动鼠标，绘制出文本框。

(4) 调整文本框的大小并将其拖动到合适位置。

(5) 单击文本框内部的空白处，使光标闪动，然后输入文本。

(6) 单击文本框以外的地方，退出文本框。

2. 设置文本框格式

在 Word 中，文本框是作为图形处理的，用户可以通过与设置图形格式相同的方式对文本框的格式进行设置，包括填充颜色、边框颜色、设置大小、旋转角度以及调整位置等。

五、制作艺术字

Word 提供的艺术字功能是图形效果的文字，是浮动式的图形，对艺术字的编辑、格式化、排版与图形类似。

1. 添加艺术字

添加艺术字的具体操作步骤如下：

(1) 在“插入”选项卡中单击“艺术字”按钮 A，打开“艺术字”预设样式，如图 3.35 所示，在其中选择所需的艺术字效果。

(2) 鼠标置于“艺术字”按钮，即可在上方对应的格式工具栏中单击“形状填充”按钮、“形状轮廓”按钮或“更改形状”按钮，设置相应的艺术字效果。

(3) 在“艺术字”预设样式中选择第二行第四列，选择“文本效果”|“转换”|“弯曲”选项。添加艺术字后的效果如图 3.36 所示。

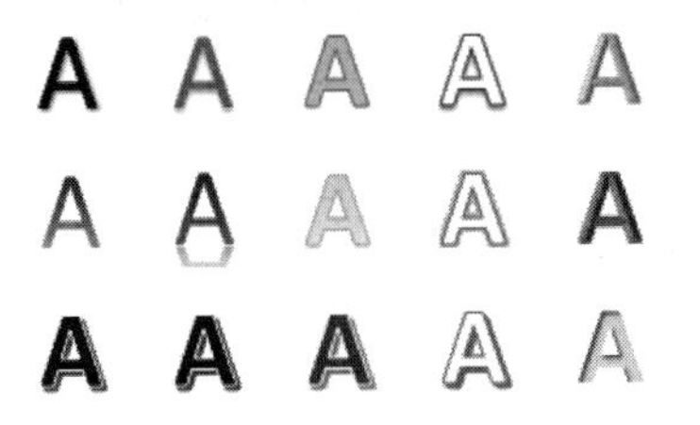

图 3.35 “艺术字”预设样式

图 3.36 “艺术字”效果图

2. 设置艺术字

插入艺术字之后,如果用户要对所插入的艺术字进行修改、编辑或格式化,操作方法是:双击需要设置的艺术字,打开"图片"工具栏选择合适的选项进行设置。

六、插入符号及特殊字符

在 Word 文档中经常要插入字符,例如,插入运算符号、单位符号和数字序号等。具体插入方法是:在 Word 文档中确定插入点的位置,选择"插入"|"符号"命令,或右击插入点,在弹出的快捷菜单中选择"插入符号"命令,打开"符号"对话框,选择"符号"选项卡或者"特殊字符"选项卡,从中选择所需符号或者特殊字符。也可以通过中文输入法提供的软键盘输入一些特殊符号。

七、插入 SmartArt 图形

SmartArt 图形是信息和观点的视觉表示形式。可以通过从多种不同布局中进行选择来创建 SmartArt 图形,从而快速、轻松、有效地传达信息。SmartArt 图形作为图像可以在不同程序间复制/粘贴。

1. 创建 SmartArt 图形并输入文字

通过使用 SmartArt 图形,只需轻点几下鼠标即可创建具有设计师水准的插图,如使各形状大小相同并完全对齐;使文字正确显示;使形状的格式与文档的总体样式相匹配等。创建 SmartArt 图形并输入文字的步骤如下:

(1) 选择"插入"|"插图"|SmartArt 选项,打开"选择 SmartArt 图形"对话框,如图 3.37 所示。

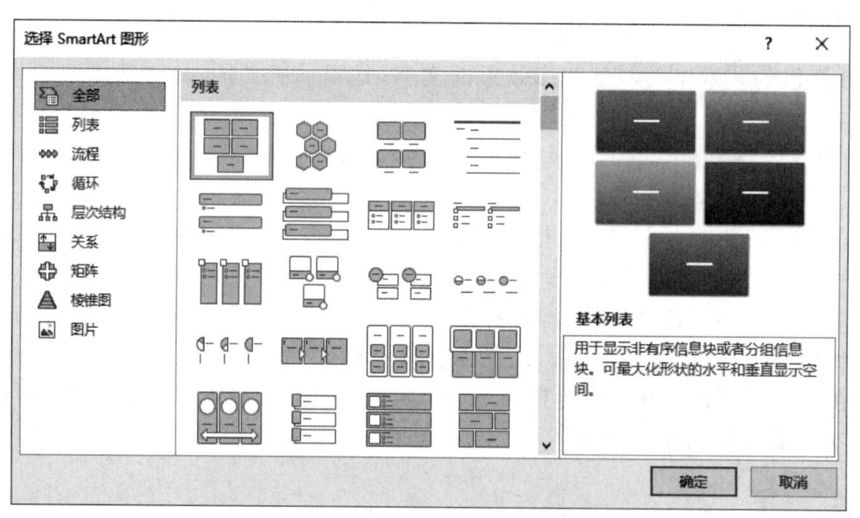

图 3.37 "选择 SmartArt 图形"对话框

(2) 在"选择 SmartArt 图形"对话框中选择所需的类型和布局。

(3) 单击"文本"窗格中的"文本"占位符,然后键入文本。

2. 在 SmartArt 图形中添加或删除形状

对已经添加的 SmartArt 图形,可以像其他形状一样进行修改。在已有的 SmartArt 图形中添加形状的步骤如下：

（1）单击已有的 SmartArt 图形。

（2）单击最接近新形状的图标，并在相应位置进行添加。

（3）进入“SmartArt 设计”选项卡，如图 3.38 所示。在“创建图形”组中单击“添加形状”下拉按钮，打开其下拉菜单。

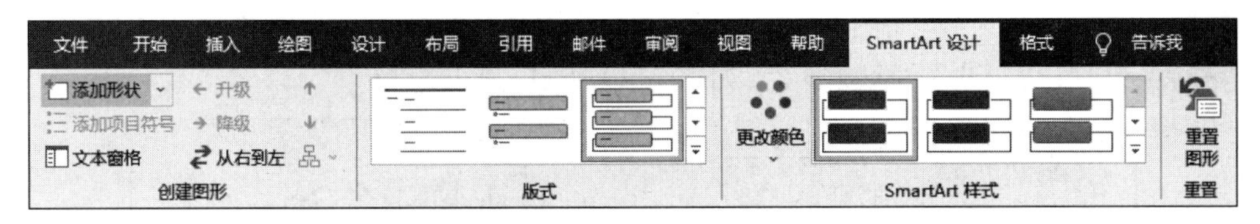

图 3.38 “SmartArt 设计”选项卡

（4）选择“在后面添加形状”，则在所选形状之后插入一个形状；选择“在前面添加形状”，则在所选形状之前插入一个形状。

要在 SmartArt 图形中删除形状，可单击要删除的形状，然后按 Delete 键；要删除整个 SmartArt 图形，可单击 SmartArt 图形的边框，然后按 Delete 键。

3. SmartArt 图形颜色的更改

可以将来自主题颜色的颜色变体应用于 SmartArt 图形中的形状。具体操作步骤如下：

（1）单击 SmartArt 图形。

（2）在“SmartArt 设计”选项卡的“SmartArt 样式”组中单击“更改颜色”下拉按钮，打开其下拉菜单。

（3）选择所需的颜色。

任务实施

一、设置背景

选择“插入”|“图片”命令，弹出“插入图片”对话框，选择素材文件夹下“背景图片.jpg”，调整“环绕文字”为“浮于文字上方”，调整图片大小使其充满整个页面，作为页面背景。

二、裁剪及调整图片

（1）插入素材文件夹下的图片“孔子画像.jpg”，利用“删除背景”功能保留孔子图像，选择“压缩图片”|“删除图片的裁剪区域”|“确定”命令，按样例调整图片位置。

（2）插入 logo.jpg 和“二维码.jpg”，利用“裁剪”和“删除背景”功能，按样例调整图片位置。

三、编辑文本框

（1）选择“插入”|“文本”|“文本框”|“绘制文本框”命令，在文本框内输入文字“中国传承经典文化”，选中文本框，在上方对应的格式工具栏中选择“形状轮廓”，将其设为“无颜色填充”。在文字中间插入特殊符号——希腊文大写字母 lota“I”及加重号“·”。

（2）参照示例文件，在孔子图片下方插入文本框，粘贴素材文件内的文字，调整文字的字体为“隶书”，字号为“二号”，“主讲教师”“上课地点”“咨询电话”文字颜色为白色，底纹颜色为“橙色，个性色 2”。

四、编辑艺术字

（1）定位光标，选择“插入”|“文本”|“艺术字”命令，插入艺术字“人杰国学班招生了”。

（2）调整艺术字格式：字体为“华文琥珀”，“文本填充”为“渐变填充”，“预设渐变”为线性渐变，且“类型”为射线，如图 3.39 所示。文本轮廓颜色为标准色“深红”，在“文本效果”中选择“转换”设置|“弯曲”|“双波形 2”，如图 3.40 所示。

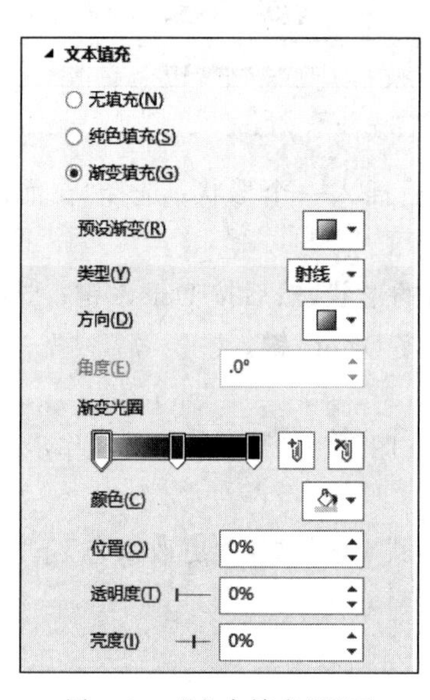

图 3.39 “文本填充”界面

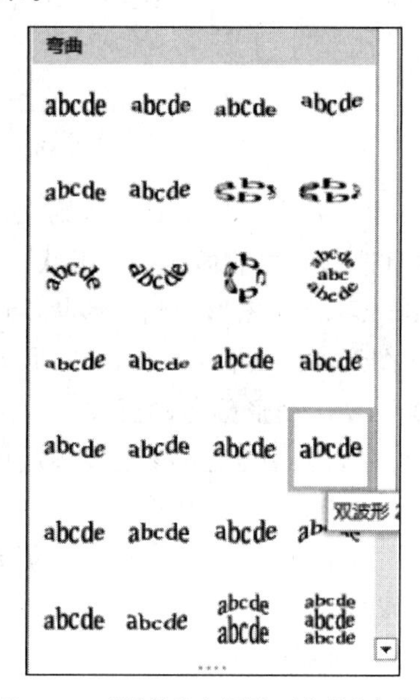

图 3.40 “转换”选项界面中的“弯曲”

五、编辑 SmartArt 图形

（1）定位光标到文档，在“插入”选项卡的“插图”组中选择 SmartArt 命令，以“随机至结果流程”方式插入 SmartArt 图形，设置“文本环绕”为“浮于文字上方”。

（2）定位光标到文本，应用素材文件中提供文字完善文本；添加形状，在“设计”选项卡的“创建图形”组中选择“添加形状”|“在后面添加形状”命令。

（3）选中 SmartArt 图形，选择“SmartArt 工具”|“设计”|“SmartArt 样式”命令，为 SmartArt 图形更改颜色“彩色范围-个性色 3 至 4”，应用“优雅”样式。

六、打印设置

选择“文件”|“打印”命令，在弹出界面设置打印份数为 1000，在右侧打印预览界面预览板报整体设计，若不满意则返回继续编辑调整。

知识拓展

一、绘制图表

对于表格中的数据，有时使用图表更能直观地显示数据和分析数据。创建图表的具体操作步骤如下：

（1）选择“插入”|“图表”命令，打开“插入图表”对话框，选择所需的图表类型，如图 3.41 所示。

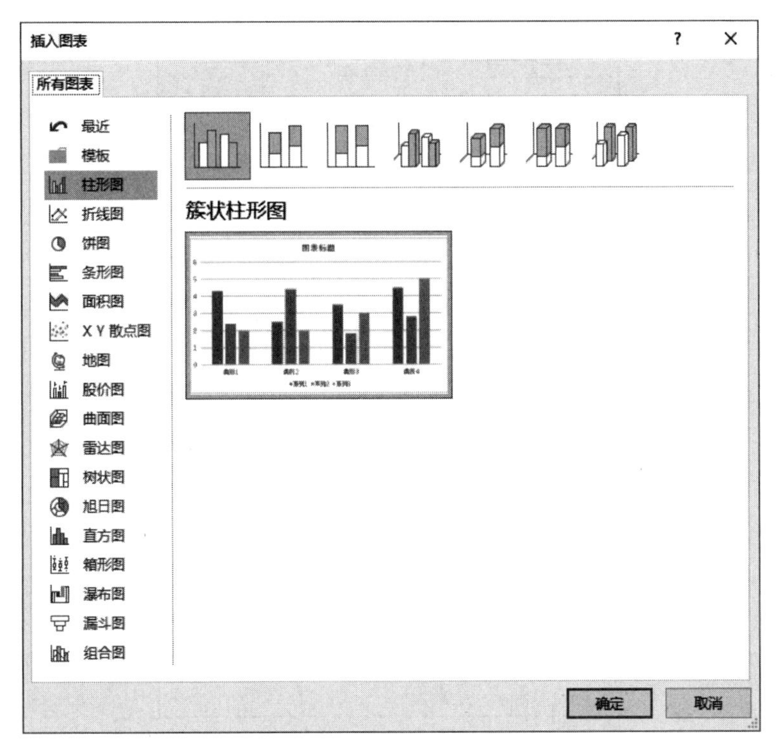

图 3.41 “插入图表”对话框

（2）此时打开图表工具栏，在数据表中修改数据，图表会自动改变，数据表修改完毕后，单击工作区空白处即可建立图表。

二、插入流程图及公式

1. 绘制流程图

（1）绘制流程图可选择“插入”|“插图”|“形状”命令，在“流程图”子菜单中选择所需的图形。

（2）在自选图形上右击，在弹出的快捷菜单中选择“添加文字”命令，单击“格式”工具栏上的“居中”按钮，使文字处于自选图形的正中。

（3）分别单击各个自选图形，在弹出的快捷菜单中选择“设置自选图形格式”命令，在“大小”选项卡中调整各个图形高度和宽度，使各自选图形大小一致。

（4）在按住 Shift 键的同时，逐个单击各个自选图形，使其全部处于选中状态，单击“绘图”工具栏上“对齐”按钮 ，调整各自选图形的对应位置。

（5）各自选图形之间的连线选择“插入”|“插图”|“形状”命令，选择对应的“线条”。

（6）将流程图的各个成员组合成一个整体以便于操作，只需选择所有的自选图形并右击，在快捷菜单中选择“组合”命令。若要单独编辑组合图中的某个成员，则必须在取消组合后才能进行所需的编辑操作，然后再将自选图形进行组合。

2. 插入数学公式

利用“插入”|“公式”命令可插入系统预定义公式，如图 3.42 所示。

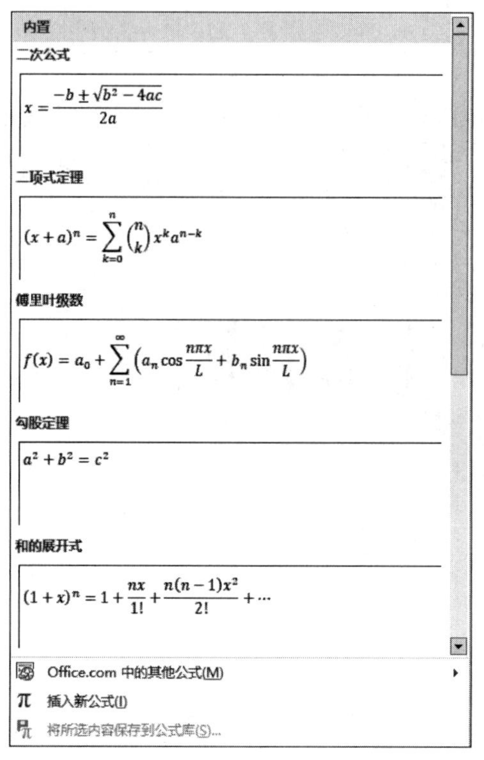

图 3.42 “公式”下拉列表

选择“插入”|“公式”|“插入新公式”命令，可利用弹出“设计”工具栏进行自定义公式编辑。

任务四　长文档编辑

任务描述

毕业论文是大学生在校学习期间的最后一次作业，它可以全方位地、综合地展示和检验学生掌握所学知识的程度以及运用所学知识解决实际问题的能力。论文内容固然重要，论文格式也不容忽视，它体现了作者对待论文的态度，态度不端正，内容再好也不合格。

虽然每个学校的论文格式要求不同，但注意事项和核心操作基本一致。下面以一篇理科论文为例，让我们按照要求一起把它修改成标准的论文格式吧！

具体要求如下：

(1) 打开“论文素材.docx”，确保论文内各章节标题的标题样式和正文样式应用正确，用文档“论文样式模板.docx”中的样式“标题、标题 1、标题 2、标题 3、正文、题注”替换素材文档中的相应样式。

(2) 将素材内提供蓝色文字自动转换为表格，为制作完成的表格套用”网格型 2”样式，使表格更加美观。

(3) 将素材内提供红色文字改用“组织结构图”SmartArt 图形显示，颜色为“彩色-个性色”，样式为“细微效果”。

(4) 使用题注功能，修改图片下方的标题编号，以便其编号可以自动排序和更新；使用交叉引用功能，修改图表上方正文中对于图表标题编号的引用，以便这些引用在图表标题的编号发生变化时可以自动更新。

(5) 调整论文中所有图片、表格与所做题注始终在同一页显示。

(6) 为论文分节(目录、中文摘要、英文摘要、正文)，使得各部分内容都位于独立的节中，并自动从新的页面开始。为正文分页，使各章节、参考文献、致谢都从新的页面开始。

(7) 论文各部分页码分别独立编排：封面、独创声明页无页码，目录、摘要页码使用大写罗马数字(Ⅰ、Ⅱ、Ⅲ……)，论文正文页码使用阿拉伯数字(1、2、3……)，页码奇偶页不同，要求奇数页页码显示在页脚右侧，偶数页页码显示在页脚左侧。自动生成目录，目录项中不包含标题样式。

任务目标

- 掌握样式的复制和修改方法。
- 掌握表格和文字之间的转换方法。
- 掌握题注、交叉引用的设置方法。
- 掌握分节、页眉和页脚、页码的设置方法。
- 掌握目录的自动生成方法。

知识介绍

一、自动生成目录

目录通常是论文中不可缺少的一部分。目录列出了论文中的各级标题以及每个标题所在的页码，通过目录即可以了解当前文档的纲目，同时还可以快速定位到某个标题所在的位置，浏览相应的内容。要在 Word 文档中创建目录，必须已在文档中使用了样式或大纲级别。

要生成目录，需要对文档的各级标题进行格式化，可以在“段落”对话框设置各级标题的“大纲级别”，或者利用“开始”|“样式”命令进行统一的格式化。“样式”中“标题 1”的大纲级别为 1 级、“标题 2”为 2 级、“标题 3”为 3 级等。所以，要使用自定义的样式来生成目录，必须对“大纲级别”进行设置，这是自动生成目录的关键所在。

1. 从预置样式中创建目录

设置完各级标题样式后，即可创建目录，具体步骤如下：

(1) 将光标定位在准备生成文档目录的位置。

(2) 选择“引用”|“目录”，出现“目录”样式的下拉列表，如图 3.43 所示。

(3) 在下拉列表中选择一种预置的目录样式。

2. 创建自定义目录

如果 Word 预置的目录样式无法满足需求，则可以通过自定义方式来创建目录，并且可以将自定义目录保存为在“目录”下拉列表中显示的预置样式。

如需将某文档中的三级标题均收入目录中，操作步骤如下：

(1) 设定三级标题的样式：分别选定属于第一级标题的内容，在“开始”选项卡的“段

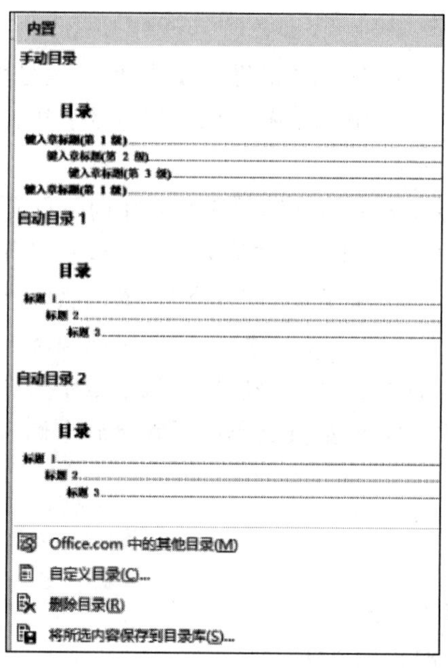

图 3.43 “目录”样式下拉列表

落”组中单击对话框启动器，在弹出的“段落”对话框的“大纲级别”下拉列表中选择“1 级”；再分别选定属于第二级标题的内容，在“大纲级别”下拉列表中选择“2 级”；以此类推。

（2）将光标定位在准备生成目录的位置。

（3）选择“引用”|“目录”|“目录”命令，在弹出的下拉列表中选择“自定义目录”命令，打开“目录”对话框的“目录”选项卡，如图 3.44 所示。

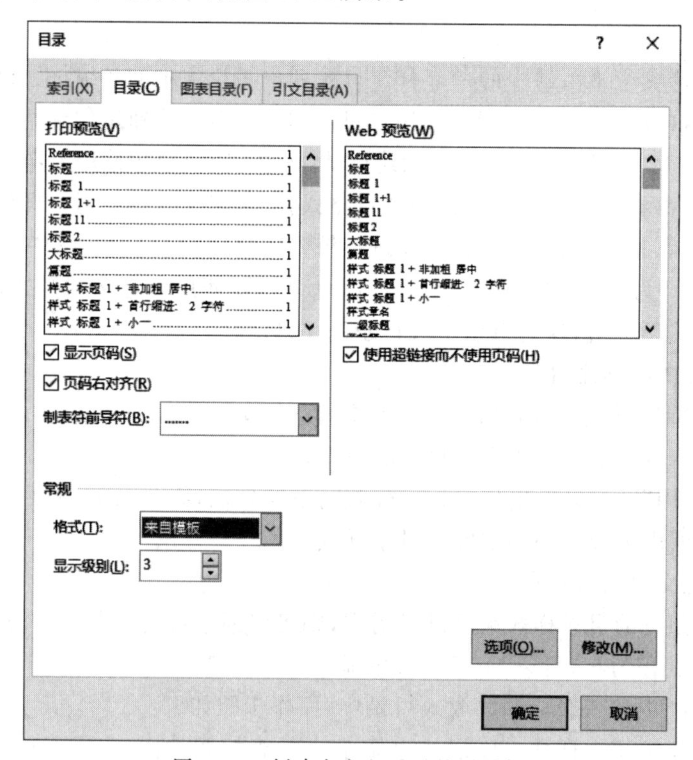

图 3.44 创建自定义目录的对话框

(4) 在“格式”下拉列表框中选择目录格式，在“打印预览”中可以看到目录的效果；确定目录中是否“显示页码”及是否“页码右对齐”；在“显示级别”中可设置目录包含的标题级别，如设置 3，则可以在目录中显示三级标题；在“制表符前导符”的下拉列表框中可以选择目录中的标题名称与页码之间的分隔符样式。

(5) 单击“修改”按钮，可以对目录的字符格式和段落格式等进行重新定义。

(6) 设置完成后单击“确定”按钮退出对话框，返回到文本编辑区，这时就会看到 Word 自动生成的文档目录，它是一个整体文本，用户可以改变目录的排版格式，如调整字号、段间距、制表位等。

3. 更新目录

在添加、删除、移动或编辑了文档中的标题或者其他文本之后，需要更新目录。其方法是将光标定位于目录中，然后选择“引用”|“目录”|“更新目录”命令，弹出“更新目录”对话框。其中“只更新页码”选项表示仅更新现有目录项的页码，不影响目录项的增加和修改；“更新整个目录”选项表示将重新建立整个目录。

二、文档高级编排

1. 分页、分节和分栏

1) 分页

默认情况下，Word 根据纸张大小和页边距来控制一页的内容。当前页已满时，Word 会自动插入分页符，并将多余的内容放到下一页中，这种分页符称为自动分页符或软分页符。如果要在特殊的位置分页，也可以人工插入分页符，该分页符称为人工分页符或硬分页符。

插入人工分页符的操作步骤如下：

(1) 将插入点移到要插入分页符的位置。

(2) 执行“插入”|“页面”|“分页”命令，也可选择“布局”中的分隔符按钮 ，在弹出的下拉菜单中选择“分页符”命令。

2) 分节

节是文档中可以独立设置某些页面格式选项的部分。一般情况下，Word 认为一个文档为一节。所谓分节，就是将一个文档分成几个部分，每部分为一“独立”节，每一节可以有自己独立的页面格式。节是以分节符进行分隔的。

在文档中插入分节符的操作步骤如下：

(1) 将插入点移到要插入分节符的位置。在“布局”菜单中选择“分隔符”命令，选择“分节符”命令，如图 3.45 所示。

(2) 在“分节符”列表框中选择新节的起始位置。其中，“下一页”表示在下一页插入新节；“连续”表示插入的新节接着上一节，不产生分页；“偶数页”表示插入的新节从下一个偶数页开始显示；“奇数页”表示插入的新节从下一个奇数页开始显示。

(3) 单击相应按钮即可插入对应分节符。

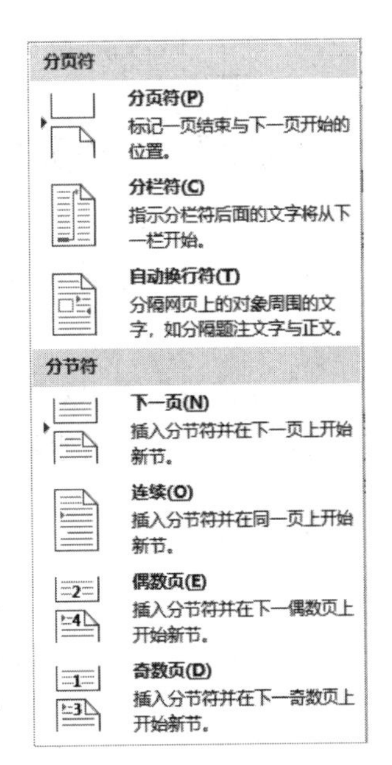

图 3.45 “分隔符”下拉菜单

(4) 双击分节符可以快速打开“页面设置”对话框，对该节进行页面设置。

3) 分栏

(1) 分栏就是将一段文本分成并排的几栏。分栏操作多用于报刊编辑，选择“布局”|“栏”命令，打开“栏”下拉菜单，如图 3.46 所示。在该菜单中可以设置分栏数、位置，若要详细设置，可以选择“更多栏”命令。如果要取消已设置的分栏，选定需要取消分栏版式的文本，单击“布局”|“栏”|“更多栏”，打开“栏”对话框，单击“预设”选项组中的“一栏”版式图标。

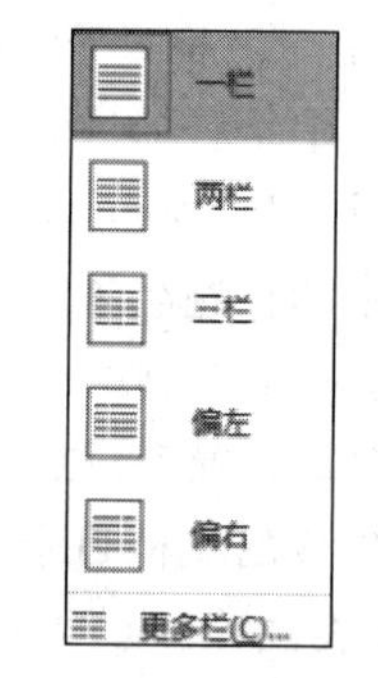

图 3.46 “栏”下拉菜单

2. 项目符号和编号

(1) 设置项目符号和编号。Word 可以使用“开始”|“段落”中的 或 按钮快速地为选定的文本行添加项目符号或编号，也可以单击上述按钮右侧的下拉按钮，在弹出的下拉菜单设置项目符号或编号。

(2) 删除项目符号及编号。如果文档中的项目符号及编号是自动添加的，那么用户不需要此项设置。可以按下列操作方法删除项目符号或编号：

① 选择需要删除项目符号或段落编号的段落；

② 单击“开始”中的 或 按钮，选择下拉菜单中的“无”，编号或符号即被删除。

三、设置页边距和页眉、页脚

设置页边距，包括调整上、下、左、右边距以及页眉和页脚与页边距的距离。页眉位于页面的顶部，页脚位于页面的底部，可以为页眉和页脚设置日期、页码、章节的名称等内容。用户可以根据自己的需要添加页眉和页脚，具体操作步骤如下：

(1) 选定要设置页边距的文档或其中的某一部分。

(2) 单击“插入”|“页眉和页脚”|“页眉”|“编辑页眉”命令，打开“页眉和页脚”选项卡，如图 3.47 所示。

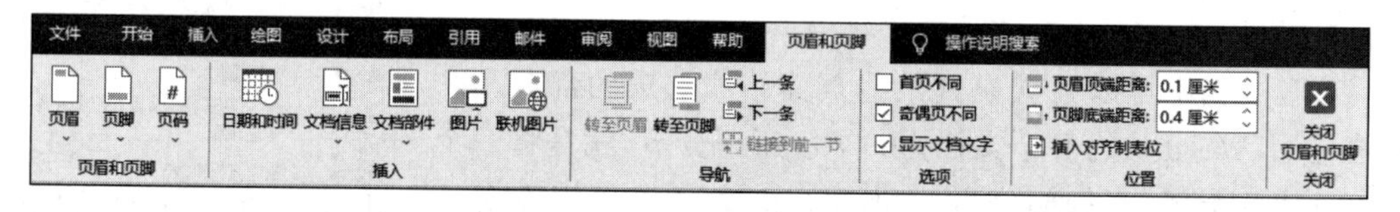

图 3.47 “页眉和页脚”选项卡

(3) 在该选项卡中对页眉、页脚、页码进行相应设置。

(4) 在“布局”|“页边距”中对页面边距进行设置。

四、页面设置

1. 纸张设置

设置打印纸张的具体操作步骤如下：

(1) 选定要设置打印纸张的文档或其中的某一部分。

(2) 利用“布局”|“纸张方向”命令，设置纸张的横向与纵向。

(3) 利用“布局”|“纸张大小”命令，设置打印所使用的纸张型号。

(4) 如果“纸张大小”选择“其他页面大小”选项，则弹出“页面设置”对话框，如图 3.48 所示，需要在“宽度”和“高度”微调框中输入需要的纸张大小数值。

2. **设置打印版式**

“页面设置”对话框中的“布局”选项卡主要用于设置页眉和页脚、分节符、垂直对齐方式等选项。

设置打印版式的具体操作步骤如下：

(1) 选定要设置打印版式的文档或其中的某一部分。

(2) 单击“布局”|“页面设置”右下角的对话框启动按钮，打开“页面设置”对话框。

(3) 在“页面设置”对话框中打开“布局”选项卡，如图 3.49 所示。

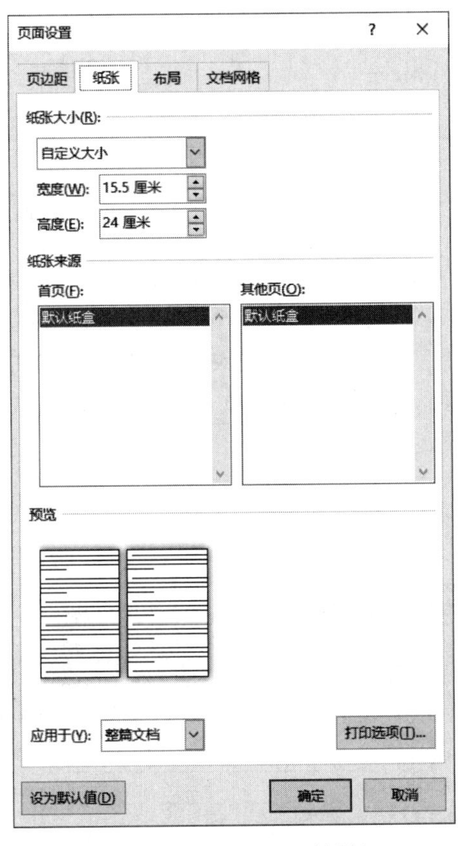

图 3.48 “页面设置”对话框 1

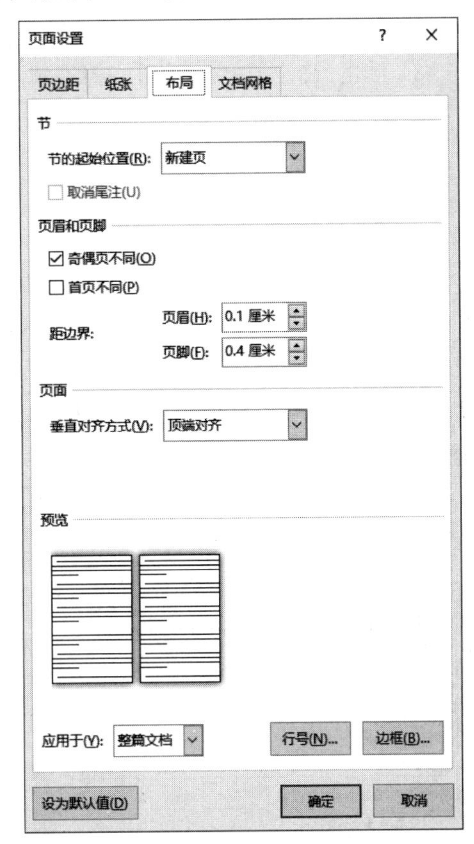

图 3.49 “页面设置”对话框 2

(4) 在“节的起始位置”下拉列表框中选择节起始位置。

(5) 在“页眉和页脚”选项组中设置页眉和页脚的位置。

(6) 单击“行号”或“边框”按钮，可以给文本行添加编号或给文本添加边框。

(7) 单击“确定”按钮，返回文档编辑窗口。

3. **设置文档网格**

“页面设置”对话框中的“文档网格”选项卡主要用于设置每页显示的行数、每行显示的字数、文字的排版方向等。

设置文档网格的具体操作步骤如下：

(1) 选定要设置网格的文档或其中一部分。

(2) 选择“纸张大小”|“其他页面大小”命令，打开“页面设置”对话框。

(3) 在“页面设置”对话框中打开“文档网格”选项卡。

(4) 在“网格”选项组中有“无网格”“只指定行网格”“指定行和字符网格”“文字对齐字符网格”4 个单选按钮，可根据需要进行选择。

(5) 设置每页中行数和每行中的字数（包括指定每行中的字符数、每页中的行数、字符跨度和行跨度）。

(6) 单击“绘图网格”按钮，打开“绘图网格”对话框，在该对话框中选中“在屏幕上显示网格线”复选框。

(7) 在“预览”选项组中的“应用于”下拉列表框中选取“整篇文档”或“插入点之后”选项。

(8) 单击“确定”按钮，返回文档编辑窗口。

任务实施

一、样式复制

(1) 打开“论文素材. docx”，将之另存为“论文. docx”，对章节标题应用各标题样式。

(2) 选择“开始”|“样式”命令，打开“样式”对话框，单击左下角的“管理样式”按钮，选择“管理样式”|“导入/导出”选项，在出现的“管理器”对话框中确定左侧文件为当前主文档“论文. docx”，右侧文档默认为模板文件，关闭原文档，打开素材文件夹下的“论文样式模板. docx”，如图 3.50 所示。

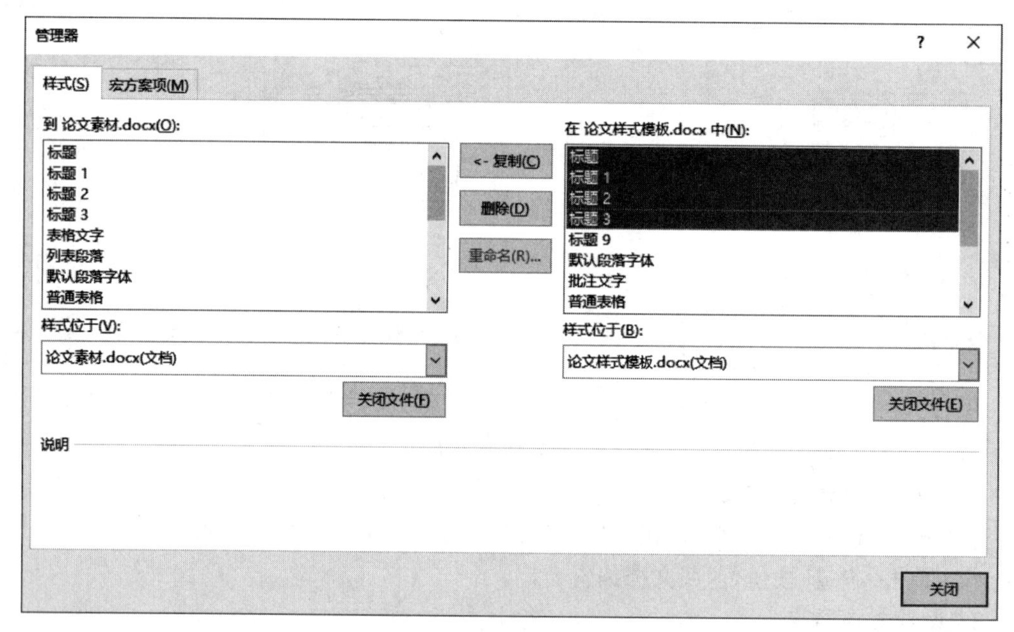

图 3.50 “管理器”对话框

(3) 按住 Ctrl 键，选择需要复制的“标题、标题 1、标题 2、标题 3、正文、题注”样式，单击“复制”按钮，在弹出的询问对话框中选择“全是”，替换主文档中的样式。关闭“管理器”对话框，“论文. docx”中的样式被替换为样式模板中的相应样式。

二、文字自动转换为表格

(1) 选中“论文素材.docx”文件中2.2.1节中蓝色标注文字,选择“插入”|“表格”|“文本转换成表格”命令,将选中文字自动转换为表格。

(2) 选择“表格工具”|“设计”|“表格样式”命令,为制作完成的表格套用“网格型2”样式,使表格更加美观。

三、插入SmartArt图形

(1) 复制“论文素材.docx”文件中3.3节中红色标注文字,打开Office PowerPoint。

(2) 将文字粘贴到PowerPoint,保留原格式,选中粘贴文字后右击,在弹出的对话框内选择“转换为SmartArt”|“组织结构图”命令,选中SmartArt图形,复制回Word。

(3) 选中SmartArt图形,选择“SmartArt工具”|“设计”|“SmartArt样式”组,“更改颜色”为“彩色-个性色”,样式为“细微效果”。

四、使用题注和交叉引用

1. 插入题注

(1) 定位光标到需要添加题注的表格或者图表的位置,选择“引用”|“题注”|“插入题注”命令,打开“题注”对话框,如图3.51所示。

(2) 单击“新建标签”按钮,建立“图”或“表”的标签。

(3) 单击“编号”按钮,选中“包含章节号”(这里的章节号是指你设置的章节是选择的哪种标题样式,并且章节必须是有编号的。如果章节题目没有设置段落样式,或者没有进行多级列表编号也无法设置成功)。

(4) 单击“确定”按钮。

2. 交叉引用

(1) 定位光标到引用题注的地方,选择“引用”|“题注”|“交叉引用”命令,打开“交叉引用”对话框,如图3.52所示。

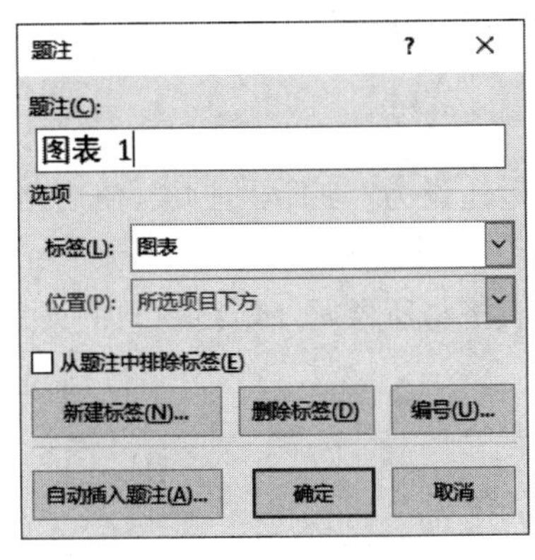

图3.51 “题注”对话框

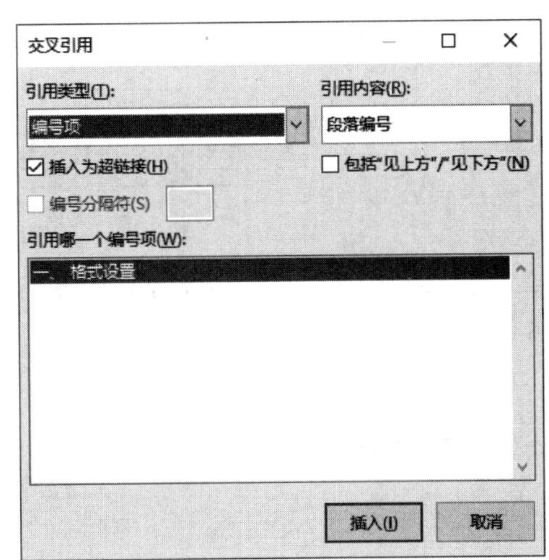

图3.52 “交叉引用”对话框

(2) “引用类型”确定使用“图”或者“表”,“引用内容”选择“只有标签和编号”,在“引用哪一个编号项”下选择需要引用的题注,单击“插入”按钮。

五、与下一段同行

(1) 选中论文内的第一幅图片,选择“开始”|“段落”命令,打开“段落”对话框,在“换行和分页”选项卡中选中“与下段同页”复选框,如图 3.53 所示,使图片与图注始终在同一页显示。

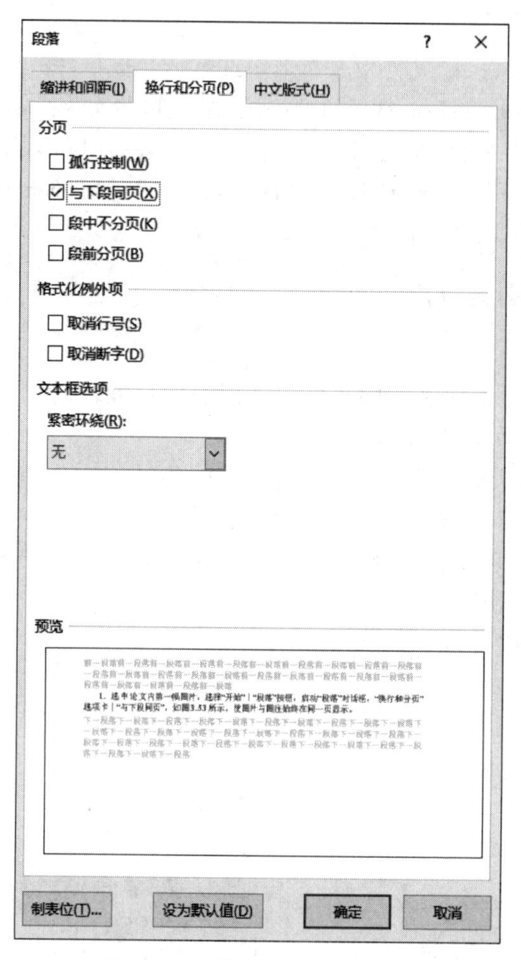

图 3.53 “换行和分页”选项卡

(2) 选择论文中的第一个表注,按照同上的方法将标注设为“与下段同页”,使表格与表注始终在同一页显示。

(3) 重复第(1)步和第(2)步,使论文内所有图片和表格与所做题注始终在同一页显示。

六、分页与分节

1. 为论文分节

(1) 将光标定位到“摘要”之前,选择“布局”|“页面设置”|“分隔符”|“下一页”选项,“摘要”应出现在新的一页,同时分节。

(2) 将光标分别定位到 Abstract 和“第 1 章 绪论”前,重复第(1)步,进行分节。

2. 为正文分页

(1) 将光标定位到“第 2 章 开发环境及相关技术”之前,选择“布局”|“页面设置”|“分隔符”|“分页符”选项,插入分页符,使第 2 章从新的一页开始。

(2) 将光标分别定位到“第 3 章 系统设计与实现”“第 4 章 试题库系统的测试”“第 5 章 总结和展望”“参考文献”“致谢”之前,重复第(1)步,使每一部分都从新的页面开始。

七、生成目录、插入页码

1. 自动生成目录

(1) 将光标定位到目录区,选择“引用”|“目录”|“目录”命令,在下拉列表中选择“自定义目录”,打开“目录”对话框,如图 3.54 所示。

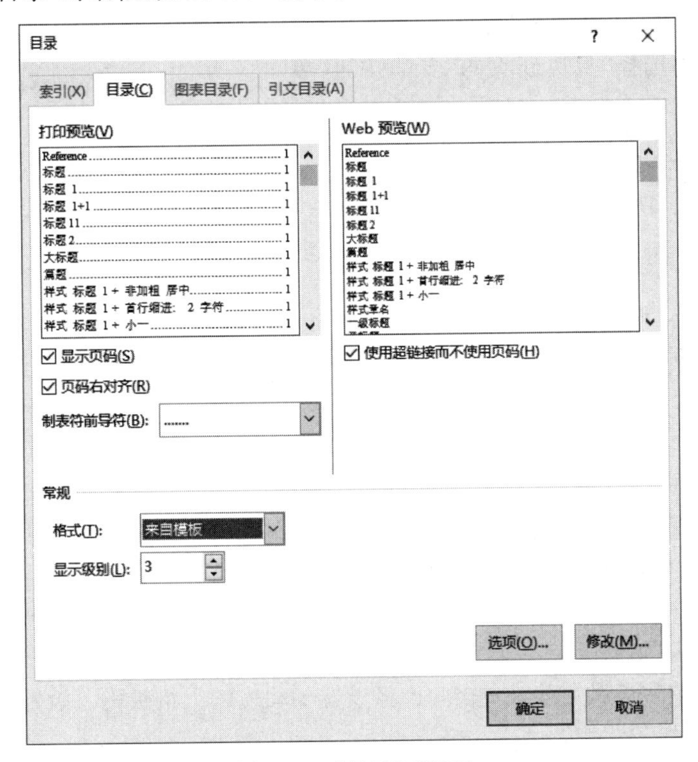

图 3.54 “目录”对话框

(2) 单击“选项”按钮,打开“选项”对话框,如图 3.55 所示,删除“标题”样式右侧“目录级别”,使标题样式不显示在目录里。

2. 设置页码

(1) 双击“目录”第一页页脚处进入页脚的编辑状态,在“设计”选项卡中,取消选中“导航”组中的“链接到前一条页眉”选项。

(2) 选择“设计”|“页眉页脚”|“页码”命令,在下拉列表中选择“设置页码格式”选项,在打开的“页码格式”对话框中,编号格式设置为大写罗马数字(Ⅰ、Ⅱ、Ⅲ……),并将起始页码设置为Ⅰ,单击“确定”按钮。

(3) 在“设计”选项卡下,选中“选项”组中的“页码奇偶页”选项,将鼠标光标定位到目录

第一页页脚处,选择"页眉和页脚"|"页码"命令,在下拉列表中选择"页面底端"|"普通数字 3"选项。

(4) 将鼠标光标定位到该节第二页页脚处,选择"页眉和页脚"|"页码"命令,在下拉列表中选择"页面底端"|"普通数字 1"选项。

(5) 将鼠标光标定位到正文第一页页脚处,选择"设计"|"页眉页脚"|"页码"命令,在下拉列表中选择"设置页码格式"选项,在打开的"页码格式"对话框中,编号格式设置为大写罗马数字(1、2、3……),并将起始页码设置为 1,单击"确定"按钮。

(6) 页码设置完成后将鼠标光标定位到目录第一页中,右击选择"更新目录"按钮,在打开的"更新目录"对话框中选择"只更新页码"单选按钮,单击"确定"按钮。

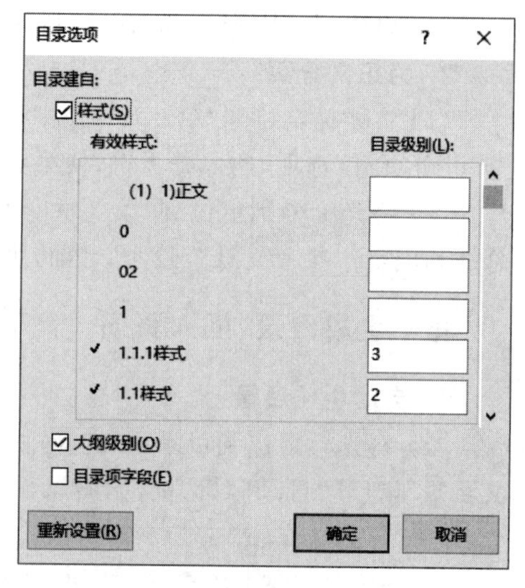

图 3.55 "目录选项"对话框

知识拓展

一、制作封面

要想快速插入 Word 2019 封面,可选择"插入"|"页面"|"封面"命令,在弹出的内置封面列表中选择一种内置封面,就可以快速在文档首页添加一个含有文本框和图片等对象的专业文档封面。

可以对所添加的封面中的"标题""作者""摘要"等文本占位符进行编辑,也可以修改封面上的图片。如果在文档中插入了另一个封面,则新的封面将替换前一个封面。

单击内置封面列表下的"Office.com 中的其他封面"命令,可以在线下载和添加新的封面。单击"删除当前封面"命令可以删除所添加的封面。

二、显示级别

目录生成的前提条件是:该文档中已经设置了相应的大纲级别。级别可以通过"样式""大纲级别"等方法设置完成。

1. 样式级别

Word 中提供的样式中,已经设置了相应的"标题","标题 1"对应"1 级标题","标题 2"对应"2 级标题","标题 3"对应"3 级标题"。一般情况下,目录生成的默认级别是 3 级标题显示在目录中。

设置级别的方法是:利用鼠标拖动选取对应的标题;选择"开始"|"样式"中的相应样式即可。

2. 大纲级别

选择"视图"|"视图"|"大纲视图"命令,此时将进入"大纲视图"模式,并启动"大纲"选项卡,如图 3.56 所示。

(1) 选取需要进行级别设置的文本。

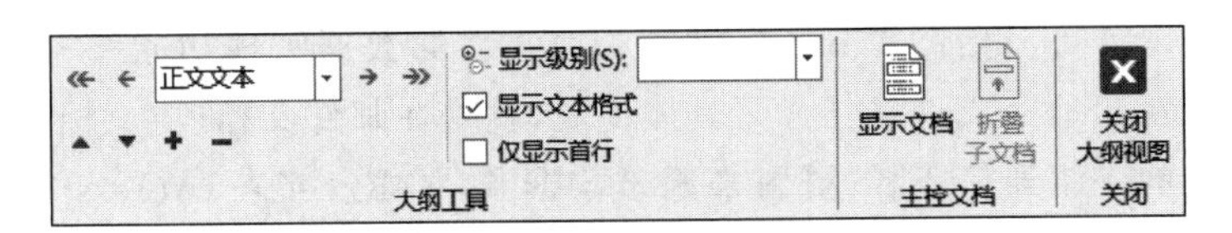

图 3.56 “大纲”选项卡

(2) 在“大纲工具”组中单击“正文文本”右侧的下三角按钮,选取级别。

(3) 若需要更改所选级别,可以单击“正文文本”左右两侧的箭头实现级别的升降。

单击“显示级别”下三角按钮,可以选择显示文本的大纲级别,这样可以方便对长文本的设置及控制。

单击“关闭大纲视图”按钮,即可退出“大纲视图”,返回常用的“页面视图”形式。

任务五 邮件合并

任务描述

住宅小区通过实施专业化的物业管理,为业主提供优美的居住环境和完备的配套设施。幸福街和谐家园小区为了营造和谐安定的小区环境,决定为小区住户发放出入证,小区门卫通过检查出入证,确保进入小区的人员安全。出入证模板已经设计好,现在让我们帮助小区管理人员完成后续高级设置吧!

具体要求:

(1) 打开素材文件“出入证模板.docx”,调整文档中表格、字体的格式,使其更符合大众审美。

(2) 在素材文件中,利用邮件合并功能,将表格中的绿色文字替换为相应的合并域住户信息(小区住户信息在素材文件夹下的“住户信息.xlsx”中)。

(3) 为方便管理“暂住居民”,在该类住户的出入证上添加“临时”二字,具体位置在“出入证”文字前,字号略小。

(4) 在素材文件中插入表格,根据页面调整表格大小,使一个页面可以布局多个出入证表格。复制设计好的“出入证”表格,粘贴到其他单元格内,适当调整表格位置。

(5) 每两个月为所有“暂住居民”更换出入证,生成打印文档,保存在一个名为“临时出入证”的文档中,以“出入证”为名保存主文档。

任务目标

◆ 掌握邮件合并数据源的链接方法。
◆ 掌握邮件合并域的应用。
◆ 掌握邮件合并单个编辑文档的生成方法。
◆ 掌握邮件合并的规则应用。

知识介绍

一、邮件合并

在日常的办公过程中,可能有很多数据表,同时又需要根据其中的数据信息制作出大量信函、通知书、出入证等。借助 Word 提供的一项强大的数据管理功能——“邮件合并”，就可以轻松、准确、快速地完成这些任务。具体地说，就是在邮件文档(主文档)的固定内容中，合并与发送相关的一组通信资料(资料来源于数据源，如 Excel 表、Access 数据表等)，从而批量生成需要的邮件文档，从而大大提高工作的效率。

若要制作多张请柬，请柬内容、格式要相同，只是需要输入不同的姓名、工作单位等，受邀请人名单在 Excel 表格中。利用邮件合并实现操作方法如下。

1. 完成邮件的基本格式

输入邀请函的内容，并设置好格式，不要输入被邀请人姓名。

2. 邮件合并向导

(1) 将光标置入要插入姓名的位置。选择“邮件”|“开始邮件合并”|“开始邮件合并”命令，在展开的列表中选取“邮件合并分步向导”，打开“邮件合并”任务窗格，如图 3.57 所示。

(2) 在“邮件合并”任务窗格的“选择文档类型”中选择“信函”，单击“下一步：正在启动文档”。

(3) 在“邮件合并”任务窗格的“选择开始文档”中选择“使用当前文档”，单击“下一步：选取收件人”按钮。

(4) 在“邮件合并”任务窗格的“选择收件人”中选择“使用现有列表”，单击“浏览”按钮启动“读取数据源”对话框，如图 3.58 所示，找到被邀请人名单文档，单击“打开”按钮，在弹出的对话框中选择需要的收件人，单击“确定”按钮。在“邮件合并”任务窗格中单击“下一步：撰写信函”按钮。

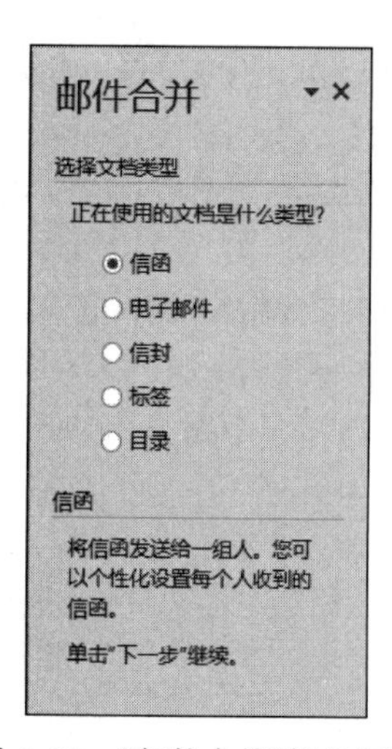

图 3.57 “邮件合并”任务窗格

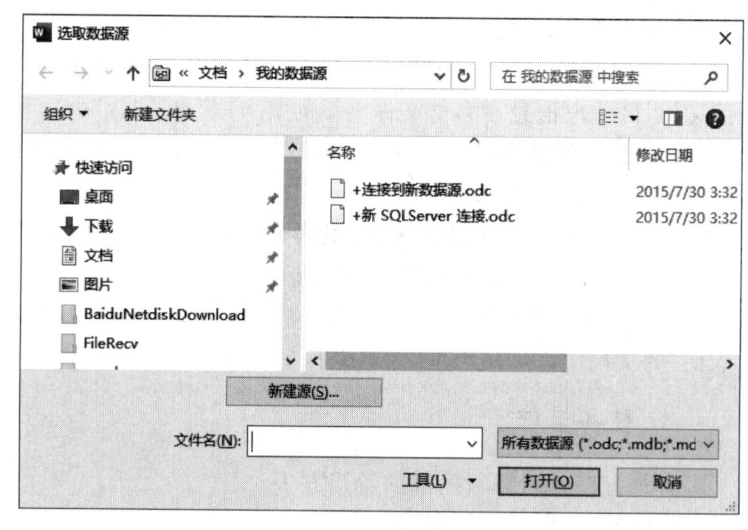

图 3.58 “选取数据源”对话框

(5) 选择“邮件”|“编写和插入域”下拉列表中的“姓名”选项，将“《姓名》域”插入到邀请函中，单击“下一步：预览信函”按钮。

(6) 在“邮件”|“预览结果”中，通过左右箭头按钮可以切换不同的人名。或者在“邮件合并”任务窗格中，单击左右切换按钮完成不同人名的切换查看。利用“编辑收件人列表”还可以增加、修改人名。单击“下一步：完成合并”按钮。

(7) 完成邮件合并，可以将此文档进行保存，也可以将单个信函进行编辑和保存。在

“邮件合并”任务窗格中单击“编辑单个信函”选项，可以启动“合并到新文档”对话框，选择全部，单击“确定”按钮即可按不同的人名生成一个多页文档(一人一份)。可以将此多页文档另存，完成邮件合并。

二、打印预览

完成文档的制作后，必须先对其进行打印预览，可按照用户的不同需求进行修改和调整，然后对打印文档的页面范围、打印份数和纸张大小等进行设置，再将文档打印出来。打印预览功能可以使用户观察到文档打印结果的样式，通过打印预览文档，可以进一步调整版面设置，使打印结果与预想中的一致，避免浪费纸张。在 Word 2019 窗口中，单击“文件”按钮，在弹出的下拉菜单中选择“打印”命令，在右侧的预览窗格中可以预览打印效果。

三、打印设置

如果一台打印机与计算机已正常连接，并且安装了所需的驱动程序，就可以在 Word 2019 中直接输出所需的文档。

在文档中，选择“文件”按钮，在弹出的下拉菜单中选择“打印”命令，可在打开的视图中设置打印份数、打印机属性、打印页数和双页打印等，如图 3.59 所示。设置完成后，直接单击“打印”按钮，即可开始打印文档。

如果需要对打印机属性进行设置，可单击“打印机属性”链接，打开“打印机属性”对话框，在该对话框中可以进行打印机参数的设置。

在“打印”列表中可以进行如下的设置：

(1) 在“打印机”选项组内的“名称”下拉列表中选择所要安装的打印机。

(2) 在“份数”微调框中，可以输入要打印的份数。

(3) 在“设置”选项组中，打开“打印所有页”的下拉菜单，如果选中“打印所有页”，则打印文档的全部内容；如果选中“打印当前页面”，则打印光标所在的当前页的内容；如果选中“打印自定义范围”，则打印所输入的页面的内容，比如，在“页码范围”文本框中输入“1-3”，则打印第 1 页至第 3 页的内容，如果输入“3,5-10,15”，则打印第 3 页、第 5 页至第 10 页、第 15 页的内容。

(4) 在“设置”选项组中，打开“纵向”的下拉菜单，可设置横纵向打印。

(5) 在“设置”选项组中，打开“正常边距”的下拉菜单，可设置页边距。

(6) 在“设置”选项组中，打开“每版打印页数”的下拉菜单，可设置一版打印的页数。

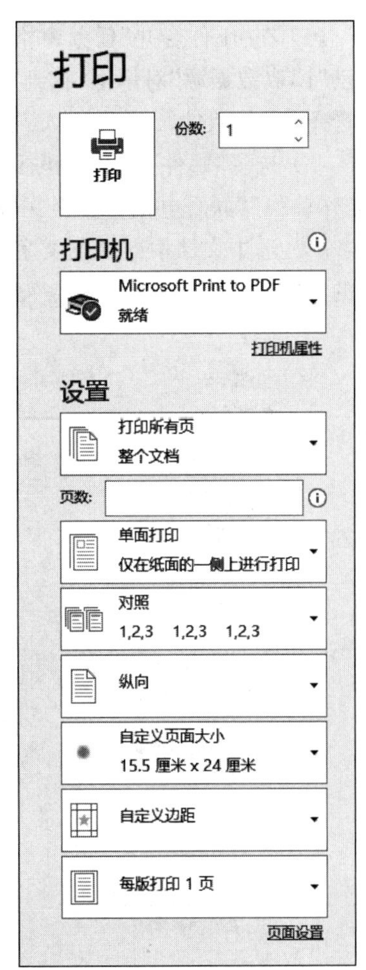

图 3.59 “打印”设置界面

任务实施

一、格式设置

打开素材文件“出入证素材.docx”，利用“开始”|“字体”组设置字体格式，利用“表工具”|“布局”命令设置表格内单元格格式，使其符合大众阅读习惯。

二、邮件合并

利用“邮件合并分步向导”完成邮件合并。

(1) 选择“邮件”|“开始邮件合并”|“开始邮件合并”选项，在展开的列表中选取“邮件合并分步向导”，打开“邮件合并”任务窗格。

(2) 在“邮件合并”任务窗格的“选择文档类型”中选择“信函”，选择“下一步:正在启动文档”。

(3) 在“邮件合并”任务窗格的“选择开始文档”中选择“使用当前文档”，选择“下一步:选取收件人”。

(4) 在“邮件合并”任务窗格的“选择收件人”中选择“使用现有列表”，单击“浏览”按钮启动“读取数据源”对话框，找到素材文件“住户信息.xlsx”，单击“打开”按钮，在弹出对话框中选择需要的收件人，单击“确定”按钮。在“邮件合并”任务窗格中选择“下一步:撰写信函”。

(5) 选择“邮件”|“编写和插入域”下拉列表中的“姓名”“性别”“身份证号”“居住地址”“工作单位”“联系电话”，替换文件中相应的绿色文字。

(6) 选中文档中的绿色文字“照片”，选择“插入”|“文本”|“文档部件”|“域”选项，在弹出的“域”对话框中选择“域名”|IncludePicture 选项，如图 3.60 所示，单击“确定”按钮。

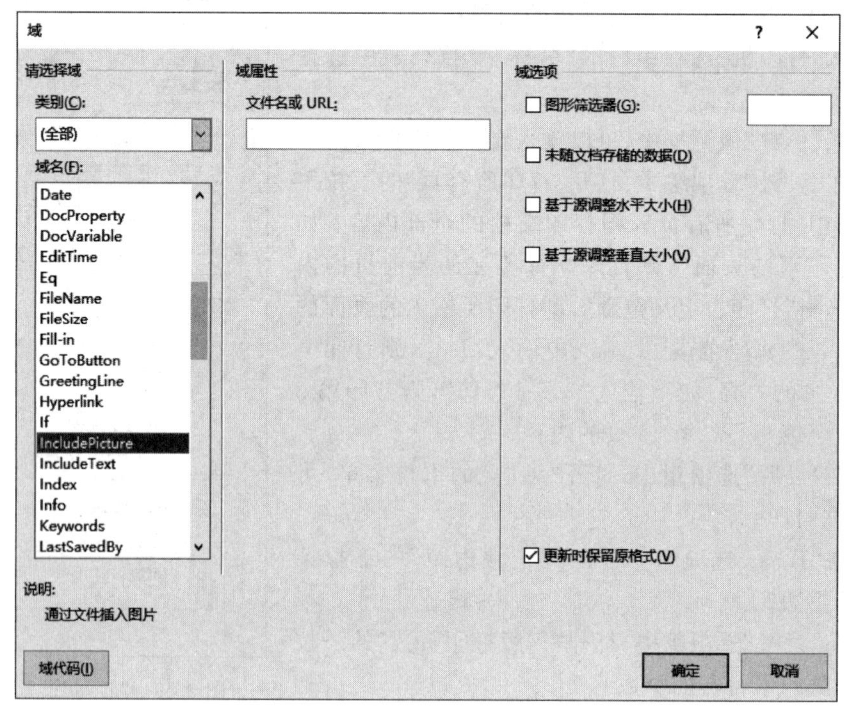

图 3.60 “域”对话框

(7) 选中第(6)步中插入的域,按 Shift+F9 快捷键,进入域代码编辑界面,如图 3.61 所示,为 IncludePicture 域设置参数“照片”,注意域参数要用双引号引起来。

(8) 在“邮件”|“预览结果”组中,通过左右箭头按钮可以切换不同的人名。切换后的照片要通过按 F9 键刷新,才能正常预览。注意,图片和引用文档在同一目录下才能使用相对路径。

(9) 关闭“邮件合并分步向导”。

三、添加规则

(1) 定位光标到“出入证”前,选择“邮件”|“编写和插入域”|“规则”|“如果…那么…否则”,打开如图 3.62 所示对话框。

图 3.61　域代码编辑界面

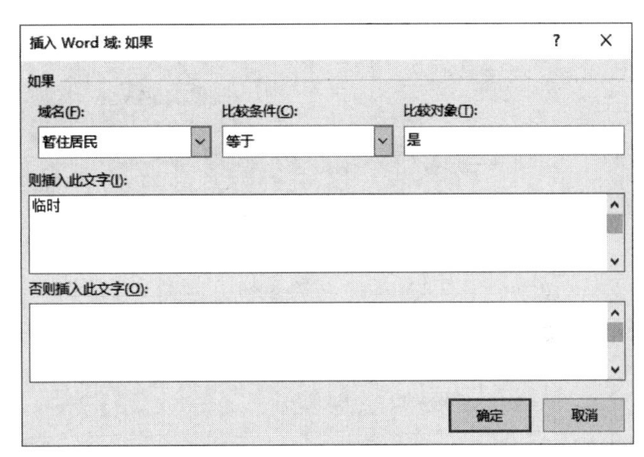

图 3.62　添加规则对话框

(2) 设置“域名”为“暂住居民”,“比较条件”为“等于”,“比较对象”为“是”,“则插入此文字”为“临时”,“否则插入此文字”为空白,单击“确定”按钮。所有满足暂住条件的居民出入证前添加“临时”二字。

(3) 利用格式刷复制“出入证”文字格式给“临时”,通过 A 按钮适当缩小字号。

四、页面布局设置

(1) 设置文档页边距为上下左右 0cm,插入 3×3 表格,平铺一页,用于放置多张“出入证”表格。

(2) 在前面设计好的“出入证”表格内添加规则“下一记录”,剪切“出入证”表格,粘贴到 3×3 表格各单元格内。

(3) 删除该页面最后“出入证”表格内的“下一记录”规则。

(4) 在“邮件”|“预览结果”中预览结果,查看设置是否成功,如图 3.63 所示。

图 3.63　预览结果

五、编辑单个文档

(1) 选择“邮件”|“编辑收件人列表”选项,弹出“邮件合并收件人”对话框,如图 3.64 所示。选择右下侧“筛选”命令,弹出“筛选和排序”对话框,如图 3.65 所示。

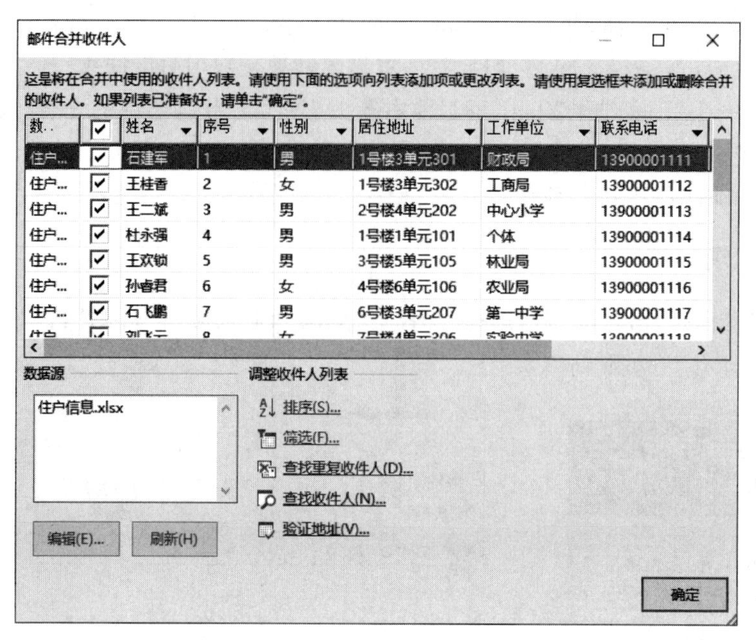

图 3.64 "邮件合并收件人"对话框

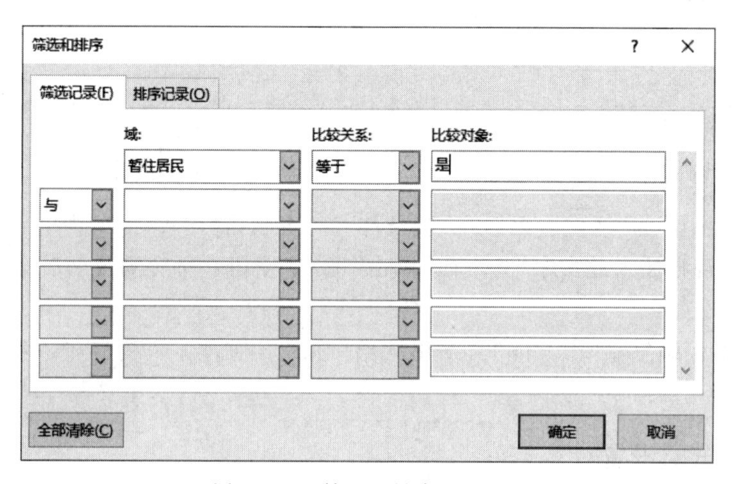

图 3.65 "筛选和排序"对话框

(2) 设置筛选条件如图 3.65 所示，单击"确定"按钮。

(3) 利用"邮件"|"完成"|"完成并合并"|"编辑单个文档"，在打开的对话框中选择"全部"。

(4) 以"临时出入证"为名保存单个编辑后的文档，以"出入证"为名保存主文档。

知识拓展

一、多窗口操作

在文档的编辑过程中，用户有可能需要在多个文档之间进行交替操作。例如，在两个文档之间进行复制和粘贴的操作，这就需要在具体操作之前分别打开所涉及的两个文档。下面将介绍多窗口的基本操作。

1. 多个文档的窗口切换

可以在 Word 中同时打开多个文档进行编辑，每个文档都会在系统的任务栏上拥有一个最小化图标。多个文档窗口之间的切换方法是：在任务栏上单击相应的最小化图标；或打开“视图”|“切换窗口”菜单，此时会显示包含所有文档名称的下拉菜单，在菜单中单击所需的文档名称即可。

2. 排列窗口

Word 可以同时显示多个文档窗口，这样用户可以方便地在不同文档之间转换，提高工作效率。要在窗口中同时显示多个文档，可以选择“视图”|“切换窗口”|“全部重排”命令，这样就会将所有打开了的未被最小化的文档显示在屏幕上，每个文档存在于一个小窗口中，标题栏高亮显示的文档处于激活状态。如果要在各文档之间切换，则单击所需文档的任意位置即可。

在 Word 中，若要使用并排比较功能，对两个文档进行编辑和比较，具体操作步骤如下：

(1) 打开要并排比较的文档。

(2) 选择“视图”|“并排查看”命令，如果此时仅打开了两个文档，菜单内容就会提示用户与另一篇打开的文档进行比较；如果打开了多个文档，这时就会打开一个“并排比较”对话框。

(3) 用户可从中选择需要并排比较的文档，然后单击“确定”按钮即可将当前窗口的文档与所选择的文档进行并排比较。

二、加密文档

为了保护文档，可以设置文档的访问权限，防止无关人员访问文档，也可以设置文档的修改权限，防止文档被恶意修改。

1. 设置文档访问权限

在日常工作中，很多文档都需要保护，并不是任何人都能查看，此时可为文档设置密码保护文档。

(1) 打开要进行访问权限设置的文档。

(2) 选择“文件”|“信息”|“保护文档”命令，在展开的下拉列表中单击“用密码进行加密”选项，在如图 3.66 所示的“加密文档”对话框的“密码”文本框中输入密码，单击“确定”按钮。

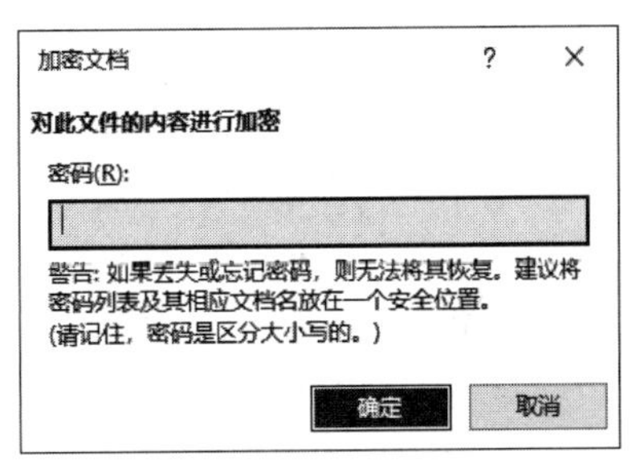

图 3.66 “加密文档”对话框

(3) 在弹出的“确认密码”对话框的“重新输入密码”文本框中再次输入相同密码，单击“确定”按钮。

(4) 此时，在“保护文档”下方可以看见设置的权限内容，即必须通过密码才能打开此文档。

对于设置了访问权限的文档，只有输入正确的密码才能打开。如果用户想要删除文档的访问权限，则需要在打开文档后，选择“文件”|“信息”，在右侧的面板中单击“保护文档”，用密码打开加密选项，在弹出的“加密文档”对话框中删除设置的密码，单击“确定”按钮，最后保存文档即可删除文档的访问权限。

2. 设置文档的最终状态

在 Word 2019 中，为了让其他人知道此文档是已完成的最终版本，可应用“标记为最终状态”命令，该命令还可防止审阅者或者读者无意中更改文档，单击“文件”按钮，在弹出的菜单中选择“信息”命令，在右侧选项面板中单击“保护文档”按钮，在展开的下拉列表中选择

"标记为最终"选项即可。

小　　结

本章介绍了 Word 文字处理软件的，文字编辑、表格制作、图文混排、长文档编辑、邮件合并等多项功能，并且以任务的形式将各知识点贯穿始终，读者可以通过完成任务的方式掌握 Word 2019 的基本操作及技巧。

科技强国

学所以益才也，砺所以致刃也。"科技是国家强盛之基，创新是民族进步之魂""重大科技创新成果是国之重器、国之利器"，习近平总书记反复强调的，正是科技创新的路径与钥匙。最长的跨海大桥、最大的 5G 网络、最先进的高速铁路、最远程的量子通信；更薄的"手撕钢"、更远的光学"千里眼"、更重的大型锻件焊接、更快的高速磁浮交通；C919 圆满完成载客首飞、神舟十六号载人飞船奔赴天宫……屡屡刷新纪录的重大成果，刻画科技创新的中国高度、中国深度。大学生要从专题文集中汲取奋进的力量，面向世界科技前沿、面向经济主战场、面向国家重大需求，在加快实现高水平科技自立自强、加快建设科技强国的征途中铸就更大辉煌。

习　　题

1. 编辑 Word 文档内容时，需要以稿纸格式输出，最优的操作方法是（　　）。
   A. 适当调整文档内容的字号，然后将其直接打印到稿纸上
   B. 利用 Word 中"稿纸设置"功能即可
   C. 利用 Word 中"表格"功能绘制稿纸，然后将文字内容复制到表格中
   D. 利用 Word 中"文档网格"功能即可

2. 利用 Word 撰写学术论文时，需要在论文结尾处罗列出所有参考文献或书目，最优的操作方法是（　　）。
   A. 直接在论文结尾处输入所参考文献的相关信息
   B. 把所有参考文献信息保存在一个单独表格中，然后复制到论文结尾处
   C. 利用 Word 中"管理源"和"插入书目"功能，在论文结尾处插入参考文献或书目列表
   D. 利用 Word 中"插入尾注"功能，在论文结尾处插入参考文献或书目列表

3. 利用 Word 对一份报告默认的字体、段落、样式等格式进行设置，如果希望这组格式可以作为标准轻松应用到其他类似的文档中，那么最优的操作方法是（　　）。
   A. 将当前报告中的格式保存为主题，在其他文档中应用该主题
   B. 将当前报告保存为模板，删除其中的内容后，每次基于该模板创建新文档
   C. 通过"格式刷"将当前报告中的格式复制到新文档的相应段落中
   D. 将当前报告的格式另存为样式集，并为新文档应用该样式集

4. 在 Word 中编辑文档时，希望表格及其上方的题注总是出现在同一页上，最优的操

作方法是(　　)。

A. 当题注与表格分离时,在题注前按 Enter 键,增加空白段落以实现目标

B. 在表格最上方插入一个空行,将题注内容移动到该行中,并禁止该行跨页断行

C. 设置题注所在段落与下一段同页

D. 设置题注所在段落孤行控制

5. 在一部 Word 书稿中定义并应用了符合出版社排版要求的各级标题的标准样式,希望以该标准样式替换其他书稿的同名样式,最优的操作方法是(　　)。

A. 将原书稿保存为模板,基于该模板创建或复制新书稿的内容并应用标准样式

B. 利用格式刷,将标准样式的格式从原书稿中复制到新书稿的某一同级标题,然后通过更新样式以匹配所选内容

C. 通过管理样式功能,将书稿中的标准样式复制到新书稿

D. 依据标准样式中的格式,直接在新书稿中修改同名样式中的格式

6. 在 Word 文档中为图表插入形如"图 1""图 2"的题注时,删除标签与编号之间自动出现的空格的最优操作方法是(　　)。

A. 在新建题注标签时,直接将其后面的空格删除即可

B. 选择整个文档,利用查找和替换功能逐个将题注中的西文空格替换为空

C. 一个一个手动删除该空格

D. 选择所有题注,利用查找和替换功能将西文空格全部替换为空

7. 如果在未来需要经常使用在 Word 中设计的某些包含复杂效果的内容,如公文版头、签名及自定义公式等,最佳的操作方法是(　　)。

A. 将这些内容保存到文档部件库,需要时进行调用

B. 将这些内容复制到空白文件中,并另存为模板,需要时进行调用

C. 每次需要使用这些内容时,打开包含该内容的旧文档进行复制

D. 每次需要使用这些内容时,重新进行制作

8. 在使用 Word 撰写长篇论文时,要使各章内容从新的页面开始,最佳的操作方法是(　　)。

A. 按空格键使插入点定位到新的页面

B. 在每一章结尾处插入一个分页符

C. 按 Enter 键使插入点定位到新的页面

D. 将每一章的标题样式设置为段前分页

9. 若希望 Word 中所有超链接的文本颜色在被访问后变为绿色,最佳的操作方法是(　　)。

A. 通过新建主题颜色,修改已访问超链接的字体颜色

B. 通过修改"超链接"样式的格式,改变字体颜色

C. 通过查找和替换功能,将已访问超链接的字体颜色进行替换

D. 通过修改主题字体,改变已访问超链接的字体颜色

10. 在 Word 中,邮件合并功能支持的数据源不包括(　　)。

A. Word 数据源　　　　B. Excel 工作表

C. PowerPoint 演示文稿　　　　D. HTML 文件

第四部分　电子表格处理软件 Excel 2019

Microsoft Office Excel 2019 是 Microsoft Office 2019 的重要组件，是全球流行的电子表格处理软件之一。利用 Excel 可以有效地组织数据、构建表格，可以通过计算公式和函数提高数据处理的效率，还可以通过图片工具使数据图形化、直观化等，完成日常工作和生活中表格数据的处理。

本部分以中文版 Excel 2019 为例，以任务驱动的方法介绍 Excel 的主要功能与基本操作方法。主要内容包括 Excel 基本操作、工作表的建立和修饰、公式与函数的运用、数据排序和筛选、数据分析、预览和打印等。

Excel 2019 比以前的版本增加了很多实用功能，例如，新增函数，新增地图图表，增强视觉效果，同时改进墨迹功能等，通过完成以下几个任务实现 Excel 电子表格的学习。

任务一　制作"'数读'二十大报告"表

任务描述

中国共产党第二十次全国代表大会是在全党全国各族人民迈上全面建设社会主义现代化国家新征程、向第二个百年奋斗目标进军的关键时刻，召开的一次十分重要的大会。在"任务 1"文件夹下，将"素材"另存为"'数读'二十大报告"。

（1）将 sheet1 工作表更名为"'数读'二十大报告"，并将工作表标签设置为蓝色；将 sheet2 工作表更名为"二十大金句 1"，并将工作表标签设置为绿色；将 sheet3 工作表更名为"二十大金句 2"，并将工作表标签设置为紫色。

（2）根据如图 4.1 所示的表格，在"'数读'二十大报告"工作表中填充文字内容，插入图片，将工作表第 1 行的 A～F 列合并为一个单元格，第 2～16 行的 B～F 列合并为一个单元格。设置合适的字体字号、行高、列宽、字体对齐方式等。

（3）利用"套用表格格式"对整个表格进行外观设计，使其美观(样例为"蓝色，表样式中等深浅 6")。

（4）为整个表格添加如图 4.1 所示的双实线外边框，以及单实线内边框。

（5）新建一个名为"二十大金句汇总"的工作表，工作表标签设置为红色。将"二十大金句 1"和"二十大金句 2"的数据粘贴到"二十大金句汇总"工作表中。标题行应用"单元格样式"设置为"标题 1"，数据区域设置为"标题 3"，具体内容如图 4.2 所示。

（6）保存该 Excel 文件。

“数读”二十大报告			
召开时间		2022年10月6日	
序号	问题	结果	关键数据
1	解决贫困问题	1.全国832个贫困县全部摘帽 2.近一亿农村贫困人口实现脱贫 3.960万贫困人口实现异地搬迁	832 100000000 9600000
2	城镇化率	提高11.6个百分比、达到64.7%。	64.70%
3	制造业规模、外汇储备	稳居世界第一	1
4	全社会研发经费支出	从10,000亿元增加到28,000亿元、居世界第二。	2800000000000
5	研发人员总量	居世界首位	1
6	我国成为140多个国家和地区的主要贸易伙伴	货物贸易总额居世界第一	1
7	人均预期寿命	增长到78.2岁	78.2
8	居民人均可支配收入	从16,500元增加到35,100元	35100
9	城镇新增就业	年均1,300万人以上	13000000
10	基本养老保险	覆盖十亿四千万人	1040000000
11	基本医疗保险参保率	稳定在95%	95%
12	改造棚户区住房	4200多万套	42000000
13	改造农村危房	2400多万户	24000000
14	互联网上网人数	10亿3千万人	1030000000

图 4.1 “‘数读’二十大报告”表

二十大金句汇总		
	方向	内容
二十大金句1	生态文明建设	我们既要绿水青山，也要金山银山。宁要绿水青山，不要金山银山，而且绿水青山就是金山银山。
		口袋鼓起来、脑袋富起来、生活美起来，乡村振兴正当时。
		让城市留下记忆，让人们记住乡愁。
		要着力推动生态环境保护，要像保护眼睛一样保护生态环境，像对待生命一样对待生态环境。
	乡村振兴	代化离不开农业农村现代化，要把巩固脱贫攻坚成果和乡村振兴衔接好，使农村生活奔向现代化，越走越有奔头。
		耕地是粮食生产的命根子，是中华民族永续发展的根基。
		中国人的饭碗要牢牢端在自己手中，就必须把种子牢牢攥在自己手里。
		要继承和发扬老一辈农业科研工作者胸怀祖国、服务人民的优秀品质，拿出十年磨一剑的劲头，勇攀农业科技峰。
二十大金句2	文化文艺服务	没有中华上下五千年文明，哪里有什么中国特色?
		用情用力讲好中国故事，向世界展现可信、可爱、可敬的中国形象。
		艺术可以放飞想象的翅膀，但一定要脚踩坚实的大地。
		人民是创作的源头活水，只有扎根人民，创作才能获得取之不尽、用之不竭的源泉。
	科学普及	给孩子们的梦想插上科技的翅膀。
		在关键领域、卡脖子的地方下大功夫。
		硬实力、软实力，归根到底要靠人才实力。
		创新之道，唯在得人。得人之要，必广其途以储之。

图 4.2 “二十大金句汇总”表

任务目标

- 掌握 Excel 文件的创建与保存方法。
- 熟悉 Excel 的工作界面、各选项卡的组成及功能。
- 掌握工作表单元格的基本概念。
- 掌握工作表的基本操作。
- 能够灵活修改单元格数据。
- 能够对工作表进行修饰。

知识介绍

一、基本概念

(1) 工作簿是指在 Excel 中用来保存和处理工作数据的文件,是 Excel 的基本存储单元,它的扩展名为. xlsx。在第 1 次存储时默认的工作簿名称为"工作簿 1"。

(2) 工作簿中的每张表都称为工作表(Sheet)。默认情况下,一个新工作簿打开时含有一个工作表 Sheet1。可以随时增加新工作表。工作表的数目由内存大小决定,每张工作表由 1 048 576 行和 16 384 列构成,工作表的行编号由上到下为递增的阿拉伯数字 1,2,3,…,1 048 576,列编号由左到右为递增字母 A,B,C,…,XFD。

(3) 行列的交叉称为单元格,单元格是 Excel 基本元素,每张工作表有 16 384×1 048 576 个单元格,每个单元格用列标"字母"和行号"数字"进行编址,如 E5、BF89 等,表示位于表中第 E 列第 5 行以及第 BF 列第 89 行单元格。单元格是组成工作表的最小单位。在单元格内可以输入由文字、数字、公式等组成的数据,每个单元格的长度、宽度及单元格中的数据类型都可进行设置。

在对单元格进行引用时,使用单元格的名称进行引用,还可以利用单元格的名称进行公式等的编辑。在引用不同工作表间的单元格时,可在单元格地址前加上工作表名来实现,例如,若要引用 Sheet8 工作表中的 N9 单元格,则用"Sheet8!N9"表示被引用的单元格。

二、Excel 启动和退出

1. Excel 的启动

可以通过以下 4 种方式启动 Excel。

(1) 利用"开始"按钮启动。选择任务栏中的"开始"选项,在弹出的"开始"菜单中选择 Excel 选项,启动 Excel 2019。

(2) 利用桌面快捷方式启动。双击桌面上的 Excel 2019 快捷图标,启动 Excel 2019。

(3) 通过打开 Excel 文档启动。在计算机中找到并双击一个已存在的 Excel 文档(扩展名为. xlsx)的图标,启动 Excel 2019。

(4) 直接创建 Excel 文档。右击,在弹出的快捷菜单中选择"新建"|"Microsoft Excel 工作表"选项,即可直接创建 Excel 文档。

2. Excel 的退出

(1) 选择选项标签中的"文件",单击左边的"关闭"选项。

（2）单击 Excel“标题栏”右侧的“关闭”按钮。

（3）对当前窗口按快捷键 Alt+F4 关闭。

（4）在任务栏右击 Excel 图标，单击最下面的“关闭窗口”按钮。

三、Excel 工作界面

启动 Excel 后，可以看到 Excel 电子表格的工作界面，如图 4.3 所示。它由标题栏、快速访问工具栏、功能区、编辑栏、工作表标签、状态栏、工作表编辑区等部分组成。

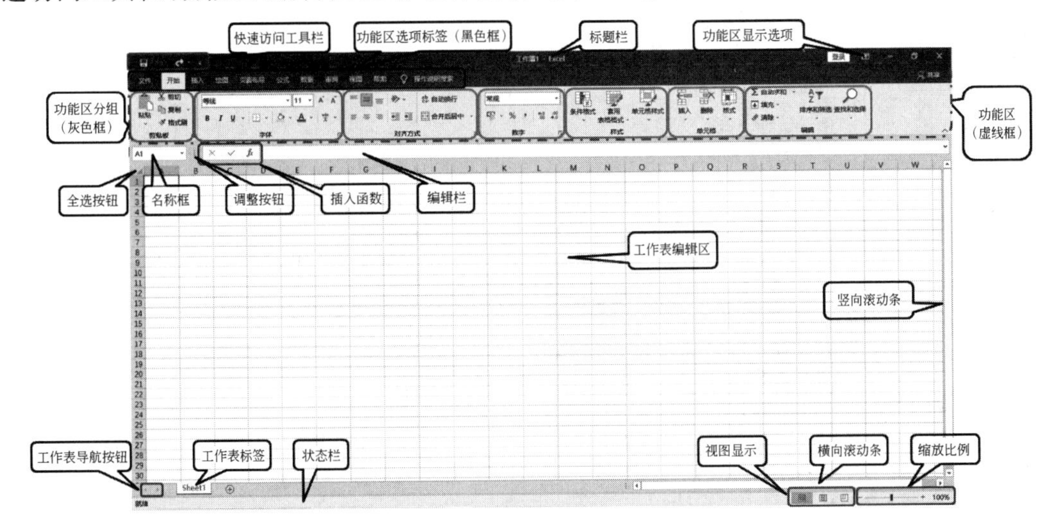

图 4.3　电子表格工作界面

（1）标题栏显示当前工作簿的标题信息以及“最小化”“最大化”“关闭”按钮。

（2）快速访问工具栏包含了 Excel 操作中使用频率较高的命令按钮。我们可以通过“自定义快速工具栏”添加和删除快速访问工具栏中的工具。

（3）功能区包含了 Excel 操作中最重要的功能。它默认包含文件、开始、插入、绘图、页面布局、公式、数据、审阅、视图、帮助 10 个选项卡。每个选项卡内按类别包含了具体的命令功能。主菜单功能区还可以自行添加选项卡。选择“文件”|“选项”，弹出“Excel 选项”对话框，在左侧选择“自定义功能区”选项，如图 4.4 所示。在右侧选择项目菜单，添加到主菜单的功能区选项卡组中。

（4）名称框中可以显示当前活动单元格（或区域）的地址或名称。

（5）单击“插入函数”按钮，弹出“插入函数” 对话框，可以选择要输入的函数，实现函数的可视化输入。

（6）在编辑栏内可以直接输入和编辑文本。

（7）工作表编辑区占据了窗口的大部分空间，是用户在 Excel 中操作时最主要的工作区域。

（8）行号按数字从上向下进行竖向排列，Excel 2019 共 1 048 576 行，其范围是 1～1 048 576。

（9）列标按字母从左到右进行横向排列，Excel 2019 共 16 384 列，其范围是 A～XFD。

（10）工作表导航按钮可用于向前和向后切换工作表。

（11）工作表标签用于显示、增加和切换工作表。

（12）状态栏用于显示当前 Excel 操作相关的信息。当选中单元格区域时，会显示当前

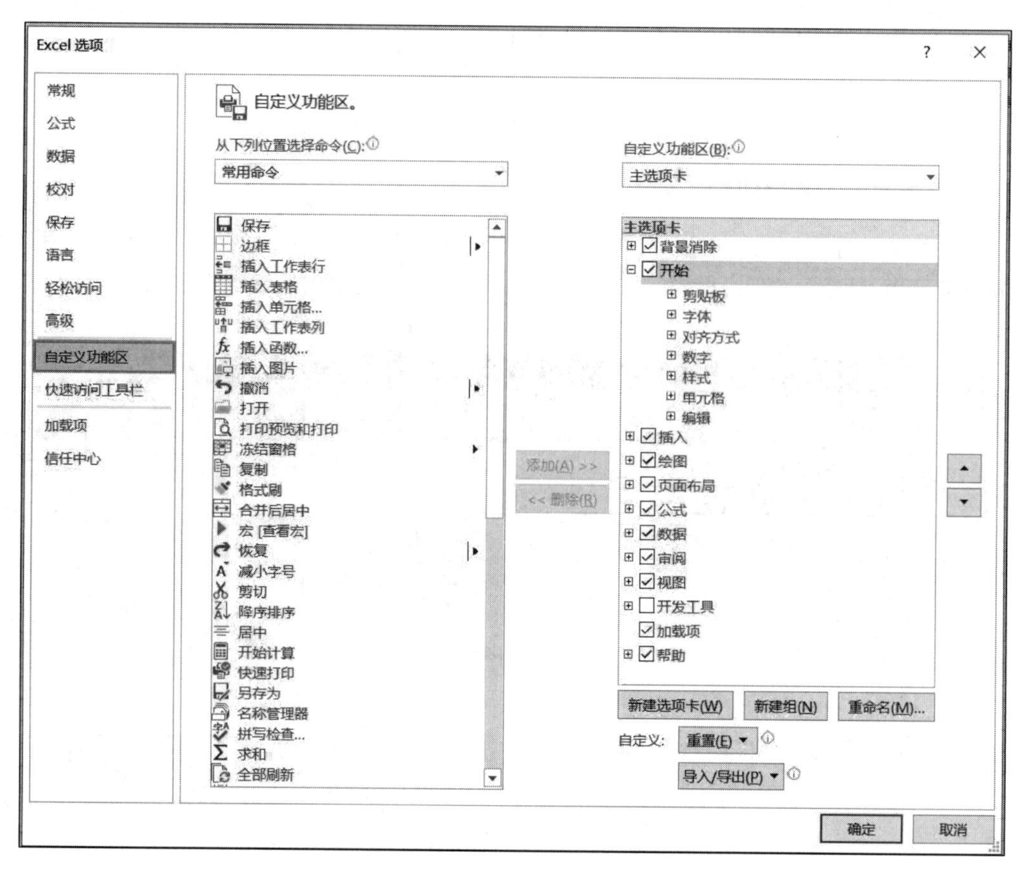

图 4.4 “Excel 选项”对话框

选中区域的平均值、计数、求和等信息。还可以在状态栏上右击，在弹出的“自定义状态栏”中选择设置在状态栏中显示的内容。

(13) 视图切换按钮，视图切换包含普通、页面布局、分页预览 3 种视图模式。

(14) 缩放比例，通过拖动滑块可以设置调整窗口的显示比例。

(15) 横向/竖向滚动条，工作界面不能完全显示时，调节横向或竖向滚动条，使工作界面左、右、上、下移动，可查看或操作整个工作界面。

四、Excel 的创建

1. 新建空白工作簿

启动 Excel 软件，系统将自动创建一个新的工作簿。用户需要重新创建工作簿，可以选择“文件”选项卡的“新建”选项，在“新建”界面中单击右侧的“空白工作簿”按钮即可新建一个“空白工作簿”，如图 4.5 所示。Excel 也提供了很多精美的模板，是有样式和内容的文件，用户可以根据需要找到一款适合的模板，然后在此基础上快速新建一个工作簿。

2. 工作簿文件的打开

可采用以下方法打开工作簿。

(1) 选择“文件”|“打开”选项。

(2) 利用快捷键 Ctrl+O 打开。

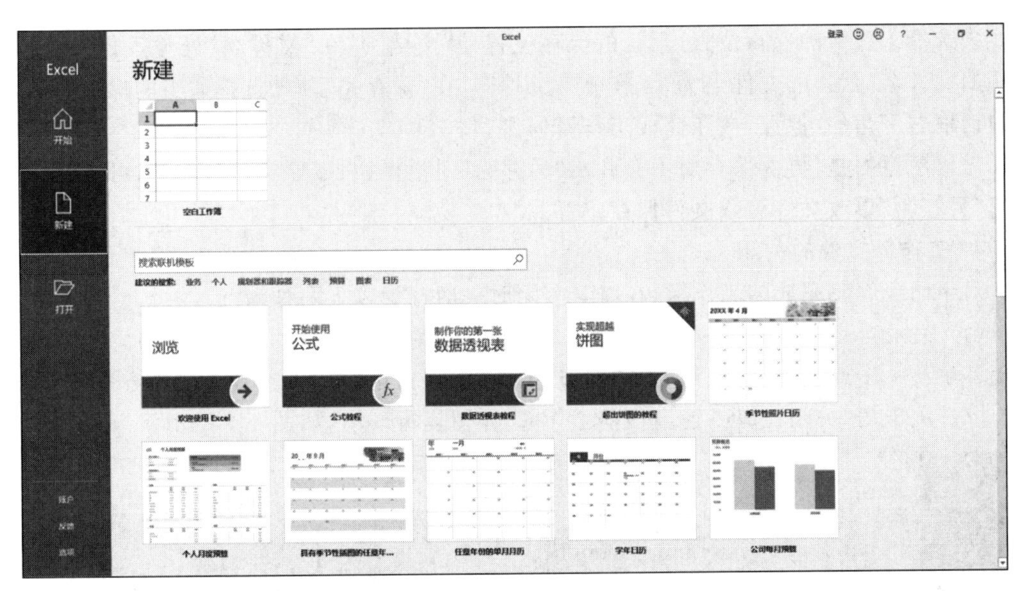

图 4.5　新建“空白工作簿”

3. 工作簿文件的保存

用户可以根据自己的需要对工作簿进行保存，应该养成边操作、边保存的习惯，以防止突发事件引起工作簿文件丢失，可以通过以下 3 种方法实现工作簿的保存。

(1) 选择“文件”|“保存”命令。

(2) 在快速访问工具栏中单击“保存”按钮。

(3) 利用快捷键 Ctrl+S 保存。

对于新建的工作簿，无论选择哪种方法，都会弹出“另存为”对话框，如图 4.6 所示，在地

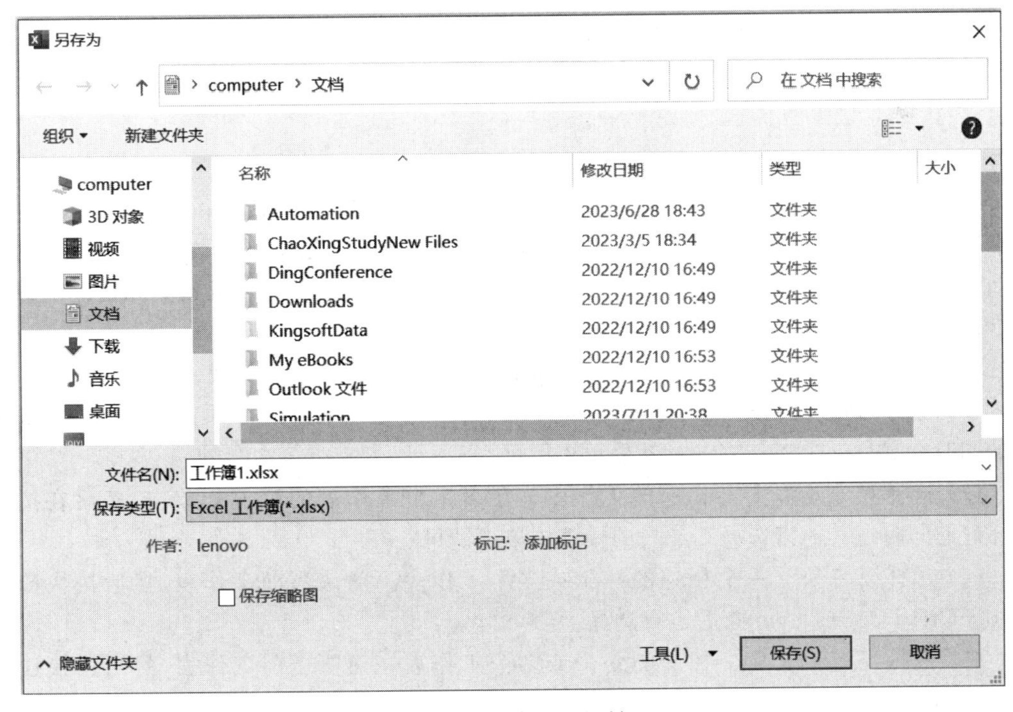

图 4.6　“另存为”对话框

址栏中选择工作簿的保存位置(默认的保存位置是“文档”),在“文件名”处输入保存工作簿使用的文件名(默认的文件名为“工作簿 1. xlsx”),在“保存类型”处选择适当的保存类型,单击对话框右下角的“保存”按钮完成工作簿的保存。

需要注意的是,再次保存时不会弹出“另存为”对话框,只以原文件名保存,可以通过“文件”|“另存为”更改文件名或文件保存位置。

4. **工作簿文件的关闭**

对于已经编辑完成的工作簿,在将其关闭时一般分为以下两种情况。

(1) 关闭当前工作簿,但不退出 Excel 的运行环境。在打开多个工作簿的情况下,只想关闭其中的一个或几个,可采用“关闭窗口”的方式,保留运行环境。具体操作方法是:选择“文件”选项卡的“关闭”选项,退出当前工作簿,保留运行环境,如图 4.7 所示。

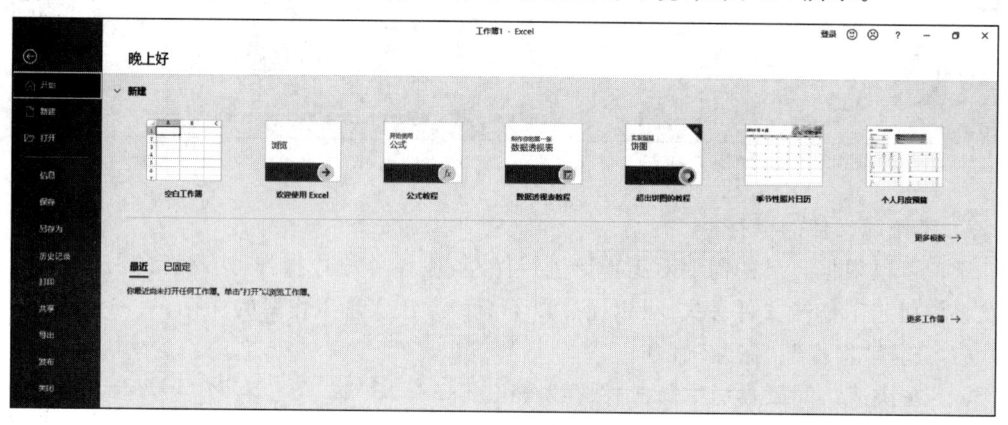

图 4.7 “关闭”选项

(2) 不仅关闭当前工作簿,同时退出 Excel 的运行环境。具体操作方法是:单击“标题栏”右侧的关闭按钮完成关闭;或者按快捷键 Alt+F4 实现退出。

五、工作表的选取和切换

1. 工作表的选取

使用 Excel 2019 进行操作时,经常需要在 Excel 中选择一个或多个工作表。在 Excel 中快速选择一个或多个工作表,不仅能提高工作效率,还能避免不必要的时间浪费。在 Excel 2019 中快速选择一个或多个工作表的技巧有如下几种,用户可根据实际情况选择最适合的一种进行操作。

(1) 选择一个工作表。在该工作表的标签处单击即可选择该工作表。

(2) 选择两张或多张相邻的工作表。在第 1 个工作表的标签处单击,然后在按住 Shift 键的同时在最后一个工作表的标签处单击即可。

(3) 选择两个或多个不相邻的工作表。在第 1 个工作表的标签处单击,然后在按住 Ctrl 键的同时在其他需选择工作表的标签处单击即可。

(4) 选择当前和下一个相邻的一个或多个工作表。确认当前工作表,然后按快捷键 Shift+Ctrl+Page Down 向后进行选择。

(5) 选择当前和上一个相邻的一个或多个工作表。确认当前工作表,然后按快捷键 Shift+Ctrl+Page Up 向前进行选择。

(6) 选择工作簿中的所有工作表，在当前工作表的标签处右击，在弹出的快捷菜单中选择“选定全部工作表”选项即可选中工作簿中的所有工作表，工作表标签的右键快捷菜单如图 4.8 所示。

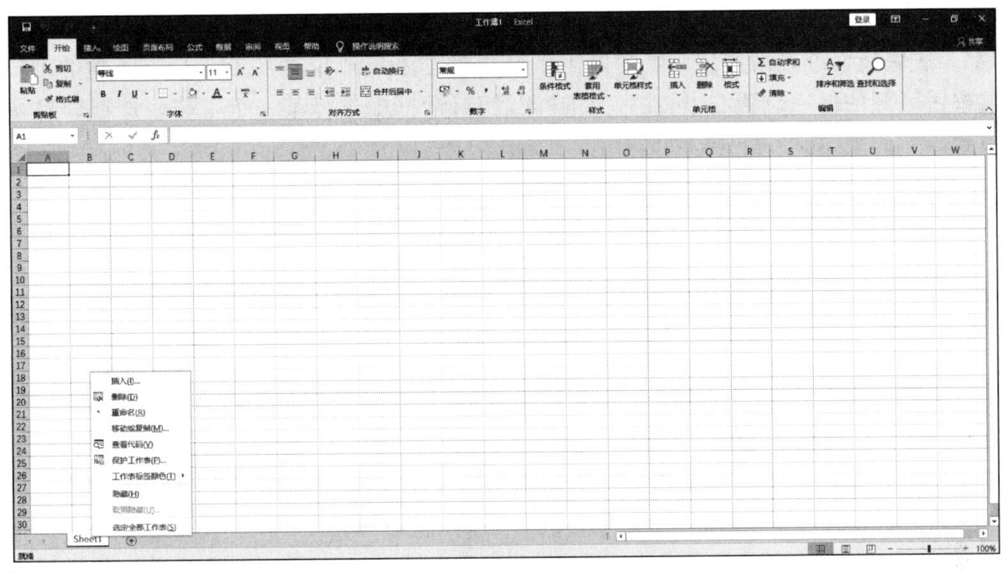

图 4.8　工作表标签右键快捷菜单

2. 工作表的切换

在一个工作簿中可以包含多个工作表，当需要使用工作簿中的其他工作表时，可以通过单击目标工作表直接进行切换，如果想要切换到的工作表标签已经显示在工作簿窗口底端，则单击工作表标签，即可从当前工作表切换到所选工作表。

在一个工作簿中，如果有多个工作表，由于屏幕的限制，这些工作表的标签名称不可能完全显示在工作簿底端，通常有以下两种办法可以切换到用户希望编辑的工作表。

(1) 使用工作表标签切换到目标工作表。当工作表显示在底端时，单击工作表标签即可，如图 4.9(a)所示。

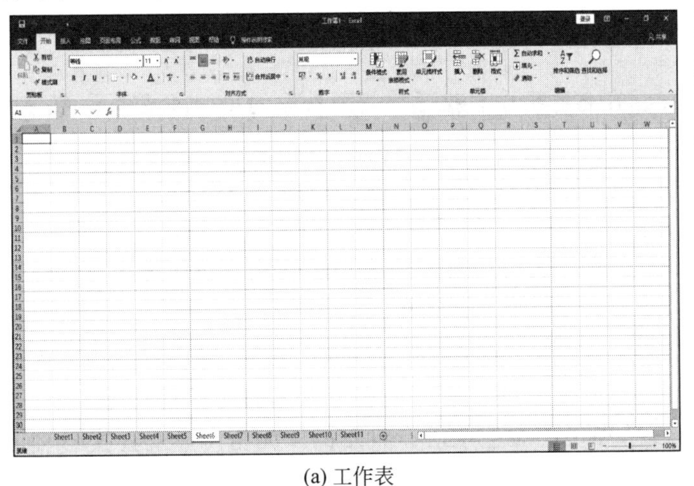

(a) 工作表

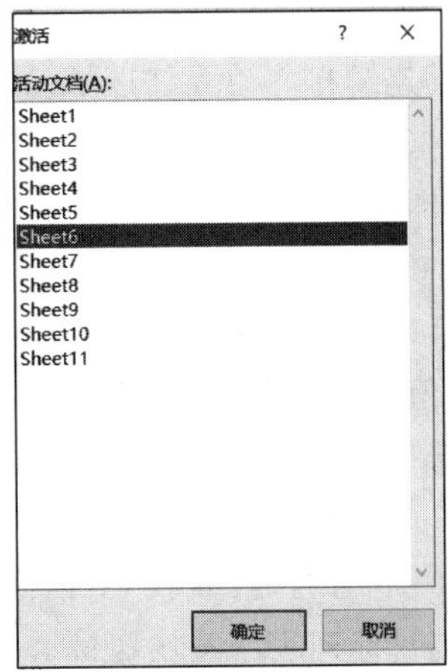

(b) “激活”对话框

图 4.9　工作表数目较多时的切换

(2) 用快捷键快速切换工作表。按快捷键 Ctrl＋Page Up 可以切换至上一张工作表，按快捷键 Ctrl＋Page Down 可以切换至下一张工作表。

(3) 使用工作表导航按钮定位工作表。如果工作簿中包含大量工作表，在 Excel 窗口底部就没有办法显示出所有工作表标签，无论是使用单击标签法，还是使用上述的快捷键法，都无法快速而准确地定位到特定的工作表。在这种情况下，可以在窗口左下角的工作表导航按钮区域的任一位置右击，在弹出的"激活"对话框中选择某一个工作表选项即可快速定位到该工作表，如图 4.9(b)所示。

六、单元格或单元格区域的选择

单元格及单元格区域的选择是 Excel 中最基本的操作之一，其他的操作都要建立在选取单元格的基础上，除了常规的鼠标拖动选择外，当数据有上千行时或者在多表区域要如何选取？

(1) 使用 Ctrl 键(多重选取)。按住 Ctrl 键，然后用鼠标拖选区域或者单击单元格，可以同时选中多个非连续的单元格区域。

(2) 使用 Shift 键(首尾范围选取)。选取第一个单元格，然后按住 Shift 键，再选取最后一个单元格，就可以选中以这两个单元格为首尾的矩形区域。

(3) 使用 F8 键(扩展模式)。选取第一个单元格，按住 F8 键，单击需要选取的最后一个单元格就可以选择以这两个单元格为首尾的矩形区域，和方法(2)的选取结果类似，完成后再按 F8 键恢复。

(4) 使用快捷键 Shift＋Home。选中一个单元格，按下快捷键 Shift＋Home，可以将选区扩展到这一行的第一个单元格。

(5) 使用快捷键 Ctrl＋Shift＋Home。选中一个单元格按下快捷键 Ctrl＋Shift＋Home，可以将选区扩展到工作表最左上角的 A1 单元格。

(6) 使用快捷键 Ctrl＋Shift＋End。选中一个单元格，按下快捷键 Ctrl＋Shift＋End，可以将选区扩展到以工作表所选单元格和工作表中数据区最右下角单元格为首尾位置的区域，此方法和方法(5)选中方向正好相反，方法(5)是向左上角选取，此方法是向右下角选取。

(7) 使用快捷键 Ctrl＋A(当前区域选取)。快捷键 Ctrl＋A 可以选中工作表中包含数据的连续相邻单元格区域。

(8) 使用名称框(直接定位)。在名称框中直接输入需要选取的目标区域地址，按 Enter 键，即可直接选中此区域。

(9) 使用 F5 键/快捷键 Ctrl＋G 定位功能。按 F5 键/快捷键 Ctrl＋G 可以打开"定位"对话框，单击"定位条件"，即可在其中选择所需的目标条件，常用的条件包括"常量""公式""空值"和"可见单元格"等，在使用定位功能前需先选定好区域，即可在此区域内查找和选取符合条件的单元格，否则即会在整个工作表中进行查找。

(10) 使用查找功能(条件定位)。查找功能可以弥补定位功能的一些局限性，按快捷键 Ctrl＋F 可打开"查找"对话框，单击"查找全部"按钮可以查找所有符合条件的单元格，在找到的目标列表中按快捷键 Ctrl＋A，即可同时选定所有找到的单元格。设置查找的目标条件时，除了可设定单元格内容，还包括单元格格式。

七、工作表的基本操作

1. 新工作表的插入

在 Excel 2019 的默认状态下，一个工作簿中有一个工作表。如果需要更多工作表，可以向原工作簿中插入新的工作表，通常使用以下 4 种方法。

(1) 选择“开始”|“单元格”|“插入”，单击下方的下拉箭头，如图 4.10 所示，单击“插入工作表”完成新工作表的插入。

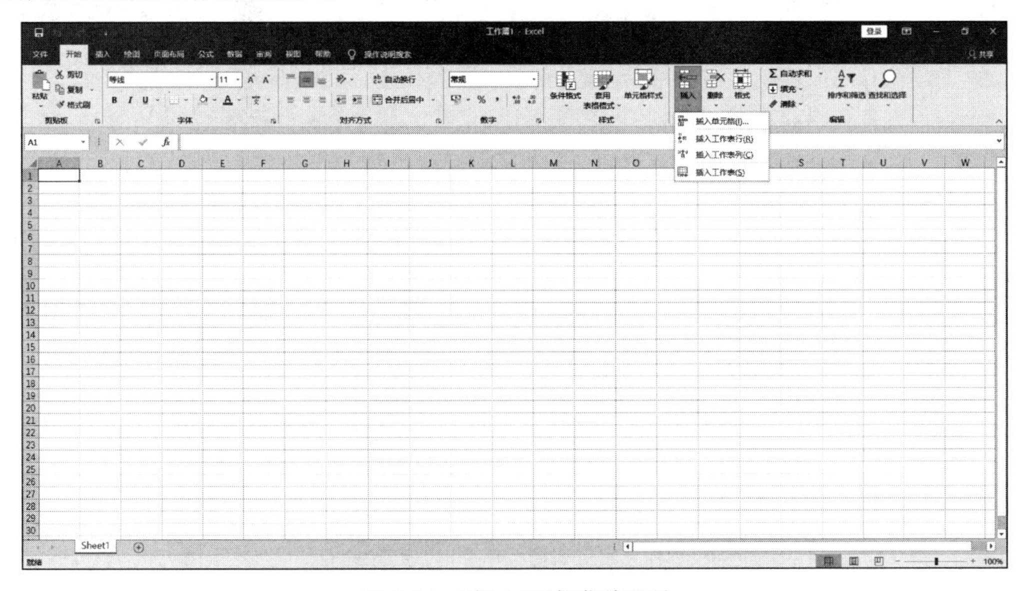

图 4.10 “插入”下拉菜单选项

(2) 直接单击 Sheet1 工作表旁的“插入工作表”按钮，可直接添加新工作表。

(3) 在原有的工作表标签上右击，在弹出的快捷菜单中选择“插入”|“工作表”，单击“确定”按钮，如图 4.11 所示。

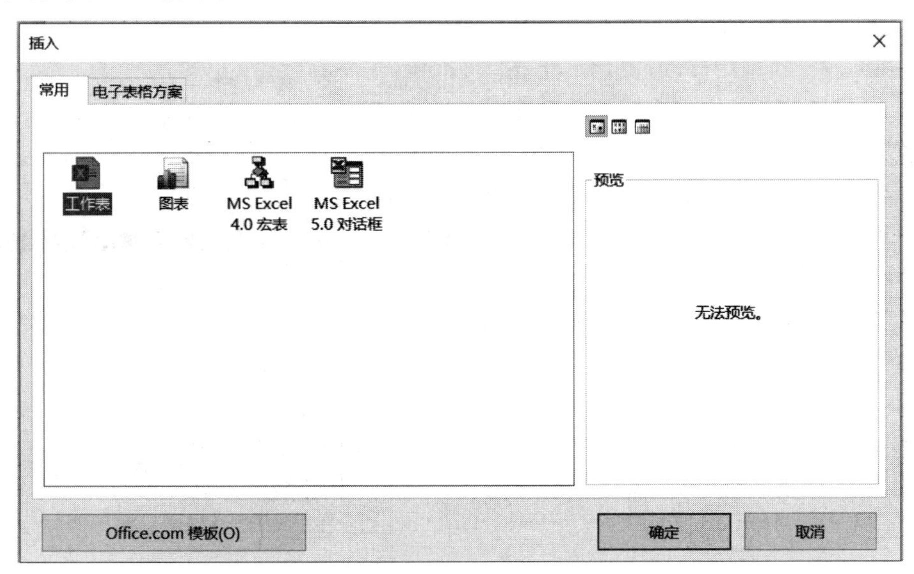

图 4.11 “插入”对话框

(4) 使用快捷键 Shift+F11 可以直接在原有标签的左侧插入一个新的工作表。

2. 工作表的删除

当电子表格中有多个工作表需要删除时,通常使用以下两种方法。

(1) 删除非连续的工作表,选中第一个工作表,按住 Ctrl 键,选择不相邻的工作表,在右键快捷菜单中选择"删除"命令,即可删除这几个不相邻的工作表。如图 4.12 所示,可以实现删除 Sheet1、Sheet3、Sheet5 工作表。

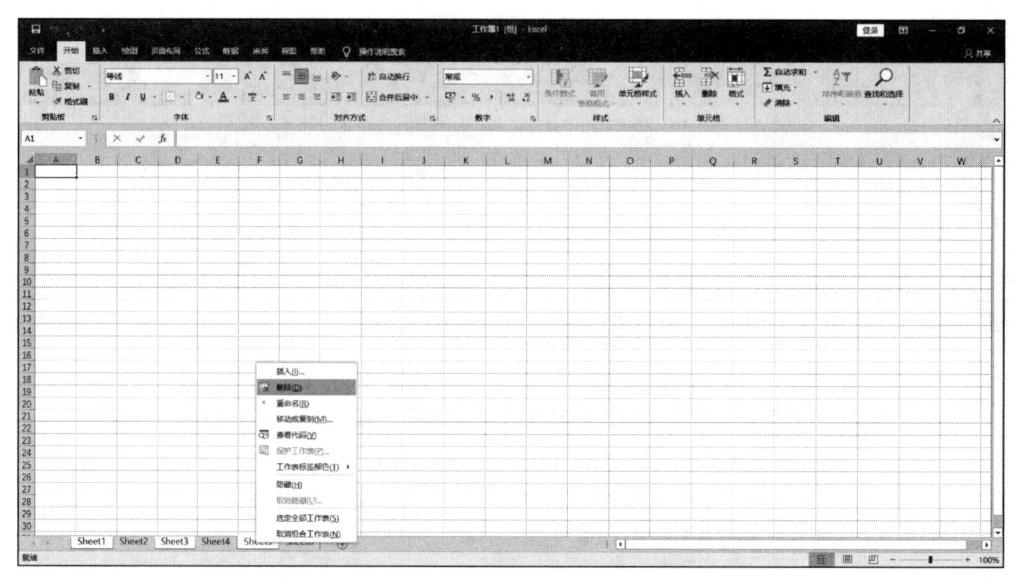

图 4.12 右键快捷菜单中的"删除"命令

(2) 删除连续的工作表,选中第一个工作表,按住 Shift 键,选择要删除的最后一个工作表,在右键快捷菜单中选择"删除"命令,即可删除所有工作表。

3. 工作表的移动/复制

在工作中为了快捷地复制数据,经常需要在一个工作簿或不同工作簿之间移动或复制工作表。移动工作表的具体操作方法如下。

1) 在同一工作簿中移动/复制工作表

(1) 鼠标拖动。单击选中需要移动或复制的工作表,按住鼠标左键并拖动该工作表标签,然后移动到目标位置松开鼠标,即可将工作表移动到此位置;按住 Ctrl 键后拖动该工作表的标签,将鼠标在目标位置松开,即可将工作表复制到此位置。

(2) 快捷菜单。在工作簿底端需要移动的工作表标签上右击,然后在显示的快捷菜单中选择"移动或复制工作表"选项,显示"移动或复制工作表"对话框,如图 4.13 所示,在"移动或复制工作表"对话框的"下列选定工作表之前"列表中,选择工作表要移动的位置,然后单击"确定"按钮即可。

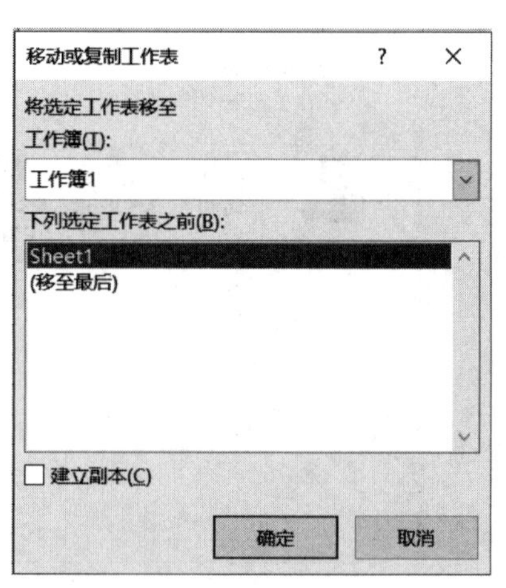

图 4.13 "移动或复制工作表"对话框

2）在不同工作簿中移动/复制工作表

（1）鼠标拖动。首先选择“视图”|“窗口”|“全部重排”选项，在弹出的“全部重排”对话框中选择“平铺”选项，使原工作簿和目标工作簿并列显示在屏幕上，然后拖动鼠标即可将原工作簿中的工作表复制或移动到目标工作簿中。

（2）快捷菜单。将目标工作簿打开，右击原工作簿底端工作表的标签，在显示的快捷菜单中选择“移动或复制工作表”选项，在弹出“移动或复制工作表”对话框中单击“工作簿”下拉列表按钮，在显示的工作簿列表中选择目标工作簿，然后在“下列选定工作表之前”列表中，选择工作表移动的位置。设置完毕后，单击“确定”按钮即可。

4．工作表的重命名

在系统默认状态下，工作簿中的每个工作表标签都是以 Sheet1、Sheet2……来命名的，这种命名方式有一定的弊端，即用户很难在短时间内找到需要的工作表，为了解决这一问题，用户可以对工作表的标签进行重命名。

（1）利用“单元格”功能组实现。单击需要重命名的工作表标签，选择“开始”|“单元格”|“格式”|“组织工作表”|“重命名工作表”选项。如图 4.14 所示，单击选择“重命名工作表”，为当前工作表标签改名，按 Enter 键确定修改。

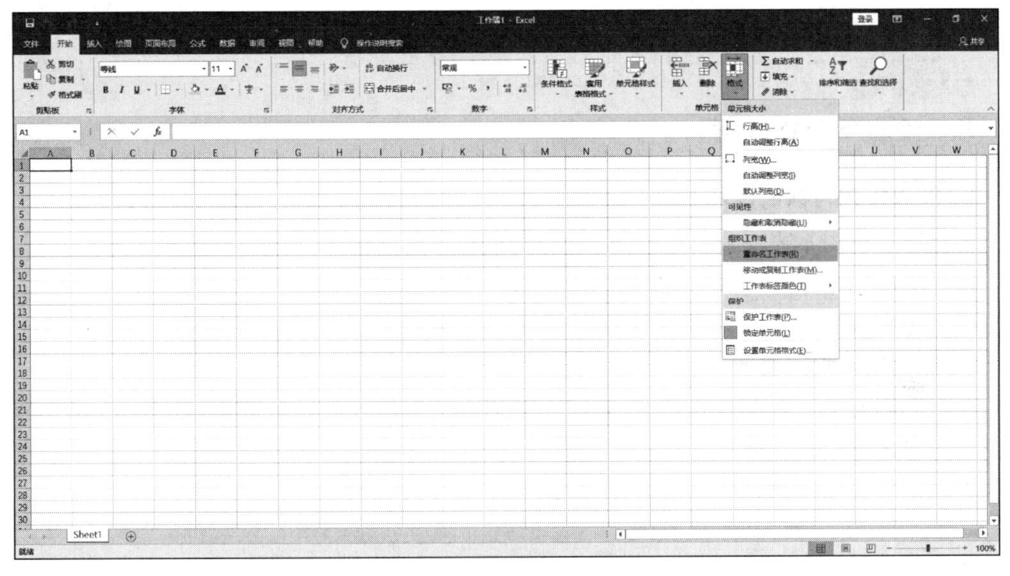

图 4.14 “格式”功能选项

（2）利用快捷菜单实现。在所选工作表标签上右击，在弹出的快捷菜单中选择“重命名”选项。

（3）在工作表标签上双击，利用键盘输入工作表的新名称，按 Enter 键确定修改。

5．工作表标签颜色

在完成比较复杂的工作簿文档时，为了快速查找目标工作表，除了对其进行重命名外，还可以对工作表标签进行颜色的更改，这样可以更快地找到不同类别的工作表。

（1）利用“单元格”功能组实现。单击需要重命名的工作表标签，选择“开始”|“单元格”|“格式”|“组织工作表”|“工作表标签颜色”选项，选取所需要设置的颜色按钮完成设置。

（2）利用快捷菜单实现。在所选工作表标签上右击，在弹出的快捷菜单中选择“工作表标签颜色”选项，如图 4.15 所示。

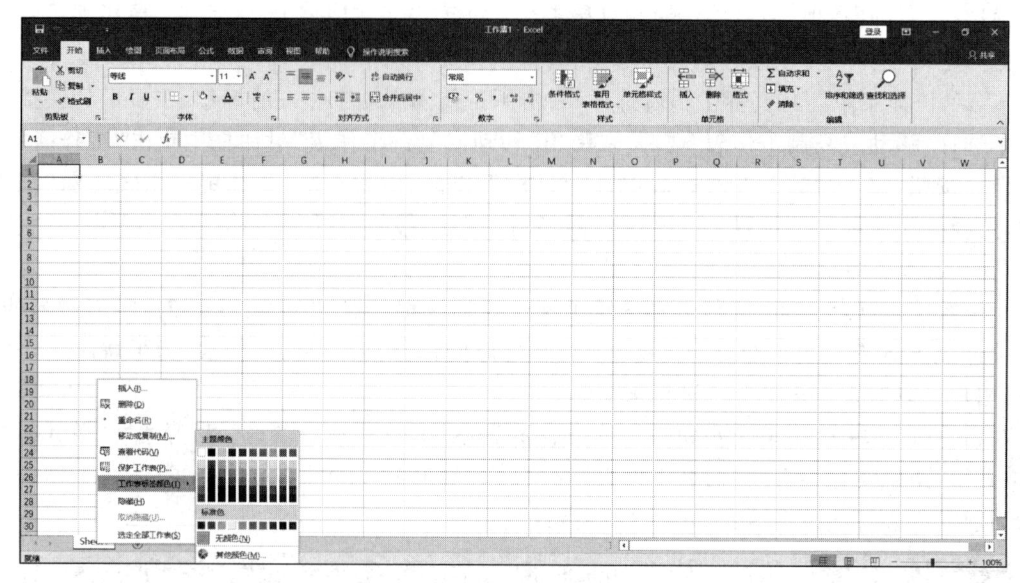

图 4.15 “工作表标签颜色”选项

八、编辑单元格数据

1. 快速输入当前时间和日期

工作中可能经常需要输入当前的时间和日期，可以通过以下两组快捷键的方式实现。

（1）输入“年|月|日”：按快捷键“Ctrl＋数字”。

（2）输入“时:分”：按快捷键“Ctrl＋Shift＋数字:”。

2. 批量输入相同内容

在多个单元格内批量输入相同的内容，常用办法是输入第一个数据，按 Enter 键结束后拖曳到对应的单元格。如果先选中一个区域再输入，并按快捷键 Ctrl＋Enter 结束，则能在选区内批量输入相同内容。如图 4.16 所示。

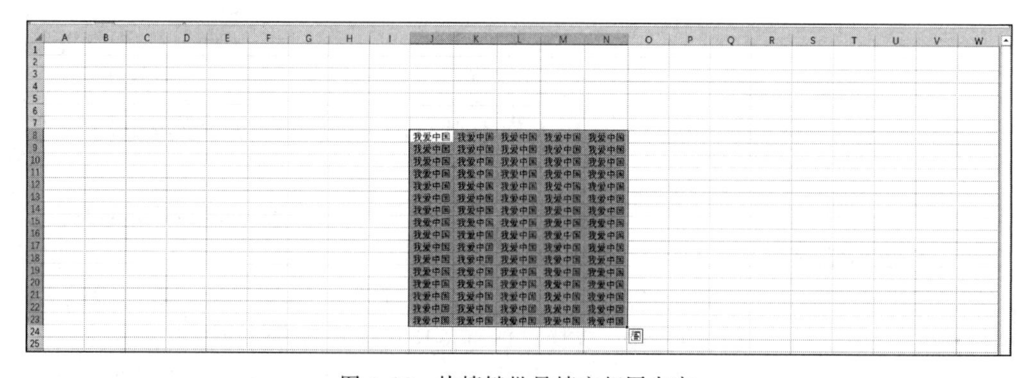

图 4.16 快捷键批量填充相同内容

3. 批量生成数字序列编号

1～1000 的序号、相等间隔的序号、产品编号、订单号……很多时候会发现有各种各样的序号、编号或与时间相关的序列需要输入。Excel 中有自动填充功能，专门批量生成各种数字序列而生，简单又便捷。常见的批量生成数字序列的方法如下。

1）拖曳法

拖曳法就是通过拖曳完成填充。选中单元格后，在右下角会有一个小方块叫作填充柄，只要拖曳填充柄就能快速生成相同或连续序号。结合填充菜单还能实现复制单元格、仅复制单元格格式等功能，不仅能够填充连续的数字，只要是包含数字的编号，轻轻一拖就能批量生成，如图 4.17 所示。除了这类带数字的编号，还能批量生成如图 4.18 所示的文本。

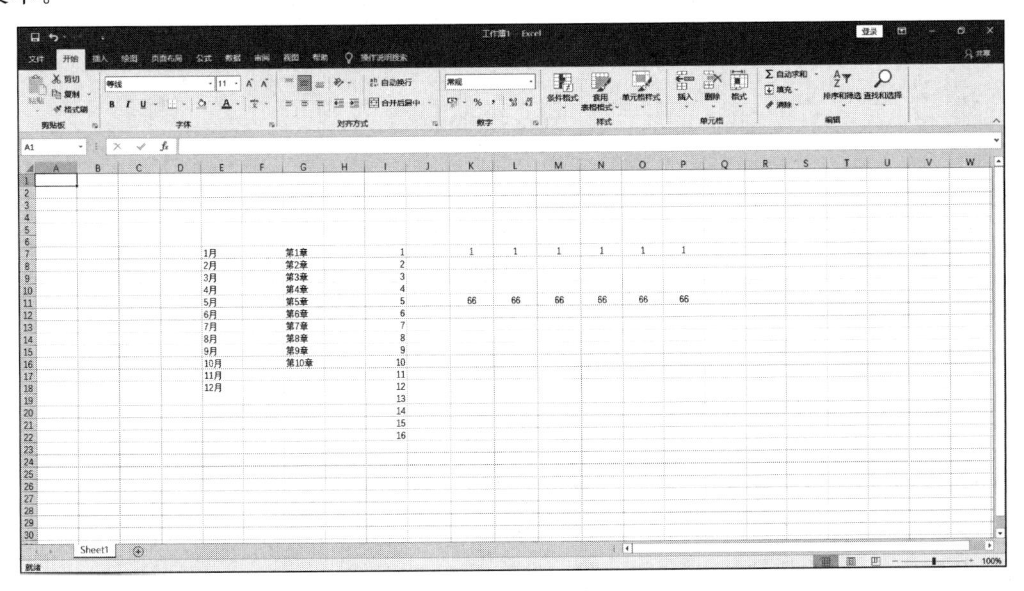

图 4.17　相同或连续序号填充

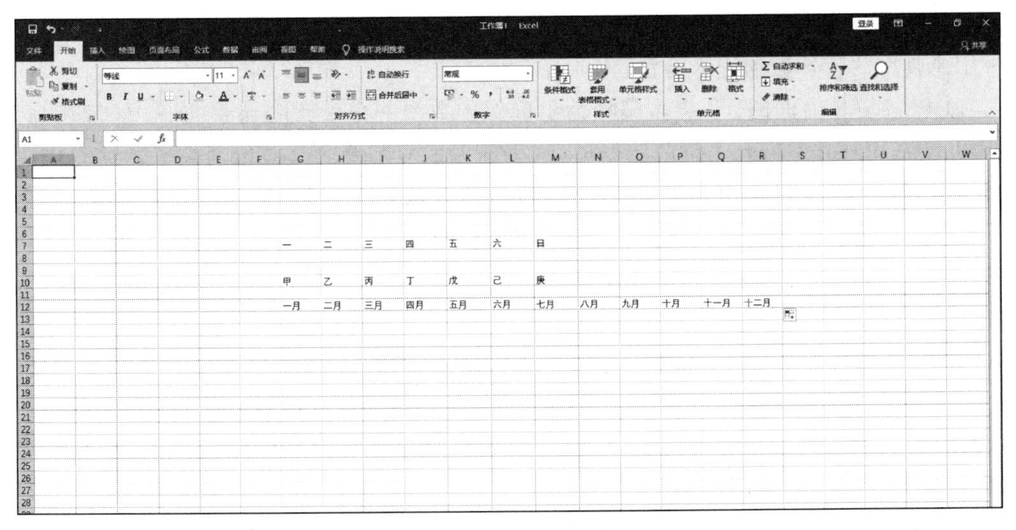

图 4.18　文本连续填充

2）双击法

双击法可以自动填充到最后一行。表格数据有成百上千甚至上万行时用拖曳法向下填充很麻烦，此时可以采用双击法，只要紧挨着一列有连续的数据，双击填充柄，就能将当前单元格的数据填充到最后一行，如图 4.19 所示。

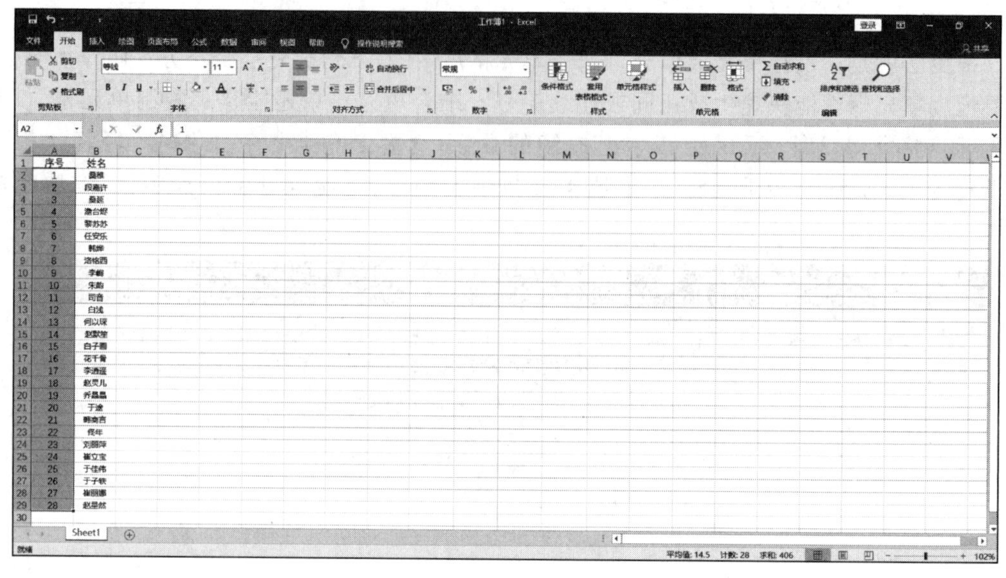

图 4.19　双击法

3）按指定条件自动生成序列

如果数量比较多，且对序列生成有明确的数量间隔要求，那么可以用如图 4.20(a)所示的序列填充面板先设置好条件，然后按照指定的条件自动批量生成，即可生成如图 4.20(b)所示的全年工作日。通过序列面板中的各项属性，要生成等差序列、等比序列、指定间隔(步长值)的序列等，无论数量多少，一键秒填。

4）特殊数据的输入方法

有时候需要输入一些比较特殊的数据，例如，身份证号、工号、编号、特殊符号等。下面介绍几种典型的特殊数据输入方法。

(1) 输入编号前面的 0。很多编号为了确保位数统一都带有前导 0，如区号、邮编、订单号等，但是在 Excel 中输入完整的数据后，数字前面的 0 却莫名其妙地消失了。这是因为按照国际惯例数字前面都不应该带有 0，所以前面的 0 被去掉，如果想要完整输入此类数据，就不能以数字形式输入而要换成文本，输入方法有两种：①输入数据前先输入英文单引号，如图 4.21 所示；②先选定输入区域，利用“设置单元格格式”选项卡的“数字”选项将格式改为“文本”，如图 4.22 所示。

(2) 输入身份证号、银行账号。输入完整的账号、身份证号并按 Enter 键后，显示莫名其妙地变成了带加号的数字，其实这并不是乱码，因为只要输入的数字超过 12 位，Excel 就默认输入的是天文数字。对天文数字来说，精确到个位数没有任何意义，为了看起来更简洁，Excel 会自作主张，采用科学记数法显示，它还会很聪明地根据列宽自动调节显示长度。如果输入的数字超过 15 位，后面的几位数还会自动变为 0，而且变为 0 以后就再也无法恢复成原来的样子。一般采用文本方式正确地显示身份证号和银行账号，先将输入区域设为

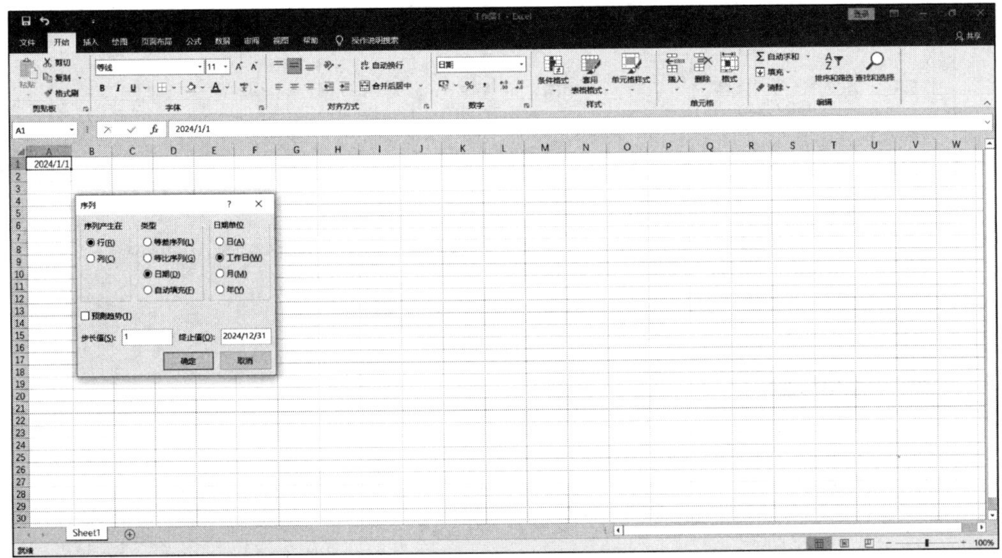

(a) 序列填充面板

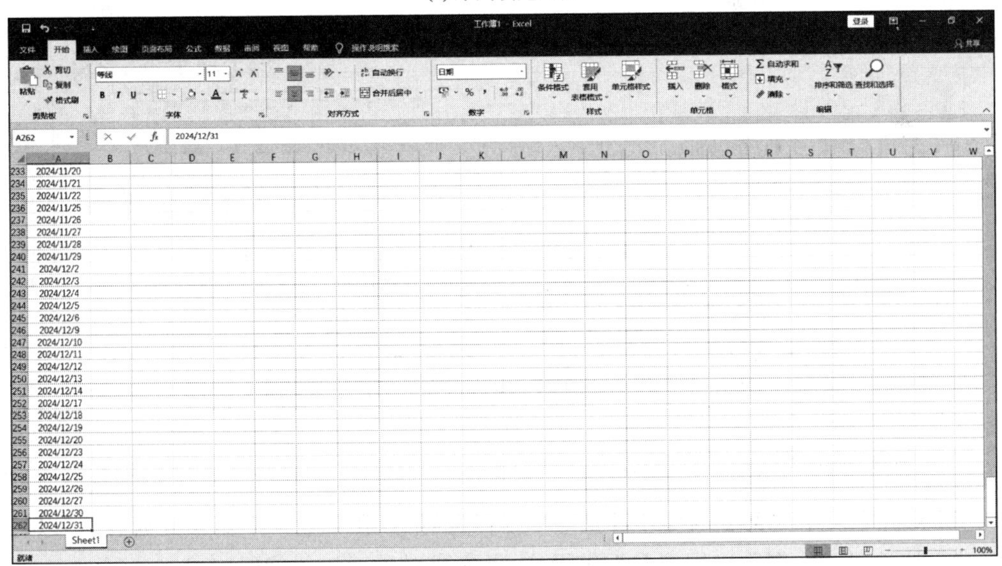

(b) 2024年工作日填充

图 4.20　按指定条件自动生成序列

文本格式或在数字前加英文单引号再继续输入。

'888666

图 4.21　利用英文单引号

(3) 输入标准的日期。日期是 Excel 当中最为特别的数字，如果输入不当会给后续的统计工作带来很多麻烦，标准的日期是用斜杠隔开年月日，写成“2024/5/4”的形式。由于 Excel 具有强大的自我纠正能力，所以如图 4.23(a)所示的输入形式是可以接受的，而如图 4.23(b)所示的 3 种输入形式都是错误的。有 3 个简单的方法可用于辨别日期格式是否正确：按 Enter 键以后自动靠右对齐；看编辑栏显示的是否是标准日期形式，如图 4.24 所示；可以直接和数字进行公式计算，如图 4.25 所示。

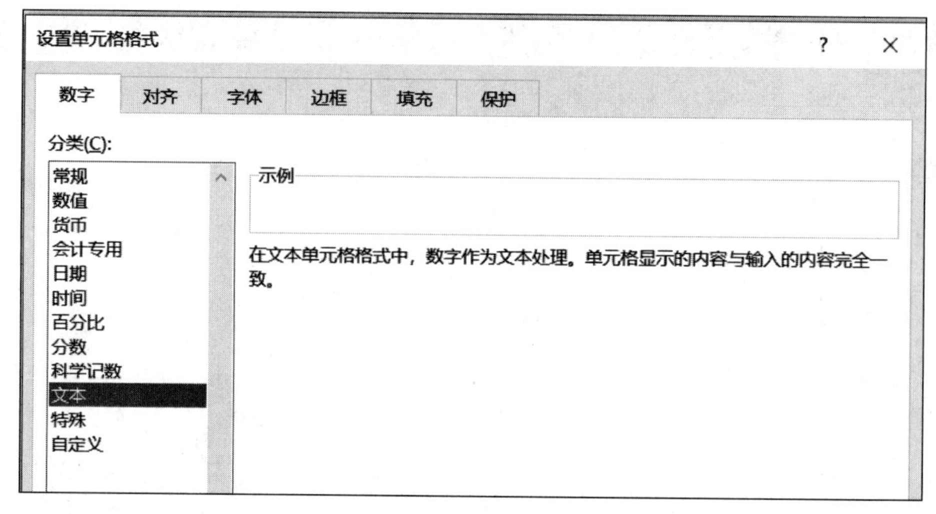

图 4.22　文本设置

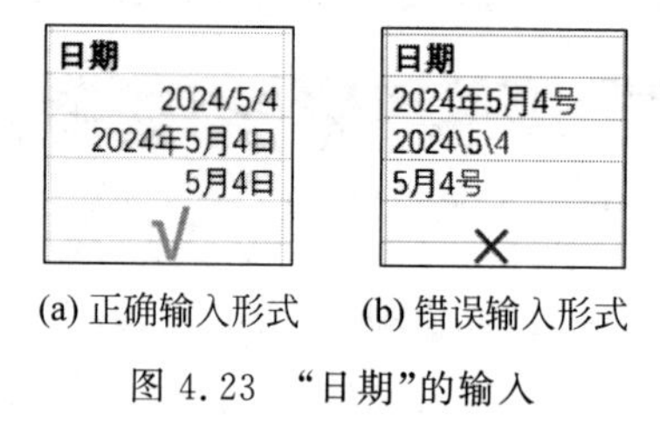

(a) 正确输入形式　(b) 错误输入形式

图 4.23　“日期”的输入

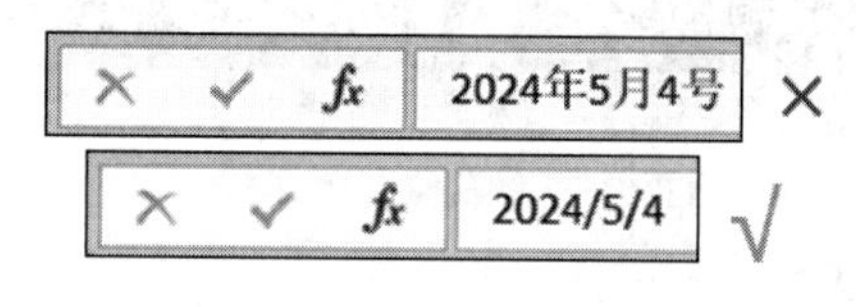

图 4.24　识别输入“日期”是否正确

	A	B	C
1	日期数据	公式	计数结果
2	2024年5月4号	A2+1	#VALUE!
3	2024年5月4日	A3+1	2024年5月5日

图 4.25　正确的“日期”输入方式可直接进行计算

九、编辑单元格

在 Excel 系统中大部分的操作都是对单元格进行的，在单元格中输入数据后，可以对单元格进行移动、复制、删除单元格数据等操作，以完成对单元格的编辑。

1. 移动单元格

(1) 利用功能区选项实现。首先选定工作表中需要移动数据的单元格，选择“开始”|“剪切板”|“剪切”选项，再将光标定位至目标单元格处，选择“开始”|“剪切板”|“粘贴”选项，即可完成单元格数据的移动。对单元格的剪切操作除了利用上述方法来实现外，还可以使用快捷键 Ctrl+X 或者选中要移动的单元格，右击，在弹出的快捷菜单中选择“剪切”选项。

(2) 利用鼠标拖动实现。单击要移动数据的单元格，将鼠标移到该单元格的边框上，当鼠标指针变为箭头形态时，按住鼠标左键并拖动至目标位置，释放鼠标即可完成单元格数据的移动。

2. 修改数据

若想对已经有数据的单元格内容进行修改，可以采用以下两种方法来实现。

(1) 选中需要修改数据的单元格后，单击编辑栏中数据，即可对原数据进行修改。

(2) 利用鼠标直接双击需要修改数据的单元格，双击后光标将定位在单元格内的数据中，此时可对单元格内数据进行修改。

按 Enter 键完成修改，或单击编辑栏前的“√”完成修改。

3. 复制单元格

用户不但可以进行整个工作表的复制，还可以对单元格进行复制，具体方法和步骤如下。

1) 利用功能选项，完成单元格的复制

(1) 选定需要复制数据的单元格，选择“开始”|……“复制”选项。

(2) 单击目标单元格……元格或单元格区域)。

(3) 选择“开始”|“剪……容粘贴到目标单元格上。

2) 利用快捷方式完成……

(1) 选中要复制的单……

(2) 将鼠标指针移到……指针将变成箭头形状。

(3) 按住鼠标左键，同……可实现复制操作。

3) 其他方法

(1) 利用快捷键 Ctrl……

(2) 选中要移动的单……复制选项。

(3) 通过“粘贴”的下……选项如图 4.26 所示。

完成复制或剪切后，选……“粘贴”的下拉列表，在菜单中可直接进行粘贴内容的……”选项，在弹出的“选择性粘贴”对话框中进行内容的选……”按钮即可。

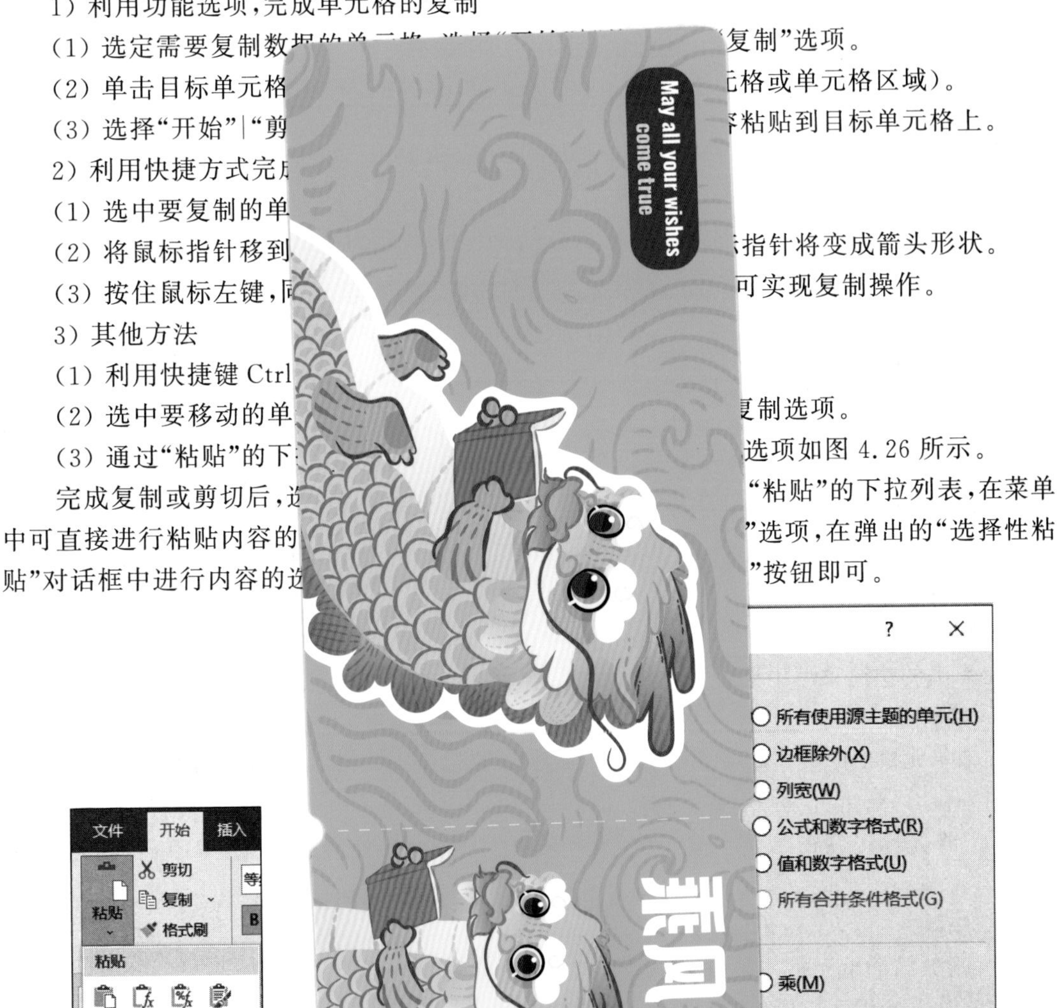

图 4.26 “粘贴”选项

图 4.27 “选择性粘贴”对话框

4. 插入

在工作表的编辑过程中，可以利用插入命令来完成单元格的修改。下面对插入单元格行列及合并单元格等进行详细说明。

1）插入单元格

在建立的工作表中插入单元格的具体操作步骤如下：

（1）在工作表中单击选择需要插入单元格的位置。

（2）选择“开始”|“单元格”|“插入”|“插入单元格”选项（或右击，在弹出的快捷菜单中选择“插入”选项），出现如图4.28所示的对话框。

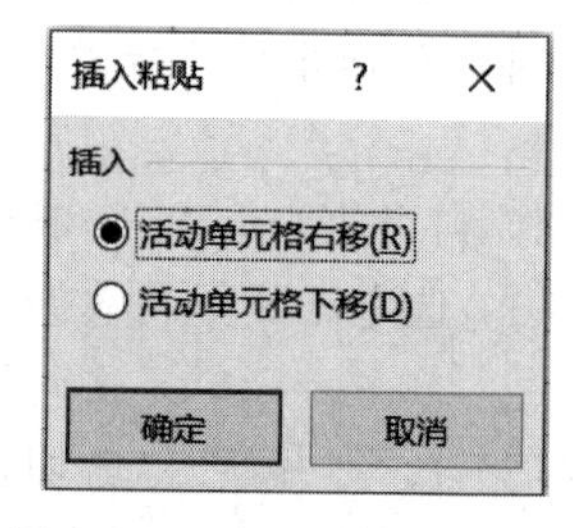

图4.28 “插入粘贴”对话框

（3）在“插入粘贴”对话框中选择所需的选项，即可完成插入。“插入粘贴”对话框除可完成单元格的插入外，还可以完成“整行”或“整列”的插入。

2）插入单元格区域

（1）利用鼠标拖动，选定需要插入单元格的区域，插入单元格的个数应与选定的个数相等。

（2）选择“开始”|“单元格”|“插入”|“插入单元格”选项，或右击，在弹出的快捷菜单中选择“插入”选项，弹出“插入”对话框；选择单元格插入的方式，单击“确定”按钮。插入后，原有单元格做相应移动。

3）插入行或列

（1）在工作表中单击选择需要插入行（列）单元格，插入的行（列）将位于所选单元格的上一行（前一列）。

（2）选择“开始”|“单元格”|“插入”|“插入工作表行/插入工作表列”选项，即可将一个空白的行或列插入到指定位置。

（3）也可利用快捷菜单完成行或列的插入，方法是：右击需要插入行（列）的行号（列标），在弹出的快捷菜单中选择“插入”选项，可直接完成行（列）的插入。

5．换行

如果单元格中的数据内容过长，无法正常显示需要换行，可使用如下两种方法实现换行。

（1）利用“开始”|“对齐方式”|“自动换行”选择来完成过长文字的自动换行。

（2）将光标定位在单元格中需要换行的字符位置，利用快捷键Alt＋Enter即可完成换行。

6．删除

1）删除单个单元格

（1）单击选中要删除的单元格。

（2）选择“开始”|“单元格”|“删除单元格”选项，或在所选的单元格上右击，在弹出的快捷菜单中选择“删除”选项。

（3）在“删除”对话框中选择“右侧单元格左移”选项，所选单元格删除后，右侧单元格向左移动。选择“下方单元格上移”选项，所选单元格删除后，下面单元格向上移动。选择“整行”或“整列”选项，删除所在单元格所在的“行”或“列”。

（4）选择单元格数据的移动方向后，单击“确定”按钮即可删除所选单元格。

2）删除整行或整列单元格

（1）单击选择工作表中需要删除行或列上的一个单元格。

(2) 选择“开始”|“单元格”|“删除工作表行/删除工作表列”选项，可以将所选单元格所在的行/列删除。

7. 清除

利用清除工具来处理工作表已有数据清除，包括“全部清除”“清除格式”“清除内容”“清除批注”“清除超链接”等，如图 4.29 所示。具体操作步骤如下：

(1) 单击选中要删除的单元格。

(2) 选择“开始”|“编辑”|“清除”下拉列表。

(3) 选择需要清除的选项。

十、修饰工作表

Excel 中为工作表提供的各种格式化的操作和命令，其中包括调节行高和列宽数据的显示、文字的格式化、边框的设置、图案和颜色填充等。

1. 设置数字格式

在工作表中有各种各样的数据，它们大多以数字形式保存，如数字、日期、时间等，但由于代表的意义不同，因而其显示格式也不同，用数字格式可以改变数字外表，不改变数字本身设置数字格式可采用如下两种方式。

1) 用数字格式功能组进行设置

选定需要设置数字格式的单元格或单元格区域，选择“开始”|“数字”|“常规”选项，单击右侧的下三角按钮，打开“常规”下拉列表，如图 4.30 所示，根据需要单击相应的选项即可。

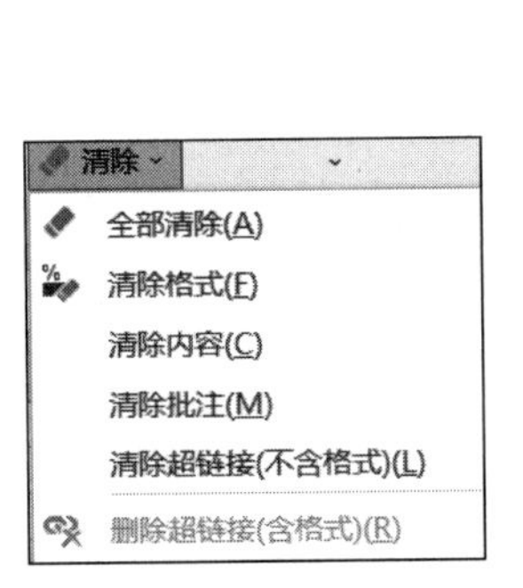

图 4.29 “清除”下拉列表

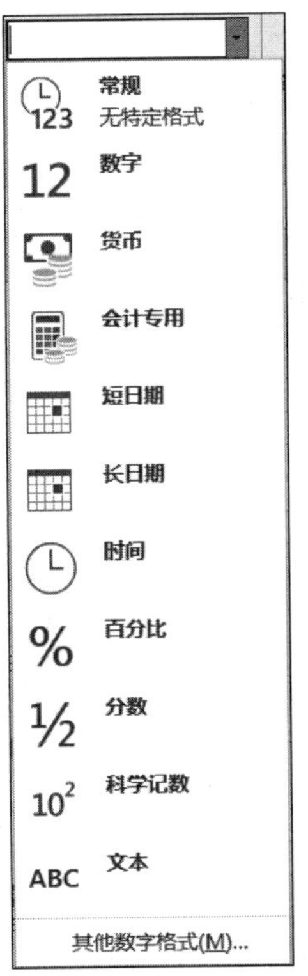

图 4.30 “常规”下拉列表

2）用设置单元格格式对话框对数字进行设置

设置单元格格式对话框共有 6 个选项卡，分别是“数字”“对齐”“字体”“边框”“填充”“保护”选项卡。选定需要设置数字格式的单元格或单元格区域，弹出“设置单元格格式”对话框，选择其中的“数字”选项卡进行设置。

弹出“设置单元格格式”|“数字”对话框的方法有以下 3 种。

（1）选择“开始”|“数字”|“常规”下拉列表，选择最下面的“其他数字格式”选项。

（2）选择“开始”|“单元格”|“格式”选项，单击右侧的下三角按钮，打开“格式”下拉列表框，单击“设置单元格格式”。

（3）单击“开始”|“数字”功能组右下角的小按钮，弹出设置单元格格式数字对话框。

2. 设置对齐格式

在工作表中输入数据时，默认是文字左对齐，数字右对齐，文本和数字都在单元格下边框水平对齐。要改变对齐格式，可采用以下几种方法：

（1）在“开始”|“对齐方式”组中，有设置文本的对齐方式、自动换行、合并居中等下拉列表框和按钮，根据需要进行相应设置即可。

（2）在“设置单元格格式”|“对齐”对话框中，根据需要设置相应的选项，设置完毕，单击“确定”按钮即可。

3. 设置边框线

（1）选定需要设置单元格边框的单元格区域，选择“开始”|“字体”|“边框”，单击 ⊞ ⌄ 按钮，为已有单元格区域添加边框线。

（2）在“设置单元格格式”对话框中选择“边框”选项卡，设置完毕，单击“确定”按钮，即可设置出需要的边框线，如图 4.31 所示。

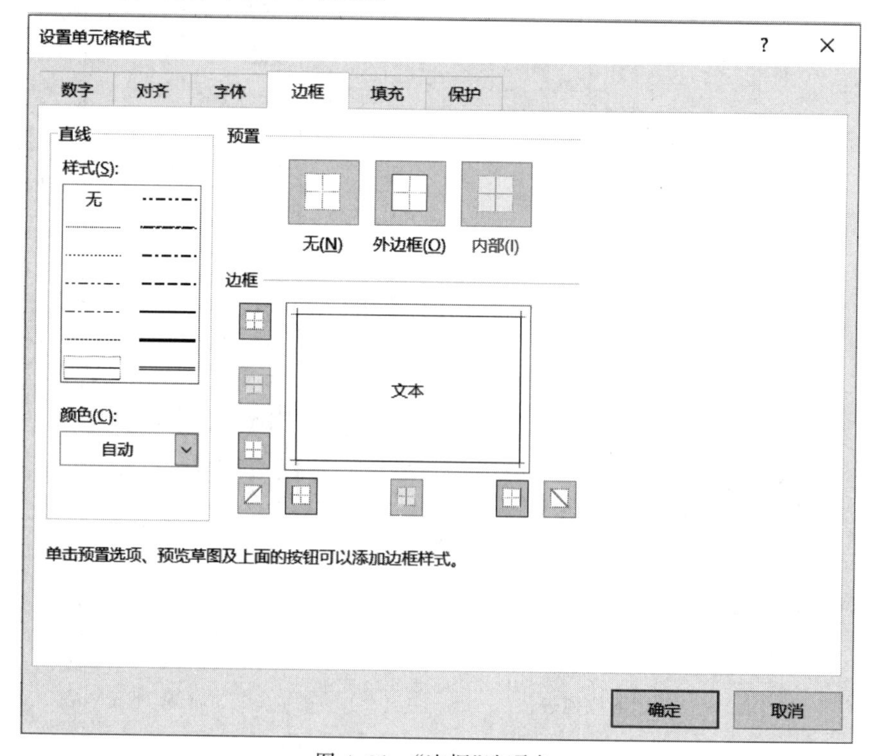

图 4.31 “边框”选项卡

4. 设置表格样式

为电子表格设置合适的样式,可以使表格显得更加美观大方、层次分明。样式中分为“条件格式”设置、“套用表格格式”设置以及“单元格样式”设置。

(1)“条件格式”设置包括“格式化规则”“图形化规则”“规则管理工具”的设置,如图 4.32 所示。“格式化规则”是按规则,用字体格式、单元格格式凸显符合条件的区域。“图形化规则”分别用数据条、色阶、图标集 3 种图形元素,按规则将选区内的数据标示出来。“规则管理工具”可以自定义、清除和编辑规则,修改规则的应用范围。

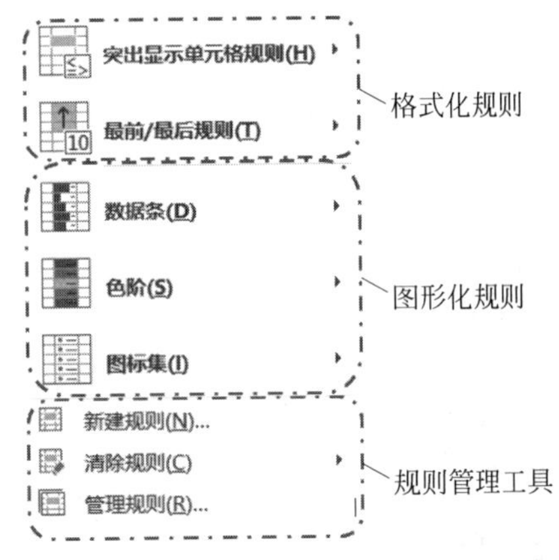

图 4.32 “条件格式”选项卡

(2)“套用表格格式”设置选定需要设置单元格区域,选择“开始”|“样式”|“套用表格格式”选项,选择合适的样式进行设置。

(3)选定需要设置单元格区域。选择“开始”|“样式”|“单元格样式”选项,选择合适的样式进行单元格样式设置。

5. 设置行高和列宽

调整行高和列宽有以下两种方法。

(1)使用鼠标拖动调整。将鼠标指针移动到工作表两个行序号之间,此时鼠标指针变为“一”形且带有上下箭头状态。按住鼠标左键不放,向上或向下拖动,就会缩小或增加行高。放开鼠标左键,则行高调整完毕。调整列宽的方法与调整行高相同。

(2)使用“单元格”组中的“格式”按钮调整。选定要调整列宽或行高的相关列或行,单击“开始”|“单元格”|“格式”按钮右侧的向下箭头,打开下拉列表框,选择“列宽”或“行高”选项,弹出“列宽”或“行高”对话框,在对话框中输入要设定的数值,然后单击“确定”按钮即可。

任务实施

一、启动 Excel

双击打开“‘数读’二十大报告”工作簿。

二、保存工作簿

(1)选择“文件”|“另存为”选项。

(2)在“另存为”对话框中单击“浏览”按钮,选择存储的位置后保存,如图 4.33 所示。

三、设置工作表标签

1. 工作表标签重命名

(1)右击 Sheet1 工作表标签,在弹出的快捷菜单中选择“重命名”选项,修改工作表标签为“‘数读’二十大报告”;用相同的方法将 Sheet2 工作表标签改名为“二十大金句 1”;将 Sheet3 工作表标签改名为“二十大金句 2”。

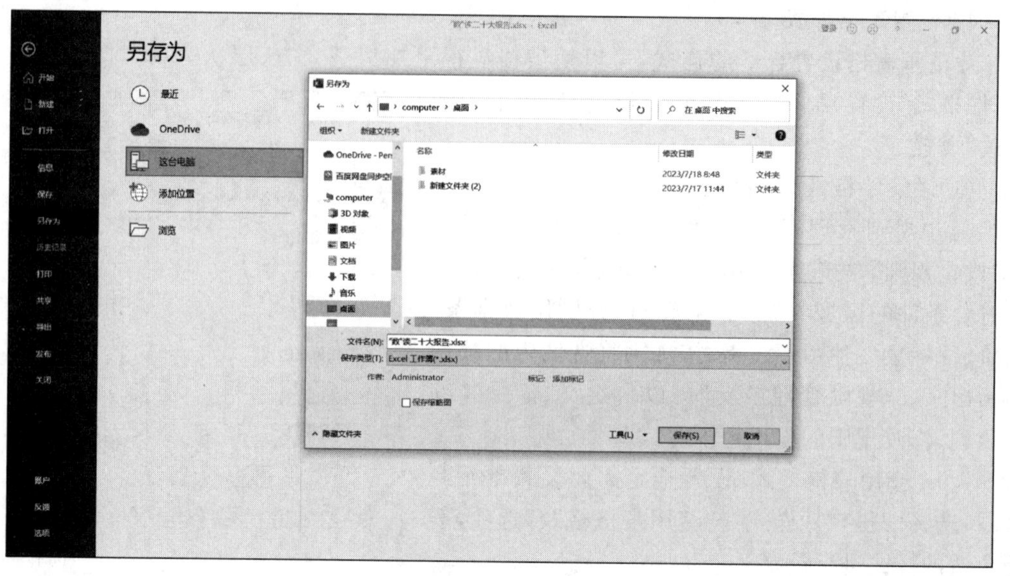

图 4.33 “另存为”对话框

(2) 在工作表标签上双击,当颜色变成深色的时候,即可修改工作表标签名称。

(3) 选择“开始”|“单元格”|“格式”|“组织工作表”|“重命名工作表”选项,对工作表标签进行更名,如图 4.34 所示。

图 4.34 选择“重命名工作表”

2. 设置工作表标签颜色

(1) 右击“‘数读’二十大报告”工作表标签,在弹出的快捷菜单中选择“工作表标签颜色”选项,并将工作表标签设置为蓝色;用相同的方法将“二十大金句 1”工作表标签设置为绿色,将“二十大金句 2”工作表标签设置为紫色。

(2) 选择“开始”|“单元格”|“格式”|“组织工作表”|“工作表标签颜色”选项,按要求进行设置。

四、合并单元格及输入数据

1. 合并单元格

选取合并的单元格区域,将 A1～G1 单元格选中,选择“开始”|“对齐方式”|“合并后居中”选项,如图 4.35 所示。其他区域 A2～B2/C2～G2//C3～G3/C4～G4/…/C17～G17 操作方法与 A1～G1 操作一致。

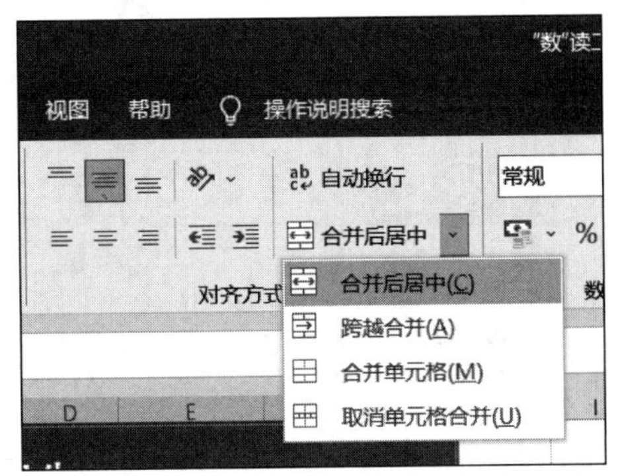

图 4.35 选择“合并后居中”

2. 输入数据

参照图 4.1 输入相应的内容,需要注意的是部分单元格数据格式的设置。

(1) 在 C2 单元格中输入时间,选中 C2 单元格,单击“开始”|“数字”右下角的下拉按钮,选择“数字”|“日期”选项,选择合适的日期格式,如图 4.36 所示。

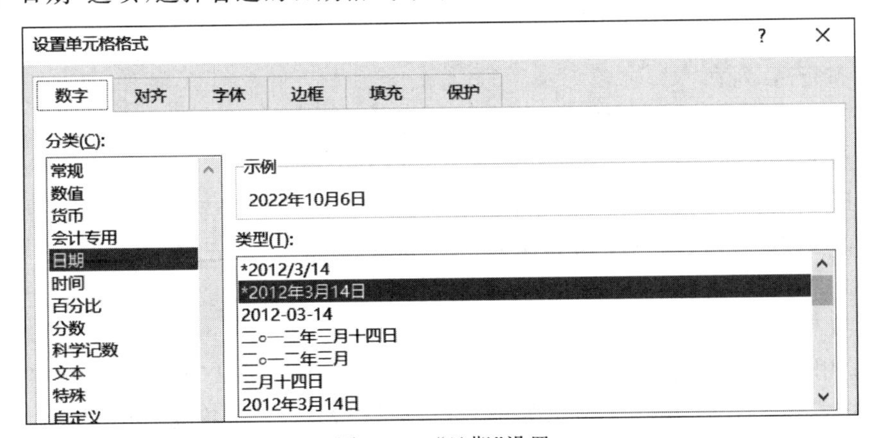

图 4.36 “日期”设置

(2) 在 H7 单元格中输入长数字,需设置其格式为“文本”格式,以确保数字显示正确。选中 H7 单元格,选择“开始”|“数字”右下角的下拉按钮,在“数字”组中选择“文本”选项即可。

(3) C4 单元格是一个合并后的单元格。里面的内容较多,如何将多行文本输入到一个单元格中,可以利用快捷键 Alt+Enter 完成一个单元格内的文本换行,实现多行文本的输入。

五、插入图片及修饰表格

1. 插入图片

选择“插入”|“图片”|“此设备”选项,弹出如图 4.37 所示的对话框,在提供的实例素材

中选择“中国我爱你”图片,将之插入到对应位置并调整图片至合适大小。

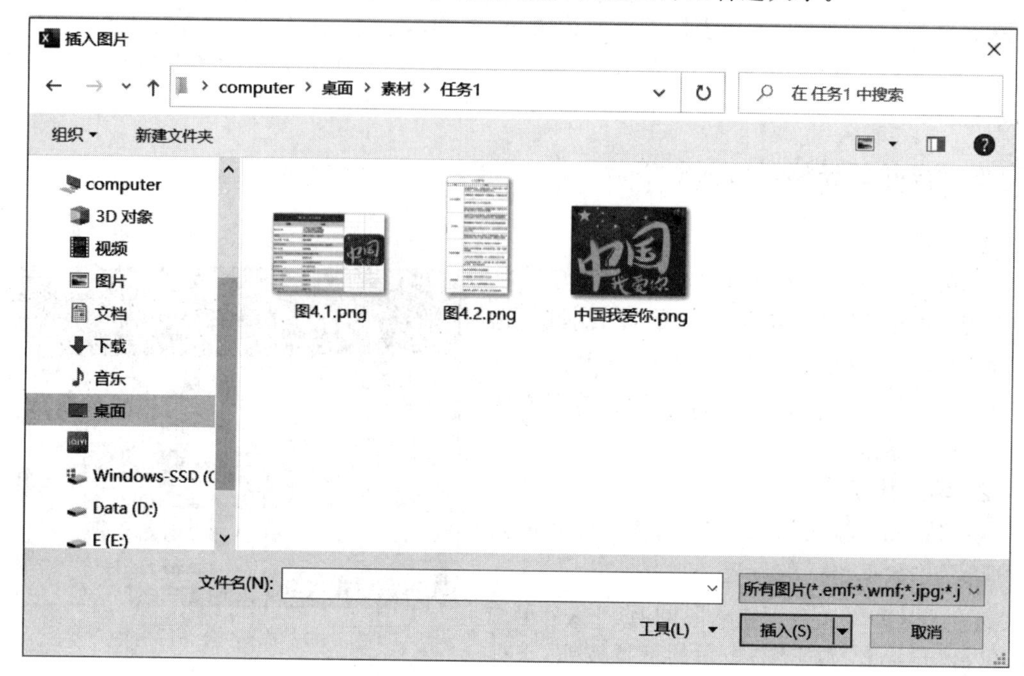

图 4.37 “插入图片”对话框

2. 修饰表格

1) 调整行高/列宽

将光标放置在电子表格的“行号”“列标”之间,拖动鼠标完成高度或宽度的调整。

2) 设置对齐方式

选中 B4:B17 以及 C4:C17 单元格,选择“开始”|“对齐方式”选项,选择“垂直居中”以及“左对齐”实现数据左对齐显示;对其他单元格,选择“开始”|“对齐方式”选项,选择“垂直居中”以及“居中”实现数据居中显示。

3) 设置表格样式

(1) 套用表格格式。选中 A1:G17 单元格。在“开始”|“样式”|“套用表格格式”中,选择喜欢的样式进行设置。设置后在表格上右击,选择“表格”|“转换为区域”选项,对第一行单元格进行微调,如图 4.38 所示。

(2) 边框。选中 A1:G17 单元格,在“开始”|“字体”中单击 ⊞ 图标,选择如图 4.39 所示的“其他边框”选项,弹出如图 4.40 所示对话框,可对表格进行内部及外边框的设置。

六、工作表的操作

1. 新建工作表

(1) 单击工作表标签右侧的 ⊕ 按钮,插入新的工作表。将标签更名为“二十大金句 1”。右击该工作表标签,在弹出的快捷菜单中选择“工作表标签颜色”选项,设置工作表标签颜色为绿色。用相同的方法设置“二十大金句 2”工作表标签为紫色。插入新的工作表,命名为“二十大金句汇总”。

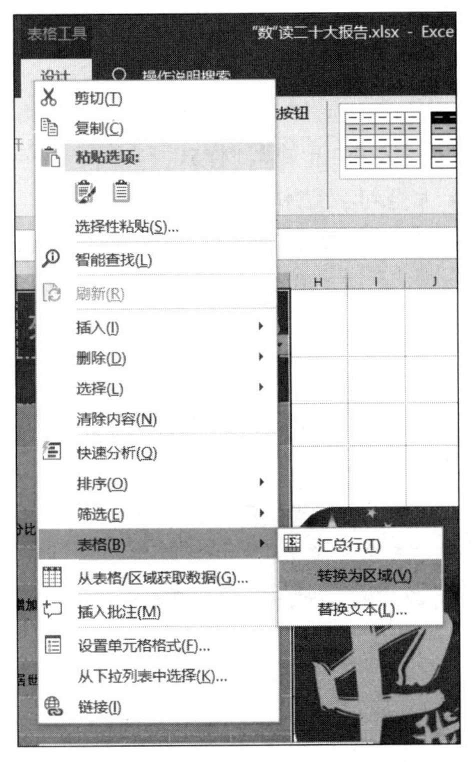

图 4.38 “转换为区域”选项

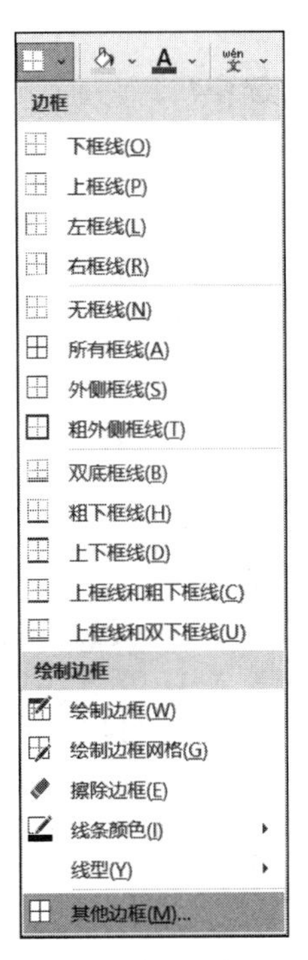

图 4.39 “其他边框”选项

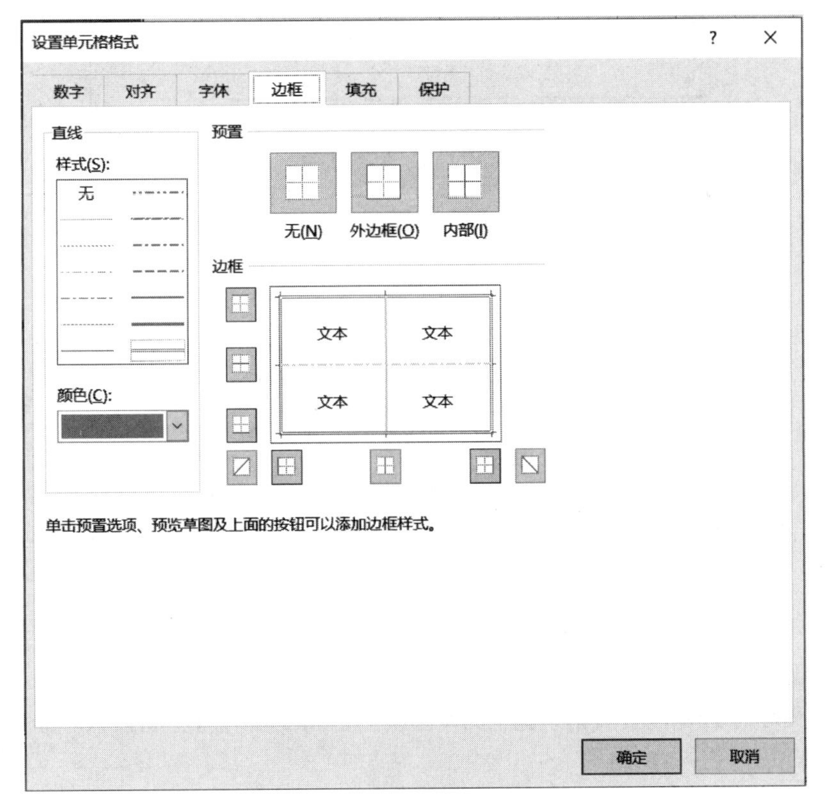

图 4.40 “设置单元格格式”对话框

(2) 按样例对“二十大金句 1”工作表和“二十大金句 2”工作表中的标题单元格(A1:B1)进行合并。

(3) 选中“二十大金句 1”工作表标题 A1 单元格,选择“开始”|“样式”|“单元格样式”中的“标题”|“标题 1”选项。选中 A2:B10 单元格,选择“开始”|“样式”|“单元格样式”中的“标题”|“标题 3”选项。按相同方法设置“二十大金句 2”工作表。

(4) 复制数据。单击“二十大金句 1”工作表标签,单击 ◢ 按钮,选中整个数据区(保证粘贴到目标工作表之后的行高、列宽与“二十大金句 1”工作表一致),按快捷键 Ctrl +C 复制数据区域,单击“二十大金句汇总”工作表的 A1 单元格,利用快捷键 Ctrl+V 粘贴数据,如图 4.41 所示,选择保留原格式粘贴才能保证格式与原始表格一致。单击“二十大金句 2”工作表标签,选中数据区 A2:A10,按快捷键 Ctrl +C 复制数据区域,单击“二十大金句汇总”工作表的 A11 单元格,用快捷键 Ctrl+V 粘贴数据。

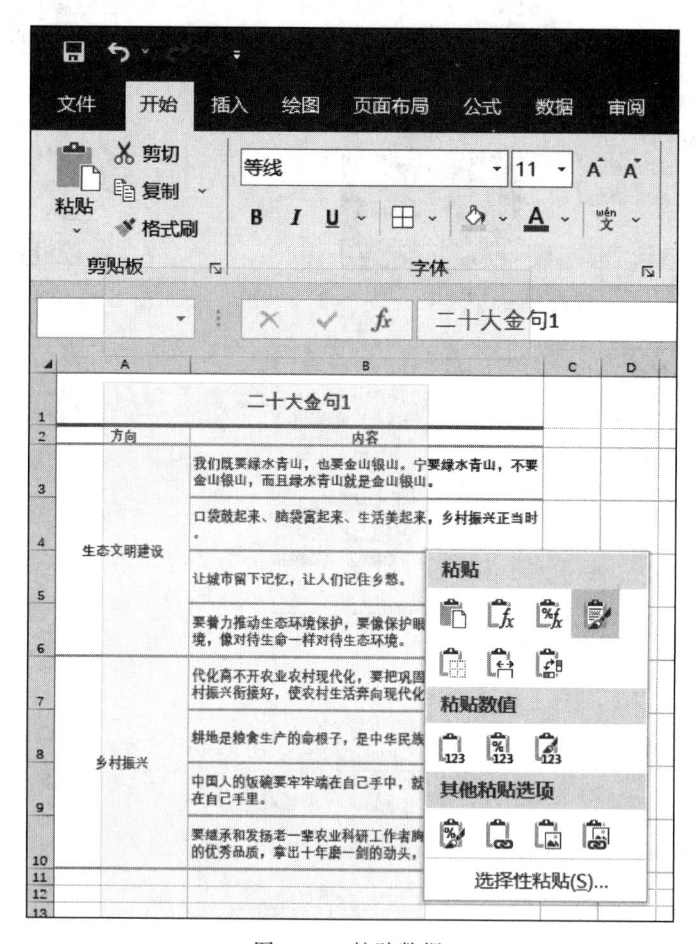

图 4.41 粘贴数据

(5) 更改“二十大金句汇总”工作表中标题行内容为“二十大金句汇总”。

(6) 插入列。在列 A 上右击,选择插入选项,直接在 A 列的左侧插入一个新列。效果如图 4.42 所示。

	A	B	C
1	二十大金句汇总		
2		方向	内容
3	二十大金句1	生态文明建设	我们既要绿水青山，也要金山银山。宁要绿水青山，不要金山银山，而且绿水青山就是金山银山。
4			口袋鼓起来、脑袋富起来、生活美起来，乡村振兴正当时。
5			让城市留下记忆，让人们记住乡愁。
6			要着力推动生态环境保护，要像保护眼睛一样保护生态环境，像对待生命一样对待生态环境。
7		乡村振兴	代化离不开农业农村现代化，要把巩固脱贫攻坚成果和乡村振兴衔接好，使农村生活奔向现代化，越走越有奔头。
8			耕地是粮食生产的命根子，是中华民族永续发展的根基。
9			中国人的饭碗要牢牢端在自己手中，就必须把种子牢牢攥在自己手里。
10			要继承和发扬老一辈农业科研工作者胸怀祖国、服务人民的优秀品质，拿出十年磨一剑的劲头，勇攀农业科技峰。
11	二十大金句2	文化文艺服务	没有中华上下五千年文明，哪里有什么中国特色？
12			用情用力讲好中国故事，向世界展现可信、可爱、可敬的中国形象。
13			艺术可以放飞想象的翅膀，但一定要脚踩坚实的大地。
14			人民是创作的源头活水，只有扎根人民，创作才能获得取之不尽、用之不竭的源泉。
15		科学普及	给孩子们的梦想插上科技的翅膀。
16			在关键领域、卡脖子的地方下大功夫。
17			硬实力、软实力，归根到底要靠人才实力。
18			创新之道，唯在得人。得人之要，必广其途以储之。

图 4.42 “二十大金句汇总”样例

知识拓展

在对较多内容的工作表进行查看和编辑时，可以使用 Excel 中的查找和替换功能，迅速准确地查找和替换所需要的数据内容。选择“开始”|“编辑”|“查找和选择”选项，如图 4.43 所示，可完成查找、替换、定位等相关操作。

一、对工作表数据进行查找

选择“开始”|“编辑”|“查找和选择”选项，弹出“查找和替换”对话框，如图 4.44 所示，单击“选项”按钮则展开高级选项对话框，如图 4.45 所示。

在该对话框中的“查找内容”文本框中输入要查找的数据内容，然后在“范围”“搜索”和“查找范围”下拉列表中设置相应条件进行查询。

图 4.43　“查找和选择”下拉菜单

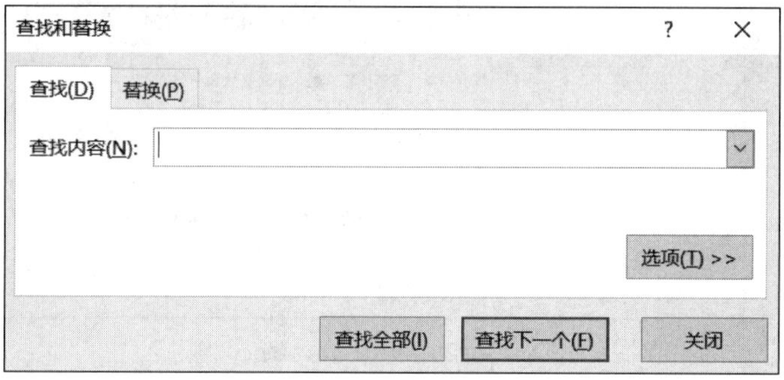

查找和替换　?　×
查找(D)　替换(P)
查找内容(N):
选项(T) >>
查找全部(I)　查找下一个(F)　关闭

图 4.44　“查找和替换”对话框

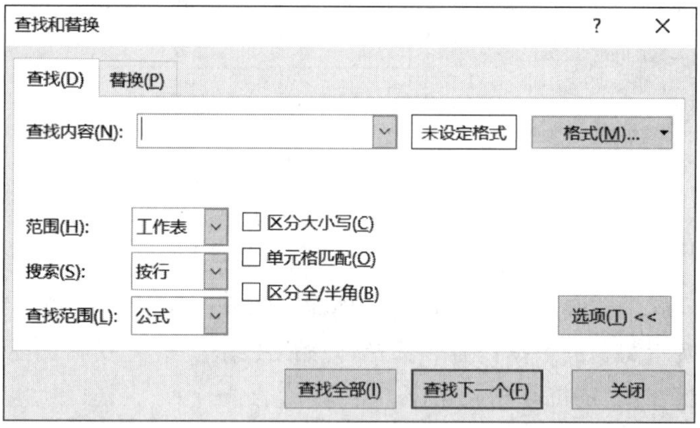

查找和替换　?　×
查找(D)　替换(P)
查找内容(N):　未设定格式　格式(M)...
范围(H):　工作表　☐ 区分大小写(C)
搜索(S):　按行　☐ 单元格匹配(O)
查找范围(L):　公式　☐ 区分全/半角(B)
选项(T) <<
查找全部(I)　查找下一个(F)　关闭

图 4.45　“查找和替换”高级选项对话框(一)

二、对工作表数据进行替换

选择“开始”|“编辑”|“查找和选择”选项，选择“替换”选项。

在该对话框中的“查找内容”文本框中，输入要替换的数据内容，在“替换为”文本框中输入所要替换的数据内容。然后在“范围”“搜索”“查找范围”下拉列表中设置相应条件，单击“全部替换”按钮，将工作表中所有与查找内容相同的数据，替换为“替换为”文本框中所输入的数据。若单击“替换”按钮，则将查找到的当前的数据进行替换，再单击“查找下一个”按钮继续查找，直到所有满足条件的数据都被替换，如图 4.46 所示。

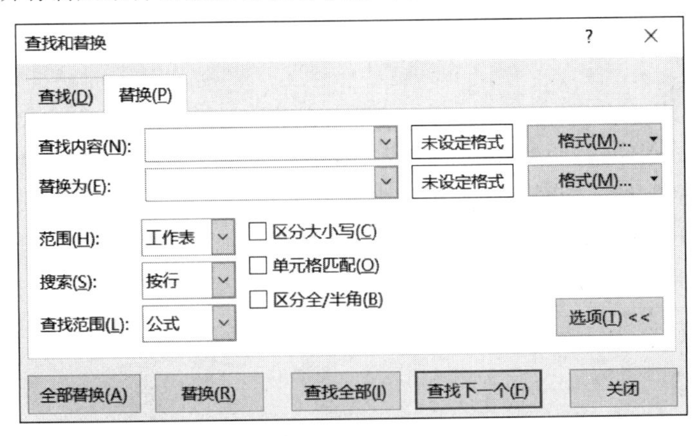

图 4.46 “查找和替换”高级选项对话框(二)

任务二　制作学生成绩统计表

任务描述

小于是一位大学教师，负责 24 级电子信息工程专业学生的成绩管理工作，请根据要求，帮助小于老师对学生成绩进行分析和统计。如图 4.47 所示，原始成绩已经录入到“学生成绩统计表”中，请按要求完成处理后保存文件。

24级电子信息工程专业学生成绩统计表

学号	姓名	外语	高等数学	C++	计算机基础	电子线路	python	电路分析	数字图像处理	总分	平均分	评定	排名
24010201	许湛涵	55	81	95	93	59	90	91	93	93	92	优秀	6
24010202	刘德泽	65	69	77	78	58	97	80	71	57	79	中等	15
24010203	程海韬	94	93	59	90	52	76	56	81	87	56	不及格	30
24010204	冷海荣	63	83	72	70	59	66	83	99	81	98	优秀	1
24010205	陈海霞	78	87	90	85	82	74	68	93	81	64	及格	26
24010206	宋海晨	66	58	54	92	58	66	62	91	52	84	良好	9
24010207	徐翰文	71	78	52	86	76	71	59	96	91	82	良好	12
24010208	陈函亮	84	97	61	73	53	53	68	51	83	63	及格	27
24010209	程函静	74	85	69	56	62	61	62	63	65	83	良好	10
24010210	宋明宇	78	53	65	92	96	61	64	66	97	74	中等	19
24010211	徐涵衍	60	83	96	94	80	54	76	65	57	73	中等	21
24010212	赵浩歌	53	53	84	70	62	100	57	70	86	54	不及格	32
24010213	万浩鹏	89	82	50	81	94	51	81	81	80	57	不及格	29
24010214	徐玛宝	61	75	95	98	98	93	97	97	96	93	优秀	4
24010215	许玛波	74	56	66	75	82	78	83	93	72	52	不及格	34
24010216	彭万里	65	62	59	53	97	77	51	99	87	53	不及格	33
24010217	谢大海	86	57	62	90	89	94	93	51	78	56	不及格	30
24010218	马宏宇	54	67	98	85	65	67	76	68	58	79	中等	15
24010219	林莽	74	81	74	75	50	55	73	60	56	61	及格	28
24010220	黄强辉	98	93	61	73	74	62	66	56	58	90	优秀	8
24010221	章汉夫	97	97	81	80	86	82	81	88	83	82	良好	12
24010222	林君雄	67	68	68	60	94	51	91	66	77	72	中等	22
24010223	朱希亮	72	95	85	87	86	82	80	89	81	78	中等	17
24010224	李四光	60	88	76	83	99	72	56	82	71	75	中等	18
24010225	马继祖	61	75	92	91	86	93	88	80	81	83	良好	10
24010226	程孝先	99	94	96	75	81	79	83	97	74	74	中等	19
24010227	宗敬先	87	67	55	57	95	55	88	57	85	92	优秀	6
24010228	马连良	81	66	84	95	80	66	61	89	57	95	优秀	3
24010229	赵大华	66	59	92	87	64	86	68	60	50	71	中等	23
24010230	安怡孙	55	78	56	90	95	60	93	73	82	69	及格	24
24010231	孙萌	76	63	58	70	54	75	76	62	94	97	优秀	2
24010232	孙韬	72	88	92	79	58	68	53	74	56	93	优秀	4
24010233	孙雪松	73	70	90	88	71	71	75	98	85	66	及格	25
24010234	孙鑫鑫	74	64	55	97	99	74	67	93	74	80	良好	14

科目／统计内容	外语	高等数学	C++	计算机基础	电子线路	python	电路分析	数字图像处理
平均分	73	75	74	81	76	72	74	78
最高分	99	97	98	98	99	100	97	99
最低分	53	53	50	53	50	51	51	51
60分以下人数	4	0	0	0	0	6	6	1
70-80分人数	11	5	4	10	3	10	5	4
及格率	88.24%	82.35%	73.53%	91.18%	73.53%	82.35%	82.35%	88.24%

人数 34

图 4.47 学生成绩统计表样例

(1) 利用 SUM 和 AVERAGE 函数计算每一个学生的总分及平均分。

(2) 利用 IF 函数对计算出的平均分成绩进行评定：平均分成绩 60 分以下为“不及格”、60～70 分(包含 60 分)为“及格”、70～80 分(包含 70 分)为“中等”、80～90 分(包含 80 分)为“良好”、90 分以上(包含 90 分)为“优秀”。

(3) 利用 RANK 函数对该班学生成绩进行排名。

(4) 利用函数计算出每门功课的平均分、最高分、最低分，统计各分数段人数，计算出各科的及格率。

(5) 除“及格率”数据保留百分比两位小数以外，其他数据均保留整数位。所有数据设置对齐方式为“居中”。

任务目标

- ◆ 学会使用基础公式、函数。
- ◆ 掌握单元格地址的相对引用和绝对引用。
- ◆ 学会使用 RANK 函数进行排名。
- ◆ 掌握统计函数的使用。
- ◆ 掌握利用函数实现等级的评定。

知识介绍

Excel 系统具有非常强大的计算功能，公式和函数是电子表格系统的核心内容，利用公式和函数可以完成对工作表中数据的计算，从而提高工作效率。

一、普通公式计算

1. 公式运算符

公式是利用单元格引用地址对存放在单元格中的数据进行计算的等式。所有的公式都是以“=”开头，其后由单元格引用、数值、函数和运算符等构成。在工作表中可以使用公式进行工作表数据的加、减、乘、除等运算。

公式中使用的运算符包含 4 类，分别是算术运算符、比较运算符、文本运算符和引用运算符。

(1) 算术运算符用来进行基本的数学运算，如加、减、乘、除等。

(2) 比较运算符用来比较两个数值的大小，结果返回逻辑值 TRUE 或 FALSE。

(3) 文本运算符利用符号“&”对文本字符串进行连接。

(4) 引用运算符利用符号“：”对单元格或单元格区域进行合并运算。

2. 运算顺序

当公式中存在多种运算符时，就要考虑运算符的运算顺序，即运算符的优先级。根据运算符的级别不同，高优先级的运算符先进行运算，低优先级的运算符后运算，如果在公式中运算符处于同一优先级别，那么按照从左到右的顺序依次进行运算。

运算符按优先级，排列为算术运算符(%、^、*、/、+、-)、文本连接符(&)、关系运算符(=、>、<、>=、<=、<>)。

3. 公式的引用

公式的引用有 3 种方式：相对引用、绝对引用和混合引用。这 3 种方式运用的方法及步骤如下：

(1) 相对引用是指在公式移动或复制时，公式中的单元格引用地址会根据引用的单元之间相对位置的变化而变化。例如，在单元格 K1 中输入公式内容为“=H1+I1+J1”，如图 4.48 所示，将 K1 单元格中的公式复制并粘贴到 L2 单元格后，目标单元格的行号由 1→2，列标由 K→L。行号和列标的相对位置变化均为 1，所以公式变为“=I2+J2+K2”。

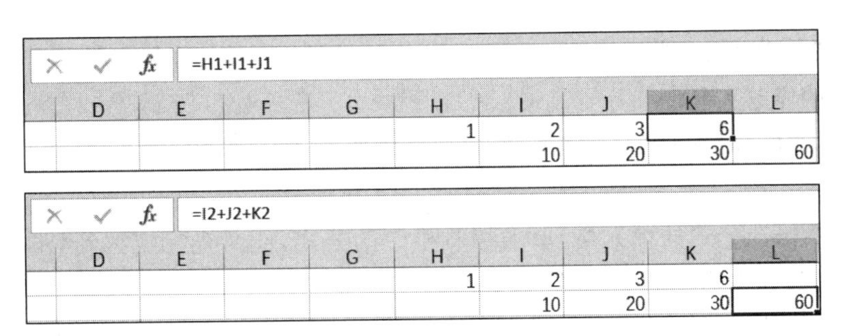

图 4.48　相对引用

（2）绝对引用是指在引用的单元格的行号和列标前加上“＄”（按 F4 键快速实现），在公式移动或复制时，绝对引用的单元格不会随着公式位置的变化而变化。上面的例子中，把 K1 单元格中的公式写成绝对引用“＝＄H＄1＋＄I＄1＋＄J＄1”复制后，在 L2 单元格中进行粘贴，L2 单元格中的公式依然为“＝＄H＄1＋＄I＄1＋＄J＄1”，如图 4.49 所示。

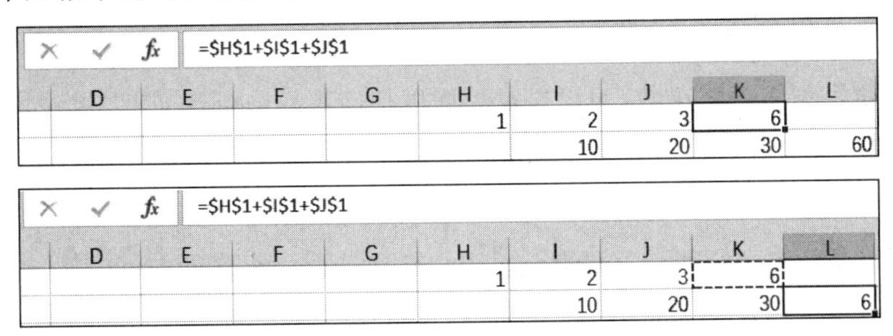

图 4.49　绝对引用

（3）混合引用是指在引用的某个单元格的行号或列标前加上“＄”，在公式移动或复制时，加上“＄”的行号或列标不会随着公式位置的变化而变化，没有“＄”的行号或列标会随着公式位置的变化而改变行或列的相对位置。上例中将 K1 单元格中的公式写成混合引用的形式“＝＄H1＋I＄1＋J1”，目标单元格为 L2，对于没有“＄”的行号和列标要发生相对位置的变换，有“＄”的行号和列标不会发生任何变化，公式变为“＝＄H2＋J＄1＋K2”，如图 4.50 所示。

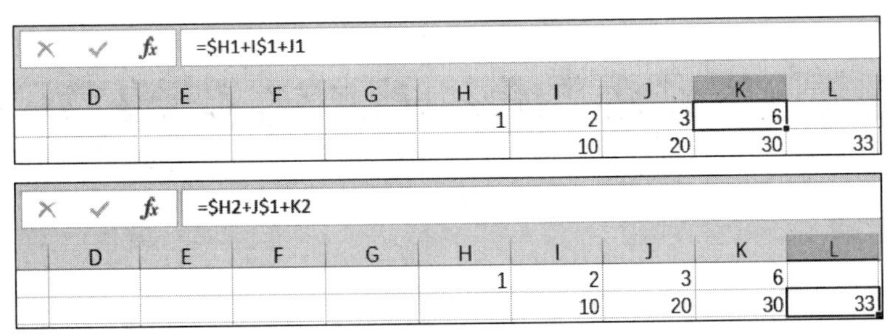

图 4.50　混合引用

3. **公式的录入和删除**

（1）公式的录入。选中要录入公式的单元格，在编辑栏中先输入“＝”，再输入公式，按 Enter 键，完成录入。

（2）公式的删除。选中要删除公式的单元格，选择“开始”|“编辑”|“清除内容”选项，或右击在弹出的快捷菜单中选择“清除内容”选项，即可将所选单元格中的公式清除。或者，选

中要删除公式的单元格，按 Backspace 或 Delete 键即可。

4. 公式的修改和复制

（1）公式的修改。公式输入完成后，可以根据需要对公式进行修改，修改公式的具体方法有以下两种：

① 选中要修改公式的单元格，单击编辑栏中的公式，此时光标定位到公式要修改的位置或按 F2 键，即可对公式进行必要的修改，修改完毕按 Enter 键完成；

② 双击需要修改公式的单元格，使其处于编辑状态，同时在编辑栏中也可看到要修改的公式内容，修改完毕按 Enter 键完成。

（2）公式的复制。复制公式的具体方法有以下两种：选中要复制公式的单元格，选择“开始”|“剪贴板”|“复制”选项，或按快捷键 Ctrl＋C；选中目标单元，选择“开始”|“剪贴板”|“粘贴”选项，或按快捷键 Ctrl＋V，即可将公式从原来的单元格复制到新的单元格中。

二、带有函数的公式计算

Excel 提供了许多内置函数，为用户对数据进行运算和分析带来极大的方便。

函数是预定义的公式。函数的一般格式为

函数名(参数 1,参数 2,…)

其中，参数可以是常量、单元格、区域名、公式或其他函数。参数最多可使用 255 个，总长度不能超过 1024 个字符。

1. “自动求和”按钮

选择“开始”|“编辑”|“自动求和”选项进行求和计算，其下拉列表中还可以进行平均值、计数、最大值、最小值等计算；也可以利用“公式”|“函数库”|“自动求和”按钮进行计算，如图 4.51 所示。

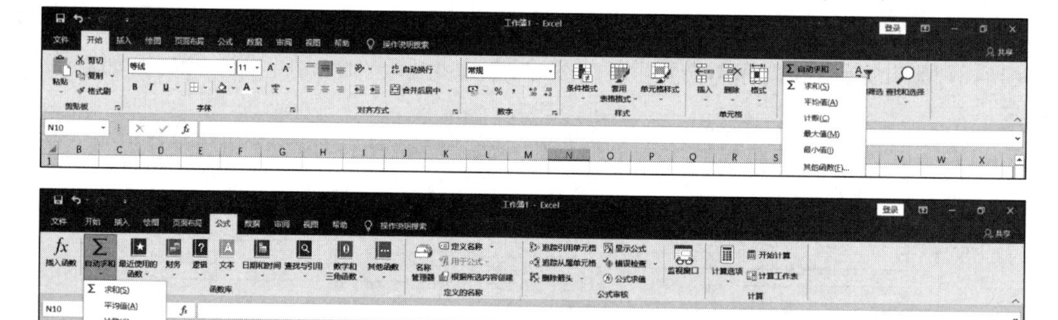

图 4.51 “自动求和”按钮

使用方法如下：

（1）选取求和单元格。

（2）选择“自动求和”选项后，此时的鼠标变为自动拾取求和数据状态，利用鼠标拖动选择求和数据。

（3）按 Enter 键或单击编辑栏前的“✓”按钮。

2. **函数的选择**

在工作表的单元格中设置函数,可以手动输入,也可以利用功能区设置。

(1) 插入函数。选中工作表中需要插入函数的单元格,选择“公式”|“插入函数”选项,出现如图 4.52 所示的对话框。

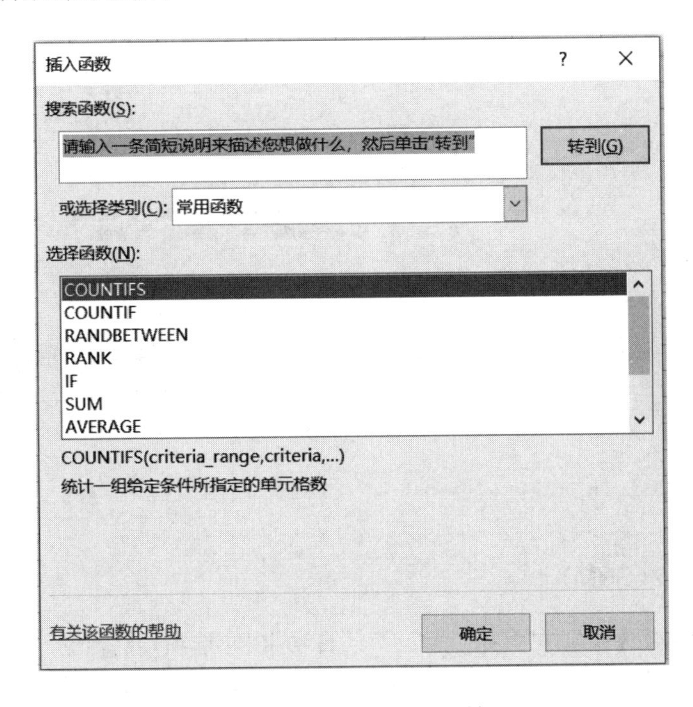

图 4.52 “插入函数”对话框

(2) 选择函数。方法一:在弹出的“插入函数”对话框中,在“搜索函数”文本框中可以输入关于需要函数的说明,单击“转到”按钮进行函数的搜索。也可以在“或选择类别”下拉列表中选择函数的类别,在“选择函数”列表中选择需要的函数,单击“确定”按钮即可;方法二:用函数的开头字母搜索函数。如果记得函数的开头字母,可直接利用键盘输入函数的开头字母,在“选择函数”下拉列表中就会移动锁定到以该字母开头的函数部分。

(3) 在完成函数的选择后,单击“确定”按钮,弹出“函数参数”对话框,即可对函数进行具体设置,如图 4.53 所示,以求和函数 SUM 为例进行说明。

3. **函数的设置**

(1) SUM 区域。Number1、Number2 后的文本框用来输入待求和的数据,SUM 函数允许有最多 255 个求和数据。单击文本框右侧的折叠按钮,“函数参数”对话框被折叠成一条,此时可以通过光标来拾取待求和的数据,其功能等同于 Number1 后的文本输入框功能。

(2) 功能提示区。对应光标出现在“函数参数”对话框中参数的位置,功能提示区会给出该参数的具体功能及相关注意事项。

(3) 计算结果区。准确设置多个参数后,该区会给出函数计算的结果。此时,单击“确定”按钮完成函数计算。

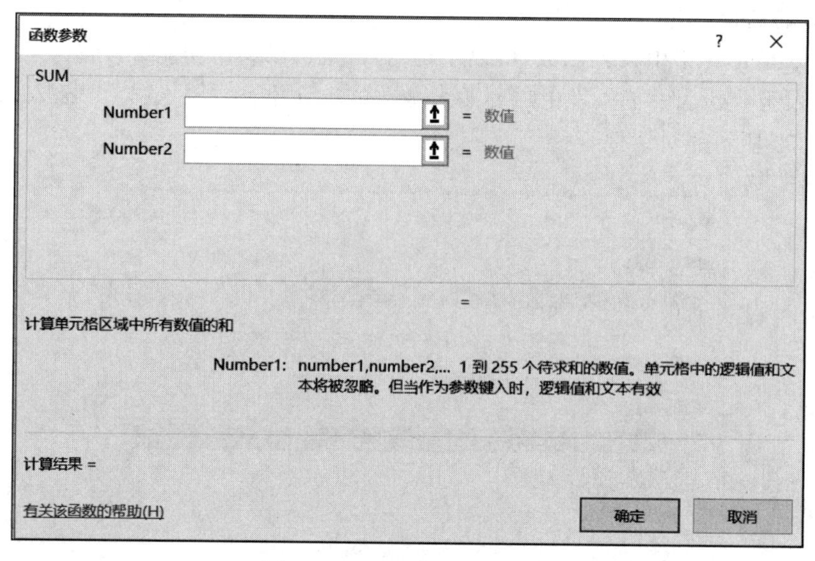

图 4.53 “函数参数”对话框

任务实施

一、计算总分(SUM)

(1) 选中 K3 单元格，选择“开始”|“编辑”|“自动求和”选项，或者选择“公式”|“函数库”|“自动求和”按钮，利用光标拾取数据区域(C3:J3)，按 Enter 键确认公式录入。

(2) 选取 K3 单元格，将鼠标放置在单元格右下角，利用填充句柄拖动至数据末尾，完成自动填充公式。

二、计算平均分(AVERAGE)

(1) 选中 L3 单元格，选择“开始”|“编辑”|“自动求和”选项，或者选择“公式”|“函数库”|“自动求和”按钮，打开下拉列表，选取“平均值”命令，利用光标拾取数据区域(C3:J3)，按 Enter 键确认公式录入。

(2) 选取 K3 单元格，将鼠标指针放置在单元格右下角，利用填充句柄拖动至数据末尾，完成自动填充公式。

素材右侧表格中其他平均分的计算，请参考以上步骤所述。

三、成绩评定(IF)

任务要求：平均分成绩 60 分以下为“不及格”、60～70 分(包含 60 分)为“及格”、70～80 分(包含 70 分)为“中等”、80～90 分(包含 80 分)为“良好”、90 分以上(包含 90 分)为“优秀”。

成绩评定可以用公式实现，一般可以直接在 M3 单元格输入公式：

```
= IF(L3 > = 90,"优秀",IF(L3 > = 80,"良好",IF(L3 > = 70,"中等",IF(L3 > = 60,"及格","不及格"))))
```

注意：公式输入所用符号均为英文符号。

除了直接输入，还可以利用函数窗口实现公式，具体步骤如下：

(1) 选中 M3 单元格，选择“公式”|“插入函数”选项，在弹出“插入函数”对话框中选取 IF 函数，实现成绩评定，如图 4.54 所示。其中，Logical_test 判断条件是否成立；Value_if_true 为当条件成立时的取值；Value_if_false 为当条件不成立时的取值。

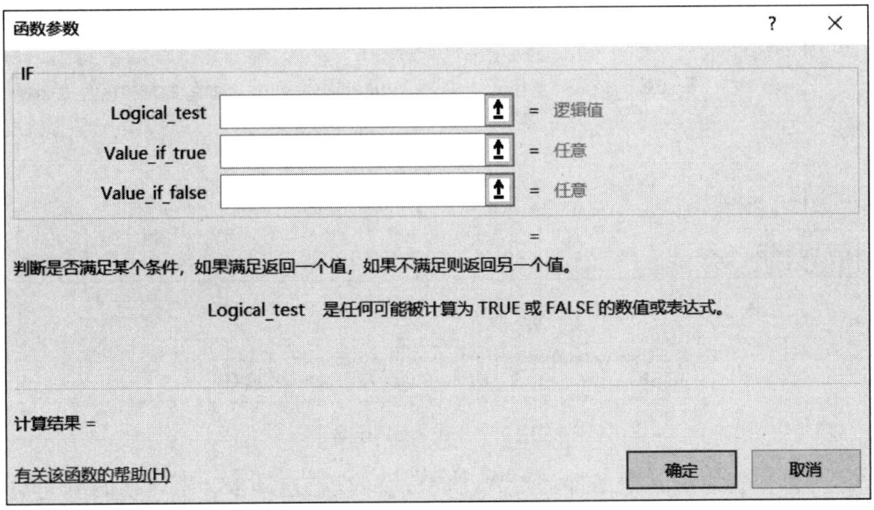

函数参数
?
×
IF
Logical_test
= 逻辑值
Value_if_true
= 任意
Value_if_false
= 任意
=
判断是否满足某个条件，如果满足返回一个值，如果不满足则返回另一个值。
Logical_test 是任何可能被计算为 TRUE 或 FALSE 的数值或表达式。
计算结果 =
有关该函数的帮助(H)
确定
取消

图 4.54 IF 函数参数

(2) 实现将 90 分以上(包含 90 分)设为“优秀”，如图 4.55 所示。

函数参数
?
×
IF
Logical_test
L3>=90
= TRUE
Value_if_true
优秀
=
Value_if_false
= 任意
=
判断是否满足某个条件，如果满足返回一个值，如果不满足则返回另一个值。
Value_if_true 是 Logical_test 为 TRUE 时的返回值。如果忽略，则返回 TRUE。IF 函数最多可嵌套七层。
计算结果 =
有关该函数的帮助(H)
确定
取消

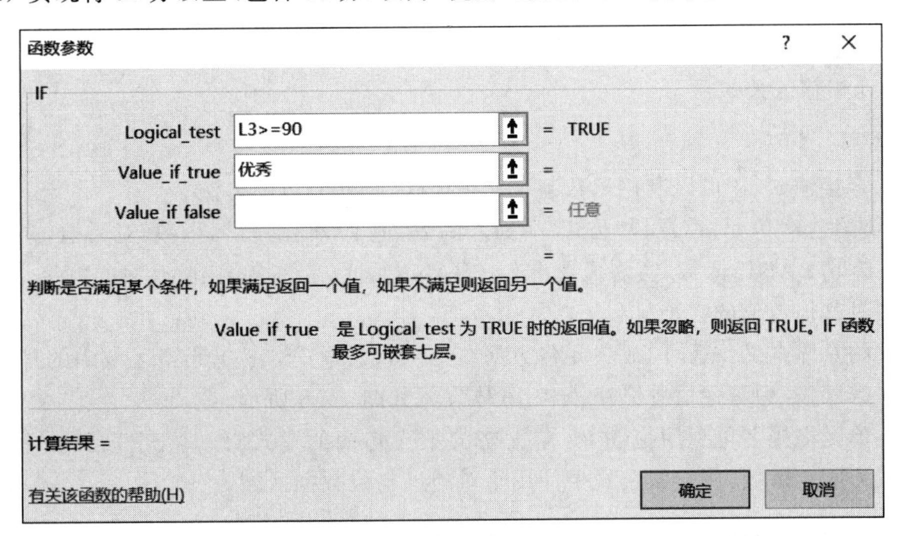

图 4.55 利用 IF 函数实现将 90 分以上(包含 90 分)设为“优秀”

(3) 实现将 80～90 分(包含 80 分)设为“良好”。当“>=90”这个条件不满足时，IF 函数允许嵌套使用。单击名称框 IF ，实现 IF 函数嵌套，如图 4.56 所示。

注意：单击名称框 IF 之后，IF 函数窗格数据不见，并不是之前数据被清除了，而是嵌入到了新的 IF 函数中，如图 4.57 所示。

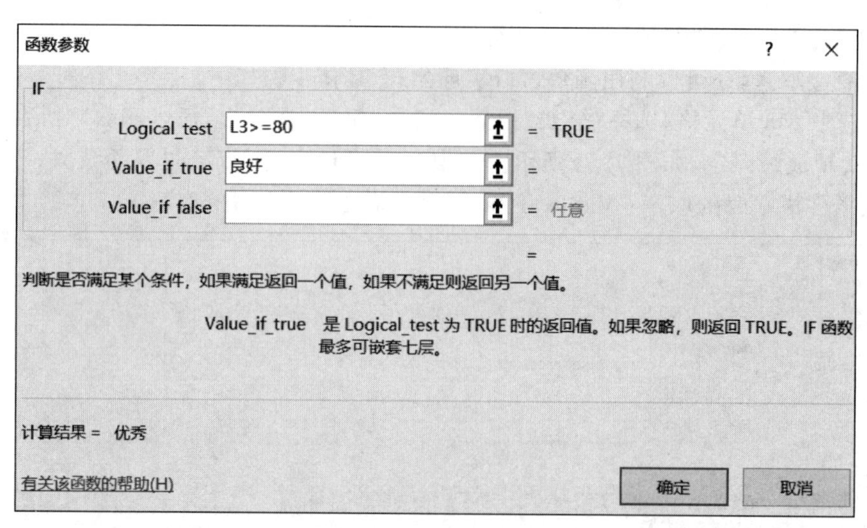

图 4.56　利用 IF 函数实现将 80 分以上(包含 80 分)设为“良好”

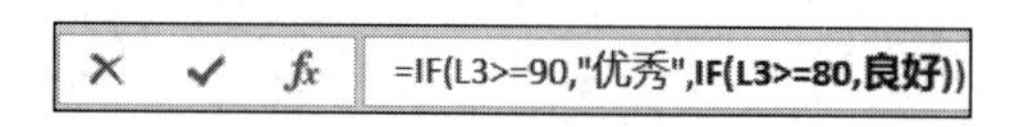

图 4.57　嵌入 IF 函数

可重复上述步骤完成其他条件的设置。完成公式后，拖动 M3 单元格的填充句柄，可以将公式自动填充至数据末尾。

四、计算排名(RANK)

可以根据总分和平均分进行成绩排名，这里选用平均分进行排名操作。一般可以直接在 N3 单元格输入公式：

```
=RANK(L3,$L$3:$L$36,0)
```

除了直接输入，还可以利用函数窗口实现公式，具体有以下方法。

(1) 选中 N3 单元格，选择“公式”|“插入函数”选项，弹出“插入函数”对话框。

(2) 选取 RANK 函数，实现成绩排名。RANK 函数是排名函数，返回的数字是在一列数字中相对其他数值的大小排名。

公式的具体含义：返回 L3 单元格数据在 $L$3：$L$36 单元格区域中的排名，0 含义为降序排序，若为其他值则升序排名，具体设置如图 4.58 所示。

其他单元格排名可利用拖动 L3 单元格的填充句柄的形式自动填充完成，由于进行排位的区域为固定区域，所以该公式中使用绝对地址定位数据区域。

五、计算最大值和最小值(MAX 和 MIN)

1. 计算英语的最高分

计算最高分可以用公式实现，一般可以直接在 Q4 单元格输入公式：

```
=MAX(C3:C36)
```

还可以利用函数窗口实现公式，具体有 3 种方法。

(1) 选取 Q4 单元格，选择“开始”|“编辑”|“自动求和”|“最大值”选项，此时利用光标识

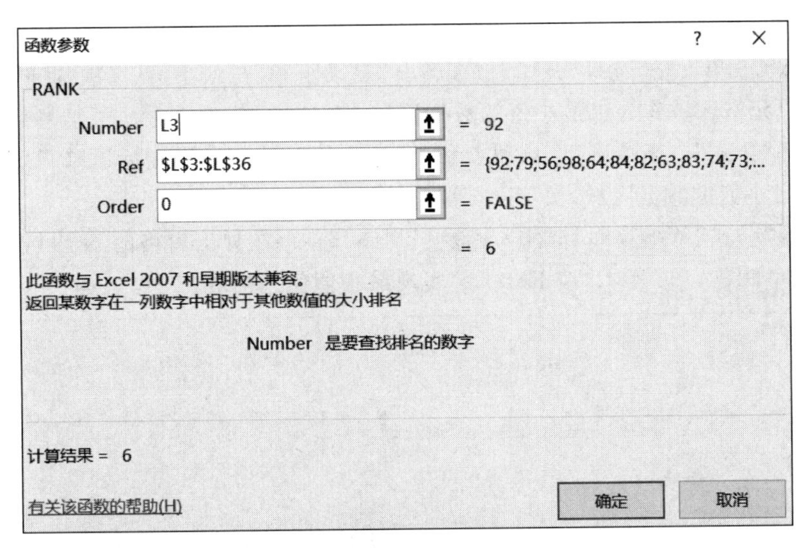

图 4.58 RANK 函数设置

取 C3:C36 单元格区域作为求最大值的数据区域，按 Enter 键实现最大值信息提取。

(2) 选择“公式”|“函数库”|“自动求和”|“最大值”选项，利用光标识取 C3:C36 单元格区域作为求最大值的数据区域，按 Enter 键实现最大值信息提取。

(3) 选择“公式”|“函数库”|“插入函数”|MAX 选项，在弹出窗格的 Number1 编辑框中输入 C3:C36，如图 4.59 所示，按 Enter 键实现最大值信息提取。

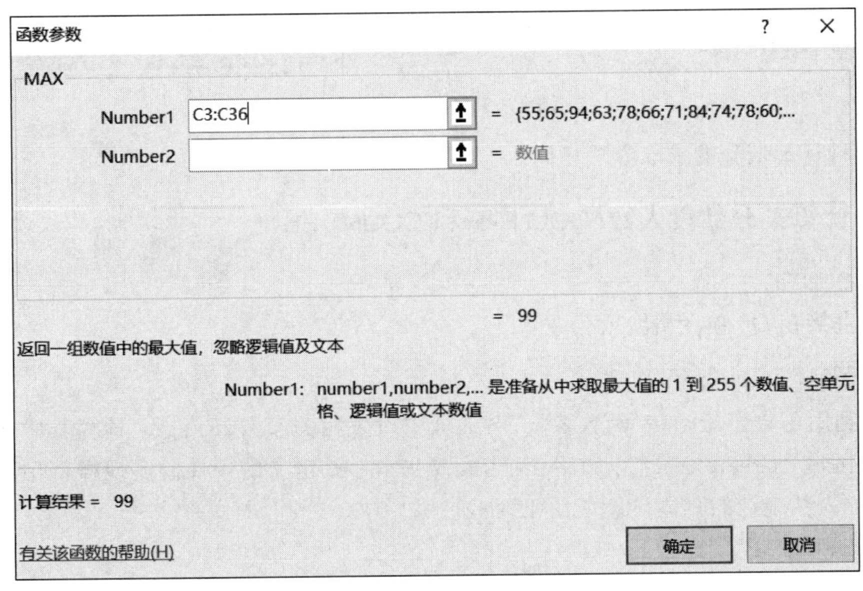

图 4.59 MAX 函数设置

其他科目最高分的求取方法相同。

2. 计算英语的最低分

计算最高分可以用公式实现，一般可以直接在 Q5 单元格输入公式：

```
=MIN(C3:C36)
```

还可以利用函数窗口实现公式，具体有以下3种方法。

（1）选取Q5单元格，选择“开始”|“编辑”|“自动求和”|“最小值”选项，此时利用光标识取C3:C36单元格区域作为求最小值的数据区域，按Enter键实现最小值信息提取。

（2）选择“公式”|“函数库”|“自动求和”|“最小值”选项，利用光标识取C3:C36单元格区域作为求最小值的数据区域，按Enter键实现最小值信息提取。

（3）选择“公式”|“函数库”|“插入函数”|MIN选项，在弹出窗格的Number1编辑框中输入C3:C36，如图4.60所示，按Enter键实现最小值信息提取。

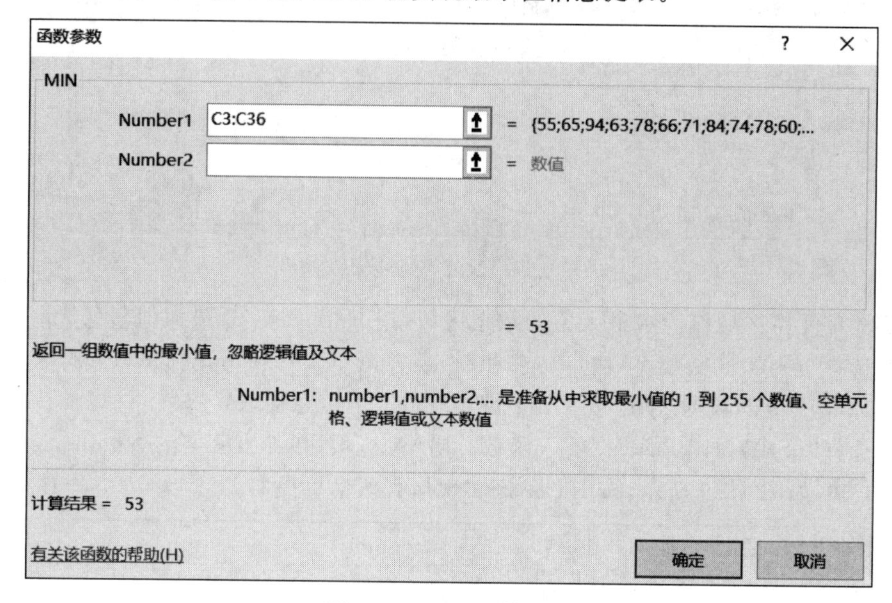

图4.60　MIN函数设置

其他科目最低分的求取方法相同。

六、计算某分数段人数（COUNTIF和COUNTIFS）

1. COUNTIF

（1）直接在Q6单元格输入公式：

```
=COUNTIF(C3:C36,"<60")
```

（2）利用函数窗口。在“函数参数”对话框中设置相关参数，Range：计算其中非空单元格数目的区域；Create real：以数字、表达式或文本形式定义的条件。实现样例中英语成绩小于60分人数统计的具体设置如图4.61所示。

2. COUNTIFS

（1）直接在Q7单元格输入公式：

```
=COUNTIFS(C3:C36,">=70",C3:C36,"<80")
```

（2）利用函数窗口。

Criteria_range1：计算其中非空单元格数目的区域。

Criteria1：以数字表达式或文本形式定义的条件。

Criteria_range2：计算其中非空单元格数目的区域。

函数参数
COUNTIF
Range
C3:C36
= {55;65;94;63;78;66;71;84;74;78;6C
Criteria
<60
=
=
计算某个区域中满足给定条件的单元格数目
Criteria 以数字、表达式或文本形式定义的条件
计算结果 =
有关该函数的帮助(H)
确定
取消

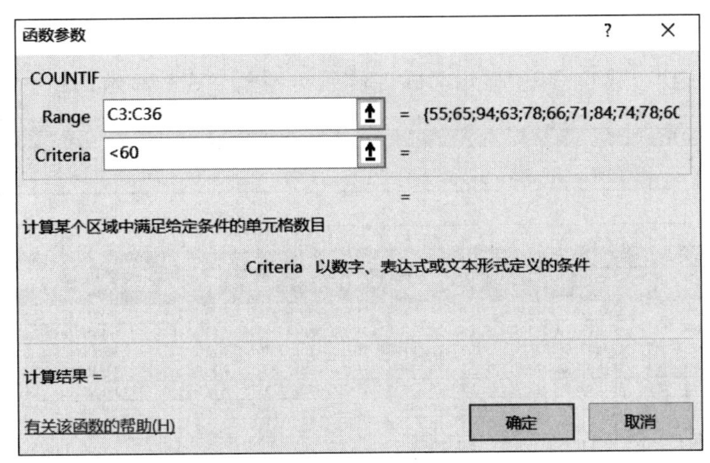

图 4.61 COUNTIF 函数设置

Criteria2：以数字表达式或文本形式定义的条件。

实现样例中英语成绩 70(含)～80(不含)分人数统计的具体设置，如图 4.62 所示。

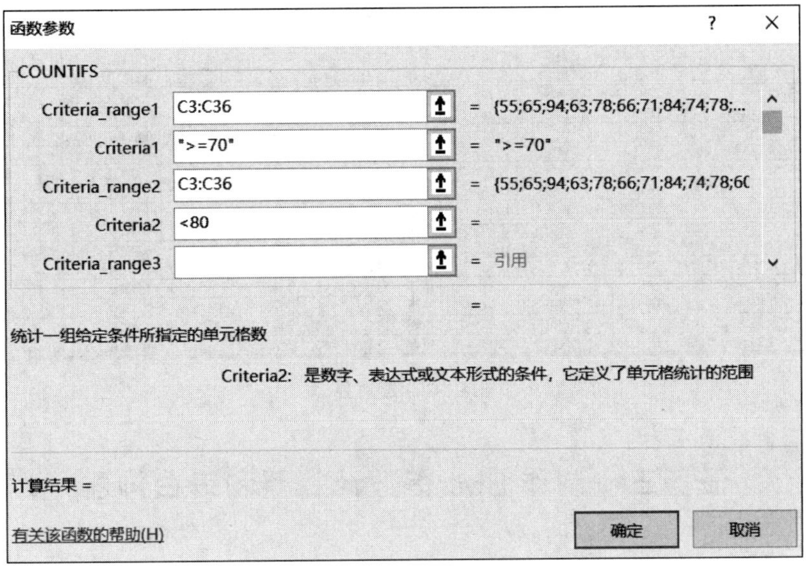

函数参数
COUNTIFS
Criteria_range1
C3:C36
= {55;65;94;63;78;66;71;84;74;78;...
Criteria1
">=70"
= ">=70"
Criteria_range2
C3:C36
= {55;65;94;63;78;66;71;84;74;78;6C
Criteria2
<80
=
Criteria_range3
= 引用
=
统计一组给定条件所指定的单元格数
Criteria2: 是数字、表达式或文本形式的条件，它定义了单元格统计的范围
计算结果 =
有关该函数的帮助(H)
确定
取消

图 4.62 COUNTIFS 函数设置

七、计算及格率

利用公式计算及格率：

及格率＝(总人数－不及格人数)/总人数

其中，样例中总人数为 34 人，不及格人数为“60 分以下人数”，英语不及格人数用公式表示为：(34－Q6)/34，其他科目不及格率与此步骤相同。

知识拓展

公式的显示与隐藏

在公式录入完成后，默认情况下，单元格中显示的是公式的运算结果，而不是所输入的

公式。如果需要在单元格中显示具体的公式内容，可以对单元格进行公式的显示和隐藏的设置，选择“公式”|“公式审核”|“显示公式”选项，可控制公式的显示，如图 4.63 所示。

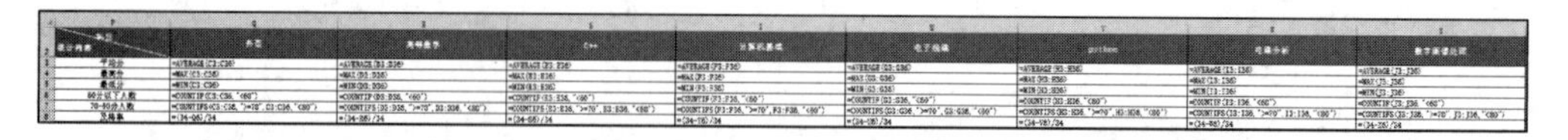

	M	N
2	评定	排名
3	=IF(L3>=90,"优秀",IF(L3>=80,"良好",IF(L3>=70,"中等",IF(L3>=60,"及格","不及格"))))	=RANK(L3,$L$3:$L$36,0)
4	=IF(L4>=90,"优秀",IF(L4>=80,"良好",IF(L4>=70,"中等",IF(L4>=60,"及格","不及格"))))	=RANK(L4,$L$3:$L$36,0)
5	=IF(L5>=90,"优秀",IF(L5>=80,"良好",IF(L5>=70,"中等",IF(L5>=60,"及格","不及格"))))	=RANK(L5,$L$3:$L$36,0)
6	=IF(L6>=90,"优秀",IF(L6>=80,"良好",IF(L6>=70,"中等",IF(L6>=60,"及格","不及格"))))	=RANK(L6,$L$3:$L$36,0)
7	=IF(L7>=90,"优秀",IF(L7>=80,"良好",IF(L7>=70,"中等",IF(L7>=60,"及格","不及格"))))	=RANK(L7,$L$3:$L$36,0)
8	=IF(L8>=90,"优秀",IF(L8>=80,"良好",IF(L8>=70,"中等",IF(L8>=60,"及格","不及格"))))	=RANK(L8,$L$3:$L$36,0)
9	=IF(L9>=90,"优秀",IF(L9>=80,"良好",IF(L9>=70,"中等",IF(L9>=60,"及格","不及格"))))	=RANK(L9,$L$3:$L$36,0)
10	=IF(L10>=90,"优秀",IF(L10>=80,"良好",IF(L10>=70,"中等",IF(L10>=60,"及格","不及格"))))	=RANK(L10,$L$3:$L$36,0)
11	=IF(L11>=90,"优秀",IF(L11>=80,"良好",IF(L11>=70,"中等",IF(L11>=60,"及格","不及格"))))	=RANK(L11,$L$3:$L$36,0)
12	=IF(L12>=90,"优秀",IF(L12>=80,"良好",IF(L12>=70,"中等",IF(L12>=60,"及格","不及格"))))	=RANK(L12,$L$3:$L$36,0)
13	=IF(L13>=90,"优秀",IF(L13>=80,"良好",IF(L13>=70,"中等",IF(L13>=60,"及格","不及格"))))	=RANK(L13,$L$3:$L$36,0)
14	=IF(L14>=90,"优秀",IF(L14>=80,"良好",IF(L14>=70,"中等",IF(L14>=60,"及格","不及格"))))	=RANK(L14,$L$3:$L$36,0)
15	=IF(L15>=90,"优秀",IF(L15>=80,"良好",IF(L15>=70,"中等",IF(L15>=60,"及格","不及格"))))	=RANK(L15,$L$3:$L$36,0)
16	=IF(L16>=90,"优秀",IF(L16>=80,"良好",IF(L16>=70,"中等",IF(L16>=60,"及格","不及格"))))	=RANK(L16,$L$3:$L$36,0)
17	=IF(L17>=90,"优秀",IF(L17>=80,"良好",IF(L17>=70,"中等",IF(L17>=60,"及格","不及格"))))	=RANK(L17,$L$3:$L$36,0)
18	=IF(L18>=90,"优秀",IF(L18>=80,"良好",IF(L18>=70,"中等",IF(L18>=60,"及格","不及格"))))	=RANK(L18,$L$3:$L$36,0)
19	=IF(L19>=90,"优秀",IF(L19>=80,"良好",IF(L19>=70,"中等",IF(L19>=60,"及格","不及格"))))	=RANK(L19,$L$3:$L$36,0)
20	=IF(L20>=90,"优秀",IF(L20>=80,"良好",IF(L20>=70,"中等",IF(L20>=60,"及格","不及格"))))	=RANK(L20,$L$3:$L$36,0)
21	=IF(L21>=90,"优秀",IF(L21>=80,"良好",IF(L21>=70,"中等",IF(L21>=60,"及格","不及格"))))	=RANK(L21,$L$3:$L$36,0)
22	=IF(L22>=90,"优秀",IF(L22>=80,"良好",IF(L22>=70,"中等",IF(L22>=60,"及格","不及格"))))	=RANK(L22,$L$3:$L$36,0)
23	=IF(L23>=90,"优秀",IF(L23>=80,"良好",IF(L23>=70,"中等",IF(L23>=60,"及格","不及格"))))	=RANK(L23,$L$3:$L$36,0)
24	=IF(L24>=90,"优秀",IF(L24>=80,"良好",IF(L24>=70,"中等",IF(L24>=60,"及格","不及格"))))	=RANK(L24,$L$3:$L$36,0)
25	=IF(L25>=90,"优秀",IF(L25>=80,"良好",IF(L25>=70,"中等",IF(L25>=60,"及格","不及格"))))	=RANK(L25,$L$3:$L$36,0)
26	=IF(L26>=90,"优秀",IF(L26>=80,"良好",IF(L26>=70,"中等",IF(L26>=60,"及格","不及格"))))	=RANK(L26,$L$3:$L$36,0)
27	=IF(L27>=90,"优秀",IF(L27>=80,"良好",IF(L27>=70,"中等",IF(L27>=60,"及格","不及格"))))	=RANK(L27,$L$3:$L$36,0)
28	=IF(L28>=90,"优秀",IF(L28>=80,"良好",IF(L28>=70,"中等",IF(L28>=60,"及格","不及格"))))	=RANK(L28,$L$3:$L$36,0)
29	=IF(L29>=90,"优秀",IF(L29>=80,"良好",IF(L29>=70,"中等",IF(L29>=60,"及格","不及格"))))	=RANK(L29,$L$3:$L$36,0)
30	=IF(L30>=90,"优秀",IF(L30>=80,"良好",IF(L30>=70,"中等",IF(L30>=60,"及格","不及格"))))	=RANK(L30,$L$3:$L$36,0)
31	=IF(L31>=90,"优秀",IF(L31>=80,"良好",IF(L31>=70,"中等",IF(L31>=60,"及格","不及格"))))	=RANK(L31,$L$3:$L$36,0)
32	=IF(L32>=90,"优秀",IF(L32>=80,"良好",IF(L32>=70,"中等",IF(L32>=60,"及格","不及格"))))	=RANK(L32,$L$3:$L$36,0)
33	=IF(L33>=90,"优秀",IF(L33>=80,"良好",IF(L33>=70,"中等",IF(L33>=60,"及格","不及格"))))	=RANK(L33,$L$3:$L$36,0)
34	=IF(L34>=90,"优秀",IF(L34>=80,"良好",IF(L34>=70,"中等",IF(L34>=60,"及格","不及格"))))	=RANK(L34,$L$3:$L$36,0)
35	=IF(L35>=90,"优秀",IF(L35>=80,"良好",IF(L35>=70,"中等",IF(L35>=60,"及格","不及格"))))	=RANK(L35,$L$3:$L$36,0)
36	=IF(L36>=90,"优秀",IF(L36>=80,"良好",IF(L36>=70,"中等",IF(L36>=60,"及格","不及格"))))	=RANK(L36,$L$3:$L$36,0)

图 4.63　公式显示

任务三　制作 BMI 指数计算器和表白神器

任务描述

1. 制作 BMI 计算器

身体质量指数(Body Mass Index，BMI)简称体质指数又称体重指数，是用体重公斤数除以身高米数平方得出的数字，是目前国际上常用的衡量人体胖瘦程度以及是否健康的一种标准。当需要比较及分析一个人的体重及身高所带来的健康影响时，BMI 值是一个中立而可靠的指标。

当今社会人们很容易对自己的身材产生焦虑，可以通过 BMI 指数计算器计算自己的 BMI 指数，从而判断是否在正常的指数范围内，不要盲目减肥，以免影响健康。

制作 BMI 计算器(肥胖程度计算)，BMI 的计算公式为

BMI＝体重(kg)/ 身高(m) 的平方

其中，BMI 为 18～25 时为正常体重；BMI＜18 时为偏瘦；BMI＞25 时为超重。

制作 BMI 计算器的具体步骤如下：

(1) 首先打开原始文件“肥胖程度计算. xlsx”。

(2) 计算 BMI,即

BMI(B5) = 体重(B2) ÷ 身高(B3) 的平方

(3) 18<B5<25 时返回 Sheet2 工作表中 A3 单元格的内容；B5<18 时返回 Sheet2 工作表中 A2 单元格的内容；B5>25 时返回 Sheet2 工作表中 A4 单元格的内容。

建议：18<B5<25 时返回 Sheet2 工作表中 B3 单元格的内容；B5<18 时返回 Sheet2 工作表中 B2 单元格的内容；B5>25 时返回 Sheet2 工作表中 B4 单元格的内容，如图 4.64 所示。

	A	B
1	肥胖程度	建议
2	偏瘦	您太累了，请注意饮食，加强锻练呀!
3	正常	您的体重完全正常，请继续保持!
4	超重	您超重了，请注意饮食，加强锻练，否则容易往肥胖方向发展!
5		
6		
7	1. 体重指数=体重(kg)/身高的平方	
8	2. 正常体重指数：18~25	
9	偏瘦体重指数：<18	
10	超重体重指数：>25	
11		
12		
13		
14		
15		
16		

	A	B
1	肥胖程度计算(BMI指数计算器)	
2	请输入您的体重（kg）:	55
3	请输入您的身高（m）:	1.67
4	标准体重指数:	18—25
5	您的体重指数（BMI）:	19.72103697
6	体重情况	正常
7	我们的建议:	您的体重完全正常，请继续保持!
8	对测试结果，您是否满意？	非常满意

图 4.64 BMI 指数计算器

2. 制作“表白神器”

制作如图 4.65 所示的“表白神器”，按 F9 键，可实现实时变化。

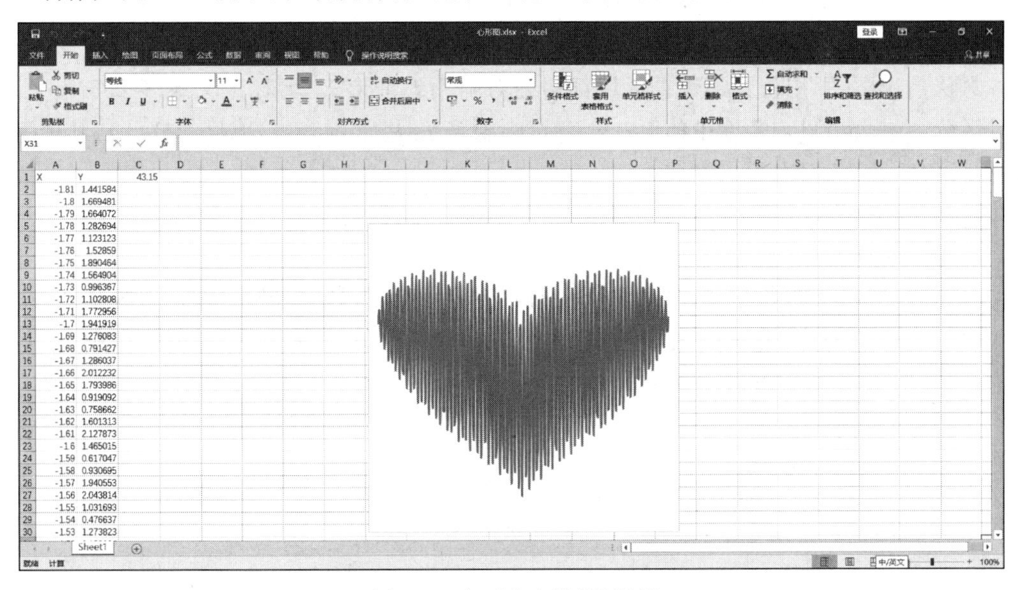

图 4.65 “表白神器”样例

任务目标

◆ 掌握 VLOOKUP 函数。
◆ 学会利用数据验证“限制输入”。
◆ 了解 POWER、SIN 函数。
◆ 了解迭代的概念。

知识介绍

一、定义和使用名称

在 Excel 中代表单元格区域公式或常量值的单词或字符串都可以定义为名称。使用名称可使公式更加容易理解和维护，在工作簿中使用名称的做法可轻松地更新审核和管理这些名称。

1. 定义名称

定义名称的方法如下。

1）鼠标快捷方法

(1) 利用光标拖动，选取数据区域。

(2) 在已选数据区域中右击，在弹出的快捷菜单中选择“定义名称”选项。

(3) 弹出“新建名称”对话框，在“名称”文本框中输入名称，选择适合的范围，单击“确定”按钮即可。

2）功能组方法

(1) 利用光标拖动选取数据区域。

(2) 选择“公式”|“定义的名称”|“定义名称”选项。

(3) 弹出“新建名称”对话框，进行相应的设置即可。

默认情况下，引用位置的数据区域都用绝对引用地址形式，名称定义最多 255 个字符，并且区分字母大小写。名称中的第一个字符必须是字母、下画线(_)或反斜杠(\)，其余字符可以是字母、数字、句点和下画线。

算术运算符用来进行基本的数学运算，如加、减、乘、除等。

2. 使用名称

可以通过“定义的名称”组对工作簿中的名称进行新建、修改、删除、使用等操作。

(1) 选择“公式”|“定义的名称”|“名称管理器”选项，“名称管理器”对话框如图 4.66 所示，在对话框中可完成“新建”“编辑”“删除”名称的各项操作。

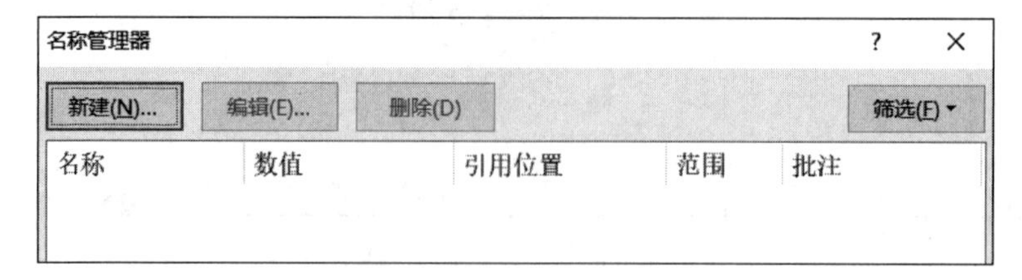

图 4.66 “名称管理器”对话框

（2）选择“公式”|“定义的名称”|“用于公式”选项，可将已定义的名称应用于公式、函数中，既方便了公式引用数据，又方便了数据的更新。

二、迭代

迭代运算即引用自身进行反复计算。其中迭代次数就是重复计算多少次。

以一个简单例子帮助理解什么是迭代次数。

（1）选择“文件”|“选项”|“公式”选项，选中“启用迭代计算”复选框，“最多迭代次数”设置为 3，如图 4.67 所示。

图 4.67 设置迭代参数

（2）在 A1 单元格输入公式：“=A1+6”=A1+6，按 Enter 键确定，A1 单元格得到结果为 18。因为将“最多迭代次数”设置为 3，所以此公式每次会计算 3 次。因为 A1 单元格的初始值是 0，当迭代次数为 1 时，结果为 0+6；当迭代次数为 2 时，结果为 0+6+6，当迭代次数为 3，结果为 0+6+6+6，因此结果为 18。

任务实施

一、制作 BMI 计算器

BMI 计算器的实现步骤具体如下。

1. 基础表格

按照样例完成“BMI 指数计算器”工作表以及 Sheet2 工作表内的基础信息内容，如图 4.68 所示。根据实际情况输入 B2、B3 单元格内容。

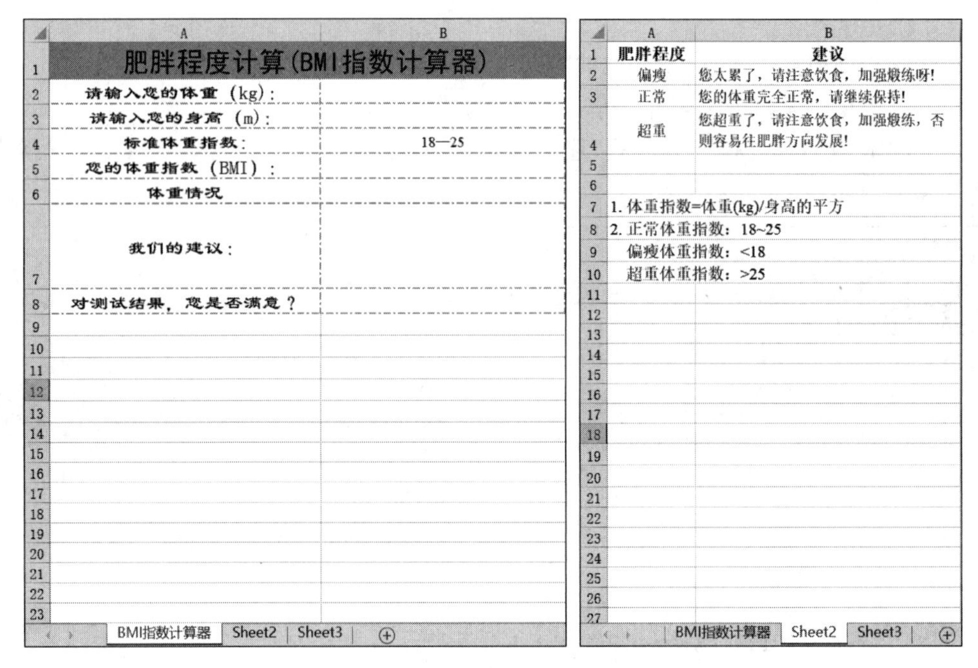

图 4.68 “BMI 指数计算器”基础表格

2. BMI 指数计算结果——B5 单元格内容的输入

选中 B5 单元格，根据 BMI 指数公式“=体重(kg)/身高(m)的平方”，在 B5 单元格中输入“=B2/B3^2”或者“=B2/(B3 * B3)”。

3. 体重情况——B6 单元格内容的输入

选中 B6 单元格，在单元格中输入：

```
= IF(B5 > 25,Sheet2!A4,IF(BMI 指数计算器!B5 < 18,Sheet2!A2,IF(B5 > 18,Sheet2!A3)))
```

4. 我们的建议——B7 单元格内容的输入

方法一是利用 IF 函数，选中 B7 单元格，在单元格中输入：

```
= IF(B5 < 18,Sheet2!B2,IF(B5 <= 25,Sheet2!B3,IF(B5 > 25,Sheet2!B4)))
```

方法二是利用 VLOOKUP 函数，选取 Sheet2 工作表中的 A2:B4 单元格区域，在选定区域内右击，在弹出的快捷菜单中选择“定义名称”选项，弹出“新建名称”对话框，取名为“建议”并确定即可。

VLOOKUP 函数的设置有两种方式。

(1) 手动输入，直接输入以下公式：

```
= VLOOKUP(B6,建议,2,FALSE)
```

(2) 在“函数参数”对话框中设置相关参数。其中，Lookup_value 参数设置在表格或区域的第一列中搜索的值。Table_array 参数设置包含数据的单元格区域。Col_index_num 参数返回 Table_array 匹配值的列号，Col_index_num 参数为 1 时，返回 Table_array 第一列中的值；为 2 时，返回 Table_array 第二列中的值，以此类推。Range_lookup 参数表示是否精确匹配。VLOOKUP 函数的具体设置如图 4.69 所示。

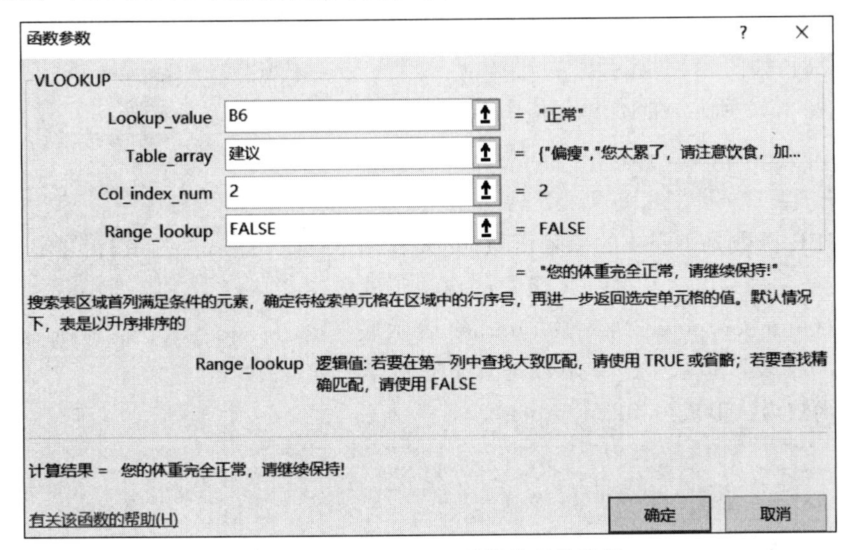

图 4.69 VLOOKUP 函数的具体设置

5. 测试结果调查——B8 单元格内容的输入

选中 B6 单元格，选择“数据”|“数据工具”|“数据验证”选项，弹出“数据验证”对话框，在“设置”|“验证条件”|“允许”选项下拉列表中选择“序列”。“来源”填写“非常满意，一般满意，不满意”。完成设置后，单击“确定”按钮即可实现限定输入，如图 4.70 所示。

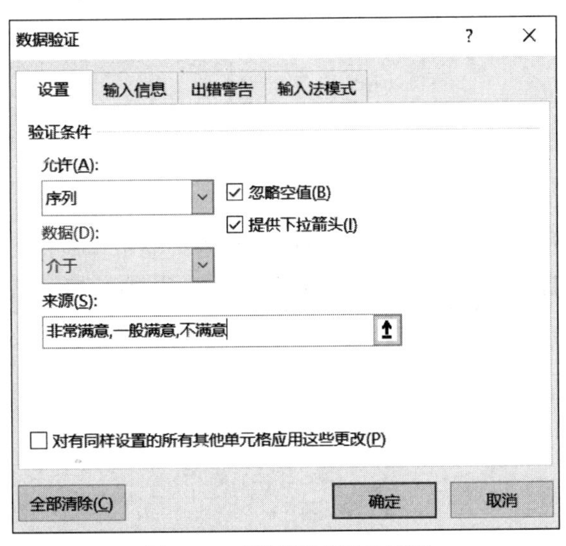

图 4.70 “数据验证”对话框

注意：“非常满意，一般满意，不满意”中间的“,”为英文模式。

二、制作表白神器

(1) 在 A1 单元格输入 X；在 B1 单元格输入 Y；

(2) 在 A2 单元格输入－1.81；

(3) 选中 A2 单元格，选择“开始”|“编辑”|“填充”|“序列”选项，选中“列”以及“等差序列”单选按钮，在“步长值”文本框中输入 0.01，在“终止值”文本框中输入 1.81，如图 4.71 所示。

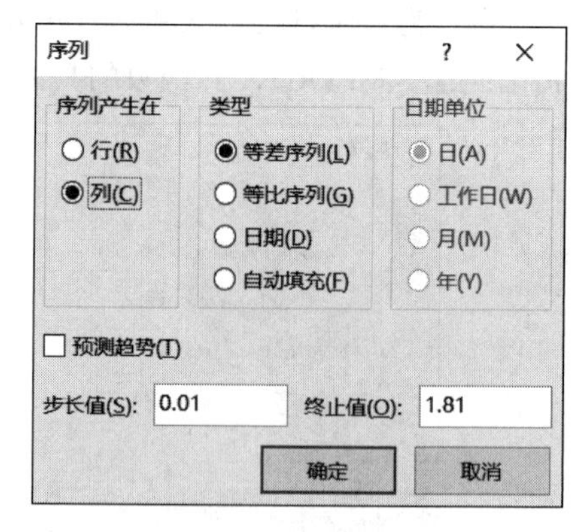

图 4.71 “序列”设置

(4) 如图 4.72 所示，在 B2 单元格中输入公式：

```
=(A2^2)^(1/3)+0.9*POWER(3.3-A2^2,0.5)*SIN
($C$1*PI()*A2)
```

其中，POWER 函数是 Excel 的求幂函数，主要作用是返回给定数字的乘幂。POWER 函数的语法形式为 POWER(number, power)，参数 number 表示底数，参数 power 表示指数。SIN 函数是计算正弦值函数，SIN 函数语法形式为 sin(number)。

B2 =(A2^2)^(1/3)+0.9*POWER(3.3-A2^2,0.5)*SIN($C$1*PI()*A2)

	A	B	C	D	E	F	G	H	I
1	X	Y	43.15						
2	-1.81	1.441584							

图 4.72 B2 单元格中输入公式

(5) 选取 B2 单元格将鼠标指针放置在单元格右下角，利用填充句柄拖动到数据末尾完成自动数据填充。

(6) 迭代。选择“文件”|“选项”|“公式”，选中“启用迭代计算”复选框，“最多迭代次数”设置为 1，如图 4.73 所示。在 C1 单元格输入公式“=C1+0.05”，如图 4.74 所示。

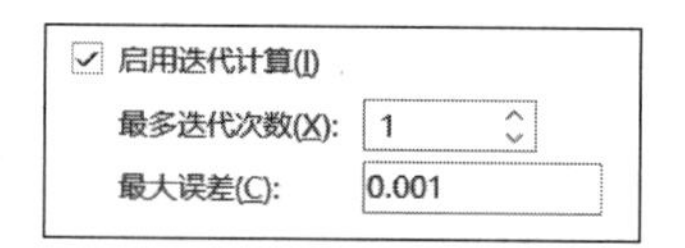

图 4.73 选中“启用迭代计算”复选框

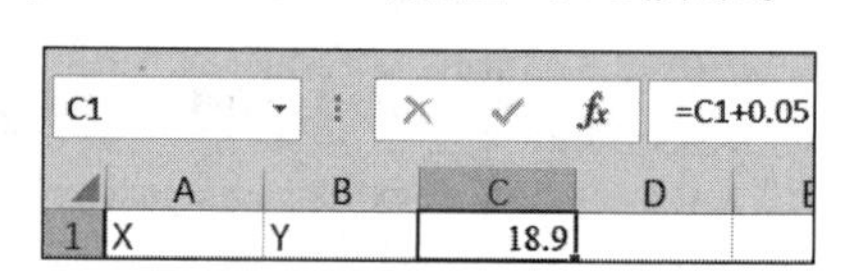

图 4.74 输入迭代公式

(7) 选择 Y 列数据：选择|“插入”|“图标”|“插入折线图或面积图”，如图 4.75 所示。

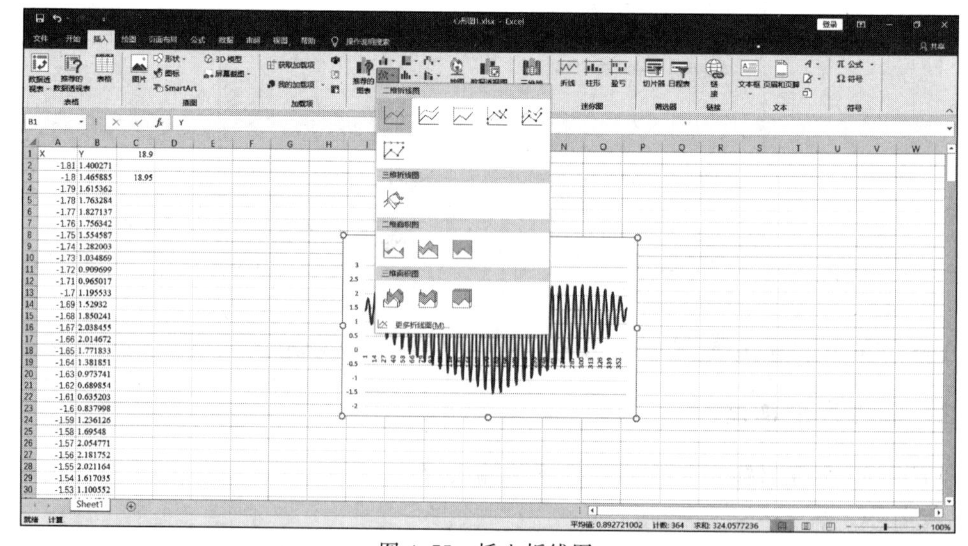

图 4.75 插入折线图

(8) 选中心形图，右击，在弹出的快捷菜单中将“坐标轴”“图表标题”以及“网格线”前“√”取消掉，调整绘图区大小(使其更接近心形)如图 4.76 所示。

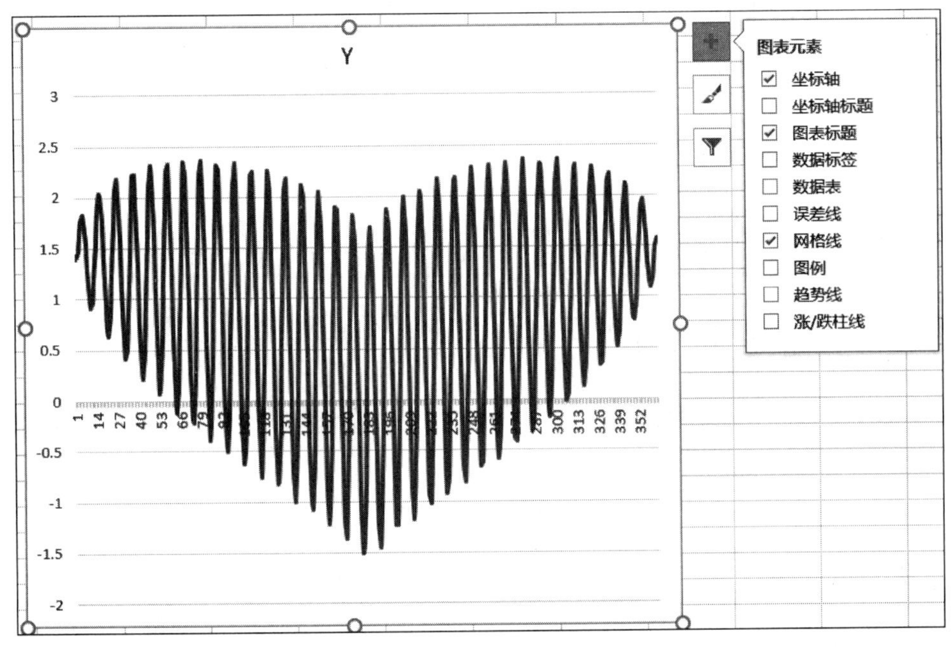

图 4.76　设置图表元素

(9) 选中心形线，右击，在弹出的快捷菜单中将“边框”选择为红色，如图 4.77 所示。

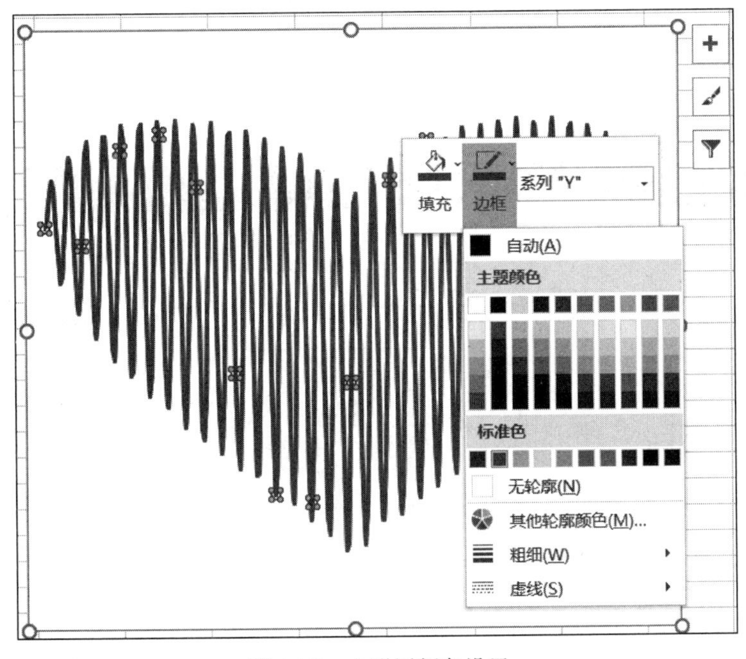

图 4.77　心形图颜色设置

(10) 按 F9 键刷新，实现心形图的实时变化，如图 4.78 所示。

图 4.78　心形图实时变化

知识拓展

一、表白神器 2.0——520

在 Excel 界面中任意选择一个单元格，在公式编辑栏输入公式：

= C3:E4,C5:C10,D9:E10,E11:E15,C14:D15,G3:I4,I5:I10,G9:H10,G11:G15,H14:I15,K3:K15,L14:L15,M3:M15,L3:L

即可显示彩色“520”字样，如图 4.79 所示。

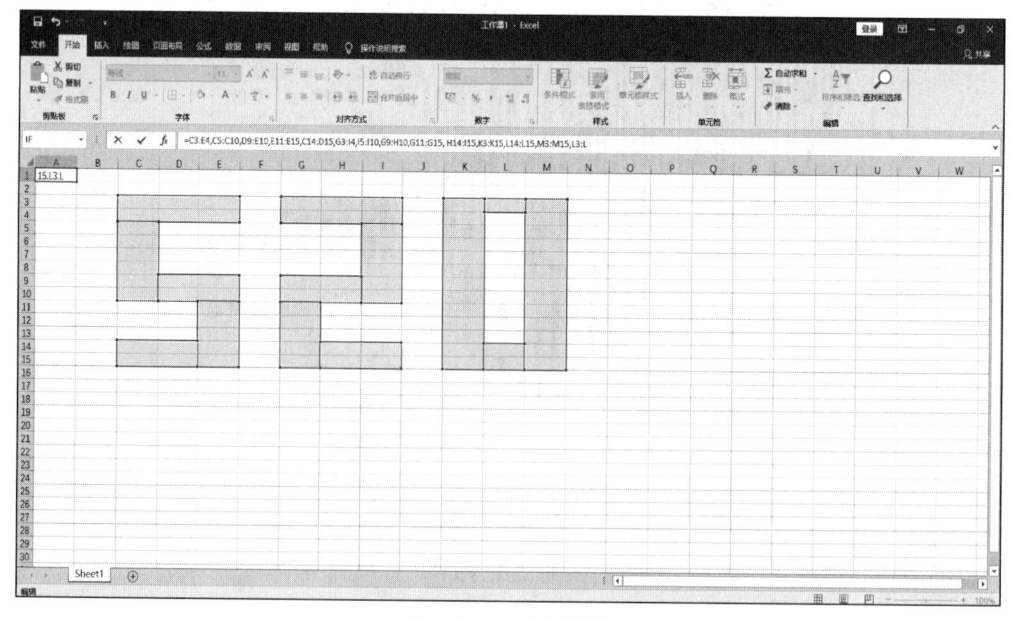

图 4.79　“520”样例

二、表白神器 2.0——第 n 天想你

(1) 如图 4.80 所示，在第一行界面中间位置选择一个单元格，输入公式：

= "第"&ROW()&"天，"&REPT("想你",ROW())&"。"

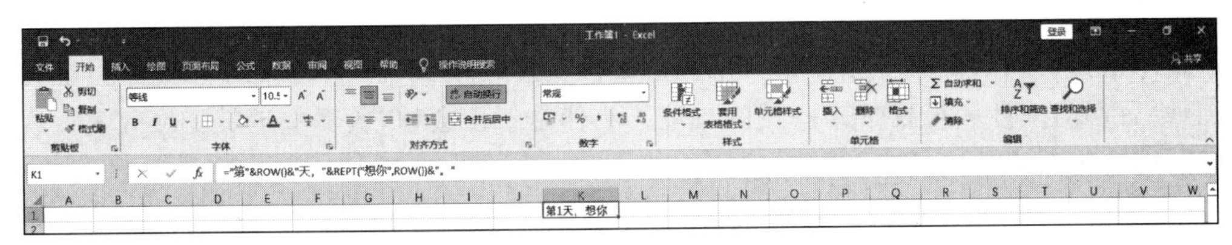

图 4.80　输入公式

(2) 选取 K1 单元格，将鼠标指针放置在单元格右下角，利用填充句柄向下拖动，如图 4.81 所示。

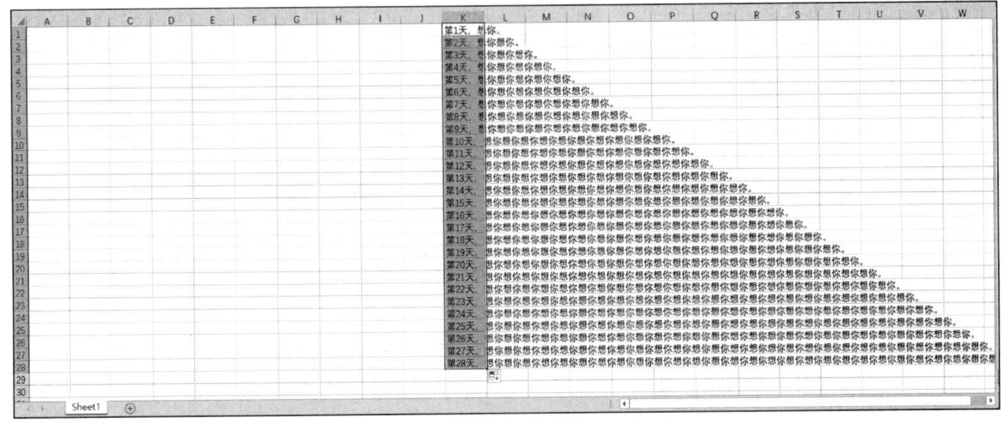

图 4.81　利用填充句柄填充

(3) 选择"开始"|"对齐方式"|"居中"，最终效果如图 4.82 所示。

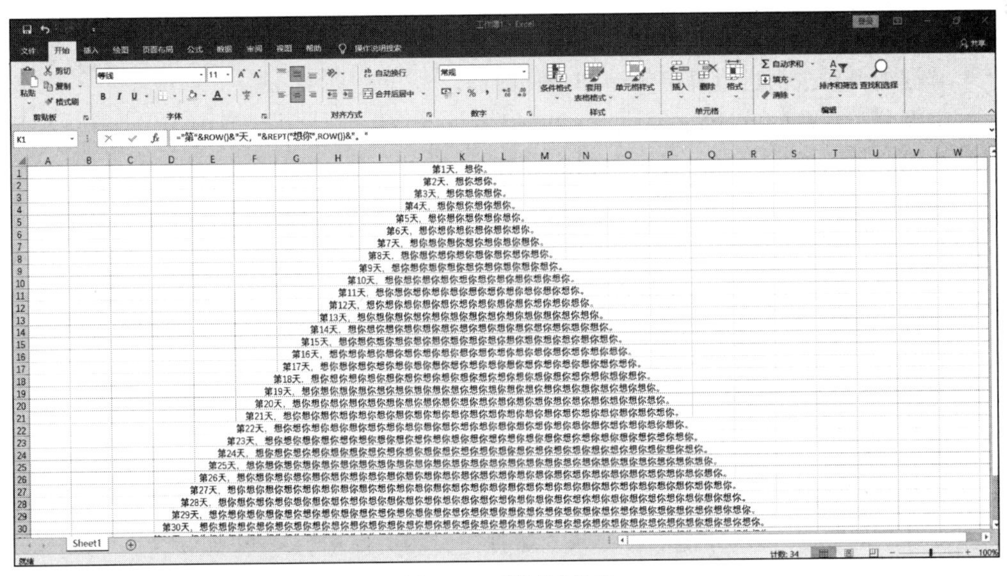

图 4.82　"想你"样例

任务四　整理销售明细表

任务描述

制作销售明细表是每个企业销售部门的必做功课。销售表在最初记录时数据可能比较杂乱，给后期的统计和查找带来一定的难度。小伟是一位会计，负责整理员工绩效表。现在请帮助小伟按照要求对员工绩效表进行整理。

(1) 如图 4.83 所示，为“销售明细表”工作表建立副本，将副本命名为“销售金额排序”。根据销售金额由高到低进行排序，销售金额相同时销售单价高者排列在前。

(2) 为“销售明细表”工作表建立副本，将副本命名为“自动筛选”。利用自动筛选筛选出“大于平均销售金额”的数据项。

(3) 为“销售明细表”工作表建立副本，将副本命名为“高级筛选”。利用高级筛选筛选出电饭煲的销售额大于 5 万元的所有的数据信息，将条件放置在以 M2 单元格为起始位置的区域，并将筛选结果放置在以 M6 单元格为起始位置的区域。

(4) 为“销售明细表”工作表建立副本，将副本命名为“分类汇总”。按照部门和商品汇总销售数量。

(5) 利用条件格式功能进行下列设置：

① 将销售数量低于 100 的所在的单元格以红色填充。数量大于 200 的单元格以绿色填充。

② 将折扣率最高的 20%所在的单元格以黄色填充。

③ 将销售金额以“图标集”中的“等级”类型自行设定 5 级，分别为≥50 000、40 000～50 000、30 000～40 000、20 000～30 000、≤20 000。

任务目标

- 掌握如何对数据进行排序。
- 掌握如何对数据进行高级筛选和条件筛选。
- 掌握分类汇总的方法。
- 掌握应用条件格式突出显示数据的方法。

知识介绍

Excel 除了可以进行数据的记录和计算外，还可以对数据进行处理，以方便用户迅速掌握有用信息，数据分析是 Excel 的强项，它能够按照一定的条件进行排序、筛选、分类汇总等。接下来对 Excel 数据分析功能的基础知识进行介绍。

一、数据排序

对数据进行排序是日常生活中常用到的数据管理方法。对数据进行排序前不要忘记要先建立好对应的数据列表，才能够按要求对数据进行相关操作。

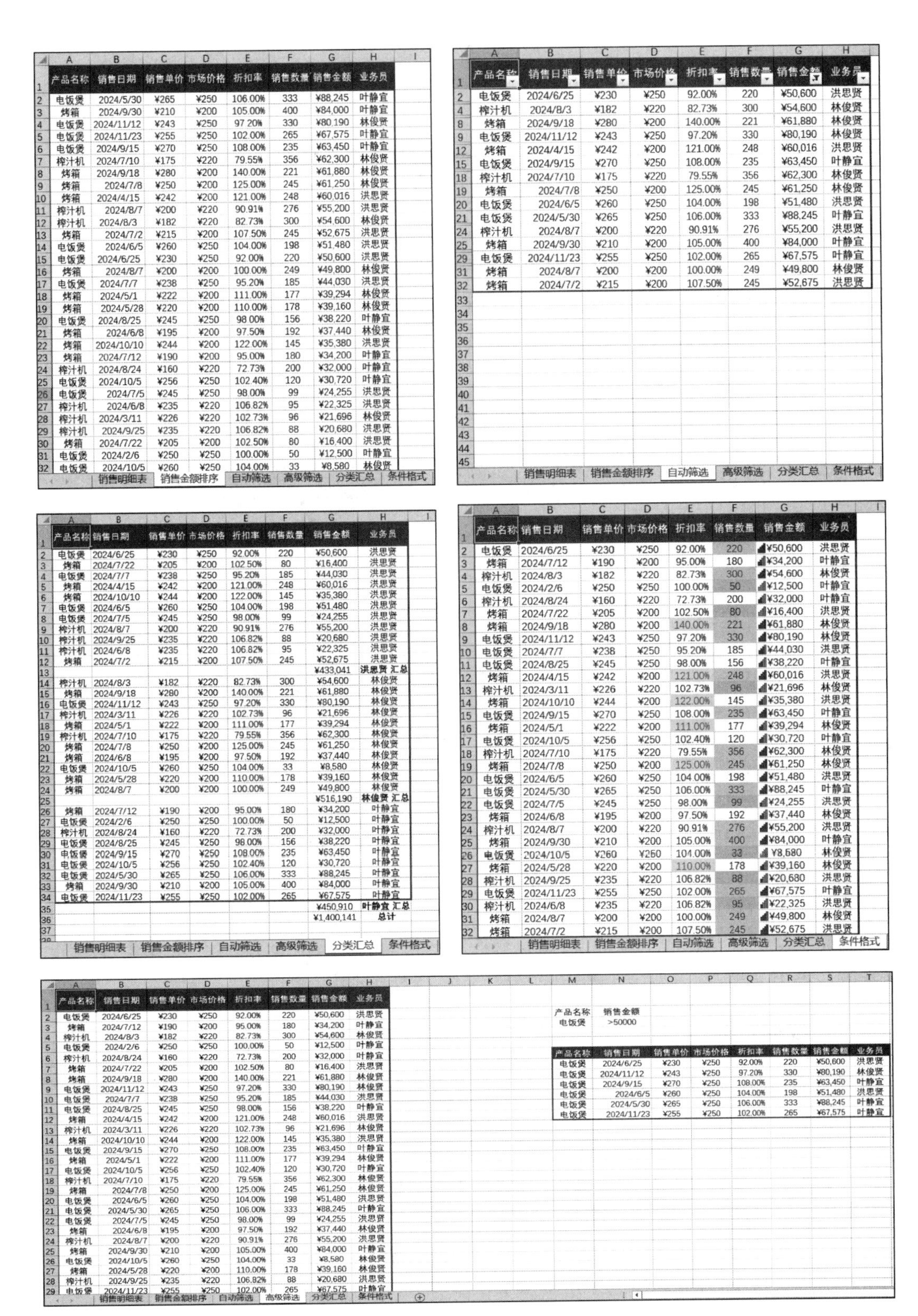

销售金额排序

	A	B	C	D	E	F	G	H
1	产品名称	销售日期	销售单价	市场价格	折扣率	销售数量	销售金额	业务员
2	电饭煲	2024/5/30	¥265	¥250	106.00%	333	¥88,245	叶静宜
3	烤箱	2024/9/30	¥210	¥200	105.00%	400	¥84,000	叶静宜
4	电饭煲	2024/11/12	¥243	¥250	97.20%	330	¥80,190	林俊贤
5	电饭煲	2024/11/23	¥255	¥250	102.00%	265	¥67,575	叶静宜
6	电饭煲	2024/9/15	¥270	¥250	108.00%	235	¥63,450	叶静宜
7	榨汁机	2024/7/10	¥175	¥220	79.55%	356	¥62,300	林俊贤
8	烤箱	2024/9/18	¥280	¥200	140.00%	221	¥61,880	林俊贤
9	烤箱	2024/7/8	¥250	¥200	125.00%	245	¥61,250	林俊贤
10	烤箱	2024/4/15	¥242	¥200	121.00%	248	¥60,016	洪思贤
11	榨汁机	2024/8/7	¥200	¥220	90.91%	276	¥55,200	洪思贤
12	榨汁机	2024/8/3	¥182	¥220	82.73%	300	¥54,600	林俊贤
13	烤箱	2024/7/2	¥215	¥200	107.50%	245	¥52,675	洪思贤
14	电饭煲	2024/6/5	¥260	¥250	104.00%	198	¥51,480	洪思贤
15	电饭煲	2024/6/25	¥230	¥250	92.00%	220	¥50,600	洪思贤
16	烤箱	2024/8/7	¥200	¥200	100.00%	249	¥49,800	林俊贤
17	电饭煲	2024/7/7	¥238	¥250	95.20%	185	¥44,030	洪思贤
18	烤箱	2024/5/1	¥222	¥200	111.00%	177	¥39,294	林俊贤
19	烤箱	2024/5/28	¥220	¥200	110.00%	178	¥39,160	林俊贤
20	电饭煲	2024/8/25	¥245	¥250	98.00%	156	¥38,220	叶静宜
21	烤箱	2024/6/8	¥195	¥200	97.50%	192	¥37,440	林俊贤
22	烤箱	2024/10/10	¥244	¥200	122.00%	145	¥35,380	洪思贤
23	烤箱	2024/7/12	¥190	¥200	95.00%	180	¥34,200	叶静宜
24	榨汁机	2024/8/24	¥160	¥220	72.73%	200	¥32,000	叶静宜
25	电饭煲	2024/10/5	¥256	¥250	102.40%	120	¥30,720	叶静宜
26	电饭煲	2024/7/5	¥245	¥250	98.00%	99	¥24,255	洪思贤
27	榨汁机	2024/6/8	¥235	¥220	106.82%	95	¥22,325	洪思贤
28	榨汁机	2024/3/11	¥226	¥220	102.73%	96	¥21,696	林俊贤
29	榨汁机	2024/9/25	¥235	¥220	106.82%	88	¥20,680	洪思贤
30	烤箱	2024/7/22	¥205	¥200	102.50%	80	¥16,400	洪思贤
31	电饭煲	2024/2/6	¥250	¥250	100.00%	50	¥12,500	叶静宜
32	电饭煲	2024/10/5	¥260	¥250	104.00%	33	¥8,580	林俊贤

销售明细表 | 销售金额排序 | 自动筛选 | 高级筛选 | 分类汇总 | 条件格式

自动筛选

	A	B	C	D	E	F	G	H
1	产品名称	销售日期	销售单价	市场价格	折扣率	销售数量	销售金额	业务员
2	电饭煲	2024/6/25	¥230	¥250	92.00%	220	¥50,600	洪思贤
4	榨汁机	2024/8/3	¥182	¥220	82.73%	300	¥54,600	林俊贤
8	烤箱	2024/9/18	¥280	¥200	140.00%	221	¥61,880	林俊贤
9	电饭煲	2024/11/12	¥243	¥250	97.20%	330	¥80,190	林俊贤
12	烤箱	2024/4/15	¥242	¥200	121.00%	248	¥60,016	洪思贤
15	电饭煲	2024/9/15	¥270	¥250	108.00%	235	¥63,450	叶静宜
18	榨汁机	2024/7/10	¥175	¥220	79.55%	356	¥62,300	林俊贤
19	烤箱	2024/7/8	¥250	¥200	125.00%	245	¥61,250	林俊贤
20	电饭煲	2024/6/5	¥260	¥250	104.00%	198	¥51,480	洪思贤
21	电饭煲	2024/5/30	¥265	¥250	106.00%	333	¥88,245	叶静宜
24	榨汁机	2024/8/7	¥200	¥220	90.91%	276	¥55,200	洪思贤
25	烤箱	2024/9/30	¥210	¥200	105.00%	400	¥84,000	叶静宜
29	电饭煲	2024/11/23	¥255	¥250	102.00%	265	¥67,575	叶静宜
31	烤箱	2024/8/7	¥200	¥200	100.00%	249	¥49,800	林俊贤
32	烤箱	2024/7/2	¥215	¥200	107.50%	245	¥52,675	洪思贤

销售明细表 | 销售金额排序 | 自动筛选 | 高级筛选 | 分类汇总 | 条件格式

分类汇总

	A	B	C	D	E	F	G	H
1	产品名称	销售日期	销售单价	市场价格	折扣率	销售数量	销售金额	业务员
2	电饭煲	2024/6/25	¥230	¥250	92.00%	220	¥50,600	洪思贤
3	烤箱	2024/7/22	¥205	¥200	102.50%	80	¥16,400	洪思贤
4	电饭煲	2024/7/7	¥238	¥250	95.20%	185	¥44,030	洪思贤
5	烤箱	2024/4/15	¥242	¥200	121.00%	248	¥60,016	洪思贤
6	烤箱	2024/10/10	¥244	¥200	122.00%	145	¥35,380	洪思贤
7	电饭煲	2024/6/5	¥260	¥250	104.00%	198	¥51,480	洪思贤
8	电饭煲	2024/7/5	¥245	¥250	98.00%	99	¥24,255	洪思贤
9	榨汁机	2024/8/7	¥200	¥220	90.91%	276	¥55,200	洪思贤
10	榨汁机	2024/9/25	¥235	¥220	106.82%	88	¥20,680	洪思贤
11	榨汁机	2024/6/8	¥235	¥220	106.82%	95	¥22,325	洪思贤
12	烤箱	2024/7/2	¥215	¥200	107.50%	245	¥52,675	洪思贤
13							¥433,041	洪思贤 汇总
14	榨汁机	2024/8/3	¥182	¥220	82.73%	300	¥54,600	林俊贤
15	烤箱	2024/9/18	¥280	¥200	140.00%	221	¥61,880	林俊贤
16	电饭煲	2024/11/12	¥243	¥250	97.20%	330	¥80,190	林俊贤
17	榨汁机	2024/3/11	¥226	¥220	102.73%	96	¥21,696	林俊贤
18	烤箱	2024/5/1	¥222	¥200	111.00%	177	¥39,294	林俊贤
19	榨汁机	2024/7/10	¥175	¥220	79.55%	356	¥62,300	林俊贤
20	烤箱	2024/7/8	¥250	¥200	125.00%	245	¥61,250	林俊贤
21	烤箱	2024/6/8	¥195	¥200	97.50%	192	¥37,440	林俊贤
22	电饭煲	2024/10/5	¥260	¥250	104.00%	33	¥8,580	林俊贤
23	烤箱	2024/5/28	¥220	¥200	110.00%	178	¥39,160	林俊贤
24	烤箱	2024/8/7	¥200	¥200	100.00%	249	¥49,800	林俊贤
25							¥516,190	林俊贤 汇总
26	烤箱	2024/7/12	¥190	¥200	95.00%	180	¥34,200	叶静宜
27	电饭煲	2024/2/6	¥250	¥250	100.00%	50	¥12,500	叶静宜
28	榨汁机	2024/8/24	¥160	¥220	72.73%	200	¥32,000	叶静宜
29	电饭煲	2024/8/25	¥245	¥250	98.00%	156	¥38,220	叶静宜
30	电饭煲	2024/9/15	¥270	¥250	108.00%	235	¥63,450	叶静宜
31	电饭煲	2024/10/5	¥256	¥250	102.40%	120	¥30,720	叶静宜
32	电饭煲	2024/5/30	¥265	¥250	106.00%	333	¥88,245	叶静宜
33	烤箱	2024/9/30	¥210	¥200	105.00%	400	¥84,000	叶静宜
34	电饭煲	2024/11/23	¥255	¥250	102.00%	265	¥67,575	叶静宜
35							¥450,910	叶静宜 汇总
36							¥1,400,141	总计

销售明细表 | 销售金额排序 | 自动筛选 | 高级筛选 | 分类汇总 | 条件格式

条件格式

	A	B	C	D	E	F	G	H
1	产品名称	销售日期	销售单价	市场价格	折扣率	销售数量	销售金额	业务员
2	电饭煲	2024/6/25	¥230	¥250	92.00%	220	¥50,600	洪思贤
3	烤箱	2024/7/12	¥190	¥200	95.00%	180	¥34,200	叶静宜
4	榨汁机	2024/8/3	¥182	¥220	82.73%	300	¥54,600	林俊贤
5	电饭煲	2024/2/6	¥250	¥250	100.00%	50	¥12,500	叶静宜
6	榨汁机	2024/8/24	¥160	¥220	72.73%	200	¥32,000	叶静宜
7	烤箱	2024/7/22	¥205	¥200	102.50%	80	¥16,400	洪思贤
8	烤箱	2024/9/18	¥280	¥200	140.00%	221	¥61,880	林俊贤
9	电饭煲	2024/11/12	¥243	¥250	97.20%	330	¥80,190	林俊贤
10	电饭煲	2024/7/7	¥238	¥250	95.20%	185	¥44,030	洪思贤
11	电饭煲	2024/8/25	¥245	¥250	98.00%	156	¥38,220	叶静宜
12	烤箱	2024/4/15	¥242	¥200	121.00%	248	¥60,016	洪思贤
13	榨汁机	2024/3/11	¥226	¥220	102.73%	96	¥21,696	林俊贤
14	烤箱	2024/10/10	¥244	¥200	122.00%	145	¥35,380	洪思贤
15	电饭煲	2024/9/15	¥270	¥250	108.00%	235	¥63,450	叶静宜
16	烤箱	2024/5/1	¥222	¥200	111.00%	177	¥39,294	林俊贤
17	电饭煲	2024/10/5	¥256	¥250	102.40%	120	¥30,720	叶静宜
18	榨汁机	2024/7/10	¥175	¥220	79.55%	356	¥62,300	林俊贤
19	烤箱	2024/7/8	¥250	¥200	125.00%	245	¥61,250	林俊贤
20	电饭煲	2024/6/5	¥260	¥250	104.00%	198	¥51,480	洪思贤
21	电饭煲	2024/5/30	¥265	¥250	106.00%	333	¥88,245	叶静宜
22	电饭煲	2024/7/5	¥245	¥250	98.00%	99	¥24,255	洪思贤
23	烤箱	2024/6/8	¥195	¥200	97.50%	192	¥37,440	林俊贤
24	榨汁机	2024/8/7	¥200	¥220	90.91%	276	¥55,200	洪思贤
25	烤箱	2024/9/30	¥210	¥200	105.00%	400	¥84,000	叶静宜
26	电饭煲	2024/10/5	¥260	¥250	104.00%	33	¥8,680	林俊贤
27	烤箱	2024/5/28	¥220	¥200	110.00%	178	¥39,160	林俊贤
28	榨汁机	2024/9/25	¥235	¥220	106.82%	88	¥20,680	洪思贤
29	电饭煲	2024/11/23	¥255	¥250	102.00%	265	¥67,575	叶静宜
30	榨汁机	2024/6/8	¥235	¥220	106.82%	95	¥22,325	洪思贤
31	烤箱	2024/8/7	¥200	¥200	100.00%	249	¥49,800	林俊贤
32	烤箱	2024/7/2	¥215	¥200	107.50%	245	¥52,675	洪思贤

销售明细表 | 销售金额排序 | 自动筛选 | 高级筛选 | 分类汇总 | 条件格式

高级筛选

	A	B	C	D	E	F	G	H
1	产品名称	销售日期	销售单价	市场价格	折扣率	销售数量	销售金额	业务员
2	电饭煲	2024/6/25	¥230	¥250	92.00%	220	¥50,600	洪思贤
3	烤箱	2024/7/12	¥190	¥200	95.00%	180	¥34,200	叶静宜
4	榨汁机	2024/8/3	¥182	¥220	82.73%	300	¥54,600	林俊贤
5	电饭煲	2024/2/6	¥250	¥250	100.00%	50	¥12,500	叶静宜
6	榨汁机	2024/8/24	¥160	¥220	72.73%	200	¥32,000	叶静宜
7	烤箱	2024/7/22	¥205	¥200	102.50%	80	¥16,400	洪思贤
8	烤箱	2024/9/18	¥280	¥200	140.00%	221	¥61,880	林俊贤
9	电饭煲	2024/11/12	¥243	¥250	97.20%	330	¥80,190	林俊贤
10	电饭煲	2024/7/7	¥238	¥250	95.20%	185	¥44,030	洪思贤
11	电饭煲	2024/8/25	¥245	¥250	98.00%	156	¥38,220	叶静宜
12	烤箱	2024/4/15	¥242	¥200	121.00%	248	¥60,016	洪思贤
13	榨汁机	2024/3/11	¥226	¥220	102.73%	96	¥21,696	林俊贤
14	烤箱	2024/10/10	¥244	¥200	122.00%	145	¥35,380	洪思贤
15	电饭煲	2024/9/15	¥270	¥250	108.00%	235	¥63,450	叶静宜
16	烤箱	2024/5/1	¥222	¥200	111.00%	177	¥39,294	林俊贤
17	电饭煲	2024/10/5	¥256	¥250	102.40%	120	¥30,720	叶静宜
18	榨汁机	2024/7/10	¥175	¥220	79.55%	356	¥62,300	林俊贤
19	烤箱	2024/7/8	¥250	¥200	125.00%	245	¥61,250	林俊贤
20	电饭煲	2024/6/5	¥260	¥250	104.00%	198	¥51,480	洪思贤
21	电饭煲	2024/5/30	¥265	¥250	106.00%	333	¥88,245	叶静宜
22	电饭煲	2024/7/5	¥245	¥250	98.00%	99	¥24,255	洪思贤
23	烤箱	2024/6/8	¥195	¥200	97.50%	192	¥37,440	林俊贤
24	榨汁机	2024/8/7	¥200	¥220	90.91%	276	¥55,200	洪思贤
25	烤箱	2024/9/30	¥210	¥200	105.00%	400	¥84,000	叶静宜
26	电饭煲	2024/10/5	¥260	¥250	104.00%	33	¥8,580	林俊贤
27	烤箱	2024/5/28	¥220	¥200	110.00%	178	¥39,160	林俊贤
28	榨汁机	2024/9/25	¥235	¥220	106.82%	88	¥20,680	洪思贤
29	电饭煲	2024/11/23	¥255	¥250	102.00%	265	¥67,575	叶静宜

产品名称	销售金额
电饭煲	>50000

产品名称	销售日期	销售单价	市场价格	折扣率	销售数量	销售金额	业务员
电饭煲	2024/6/25	¥230	¥250	92.00%	220	¥50,600	洪思贤
电饭煲	2024/11/12	¥243	¥250	97.20%	330	¥80,190	林俊贤
电饭煲	2024/9/15	¥270	¥250	108.00%	235	¥63,450	叶静宜
电饭煲	2024/6/5	¥260	¥250	104.00%	198	¥51,480	洪思贤
电饭煲	2024/5/30	¥265	¥250	106.00%	333	¥88,245	叶静宜
电饭煲	2024/11/23	¥255	¥250	102.00%	265	¥67,575	叶静宜

销售明细表 | 销售金额排序 | 自动筛选 | 高级筛选 | 分类汇总 | 条件格式

图 4.83 “销售明细表”样例

1. 利用“开始”选项卡“升序”“降序”按钮

Excel 在“开始”|“编辑”中提供了“排序和筛选”按钮,使用户能够方便快捷地完成简单排序。具体操作步骤如下。

(1) 单击数据区域中需要排序关键字列的任意一个单元格。

(2) 单击“开始”|“编辑”|“排序和筛选”|“升序”或“降序”按钮,即可完成排序。

2. 利用“排序”对话框

通过上面的工具栏按钮排序是很方便快捷的,但是,当出现多个数据相同的情况时,就不能再进一步分出前后顺序,这时可以利用“排序”对话框进行多个关键字的排序。

具体操作步骤如下。

(1) 单击数据列表中的任意一个单元格。

(2) 选择“数据”|“排序和筛选”|“排序”,弹出如图 4.84 所示的对话框。

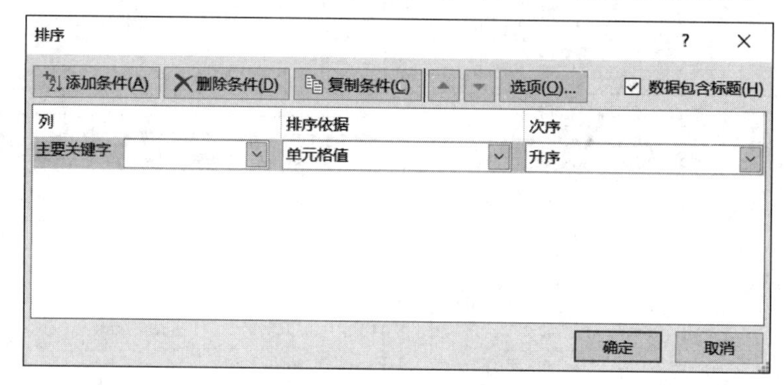

图 4.84 “排序”对话框

(3) 单击“主要关键字”下拉箭头,选择排序的主要关键字。

(4) 单击“排序依据”下拉箭头选择排序的依据。

(5) 单击“次序”下拉箭头,选择“升序”“降序”或“自定义序列”形式。

(6) 当指定的主要关键字中出现相同值时,可以根据需要再多次指定“次要关键字”。最后单击“确定”按钮。

若将“排序”对话框右上角的“数据包含标题”复选框选中,则表示排序时“包含”第 1 行。若未选中该复选框,则表示第 1 行作为标题,不参与数据排序。

二、数据筛选

数据筛选的功能是可以将不满足条件的记录暂时隐藏起来,只显示满足条件的数据,Excel 提供了“自动筛选”和“高级筛选”两种方法。

1. 自动筛选

自动筛选是一种快速的筛选方法,具体操作步骤如下。

(1) 单击数据列表中的任意一个单元格。

(2) 选择“数据”|“排序和筛选”|“筛选”,此时数据列表中各字段名的右下角会出现一个下拉列表按钮,单击此按钮弹出相应的下拉列表。

(3) 单击要设置条件的字段的下拉列表按钮,根据数据的格式,下拉列表中会给出升序/降序,日期筛选/数据筛选或其他格式的筛选选项。

（4）要取消筛选，可选择“数据”|“排序和筛选”，再次单击“筛选”按钮即可取消筛选，显示全部数据。

2. 高级筛选

可以通过高级筛选完成比较复杂条件的筛选，“高级筛选”的具体方法及步骤如下。

（1）建立一个条件区域用来存放筛选条件。筛选条件是由字段名行和存放筛选条件的行组成，可以放置在工作表的任何空白位置，但是条件区域与列表区域不能紧靠在一起，最少要与列表区域之间有一个空行或空列。条件区域的字段名必须与列表区域的字段名完全一致，但其排列的顺序可以不同。条件区域中用来存放条件的行位置在字段名行的下方，写在同一条件行的不同单元格的条件互为“与”的逻辑关系，不同条件行单元格的条件互为“或”的逻辑关系。

（2）在适合的区域输入筛选条件。按照要求将条件输入到指定条件区域，两个条件要同时满足，属于“与”的关系，两个条件只满足其中一个属于“或”的关系。

（3）高级筛选。选择“数据”|“排列与筛选”|“高级”选项，弹出“高级筛选”对话框，如图 4.85 所示。

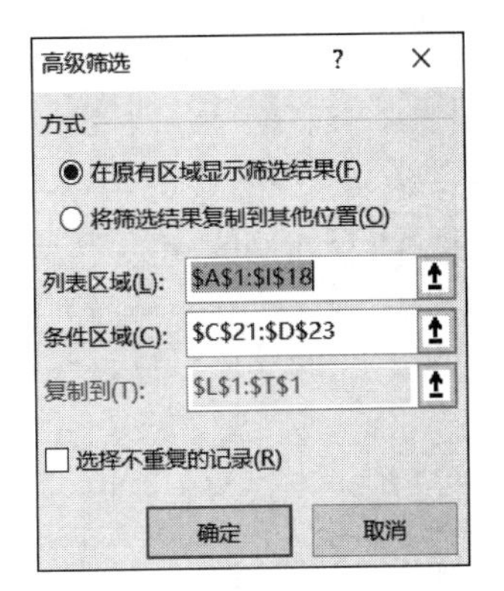

图 4.85 “高级筛选”对话框

① “方式”可选择“在原有区域显示筛选结果”，或“将筛选结果复制到其他位置”。

② 单击“列表区域”后面的折叠按钮，在工作表中选定数据列表区域，再次单击折叠按钮返回“高级筛选”对话框。

③ 单击“条件区域”后面的折叠按钮，在工作表中选定已经输入的筛选条件单元格区域。

④ “复制到”是指筛选结果的放置位置，单击其后的折叠按钮，在工作表中选定某个单元格作为输出条件区域。

⑤ 若选中“选择不重复的记录”复选框，则显示的结果不包含重复的行。

（4）筛选结果输出。单击“确定”按钮，筛选结果复制到指定的输出区域，如图 4.86 所示。

三、数据分类汇总

分类汇总，就是对数据分类进行汇总，利用分类汇总可以对数据进行求和、求平均值等操作，在进行分类汇总前，要根据分类的要求对数据进行排序，进行分类汇总的数据所在的单元格不可以是合并过的单元格，具体操作步骤如下。

（1）单击数据列表中的任意一个单元格。

（2）按要求对分类字段进行排序。

（3）选择“数据”|“分级显示”|“分类汇总”选项，弹出“分类汇总”对话框，如图 4.87 所示。

（4）在“分类字段”下拉列表框中选择已经完成排序的“分类字段”选项，在“汇总方式”下拉列表框中选择需要的汇总方式。

（5）在“选定汇总项”列表框中选择需要汇总的项目。

（6）单击“确定”按钮。

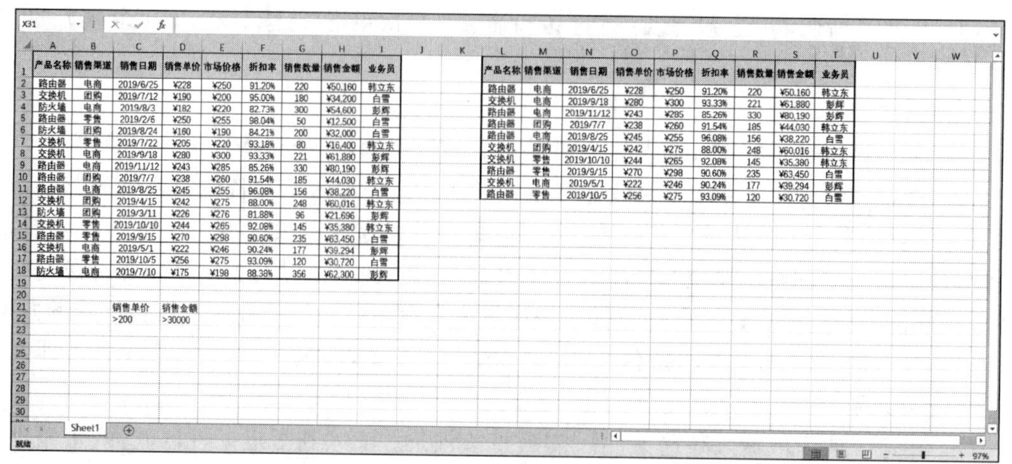

产品名称	销售渠道	销售日期	销售单价	市场价格	折扣率	销售数量	销售金额	业务员
路由器	电商	2019/6/25	¥228	¥250	91.20%	220	¥50,160	韩立东
交换机	团购	2019/7/12	¥190	¥200	95.00%	180	¥34,200	白雪
防火墙	电商	2019/8/3	¥182	¥220	82.73%	300	¥54,600	彭辉
路由器	零售	2019/2/6	¥250	¥255	98.04%	50	¥12,500	白雪
防火墙	团购	2019/8/24	¥160	¥190	84.21%	200	¥32,000	白雪
交换机	零售	2019/7/22	¥205	¥220	93.18%	80	¥16,400	韩立东
交换机	电商	2019/9/18	¥280	¥300	93.33%	221	¥61,880	彭辉
路由器	电商	2019/11/12	¥243	¥285	85.26%	330	¥80,190	彭辉
路由器	团购	2019/7/7	¥238	¥260	91.54%	185	¥44,030	韩立东
路由器	电商	2019/8/25	¥245	¥255	96.08%	156	¥38,220	白雪
交换机	团购	2019/4/15	¥242	¥275	88.00%	248	¥60,016	韩立东
防火墙	团购	2019/3/11	¥226	¥276	81.88%	96	¥21,696	彭辉
交换机	零售	2019/10/10	¥244	¥265	92.08%	145	¥35,380	韩立东
路由器	零售	2019/9/15	¥270	¥298	90.60%	235	¥63,450	白雪
交换机	电商	2019/5/1	¥222	¥246	90.24%	177	¥39,294	彭辉
路由器	零售	2019/10/5	¥256	¥275	93.09%	120	¥30,720	白雪
防火墙	电商	2019/7/10	¥175	¥198	88.38%	356	¥62,300	彭辉

销售单价	销售金额
>200	>30000

产品名称	销售渠道	销售日期	销售单价	市场价格	折扣率	销售数量	销售金额	业务员
路由器	电商	2019/6/25	¥228	¥250	91.20%	220	¥50,160	韩立东
交换机	电商	2019/9/18	¥280	¥300	93.33%	221	¥61,880	彭辉
路由器	电商	2019/11/12	¥243	¥285	85.26%	330	¥80,190	彭辉
路由器	团购	2019/7/7	¥238	¥260	91.54%	185	¥44,030	韩立东
路由器	电商	2019/8/25	¥245	¥255	96.08%	156	¥38,220	白雪
交换机	团购	2019/4/15	¥242	¥275	88.00%	248	¥60,016	韩立东
交换机	零售	2019/10/10	¥244	¥265	92.08%	145	¥35,380	韩立东
路由器	零售	2019/9/15	¥270	¥298	90.60%	235	¥63,450	白雪
交换机	电商	2019/5/1	¥222	¥246	90.24%	177	¥39,294	彭辉
路由器	零售	2019/10/5	¥256	¥275	93.09%	120	¥30,720	白雪

(a) “与”关系

产品名称	销售渠道	销售日期	销售单价	市场价格	折扣率	销售数量	销售金额	业务员
路由器	电商	2019/6/25	¥228	¥250	91.20%	220	¥50,160	韩立东
交换机	团购	2019/7/12	¥190	¥200	95.00%	180	¥34,200	白雪
防火墙	电商	2019/8/3	¥182	¥220	82.73%	300	¥54,600	彭辉
路由器	零售	2019/2/6	¥250	¥255	98.04%	50	¥12,500	白雪
防火墙	团购	2019/8/24	¥160	¥190	84.21%	200	¥32,000	白雪
交换机	零售	2019/7/22	¥205	¥220	93.18%	80	¥16,400	韩立东
交换机	电商	2019/9/18	¥280	¥300	93.33%	221	¥61,880	彭辉
路由器	电商	2019/11/12	¥243	¥285	85.26%	330	¥80,190	彭辉
路由器	团购	2019/7/7	¥238	¥260	91.54%	185	¥44,030	韩立东
路由器	电商	2019/8/25	¥245	¥255	96.08%	156	¥38,220	白雪
交换机	团购	2019/4/15	¥242	¥275	88.00%	248	¥60,016	韩立东
防火墙	团购	2019/3/11	¥226	¥276	81.88%	96	¥21,696	彭辉
交换机	零售	2019/10/10	¥244	¥265	92.08%	145	¥35,380	韩立东
路由器	零售	2019/9/15	¥270	¥298	90.60%	235	¥63,450	白雪
交换机	电商	2019/5/1	¥222	¥246	90.24%	177	¥39,294	彭辉
路由器	零售	2019/10/5	¥256	¥275	93.09%	120	¥30,720	白雪
防火墙	电商	2019/7/10	¥175	¥198	88.38%	356	¥62,300	彭辉

销售单价	销售金额
>200	
	>30000

产品名称	销售渠道	销售日期	销售单价	市场价格	折扣率	销售数量	销售金额	业务员
路由器	电商	2019/6/25	¥228	¥250	91.20%	220	¥50,160	韩立东
交换机	团购	2019/7/12	¥190	¥200	95.00%	180	¥34,200	白雪
防火墙	电商	2019/8/3	¥182	¥220	82.73%	300	¥54,600	彭辉
路由器	零售	2019/2/6	¥250	¥255	98.04%	50	¥12,500	白雪
防火墙	团购	2019/8/24	¥160	¥190	84.21%	200	¥32,000	白雪
交换机	零售	2019/7/22	¥205	¥220	93.18%	80	¥16,400	韩立东
交换机	电商	2019/9/18	¥280	¥300	93.33%	221	¥61,880	彭辉
路由器	电商	2019/11/12	¥243	¥285	85.26%	330	¥80,190	彭辉
路由器	团购	2019/7/7	¥238	¥260	91.54%	185	¥44,030	韩立东
路由器	电商	2019/8/25	¥245	¥255	96.08%	156	¥38,220	白雪
交换机	团购	2019/4/15	¥242	¥275	88.00%	248	¥60,016	韩立东
防火墙	团购	2019/3/11	¥226	¥276	81.88%	96	¥21,696	彭辉
交换机	零售	2019/10/10	¥244	¥265	92.08%	145	¥35,380	韩立东
路由器	零售	2019/9/15	¥270	¥298	90.60%	235	¥63,450	白雪
交换机	电商	2019/5/1	¥222	¥246	90.24%	177	¥39,294	彭辉
路由器	零售	2019/10/5	¥256	¥275	93.09%	120	¥30,720	白雪
防火墙	电商	2019/7/10	¥175	¥198	88.38%	356	¥62,300	彭辉

(b) “或”关系

图 4.86 筛选结果输出

在“分类汇总”对话框中，“替换当前分类汇总”和“汇总结果显示在数据下方”复选框是默认选中的。如果要保留之前对数据列表执行的分类汇总，则需要取消选中“替换当前分类汇总”复选框。如果选中“每组数据分页”复选框，则每个类别的数据会分页显示，这样便于对数据进行保存和分类打印。

如果要删除分类汇总，则单击选中数据，进入“分类汇总”对话框，单击“全部删除”按钮即可。

四、条件格式

使用条件格式化显示数据，就是指设置单元格中数据在满足预定条件时的显示方法，具体方法和步骤如下。

1. 建立条件格式

(1) 选择要使用条件格式化显示的单元格区域。

(2) 选择“开始”|“样式”|“条件格式”选项，单击右侧的下拉箭头，打开“条件格式”下拉列表框，如图 4.88 所示。

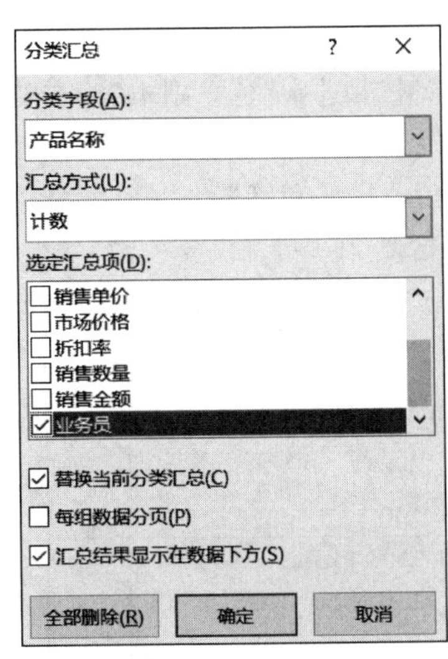

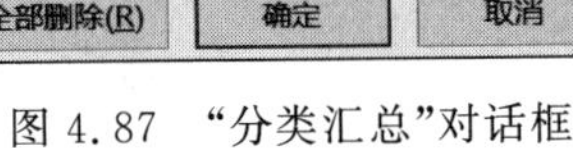

图 4.87 “分类汇总”对话框

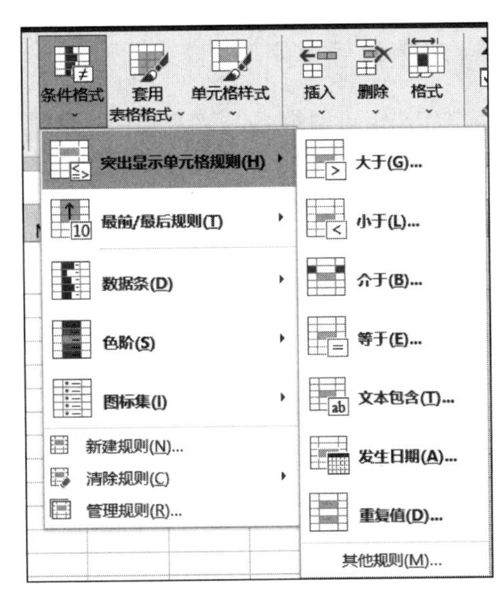

图 4.88 “条件格式”对话框

(3) 在下一级选项中选择需要的条件格式,实现多种“条件格式”的设置方法。

注意:利用条件格式设置的格式,在“字体”格式中是不能被修改和删除的,如果要修改和删除设置的条件格式,只能在设置“条件格式”的状态下进行。

2. 更改条件规则

如果提供的规则都不能满足需求,则可以进行新建规则,也可以对现有规则进行修改及清除。选择“开始”|“样式”|“条件格式”|“管理规则”选项,弹出“条件格式规则管理器”对话框,如图 4.89 所示。

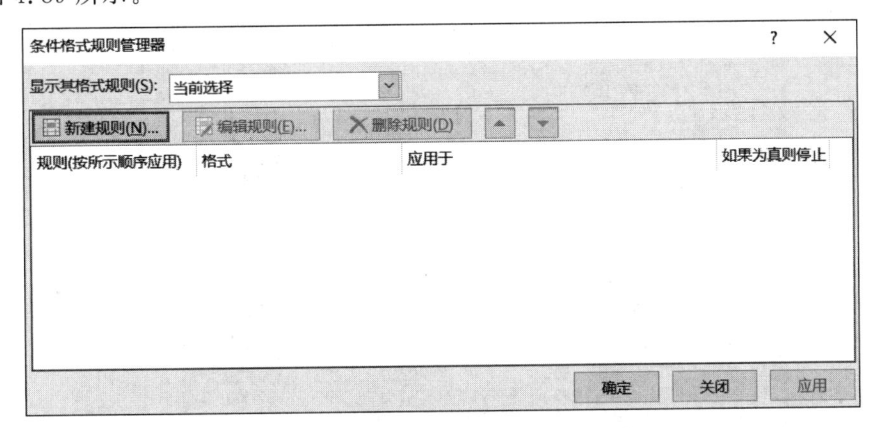

图 4.89 “条件格式规则管理器”对话框

在该对话框中可以完成“新建规则”“编辑规则”“删除规则”等操作。

任务实施

一、打开工作簿

打开素材“销售明细表”工作簿。

二、对销售额排序

(1) 右击"销售明细表"工作表标签，选择"移动或复制"并选中"建立副本"改名为"销售金额排序"。

(2) 单击数据区域任意一个数据单元格，选择"数据"|"排序和筛选"|"排序"选项，弹出"排序"对话框，"主要关键字"行设置为"销售金额|单元格值|降序"，"次要关键字"行设置为"销售单价|单元格值|降序"，如图 4.90 所示，单击"确定"按钮完成，效果如图 4.91 所示。

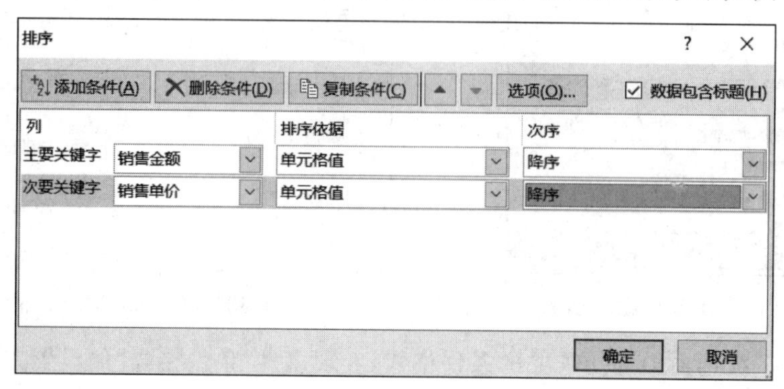

图 4.90 "排序"设置

	A	B	C	D	E	F	G	H
1	产品名称	销售日期	销售单价	市场价格	折扣率	销售数量	销售金额	业务员
2	电饭煲	2024/5/30	¥265	¥250	106.00%	333	¥88,245	叶静宜
3	烤箱	2024/9/30	¥210	¥200	105.00%	400	¥84,000	叶静宜
4	电饭煲	2024/11/12	¥243	¥250	97.20%	330	¥80,190	林俊贤
5	电饭煲	2024/11/23	¥255	¥250	102.00%	265	¥67,575	叶静宜
6	电饭煲	2024/9/15	¥270	¥250	108.00%	235	¥63,450	叶静宜
7	榨汁机	2024/7/10	¥175	¥220	79.55%	356	¥62,300	林俊贤
8	烤箱	2024/9/18	¥280	¥200	140.00%	221	¥61,880	林俊贤
9	烤箱	2024/7/8	¥250	¥200	125.00%	245	¥61,250	林俊贤
10	烤箱	2024/4/15	¥242	¥200	121.00%	248	¥60,016	洪思贤
11	榨汁机	2024/8/7	¥200	¥220	90.91%	276	¥55,200	洪思贤
12	榨汁机	2024/8/3	¥182	¥220	82.73%	300	¥54,600	林俊贤
13	烤箱	2024/7/2	¥215	¥200	107.50%	245	¥52,675	洪思贤
14	电饭煲	2024/6/5	¥260	¥250	104.00%	198	¥51,480	洪思贤
15	电饭煲	2024/6/25	¥230	¥250	92.00%	220	¥50,600	洪思贤
16	烤箱	2024/8/7	¥200	¥200	100.00%	249	¥49,800	林俊贤
17	电饭煲	2024/7/7	¥238	¥250	95.20%	185	¥44,030	洪思贤
18	烤箱	2024/5/1	¥222	¥200	111.00%	177	¥39,294	林俊贤
19	烤箱	2024/5/28	¥220	¥200	110.00%	178	¥39,160	林俊贤
20	电饭煲	2024/8/25	¥245	¥250	98.00%	156	¥38,220	叶静宜
21	烤箱	2024/6/8	¥195	¥200	97.50%	192	¥37,440	林俊贤
22	烤箱	2024/10/10	¥244	¥200	122.00%	145	¥35,380	洪思贤
23	烤箱	2024/7/12	¥190	¥200	95.00%	180	¥34,200	叶静宜
24	榨汁机	2024/8/24	¥160	¥220	72.73%	200	¥32,000	叶静宜
25	电饭煲	2024/10/5	¥256	¥250	102.40%	120	¥30,720	叶静宜
26	电饭煲	2024/7/5	¥245	¥250	98.00%	99	¥24,255	洪思贤
27	榨汁机	2024/6/8	¥235	¥220	106.82%	95	¥22,325	洪思贤
28	榨汁机	2024/3/11	¥226	¥220	102.73%	96	¥21,696	林俊贤
29	榨汁机	2024/9/25	¥235	¥220	106.82%	88	¥20,680	洪思贤
30	烤箱	2024/7/22	¥205	¥200	102.50%	80	¥16,400	洪思贤
31	电饭煲	2024/2/6	¥250	¥250	100.00%	50	¥12,500	叶静宜
32	电饭煲	2024/10/5	¥260	¥250	104.00%	33	¥8,580	林俊贤

销售明细表 | 销售金额排序 | 自动筛选 | 高级筛选 | 分类汇总

就绪

图 4.91 "销售金额排序"样例

三、对销售额进行自动筛选

(1) 右击“销售明细表”工作表标签，选择“移动或复制”并选中“建立副本”，改名为“自动筛选”。

(2) 单击数据区域内的任意单元格，选择“数据”|“排序和筛选”|“筛选”选项，开启“自动筛选”。

(3) 单击“销售金额”列标题右侧的自动筛选下三角按钮，选择“数字筛选”下拉列表中的“高于平均值”选项，如图 4.92 所示，完成自动筛选。效果如图 4.93 所示。

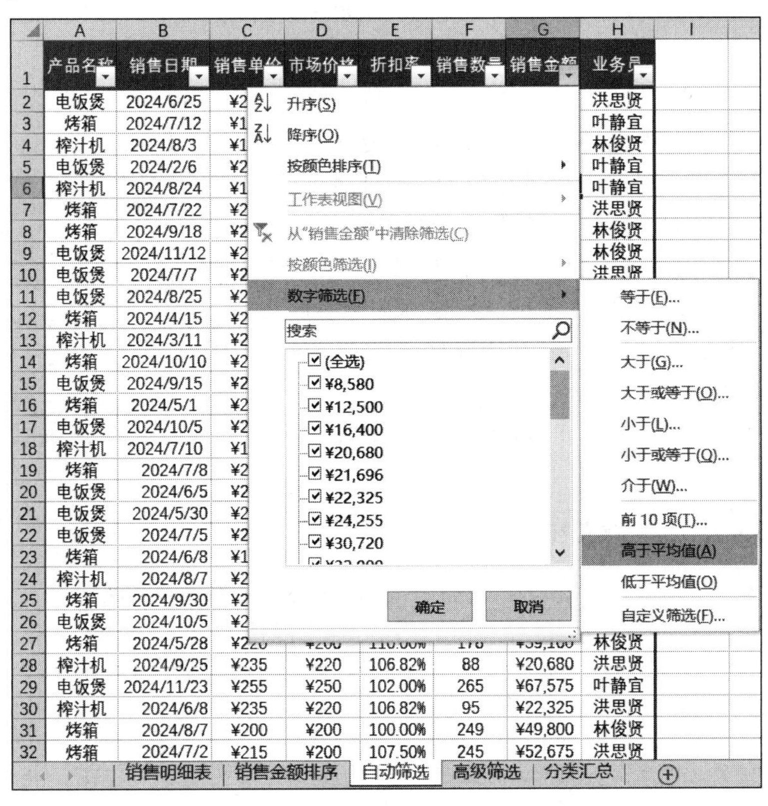

图 4.92 “自动筛选”设置

	A	B	C	D	E	F	G	H
1	产品名称	销售日期	销售单价	市场价格	折扣率	销售数量	销售金额	业务员
2	电饭煲	2024/6/25	¥230	¥250	92.00%	220	¥50,600	洪思贤
4	榨汁机	2024/8/3	¥182	¥220	82.73%	300	¥54,600	林俊贤
8	烤箱	2024/9/18	¥280	¥200	140.00%	221	¥61,880	林俊贤
9	电饭煲	2024/11/12	¥243	¥250	97.20%	330	¥80,190	林俊贤
12	烤箱	2024/4/15	¥242	¥200	121.00%	248	¥60,016	洪思贤
15	电饭煲	2024/9/15	¥270	¥250	108.00%	235	¥63,450	叶静宜
18	榨汁机	2024/7/10	¥175	¥220	79.55%	356	¥62,300	林俊贤
19	烤箱	2024/7/8	¥250	¥200	125.00%	245	¥61,250	林俊贤
20	电饭煲	2024/6/5	¥260	¥250	104.00%	198	¥51,480	洪思贤
21	电饭煲	2024/5/30	¥265	¥250	106.00%	333	¥88,245	叶静宜
24	榨汁机	2024/8/7	¥200	¥220	90.91%	276	¥55,200	洪思贤
25	烤箱	2024/9/30	¥210	¥200	105.00%	400	¥84,000	叶静宜
29	电饭煲	2024/11/23	¥255	¥250	102.00%	265	¥67,575	叶静宜
31	烤箱	2024/8/7	¥200	¥200	100.00%	249	¥49,800	林俊贤
32	烤箱	2024/7/2	¥215	¥200	107.50%	245	¥52,675	洪思贤

图 4.93 “自动筛选”样例

四、对数据进行高级筛选

(1) 右击“销售明细表”工作表标签，选择“移动或复制”并选中“建立副本”，改名为“高级筛选”。

(2) 在数据区域右侧建立筛选条件，如图 4.94 所示。

	A	B	C	D	E	F	G	H	I	J	K	L	M	N
1	产品名称	销售日期	销售单价	市场价格	折扣率	销售数量	销售金额	业务员						
2	电饭煲	2024/6/25	¥230	¥250	92.00%	220	¥50,600	洪思贤					产品名称	销售金额
3	烤箱	2024/7/12	¥190	¥200	95.00%	180	¥34,200	叶静宜					电饭煲	>50000
4	榨汁机	2024/8/3	¥182	¥220	82.73%	300	¥54,600	林俊贤						

图 4.94 “筛选条件”设置

(3) 选择“数据”|“排序和筛选”|“高级”，弹出“高级筛选”对话框。“高级筛选”对话框中的选项定义如下：“方式”选择“将筛选结果复制到其他位置”；“列表区域”可以利用折叠按钮暂时关闭“高级筛选”对话框，用鼠标选取数据区域“$A$1:$H$32”；“条件区域”利用折叠按钮暂时关闭“高级筛选”对话框。用鼠标选取条件区域“$M$2:$N$3”；“复制到”利用鼠标选取 M6 单元格。如图 4.95 所示。

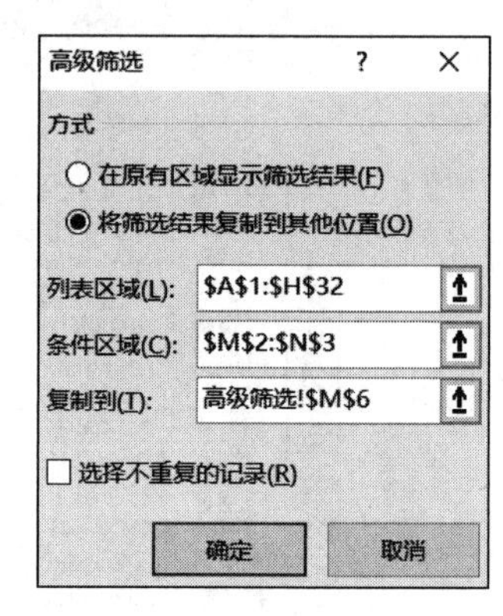

图 4.95 “高级筛选”设置

单击“确定”按钮，完成高级筛选，样例如图 4.96 所示。

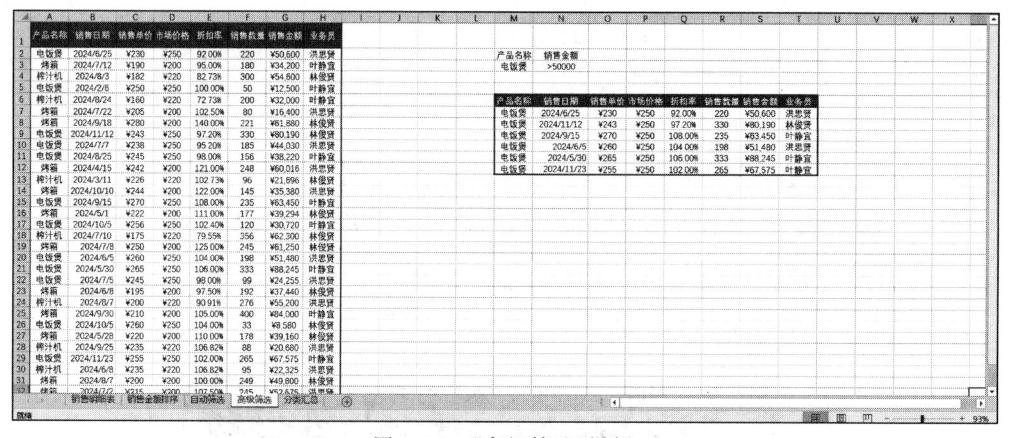

	A	B	C	D	E	F	G	H
1	产品名称	销售日期	销售单价	市场价格	折扣率	销售数量	销售金额	业务员
2	电饭煲	2024/6/25	¥230	¥250	92.00%	220	¥50,600	洪思贤
3	烤箱	2024/7/12	¥190	¥200	95.00%	180	¥34,200	叶静宜
4	榨汁机	2024/8/3	¥182	¥220	82.73%	300	¥54,600	林俊贤
5	电饭煲	2024/2/6	¥250	¥250	100.00%	50	¥12,500	叶静宜
6	榨汁机	2024/8/24	¥160	¥220	72.73%	200	¥32,000	叶静宜
7	烤箱	2024/7/22	¥205	¥200	102.50%	80	¥16,400	洪思贤
8	烤箱	2024/9/18	¥280	¥200	140.00%	221	¥61,880	林俊贤
9	电饭煲	2024/11/12	¥243	¥250	97.20%	330	¥80,190	林俊贤
10	电饭煲	2024/7/7	¥238	¥250	95.20%	185	¥44,030	洪思贤
11	电饭煲	2024/8/25	¥245	¥250	98.00%	156	¥38,220	叶静宜
12	烤箱	2024/4/15	¥242	¥200	121.00%	248	¥60,016	洪思贤
13	榨汁机	2024/3/11	¥226	¥220	102.73%	96	¥21,696	林俊贤
14	烤箱	2024/10/10	¥244	¥200	122.00%	145	¥35,380	洪思贤
15	电饭煲	2024/9/15	¥270	¥250	108.00%	235	¥63,450	叶静宜
16	烤箱	2024/5/1	¥222	¥200	111.00%	177	¥39,294	林俊贤
17	电饭煲	2024/10/5	¥256	¥250	102.40%	120	¥30,720	叶静宜
18	榨汁机	2024/7/10	¥175	¥220	79.55%	356	¥62,300	林俊贤
19	烤箱	2024/7/8	¥250	¥200	125.00%	245	¥61,250	林俊贤
20	电饭煲	2024/6/5	¥260	¥250	104.00%	198	¥51,480	洪思贤
21	电饭煲	2024/5/30	¥265	¥250	106.00%	333	¥88,245	叶静宜
22	电饭煲	2024/7/5	¥245	¥250	98.00%	99	¥24,255	洪思贤
23	烤箱	2024/6/8	¥195	¥200	97.50%	192	¥37,440	林俊贤
24	榨汁机	2024/8/7	¥200	¥220	90.91%	276	¥55,200	洪思贤
25	烤箱	2024/9/30	¥210	¥200	105.00%	400	¥84,000	叶静宜
26	电饭煲	2024/10/5	¥260	¥250	104.00%	33	¥8,580	林俊贤
27	烤箱	2024/5/28	¥220	¥200	110.00%	178	¥39,160	林俊贤
28	榨汁机	2024/9/25	¥235	¥220	106.82%	88	¥20,680	洪思贤
29	电饭煲	2024/11/23	¥255	¥250	102.00%	265	¥67,575	叶静宜
30	榨汁机	2024/6/8	¥235	¥220	106.82%	95	¥22,325	洪思贤
31	烤箱	2024/8/7	¥200	¥200	100.00%	249	¥49,800	林俊贤
32	烤箱	2024/7/2	¥215	¥200	107.50%	245	¥52,675	洪思贤

产品名称	销售金额
电饭煲	>50000

产品名称	销售日期	销售单价	市场价格	折扣率	销售数量	销售金额	业务员
电饭煲	2024/6/25	¥230	¥250	92.00%	220	¥50,600	洪思贤
电饭煲	2024/11/12	¥243	¥250	97.20%	330	¥80,190	林俊贤
电饭煲	2024/9/15	¥270	¥250	108.00%	235	¥63,450	叶静宜
电饭煲	2024/6/5	¥260	¥250	104.00%	198	¥51,480	洪思贤
电饭煲	2024/5/30	¥265	¥250	106.00%	333	¥88,245	叶静宜
电饭煲	2024/11/23	¥255	¥250	102.00%	265	¥67,575	叶静宜

图 4.96 “高级筛选”样例

五、对数据进行分类汇总

(1) 右击“销售明细表”工作表标签，选择“移动或复制”并选中“建立副本”，改名为“分类汇总”。

(2) 为分类字段排序。单击“业务员”列中的任意一数据，选择“开始”|“编辑”|“排序和筛选”|“升序”，可以实现用“业务员”作为分类字段的排序。

(3) 分类汇总数据。选择“数据”|“分级显示”|“分类汇总”，弹出“分类汇总”对话框，其中各项设置如下：“分类字段”选取“业务员”；“汇总方式”选取“求和”；“选定汇总项”选择

"销售金额"。将"替换当前分类汇总""每组数据分页""汇总结果显示在数据下方"选项框选中，单击"确定"按钮完成分类汇总，如图 4.97 所示。最终完成效果如图 4.98 所示。

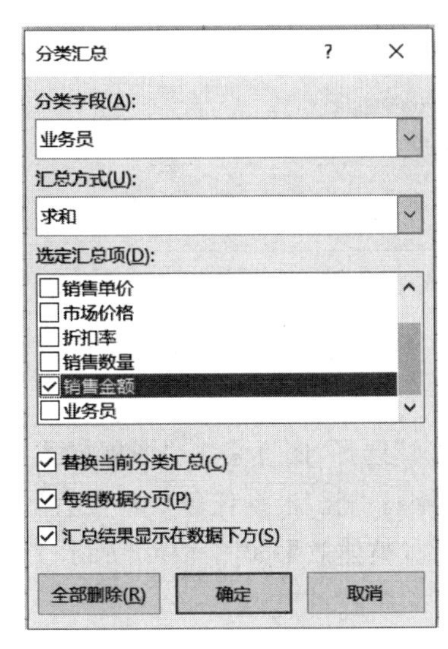

图 4.97 "分类汇总"设置

	A	B	C	D	E	F	G	H
1	产品名称	销售日期	销售单价	市场价格	折扣率	销售数量	销售金额	业务员
2	电饭煲	2024/6/25	¥230	¥250	92.00%	220	¥50,600	洪思贤
3	烤箱	2024/7/22	¥205	¥200	102.50%	80	¥16,400	洪思贤
4	电饭煲	2024/7/7	¥238	¥250	95.20%	185	¥44,030	洪思贤
5	烤箱	2024/4/15	¥242	¥200	121.00%	248	¥60,016	洪思贤
6	烤箱	2024/10/10	¥244	¥200	122.00%	145	¥35,380	洪思贤
7	电饭煲	2024/6/5	¥260	¥250	104.00%	198	¥51,480	洪思贤
8	电饭煲	2024/7/5	¥245	¥250	98.00%	99	¥24,255	洪思贤
9	榨汁机	2024/8/7	¥200	¥220	90.91%	276	¥55,200	洪思贤
10	榨汁机	2024/9/25	¥235	¥220	106.82%	88	¥20,680	洪思贤
11	榨汁机	2024/6/8	¥235	¥220	106.82%	95	¥22,325	洪思贤
12	烤箱	2024/7/2	¥215	¥200	107.50%	245	¥52,675	洪思贤
13							¥433,041	洪思贤 汇总
14	榨汁机	2024/8/3	¥182	¥220	82.73%	300	¥54,600	林俊贤
15	烤箱	2024/9/18	¥280	¥200	140.00%	221	¥61,880	林俊贤
16	电饭煲	2024/11/12	¥243	¥250	97.20%	330	¥80,190	林俊贤
17	榨汁机	2024/3/11	¥226	¥220	102.73%	96	¥21,696	林俊贤
18	烤箱	2024/5/1	¥222	¥200	111.00%	177	¥39,294	林俊贤
19	榨汁机	2024/7/10	¥175	¥220	79.55%	356	¥62,300	林俊贤
20	烤箱	2024/7/8	¥250	¥200	125.00%	245	¥61,250	林俊贤
21	烤箱	2024/6/8	¥195	¥200	97.50%	192	¥37,440	林俊贤
22	电饭煲	2024/10/5	¥260	¥250	104.00%	33	¥8,580	林俊贤
23	烤箱	2024/5/28	¥220	¥200	110.00%	178	¥39,160	林俊贤
24	烤箱	2024/8/7	¥200	¥200	100.00%	249	¥49,800	林俊贤
25							¥516,190	林俊贤 汇总
26	烤箱	2024/7/12	¥190	¥200	95.00%	180	¥34,200	叶静宜
27	电饭煲	2024/2/6	¥250	¥250	100.00%	50	¥12,500	叶静宜
28	榨汁机	2024/8/24	¥160	¥220	72.73%	200	¥32,000	叶静宜
29	电饭煲	2024/8/25	¥245	¥250	98.00%	156	¥38,220	叶静宜
30	电饭煲	2024/9/15	¥270	¥250	108.00%	235	¥63,450	叶静宜
31	电饭煲	2024/10/5	¥256	¥250	102.40%	120	¥30,720	叶静宜
32	电饭煲	2024/5/30	¥265	¥250	106.00%	333	¥88,245	叶静宜
33	烤箱	2024/9/30	¥210	¥200	105.00%	400	¥84,000	叶静宜
34	电饭煲	2024/11/23	¥255	¥250	102.00%	265	¥67,575	叶静宜
35							¥450,910	叶静宜 汇总
36							¥1,400,141	总计
37								

销售明细表 | 销售金额排序 | 自动筛选 | 高级筛选 | 分类汇总

图 4.98 "分类汇总"样例

六、利用"条件格式"功能进行设置

(1) 右击"销售明细表"工作表标签，选择"移动或复制"并选中"建立副本"，改名为"分类汇总"。

(2) 选取 F2:F32 单元格区域，在"开始"|"样式"|"条件格式"选项的下拉列表中选择"突出显示单元格规则"|"大于"选项，在窗口中输入 200 后，选择"绿填充色深绿色文本"填充；选择"突出显示单元格规则"|"小于"选项，在窗口中输入 100 后，选择"浅红填充色深红色文本"填充，如图 4.99 所示。

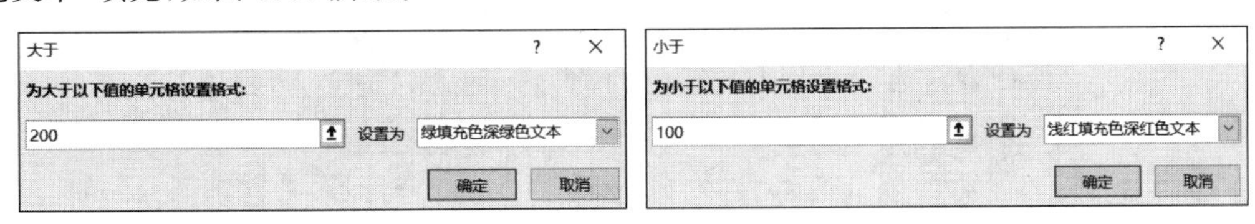

图 4.99 "大于/小于"设置

(3) 选取 E2:E32 单元格区域，在"开始"|"样式"|"条件格式"选项的下拉列表中选择"最前/最后规则"|"前 10%"选项，在弹出的对话框中，将 10 改为 20 并设置为"黄填充色深黄色文本"，如图 4.100 所示。

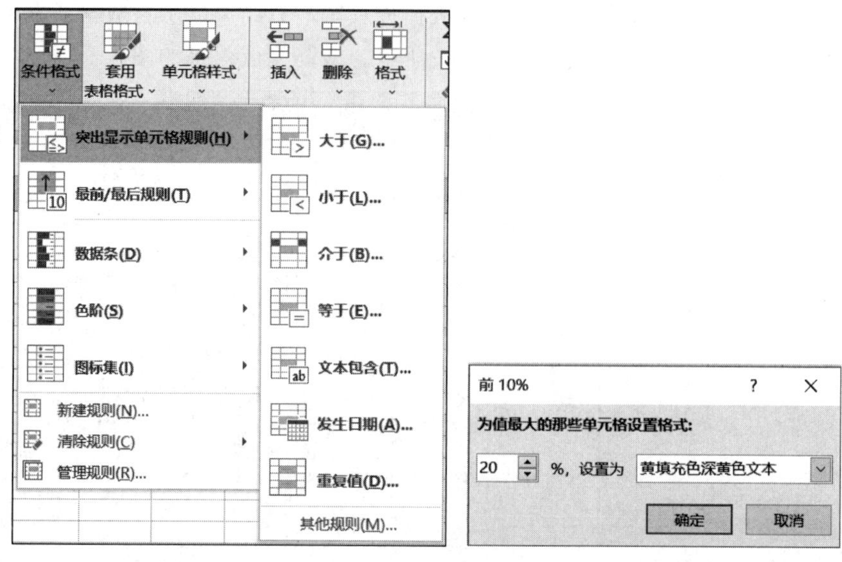

图 4.100 “前 20%”设置

(4) 选取 F2:F32 单元格区域,在“开始”|“样式”|“条件格式”选项的下拉列表中选择“新建规则”选项,弹出“新建格式规则”对话框。

在“编辑规则说明”部分对新规则进行如下设定:“格式样式”选择“图标集”;“图标样式”选择具体 5 级的相关样式;在“类型”下拉列表中选择“数字”类型;“值”根据任务要求设置取值范围。“新建格式规则”设置如图 4.101 所示。“条件格式”设置整体效果如图 4.102 所示。

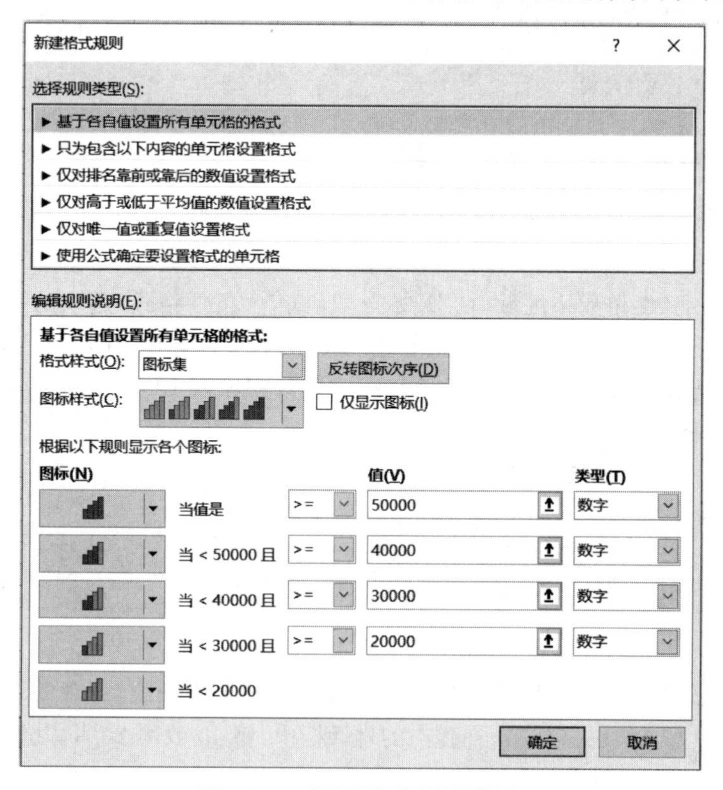

图 4.101 “新建格式规则”设置

	A	B	C	D	E	F	G	H
1	产品名称	销售日期	销售单价	市场价格	折扣率	销售数量	销售金额	业务员
2	电饭煲	2024/6/25	¥230	¥250	92.00%	220	¥50,600	洪思贤
3	烤箱	2024/7/12	¥190	¥200	95.00%	180	¥34,200	叶静宜
4	榨汁机	2024/8/3	¥182	¥220	82.73%	300	¥54,600	林俊贤
5	电饭煲	2024/2/6	¥250	¥250	100.00%	50	¥12,500	叶静宜
6	榨汁机	2024/8/24	¥160	¥220	72.73%	200	¥32,000	叶静宜
7	烤箱	2024/7/22	¥205	¥200	102.50%	80	¥16,400	洪思贤
8	烤箱	2024/9/18	¥280	¥200	140.00%	221	¥61,880	林俊贤
9	电饭煲	2024/11/12	¥243	¥250	97.20%	330	¥80,190	林俊贤
10	电饭煲	2024/7/7	¥238	¥250	95.20%	185	¥44,030	洪思贤
11	电饭煲	2024/8/25	¥245	¥250	98.00%	156	¥38,220	叶静宜
12	烤箱	2024/4/15	¥242	¥200	121.00%	248	¥60,016	洪思贤
13	榨汁机	2024/3/11	¥226	¥220	102.73%	96	¥21,696	林俊贤
14	烤箱	2024/10/10	¥244	¥200	122.00%	145	¥35,380	洪思贤
15	电饭煲	2024/9/15	¥270	¥250	108.00%	235	¥63,450	叶静宜
16	烤箱	2024/5/1	¥222	¥200	111.00%	177	¥39,294	林俊贤
17	电饭煲	2024/10/5	¥256	¥250	102.40%	120	¥30,720	叶静宜
18	榨汁机	2024/7/10	¥175	¥220	79.55%	356	¥62,300	林俊贤
19	烤箱	2024/7/8	¥250	¥200	125.00%	245	¥61,250	林俊贤
20	电饭煲	2024/6/5	¥260	¥250	104.00%	198	¥51,480	洪思贤
21	电饭煲	2024/5/30	¥265	¥250	106.00%	333	¥88,245	叶静宜
22	电饭煲	2024/7/5	¥245	¥250	98.00%	99	¥24,255	洪思贤
23	烤箱	2024/6/8	¥195	¥200	97.50%	192	¥37,440	林俊贤
24	榨汁机	2024/8/7	¥200	¥220	90.91%	276	¥55,200	洪思贤
25	烤箱	2024/9/30	¥210	¥200	105.00%	400	¥84,000	叶静宜
26	电饭煲	2024/10/5	¥260	¥250	104.00%	33	¥8,580	林俊贤
27	烤箱	2024/5/28	¥220	¥200	110.00%	178	¥39,160	林俊贤
28	榨汁机	2024/9/25	¥235	¥220	106.82%	88	¥20,680	洪思贤
29	电饭煲	2024/11/23	¥255	¥250	102.00%	265	¥67,575	叶静宜
30	榨汁机	2024/6/8	¥235	¥220	106.82%	95	¥22,325	洪思贤
31	烤箱	2024/8/7	¥200	¥200	100.00%	249	¥49,800	林俊贤
32	烤箱	2024/7/2	¥215	¥200	107.50%	245	¥52,675	洪思贤

销售明细表 | 销售金额排序 | 自动筛选 | 高级筛选 | 分类汇总 | 条件格式

图 4.102 “条件格式”设置样例

知识拓展

自定义排序

在对数据进行排序时，默认的排序是以数字、字母或笔画顺序排列。在某些数据排序时，不能满足所需这种排序规则。例如，想要完成按照职称由高到低的顺序排序，即教授、副教授、讲师、助教的顺序。无论对职称采用升序还是降序，都不能实现。此时可以用“自定义序列”解决问题。操作过程如下。

(1) 选择“数据”|“排序和筛选”|“排序”选项，弹出“排序”对话框。

(2) “主要关键字”：职称；“排序依据”：数值；“次序”：自定义。

(3) 弹出“自定义序列”对话框，在“输入序列”中逐行输入职称名称：教授、副教授、讲师、助教，如图 4.103 所示。

(4) 单击右侧的“添加”按钮将输入的序列添加到左侧列表中，单击“确定”按钮返回“排序”对话框，再次单击“确定”按钮即可，最终效果如图 4.104 所示。

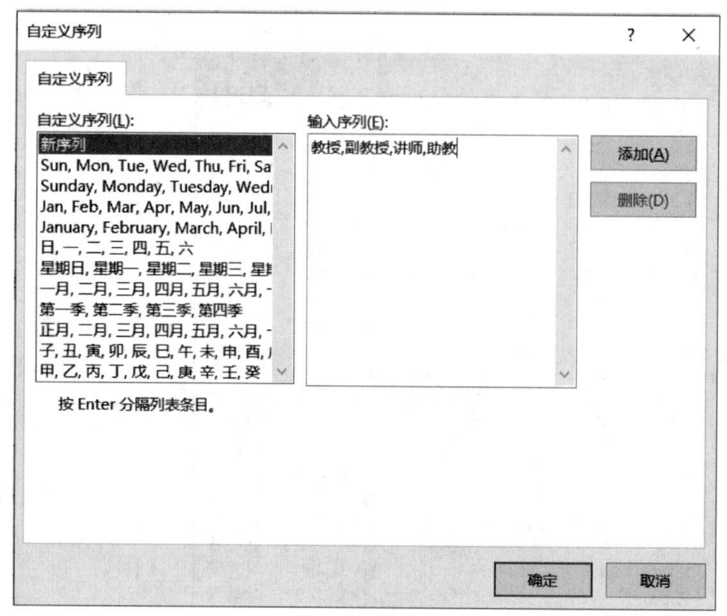

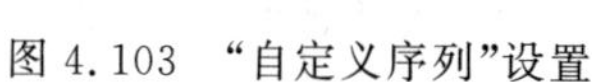
图 4.103 “自定义序列”设置

职称
副教授
讲师
讲师
副教授
助教
助教
讲师
讲师
副教授
助教
讲师
讲师
副教授

职称
副教授
副教授
副教授
副教授
讲师
讲师
讲师
讲师
讲师
讲师
助教
助教
助教

图 4.104 “自定义”设置样例

任务五 数据图表化

任务描述

小李是一名大学教学秘书，负责对当年各专业大一新生的男女生人数进行统计分析，请帮助小李完成以下操作。

(1) 将“旋风图(素材)”文件 Sheet1 工作表命名为“旋风图”；将“切片器(素材)”文件 Sheet1 工作表命名为“库存”。

(2) 在“旋风图”工作表中创建旋风图，对比 XX 大学大一各专业男女生人数，如图 4.105 所示。

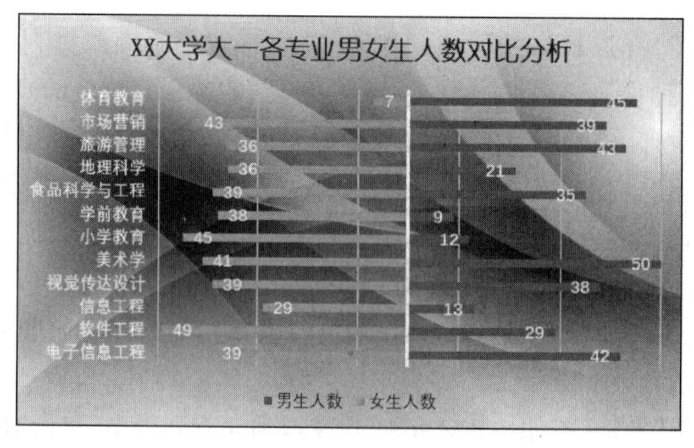

图 4.105 “旋风图”样例

(3) 在“旋风图”工作表中使用迷你图分析男女生数据，如图 4.106 所示。

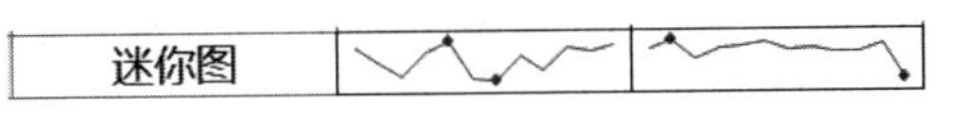

图 4.106 “迷你图”样例

(4) 在“切片器(素材)”文件中,把插入“切片器”的新工作表命名为“切片器”,筛选出“电子信息工程”专业中“男生人数”“女生人数”等相关数据,如图 4.107 所示。

图 4.107 “切片器”样例

任务目标

- ◆ 学会将数据图表化的方法。
- ◆ 能够对图表进行修改和设置。
- ◆ 学会建立旋风图。
- ◆ 学会建立迷你图。
- ◆ 学会建立数据透视表。
- ◆ 能够对数据透视表进行修饰和设置。

知识介绍

Excel 作为一款数据处理软件,最主要的作用就是对数据进行处理和分析,而图表则可以让数据分析的结果以更直观的方式呈现出来。

一、创建图表

创建图表要以工作表中的数据为基础,用来创建图表的数据称为数据源。

1. 图表的类型

根据创建位置的不同,图表可以分为两类。

(1) 嵌入式图表:把图表作为工作表的一部分,与图表的数据源在同一个工作表中。

(2) 图表工作表图表独立于工作表,这种图表与数据源不在同一工作表中,而是一个独立的工作表,方便单独打印。

2. 利用图表功能组创建旋风图

条形图往往能产生很好的对比效果,而双向条形图(也称旋风图)在对比同一个项目下的两种不同数据时效果更佳。

具体的方法及步骤如下所示。

(1) 在工作表的数据列表中选取要创建图表的单元格区域。

(2) 选择“插入”|“图表”|“插入柱形图或条形图”|“二维条形图”|“簇状条形图”。

3. 创建迷你图

迷你图是能够放在单元格中显示的小型图表，不会占用太多空间，可以很直观地体现出一行或一列数据的集中趋势。

通过选择“插入”|“迷你图”选项可实现迷你图的创建。

二、图表的编辑和修改

在图表创建完成后，可根据需要对图表进行必要的编辑和修改。

1. 图表的移动和大小调整

将图表插入工作表后，可以对图表的位置以及大小进行调整，增强图表的可视性和美观程度。

(1) 工作表内部位置移动：单击图表的空白位置将图表选中。按住并拖动鼠标将图表移动到适当的位置，然后松开鼠标即可。

(2) 将图表移动至新工作表：单击已有图表，Excel 会出现两个与图表相关的选项卡，分别为“设计”和“格式”选项卡。这两个选项卡可以完成对已建图表的修改设置。如图 4.108 所示。

图 4.108 “图表工具”选项标签

(3) 调整图表大小：单击选中已经建立的图表，将鼠标指针移动到图表边框 4 个角的任意一个调节句柄上，此时光标将改变显示状态，按住并拖动鼠标，即可按比例缩放图表。

2. 图表数据的添加和删除

图表建立完成后，通常需要向图表中添加数据或删除图表中已有的数据。

1) 向图表中添加数据

(1) 将需要添加到图表中的数据选中。

(2) 选择“开始”|“剪切板”|“复制”选项，复制所选数据。

(3) 在图表的空白处右击，在弹出的快捷菜单中选择“粘贴”选项，即可将所选数据源粘贴到图表中。

2) 删除图表中的某一组数据

(1) 选中图表，然后右击在图表中要删除的数据系列。

(2) 在弹出的快捷菜单中选择“删除”选项，即可将所选数据系列从图表中删除。

3) 采用“选择数据源”对话框进行数据的添加、编辑和删除等操作

(1) 选中要修改的图表，选择“图表工具”|“设计”|“数据”|“选择数据”选项，将弹出“选择数据源”对话框。

(2) 单击“添加”按钮，然后选择需要添加的数据，将数据加入到图表中。先选择需要删除的数据列，然后单击“删除”按钮，可以实现数据的删除。

(3) 选择需要调整显示位置的数据列，然后单击右边向上的三角按钮或者向下的三角按钮，调节数据列的位置。

4) 删除图表

在要删除的图表空白处右击，在弹出的快捷菜单中选择“清除”选项，或者选中图表，然后按 Delete 键即可将图表删除。

3. 图表的修改

可以在图表上直接进行部分属性的修改。单击选中已经插入的图表，图表右侧出现3个按钮，如图4.109所示，其功能具体介绍如下。

(1) 图表元素：添加、删除或更改图表元素。

(2) 图表样式：设置图表的样式和配色方案。

(3) 图表筛选器：编辑在图表上显示的数据点和名称。

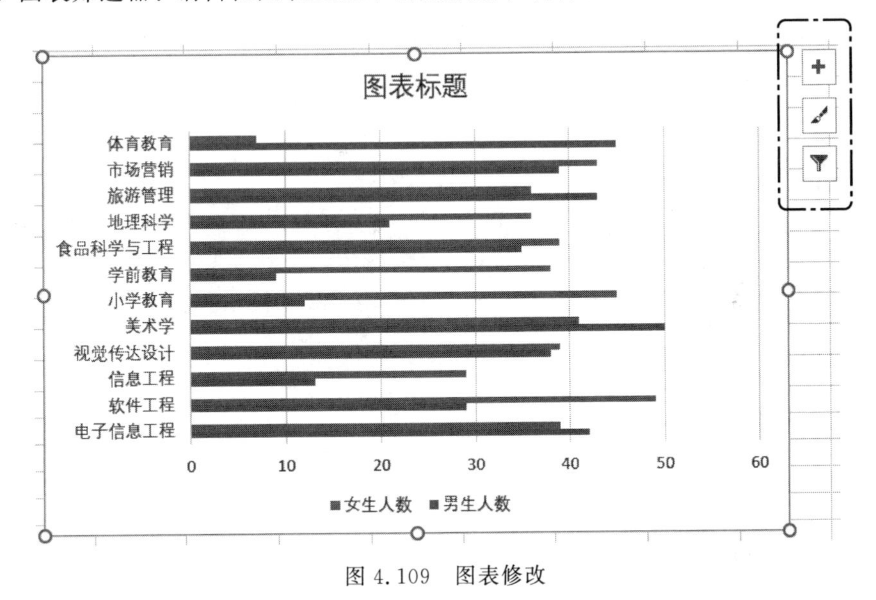

图 4.109 图表修改

4. 图表——“设计”选项卡

在图表创建完成后，如果需要更改图表的类型，可以通过以下方法步骤完成。

1) 更改图表类型

(1) 选中要更改类型的图表。

(2) 选择“图表工具”|“设计”|“类型”|“更改图表类型”选项，弹出“更改图表类型”对话框，选择一种满意的图表类型。

(3) 单击“确定”按钮，即可将所选图表类型应用于图表。

2) 更改图表的数据源

(1) 选中要进行更改数据源的图表。

(2) 选择“图表工具”|“设计”|“数据”|“选择数据”选项，弹出“选择数据源”对话框。

(3) 在“图表数据区域”输入框中，更改图表数据源的区域。

(4) 单击“确定”按钮即可。

3) 更改图表的布局

(1) 选中要修改的图表，选择“图表工具”|“设计”|“图表布局”|“快速布局”选项，将弹出“快速布局”下拉列表。

(2) 单击选取需要的布局选项即可。

5. 图表——“格式”选项卡

图表插入工作表后，为了使图表更美观，可以对图表文字、颜色、图案进行编辑和设置。图表建立后，根据提供的“格式”选项卡，可以对图表各个区域进行文本填充、底纹填充、形状填充等。

6. 属性对话框打开的方式

(1) 选中要进行属性修改的图表。

(2) 选择“图表工具”|“格式”|“形状样式”选项，单击右下角的“设置形状格式”按钮。

(3) 在窗口右侧打开“设置图表区格式” 窗格，如图 4.110 所示。

(4) 选择需要设置内容，可直接实现属性修改。

(5) 完成设置后，直接单击属性窗格右上角的“关闭”按钮，关闭属性窗格即可。

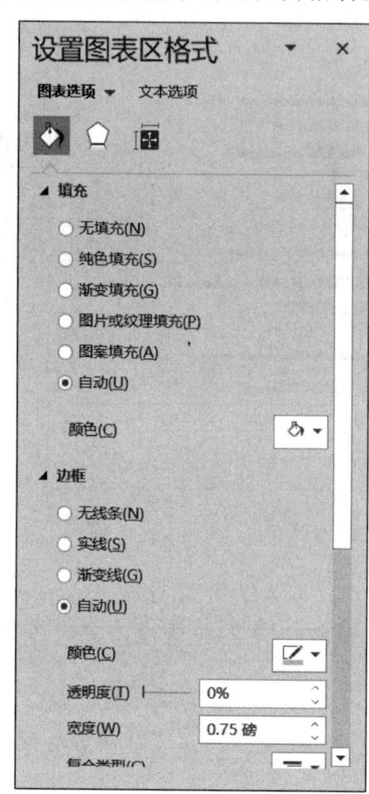

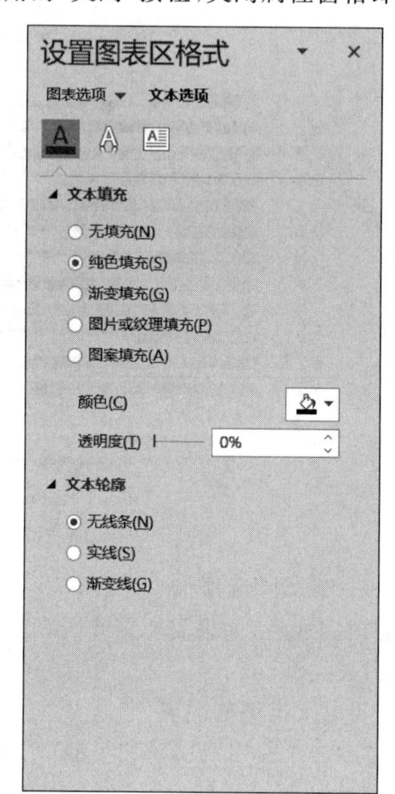

图 4.110 “设置图表区格式” 窗格

三、数据透视表

数据透视表对于汇总、分析、浏览和呈现汇总数据非常有用。数据透视表有助于形象地呈现数据透视表中的汇总数据，以便用户轻松查看、分析数据。通过创建数据透视图还能够将数据透视表中的数据转换为直观的形式。

1. 建立数据透视表

数据透视表是一种可以快速汇总大量数据的交互式方法。使用数据透视表可以深入分析数值数据，并且可以对数据发展的趋势作出判断。具体建立数据透视表的方法步骤如下。

(1) 设置数据透视表数据源：单击包含该数据的单元格区域内的任意一单元格。

(2) 选择“插入”|“表格”|“数据透视表”选项，弹出“来自表格或区域的数据透视表”对话框，如图 4.111 所示。

(3)“选择表格或区域”的“表/区域”的内容为数据源。

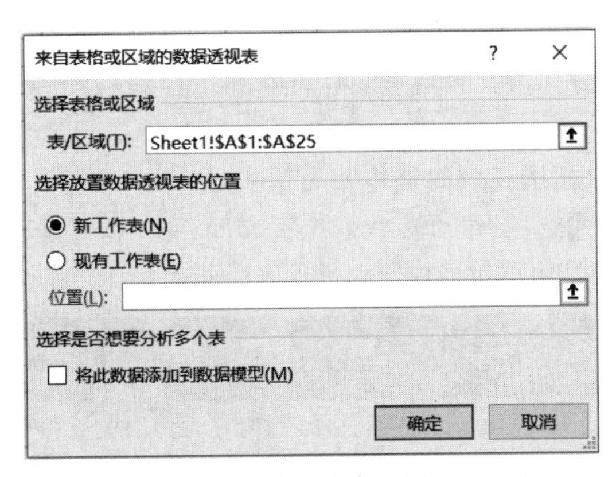

图 4.111 “来自表格或区域的数据透视表”对话框

(4) 在“选择放置数据透视表的位置”下的“位置”框中指定放置数据透视表的单元格区域的第一个单元格，单击“确定”键即可。若要将数据透视表放置在现有工作表中，则可选中“现有工作表”，然后在“位置”框中指定放置数据透视表的单元格区域的第一个单元格。

(5) 单击“确定”按钮完成设置。

2. 为数据透视表添加字段

单击选中建立的数据透视表，将会出现“数据透视表工具”|“分析”和“设计”选项卡。以新建工作表的方式建立数据表透视表为例，如图 4.112 所示。

(1) 在窗口右侧“数据透视表字段”中选取要进行分析、汇总的字段。

(2) “在以下区域间拖动字段” 区域，对已选字段位置进行拖动调整。

(3) 在工作表区域内会展示以字段为分析汇总的数据透视表。

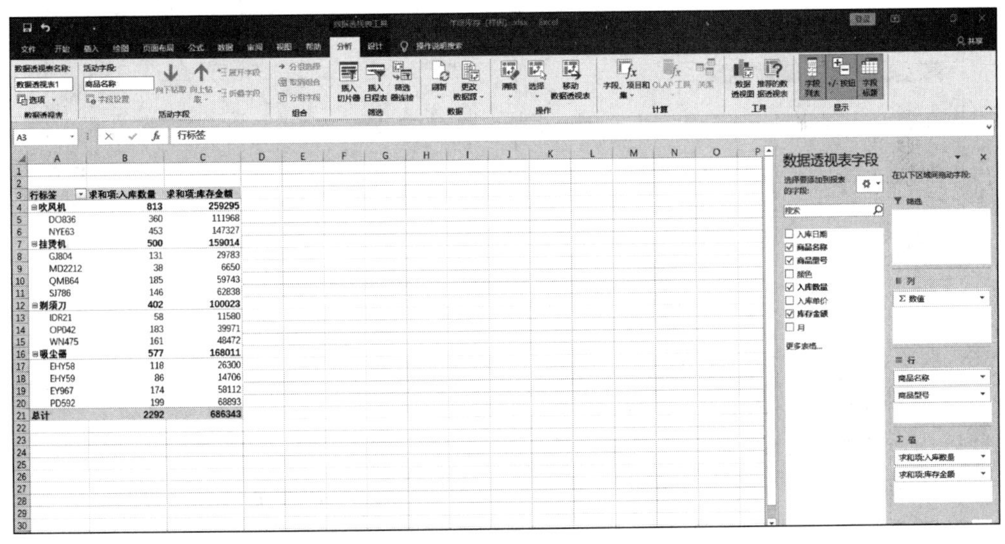

图 4.112 为数据透视表添加字段

3. 建立切片器

选中数据透视表中的任意一个单元格，打开“数据透视表工具”|“分析”选项卡，在“筛选”组中单击“插入切片器”。在弹出“插入切片器”对话框中选择想要查询的内容即可。

4. **修饰数据透视表数据**

单击选中“数据透视表”，在“设计”选项卡中可对数据透视表外观进行美化设置。如图 4.113 所示。

(1) “布局”组可对数据透视表的整体布局作出调整。

(2) “数据透视表样式选项”组可对数据透视表行、列标题等是否显示作出设置。

(3) “数据透视表样式”组可对当前数据透视表的外观、颜色、底纹填充、边框等作出设置。

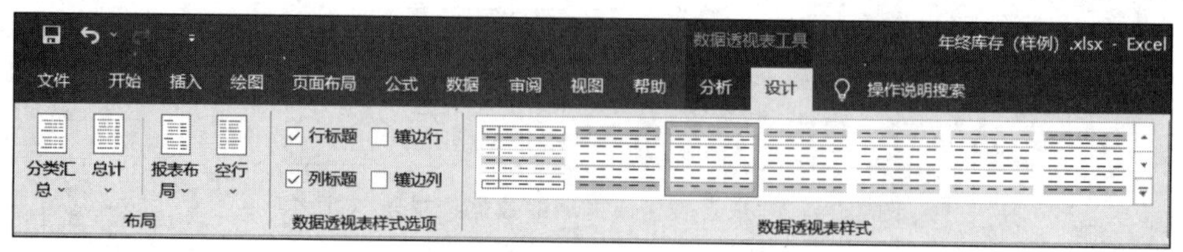

图 4.113 “数据透视表工具”的“设计”对话框

5. **修改数据透视表的值**

数据透视表的值属性，也就是数据透视表的“值字段设置”，右击需要更改设置的单元格，在弹出的快捷菜单中选择“值字段设置”，即可打开“值字段设置”对话框。在此对话框中可以进行“值汇总方式”设置和“值显示方式”设置，如图 4.114 所示。

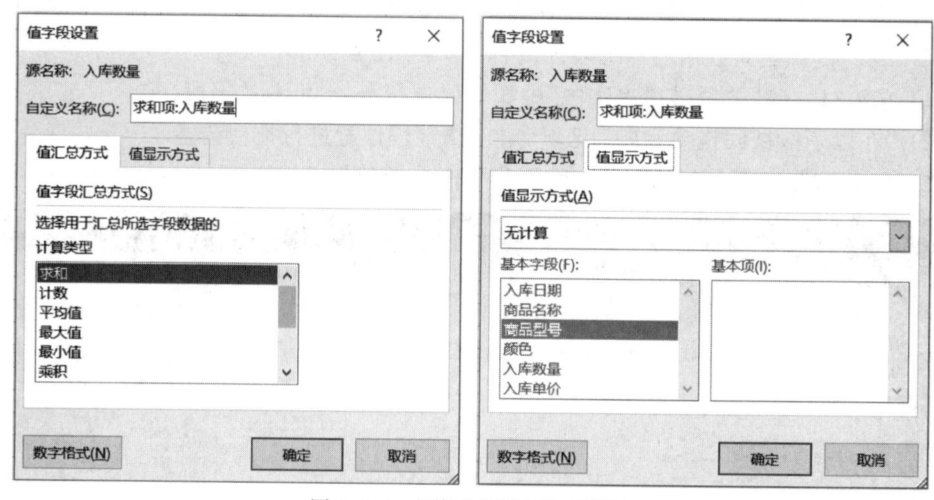

图 4.114 “值字段设置”对话框

6. **删除数据透视表**

(1) 在要删除的数据透视表的任意位置单击。

(2) 显示“数据透视表工具”的“分析”对话框。

(3) 单击“操作”|“选择”下方的箭头，然后单击“整个数据透视表”。

(4) 按 Delete 键删除数据透视表。

任务实施

一、工作表标签改名

双击 Sheet1 工作表标签将其更名为“旋风图”，双击 Sheet2 工作表标签将其更名为“透视图”。

二、建立旋风图

1. 建立旋风基础图

打开旋风图工作表，选中任意一个包含数据的单元格。打开“插入”选项卡，在“图表”组中单击“插入柱形图或条形图”下拉按钮，在下拉列表中选择簇状条形图，如图 4.115 所示。

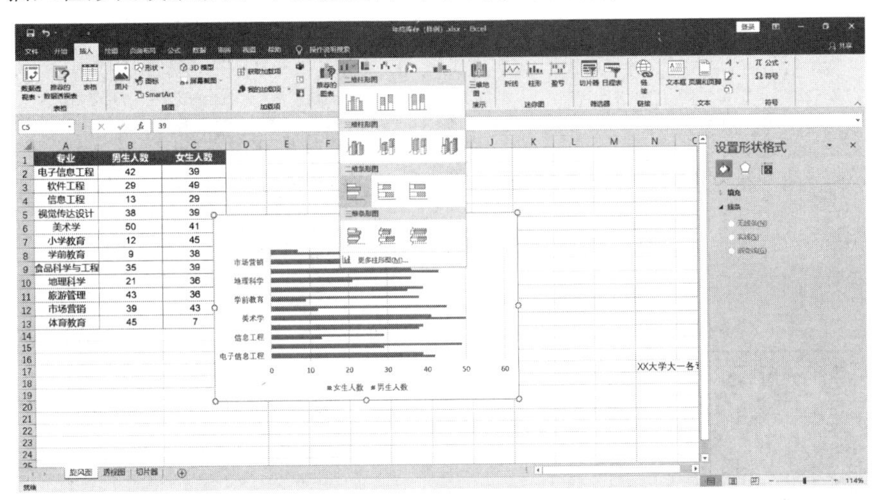

图 4.115 旋风基础图

2. 修改图表标题

修改图表标题为“XX 大学大一各专业男女生人数对比分析”，设置字体格式为“幼圆”“14 号”“加粗”。

3. “次”坐标轴设置

(1) 在图表上单击任意一个橙色条形（表示“女生人数”），此时所有的橙色条形全部被选中。在右键快捷菜单中选择“设置数据系列格式”选项，如图 4.116 所示。

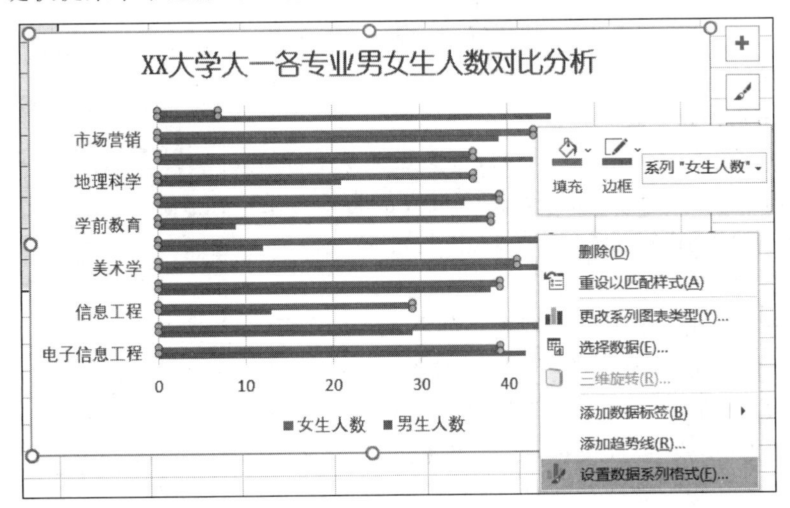

图 4.116 “设置数据系列格式”选项

(2) 在“系列选项”下选中“次坐标轴”单选按钮，如图 4.117 所示。

(3) 图表上方出现一个次坐标轴，双击次坐标轴切换到“设置坐标轴格式”窗格，打开“坐标轴选项”窗格，在“坐标轴选项”选项组中设置边界的最小值为−50，最大值为 50。在“坐标轴选项”下选中“逆序刻度值”复选框，如图 4.118 所示。

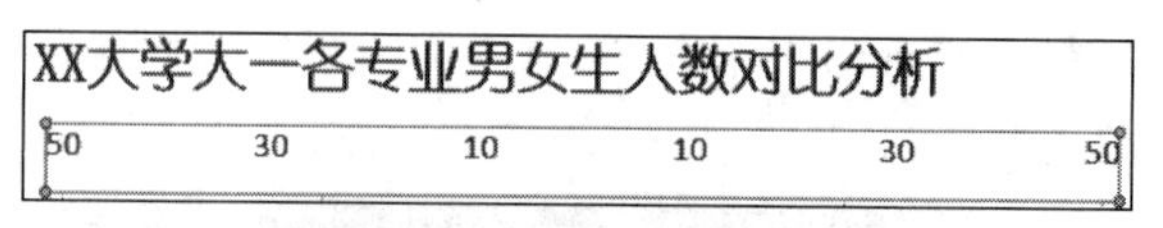

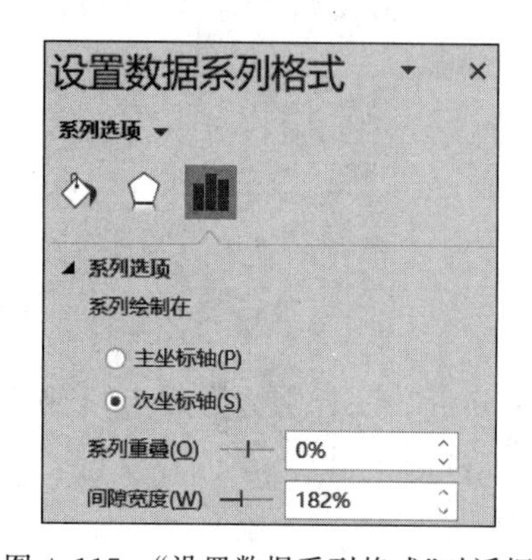

图 4.117 “设置数据系列格式”对话框

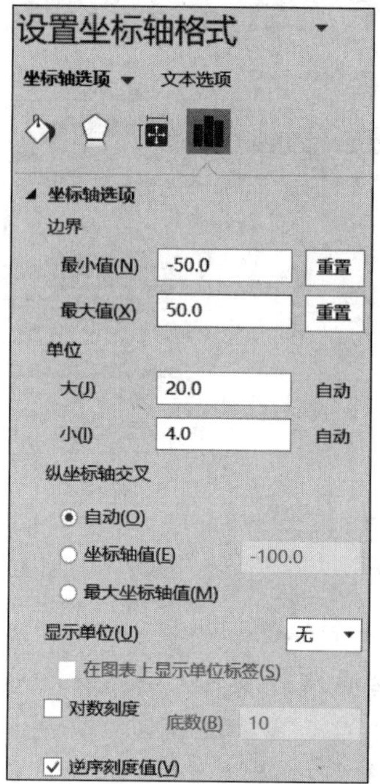

图 4.118 次坐标轴设置

(4) 在“数字”组中选择“类别”为“自定义”，在“格式代码”组中输入“0;0;0”，并单击“添加”按钮，将该代码添加到“类型”文本框中，并保证其为选中状态，如图 4.119 所示。

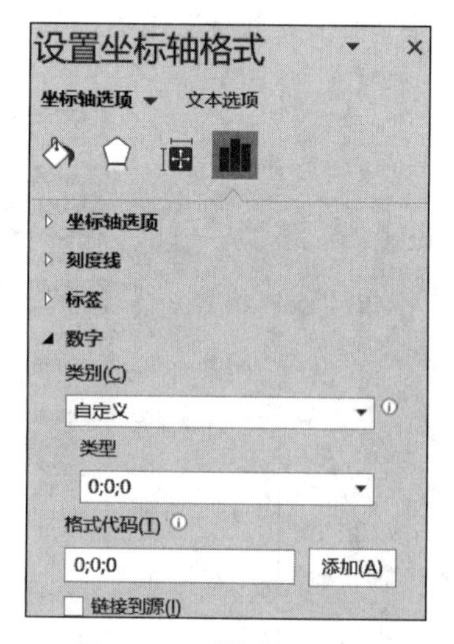

图 4.119 “数字”组设置

4. “主”横坐标轴设置

在图表上双击底部的主要横坐标轴，参照次要坐标轴的设置方法，设置边界“最小值”为−50，最大值为 50。在“数字”组中设置“类别”为“自定义”类型，如图 4.120 所示。

5. “垂直”坐标轴设置

在图表中选中垂直坐标轴并双击。如图 4.121 所示，在“设置坐标轴格式”窗格中打开“坐标轴选项”界面，在“标签”组内设置“标签位置”为“低”；在“填充”界面中的“线条”组内选中“实线”单选按钮，设置“颜色”为“白色，背景 1”，“宽度”为“2 磅”，最终效果如图 4.122 所示。

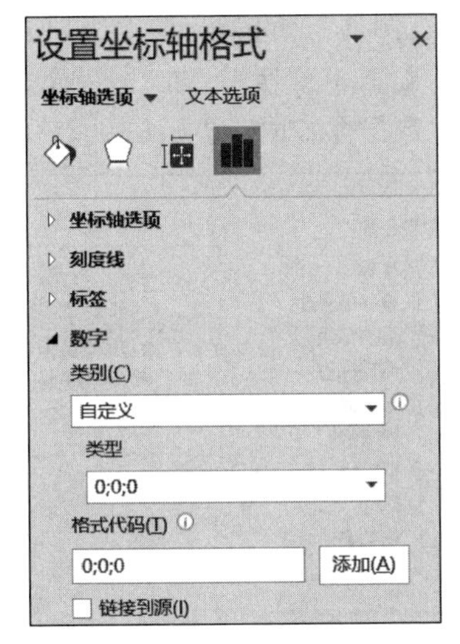

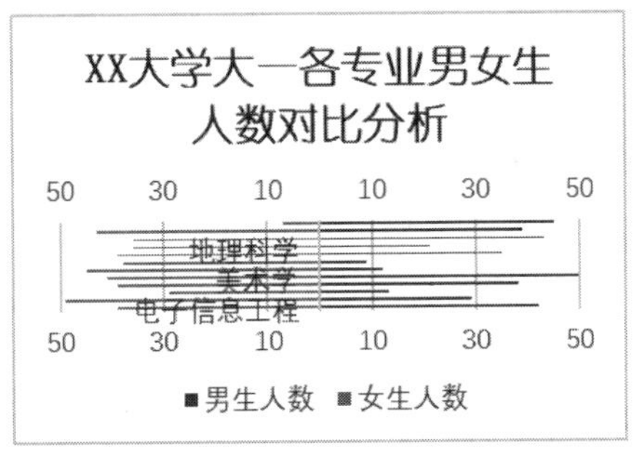

图 4.120 "主"横坐标轴"数字"组设置以及效果图

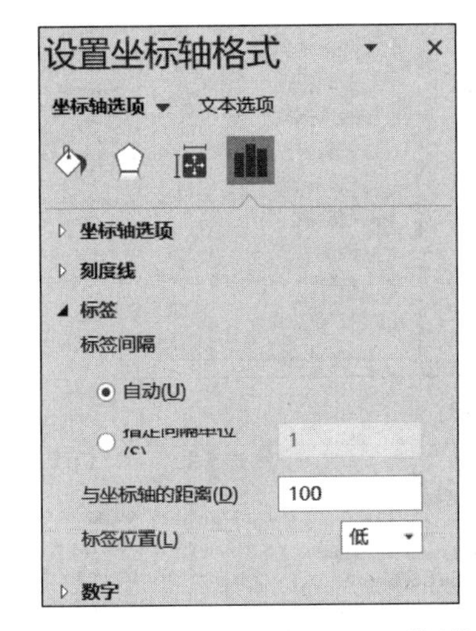

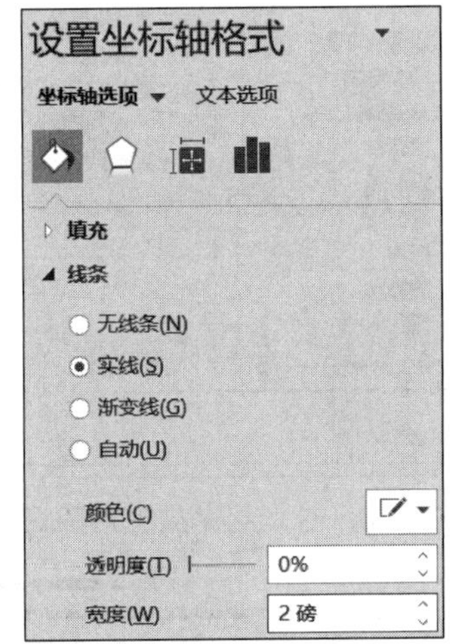

图 4.121 "标签"和"线条"设置

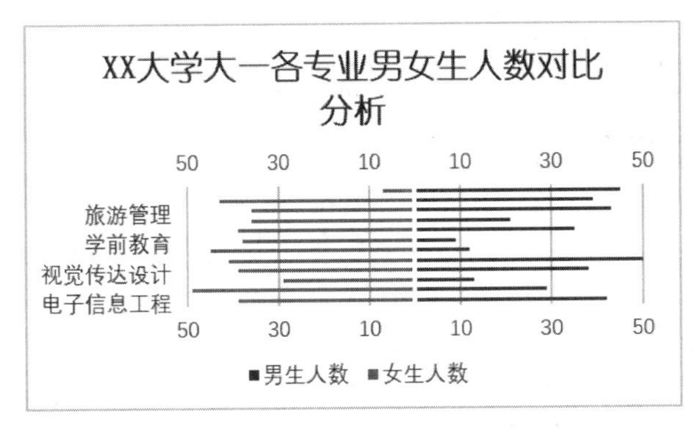

图 4.122 "垂直"坐标轴位置、样式设置及效果图

6. 美化"旋风图"

(1) 添加或删除图表元素，让图表的布局更加合理。选中图表，单击图表右上角的"图

表元素”按钮，打开“图表元素”列表，单击“坐标轴”右侧的三角按钮，在下级列表中取消“主要横坐标轴”和“次要横坐标轴”复选框的勾选，如图 4.123(a)所示；在“图表元素”列表中单击“数据标签”右侧的三角按钮，在下级列表中选择“数据标签内”选项，如图 4.123(b)所示。

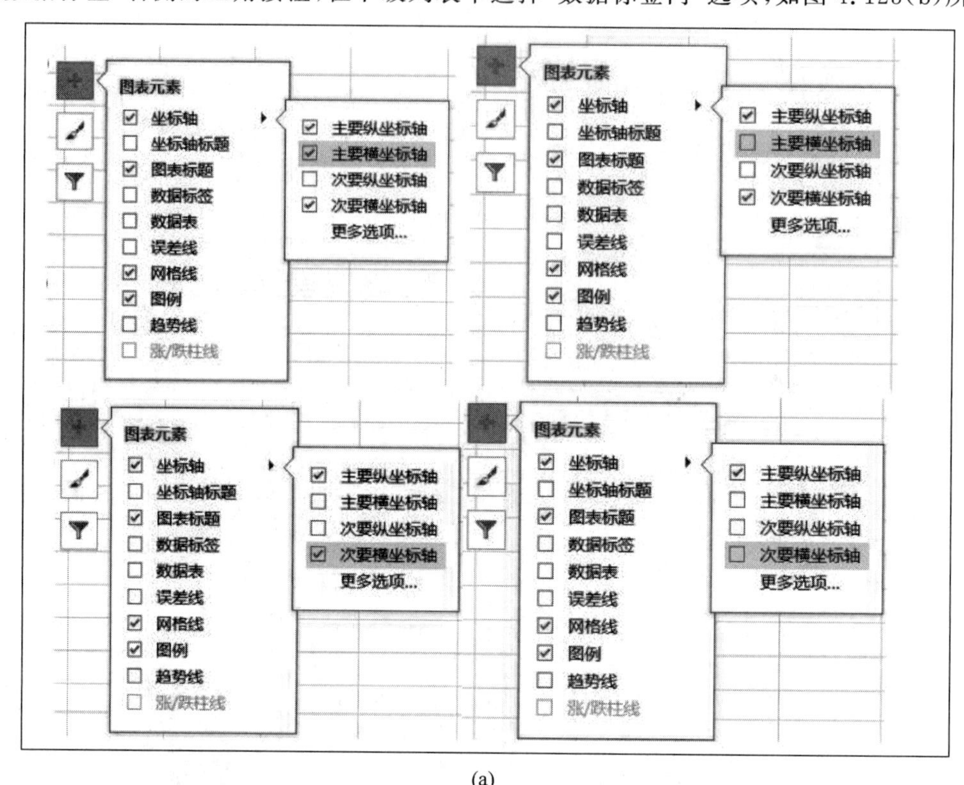

(a)

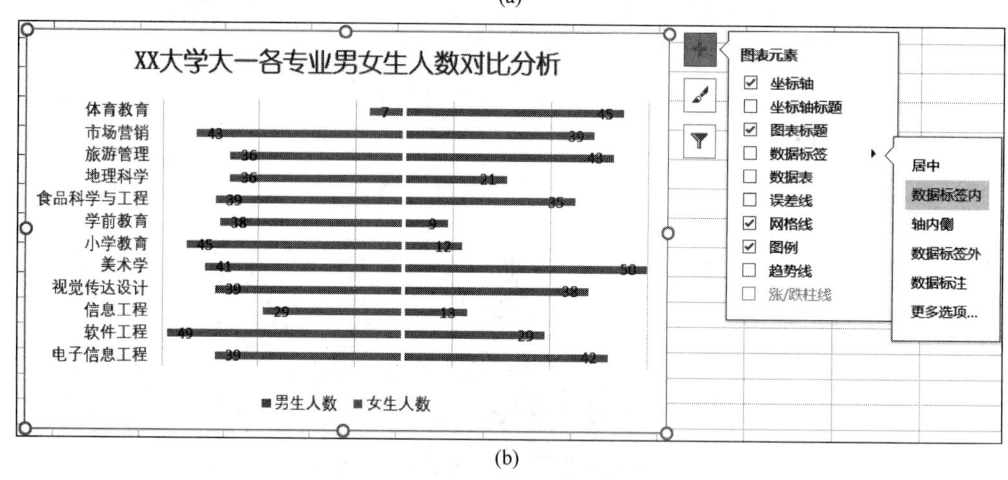

(b)

图 4.123　添加、删除图表元素

(2) 添加背景图。在图表的“图表区”中双击打开“设置图表区格式”窗格。在“填充与线条”界面中的“填充”组内选中“图片或纹理填充”单选按钮，单击“插入”|“文件”按钮。打开“插入图片”对话框，选中背景图片，单击“插入”按钮，效果如图 4.124 所示。

(3) 更改颜色。保持图表为选中状态，在“图表工具”的“设计”选项卡中单击“更改颜色”下拉按钮，在列表中选择“彩色调色板 3”选项，效果如图 4.125 所示。

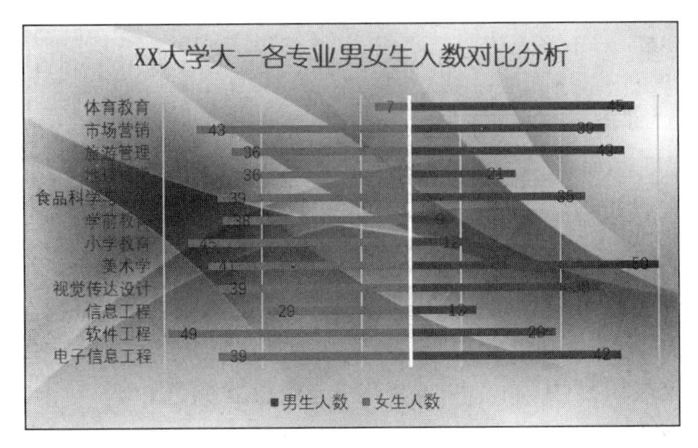

图 4.124　添加背景图

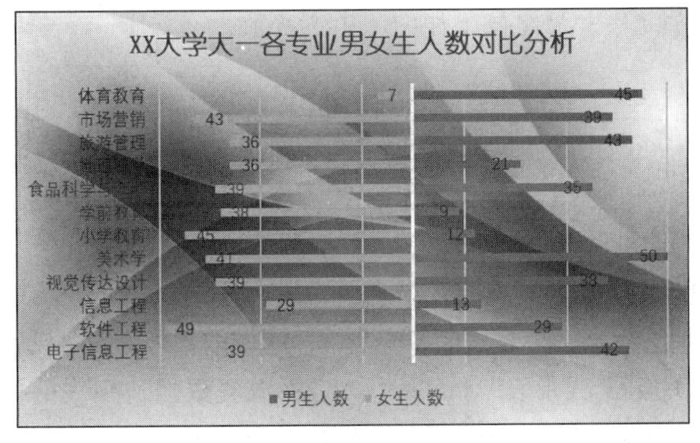

图 4.125　更改颜色

(4)“数据”设置。选中左侧的数据标签，打开“开始”选项卡，在“字体”组中单击“字体颜色”下拉按钮，在下拉列表中选择“白色，背景 1”选项，文字加粗。右侧的数据及垂直坐标轴文字同左侧设置方法相同。最终效果如图 4.126 所示。

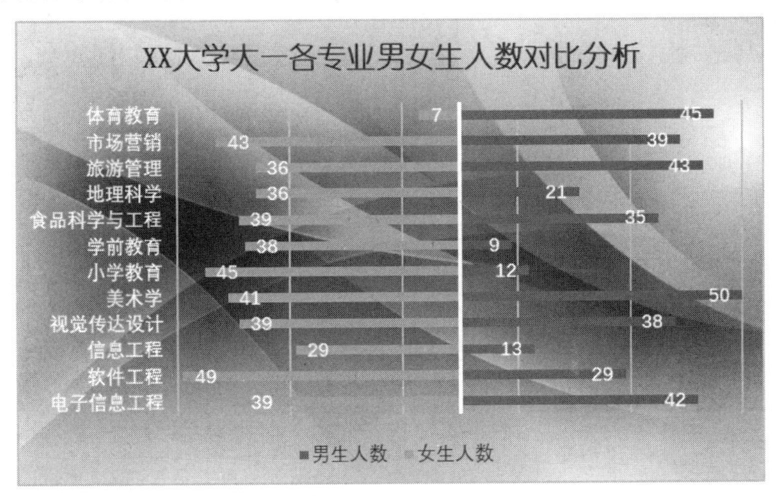

图 4.126　“数据”设置

三、建立迷你图

1. 男生组折线迷你图

（1）建立迷你折线基础图。在 A14 单元格中填入文字“迷你图”。选中任意一单元格，选择“插入”|“迷你图”|“折线”，弹出“创建迷你图”对话框。在“数据范围内”输入“B2:B13”，或者单击右侧的折叠按钮，用鼠标拾取 B2 到 B13 单元格范围。在“选择放置迷你图位置”输入迷你图目标单元格 B14，单击“确定”按钮。

（2）“高点、低点”设置。在“迷你图工具—设计”选项卡中选中“高点”和“低点”复选框。单击“标记颜色”下拉按钮利用“高点”“低点”等选项设置颜色。

2. 女生组折线迷你图

将光标放在 B14 单元格右下角，当光标变成十字形状时，按住鼠标，左键拖动鼠标，将迷你图填充到 C14 单元格。最终效果如图 4.127 所示。

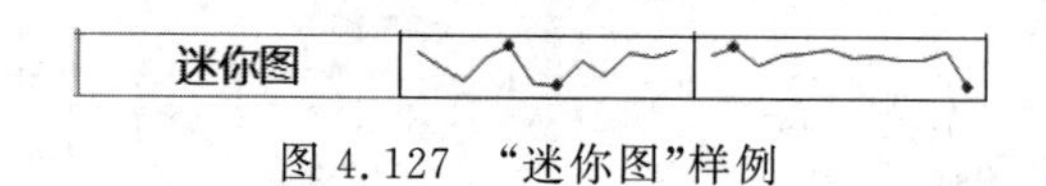

图 4.127 “迷你图”样例

四、建立切片器

1. 建立数据透视表

（1）选中界面中任意一个带数据的单元格，选择“插入”|“表格”|“数据透视表”，在弹出的“来自表格或区域的数据透视表”对话框中，“选择放置数据透视表的位置”保持为默认状态“新工作表”，单击“确定”按钮，工作簿中随即新建一个工作表，并在该工作表中创建一个空白数据透视表，如图 4.128 所示。

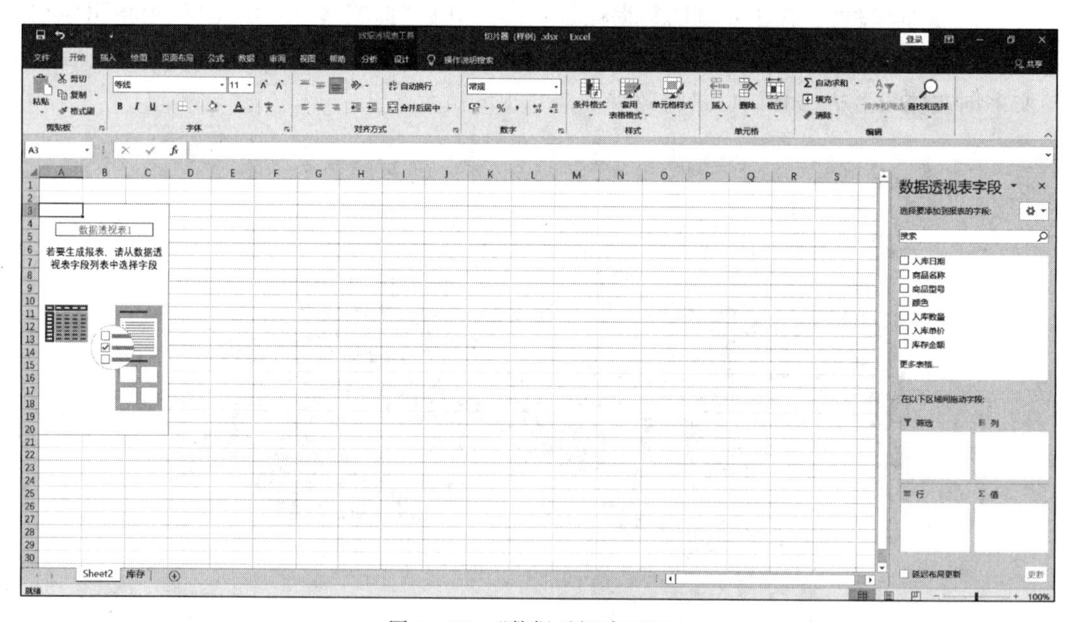

图 4.128 “数据透视表”界面

(2) 设置透视表。在“数据透视表字段”窗格中，选择需要统计的具体信息，选择后可在数据透视表中显示相应字段，如图 4.129 所示。

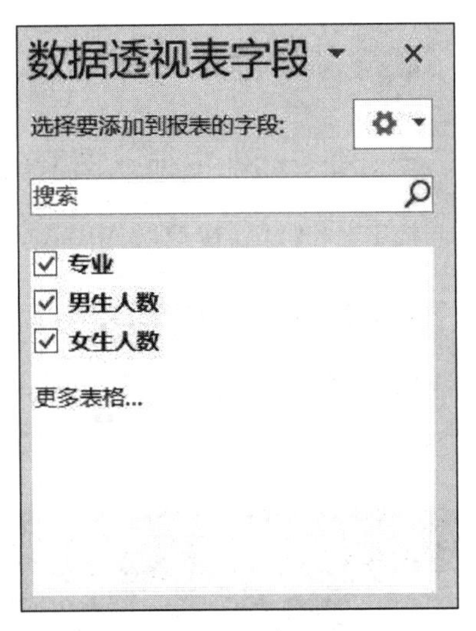

图 4.129 “数据透视表字段”窗格

(3) 创建切片器。选中数据透视表中的任意一个单元格，选择“数据透视表工具”|“分析”|“筛选”|“插入切片器”，在弹出的“插入切片器”对话框中选中“专业”“男生人数”“女生人数”复选框，如图 4.130 所示，单击“确定”按钮，效果如图 4.131 所示。

(4) 切片器样式设置。选中“专业”切片器，选择“切片器工具”|“选项”|“切片器样式”选项，选择一个满意的主题设置。“男生人数”切片器样式设置与“专业”切片器的设置方法相同。

(5) 筛选数据。在“专业”切片器中单击“电子信息工程”按钮，数据透视表中会即可筛选出“电子信息工程”专业中“男生人数”和“女生人数”的数据，如图 4.132 所示。可根据需求筛选出相应的数据。

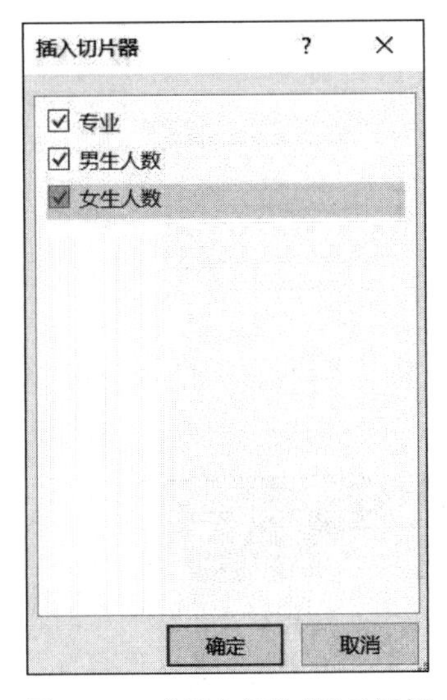

图 4.130 “插入切片器”对话框

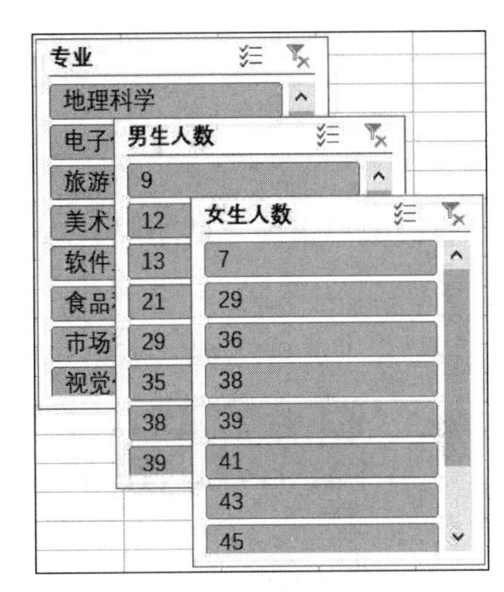

图 4.131 “切片器”效果图

图 4.132 “切片器”样例

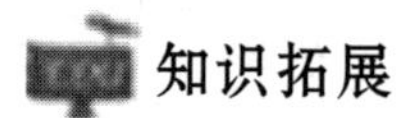

知识拓展

一、在 Excel 中插入图表的快捷键

按 F11 键可以快速插入图表，但是所插入的图表类型只能是簇状柱形图。

二、更改数据透视表的数据源

选择“数据透视表工具”|“分析”|“数据”|“更改数据源”选项，进行数据源的更改，如图 4.133 所示。

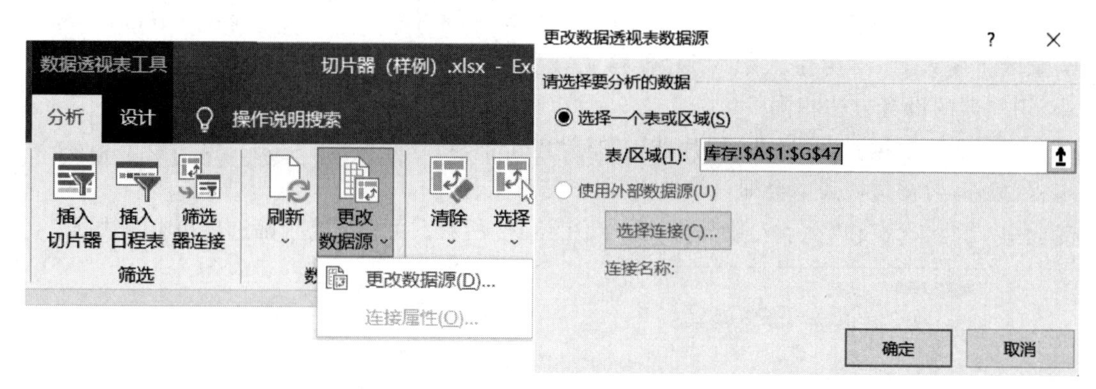

图 4.133 “更改数据源”设置

三、更改数据透视表的字段名称

选中需要修改名字的字段中的任意一个单元格，在“数据透视表工具”|“分析”选项卡中的“活动字段”内，直接输入新的字段名称即可，如图 4.134 所示。

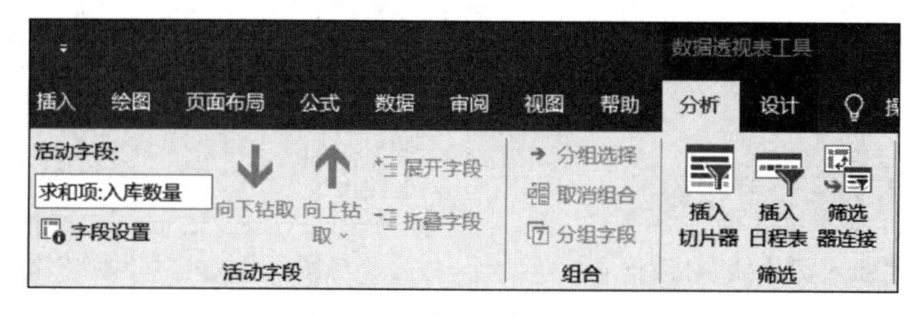

图 4.134 “活动字段”设置

任务六 打印学生成绩表

任务描述

于小伟在制作完成电子表格后需要打印电子表格。请帮助于小伟完成“学生成绩表”电子表格的排版及打印工作，排版后的表格如图 4.135 所示。

(1) 纸张大小设置为 A4(210mm×297mm)，横向放置纸张，上下左右页边距均为 2cm。

(2) 在页脚居中的位置插入页码，起始页码为 100；页眉居中的位置输入页眉内容“学

学生成绩表

2024级软件工程1班学生成绩表

学号	姓名	英语	高等数学	C++	计算机基础	电子线路	python	电路分析	数字图像处理	总分	排名
240102101	许澄邈	80	92	83	45	60	57	52	84	553	54
240102102	刘德泽	99	71	60	74	87	47	57	76	571	38
240102103	程海超	81	98	71	90	52	45	59	73	569	42
240102104	邓海荣	48	78	70	65	46	61	66	43	477	96
240102105	陈海逸	94	74	59	90	96	64	41	73	591	26
240102106	宋海昌	67	50	48	78	42	41	62	60	448	103
240102107	徐瀚文	84	70	75	67	81	43	41	87	548	59
240102108	陈涵亮	41	99	87	48	65	72	97	42	551	56
240102109	程涵煦	40	41	45	95	95	45	88	85	534	69
240102110	宋明宇	70	76	43	59	81	82	80	40	531	71
240102111	徐涵衍	89	42	71	70	74	55	53	96	550	57
240102112	赵浩歌	53	70	68	91	66	81	73	96	598	22
240102113	万浩晶	81	95	67	48	40	54	96	91	572	37
240102114	徐鸿宝	73	47	59	77	54	63	56	44	473	98
240102115	许鸿波	77	54	46	60	71	58	73	64	503	86
240102116	彭万里	98	49	43	98	66	63	76	41	534	69
240102117	谢大海	68	51	96	51	44	48	89	66	513	79
240102118	马宏宇	94	82	46	77	75	55	87	85	601	19
240102119	林莽	77	68	41	81	84	51	73	49	524	77
240102120	黄强辉	85	53	68	58	90	65	93	96	608	14
240102121	章汉夫	79	77	46	71	80	59	74	80	566	45
240102122	林君雄	88	98	46	57	86	42	76	82	575	34
240102123	朱希亮	60	81	90	86	75	56	75	83	606	16
240102124	李四光	64	82	70	44	81	56	83	90	570	39

100

(a)

学生成绩表

2024级软件工程1班学生成绩表

学号	姓名	英语	高等数学	C++	计算机基础	电子线路	python	电路分析	数字图像处理	总分	排名
240102197	陆朦胧	47	99	79	91	89	59	98	77	639	3
240102198	姜琪琪	88	81	49	69	74	79	59	61	560	50
240102199	陆航	77	71	73	84	46	82	70	63	566	45
240102200	周乐乐	99	83	80	71	54	47	58	99	591	26
240102201	姜会芳	48	80	43	59	91	45	44	52	462	100
240102202	田宁	83	82	50	98	93	71	85	67	629	6
240102203	向红丽	82	88	93	57	65	54	81	90	610	12
240102204	常佳旭	50	93	70	84	42	54	96	85	574	35

104

(b)

图 4.135　成绩表“首页”与“尾页”样例

生成绩表”，文本字体为“黑体”，“字号”为 16。

（3）工作表跨越多页，打印时需在每一页上显示工作表标题和行标题。

任务目标

◆ 掌握电子表格打印设置的方法。
◆ 掌握打印行标题的方法。
◆ 掌握页眉、页脚、页码设置的方法。

知识介绍

我们常常要把工作表中的数据、图表等打印输出，这样就要对工作表进行页面设置、打印预览和打印设置等操作。

一、设置页面、分隔符及打印标题

1. 设置页面

页面设置是在打印工作表时对数据内容等进行设置和编辑。

选择“页面布局”选项卡，如图 4.136 所示，该选项卡包含“主题”“页面设置”“调整为合适大小”“工作表选项”“排列”5 个功能组。

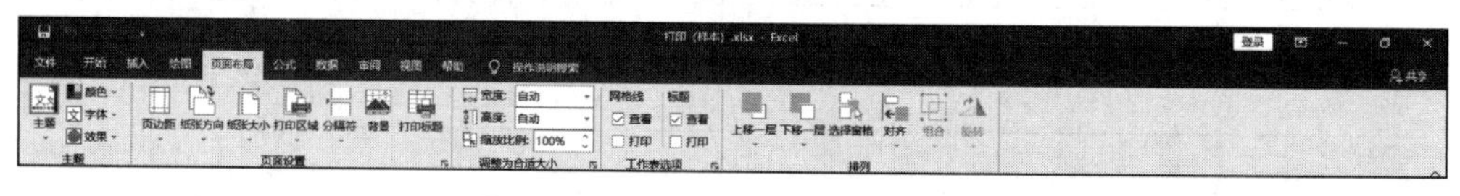

图 4.136 “页面布局”选项卡

单击“页面布局”|“调整为合适大小”右侧按钮，将会弹出“页面设置”对话框，如图 4.137 所示。

图 4.137 “页面设置”对话框

(1) 在“页面”选项卡中可以对纸张打印方向、缩放、大小、起始页码等进行设置。

(2) 在“页边距”选项卡中可以对页面内容与纸张边缘的距离进行设置,页边距分为“上”“下”“左”“右”“页眉”及“页脚”等内容。

(3) 在“页眉/页脚”选项卡中可以利用 Excel 中给出的“页眉/页脚”格式内容进行设置,也可以根据需要“自定义页眉”或“自定义页脚”。

(4) “工作表”选项卡包括以下内容:“打印区域”可以在工作表中选择需要打印的区域内容,单击折叠按钮,在工作表中利用光标识取打印区域,再次单击折叠按钮返回该对话框;如果一个工作表的内容较长,工作表的标题字段名在第二页以后就无法显示,可以通过“打印标题”选项设置为每一页工作表设置相同的标题字段。利用“顶端标题行”或“从左侧重复的列数”给工作表设置一个在每页中都能打印出来的标题字段名。“打印”选项提供了“网格线”“单色打印”“行和列标题”“草稿质量”等复选框内容,根据需要自行选择。利用“先列后行”或“先行后列”的单选按钮,选择打印的顺序。

2. 设置分隔符

要对工作表中的数据进行分页打印,就需要人工对页面设置分页符。分页符分为“水平分页符”和“垂直分页符”两种,具体设置步骤如下。

(1) 在准备插入分页符的下方(右侧)任选一个单元格。

(2) 选择“页面布局”|“分隔符”|“插入分页符”选项,这时将在该单元格的左侧边沿和上部边沿分别插入水平和垂直分页符。

(3) 删除分页符操作,首先选中插入分页符位置的单元格、行或列,选择“页面布局”|“分隔符”|“删除分页符”选项,即可删除分页符。

3. 设置打印标题

如果一个表很长,第二页以后通常不显示标题,可以通过设置使后面每一页都显示标题。

打开“页面设置”对话框,选择“工作表”选项卡,单击“顶端标题行”的编辑区,再单击要作为标题的单元格,最后单击“确定”按钮,后面的页面中都会显示标题。同理,如果横向内容特别多,可以选择“左端标题列”进行设置。

二、设置页眉和页脚

选择“插入”|“文本”|“页眉和页脚”选项,窗口中的视图由“普通”视图变为“页面布局”视图形式,并出现页眉和页脚工具“设计”选项卡,如图 4.138 所示。

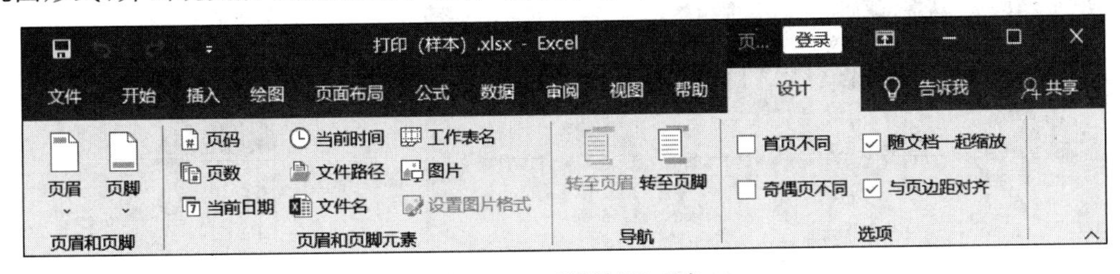

图 4.138 “设计”选项卡

(1) 在“页眉和页脚”组中可以添加页眉和页脚,并设置页眉和页脚添加的固定格式的内容。

(2) 在“页眉和页脚元素”组中,可以按照需求选择添加在页眉和页脚中的控件。

(3) 在“导航”组中可进行页眉与页脚的切换设置。

(4) 在“选项”组可根据需求设置“首页不同”“随文档一起缩放”“奇偶页不同”以及“与页边距对齐”功能。

三、打印和打印预览

1. 打印预览

在打印工作表之前需要先预览,可避免打印出不符合要求的工作表。可选择“文件”|“打印”选项,此时右侧即显示打印预览窗口,在该窗口中可看到和打印一样的效果。

2. 打印

选择“文件”|“打印”选项,右侧将出现打印预览窗口。可在窗口中完成以下设置。

(1) 打印机:在“名称”下拉列表中选择所需要的打印机,同时可查看该打印机的状态、类型和位置。

(2) 份数:对打印份数进行设置。

(3) 设置:指定打印的内容,包括“活动工作表”“整个工作簿”和“选定区域”等。

(4) 页数:控制打印工作表的页数。

(5) 对照:设置打印的次序。

(6) 纵向:调整纸张的方向。

(7) 自定义页面大小:设置纸张的大小。

(8) 自定义边距:调整打印边框。

(9) 无缩放:设置打印是否缩放,默认无缩放。

任务实施

一、设置页面

(1) 打开“打印(素材)”工作表。

(2) 设置纸张大小。选择“页面布局”|“页面设置”|“纸张大小”|A4 选项,如图 4.139 所示。

(3) 设置纸张方向。选择“页面布局”|“页面设置”|“纸张方向”|“横向”选项,如图 4.140 所示。

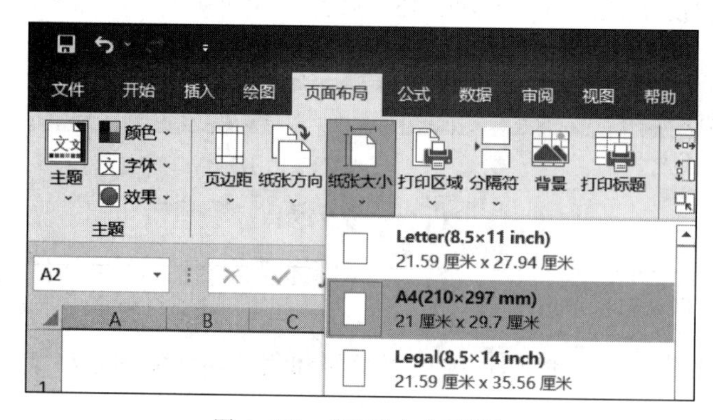

图 4.139 “纸张大小”设置

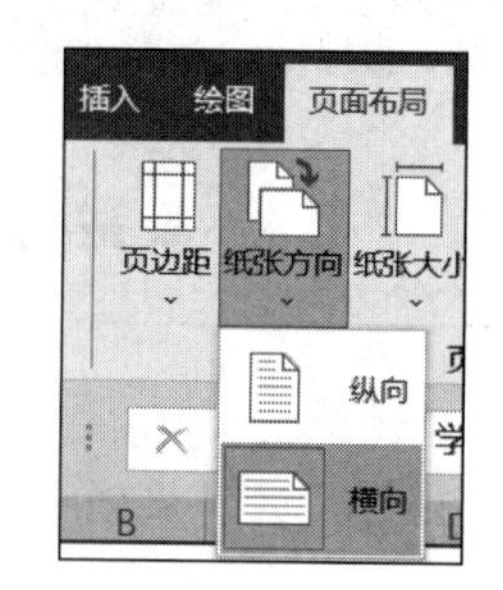

图 4.140 “纸张方向”设置

(4) 设置页面边距。选择“页面布局”|“页面设置”|“页边距”|“自定义边距”选项，选择“页面设置”|“页边距”选项卡，设置“上”“下”“左”“右”页边距为 2cm，如图 4.141 所示。

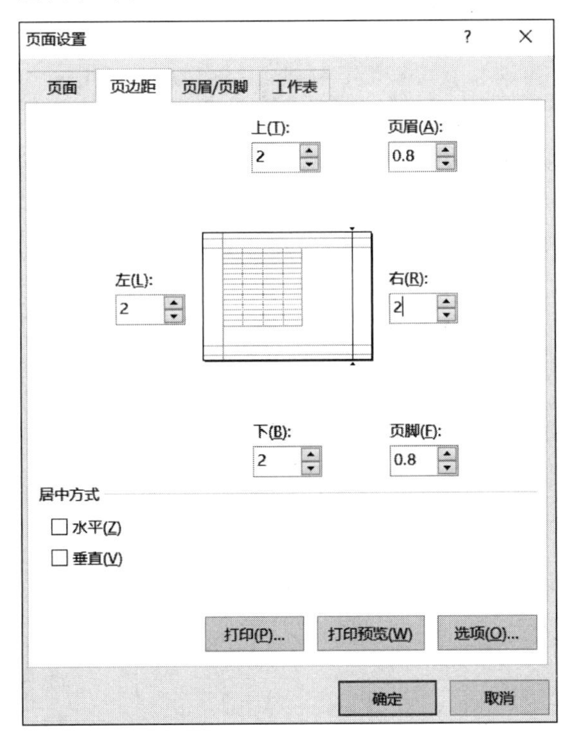

图 4.141 “页边距”设置

二、设置页眉和页脚

1. 设置页眉

(1) 选择“插入”|“文本”|“页眉和页脚”选项，选择“页眉和页脚工具”|“设计”选项卡。

(2) 在窗口中单击“页眉”部分，输入“学生成绩表”，选择“文件”|“字体”，设置文本字体为“黑体”，“字号”为 16，如图 4.142 所示。

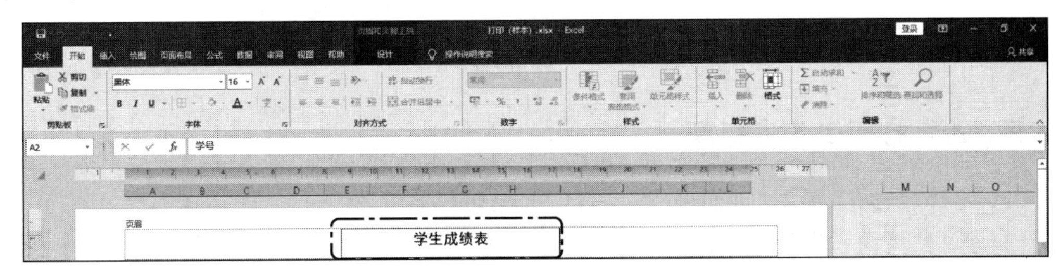

图 4.142 “页眉”内容输入

2. 设置页脚

(1) 在“页眉和页脚”|“设计”选项卡中，单击“导航”|“转至页脚”按钮，跳转到页脚编辑区域，选中中间页脚部分。

(2) 在页脚处选择“页眉和页脚”|“设计”|“页眉和页脚元素”|“页码”选项，为页脚添加页码，如图 4.143 所示。

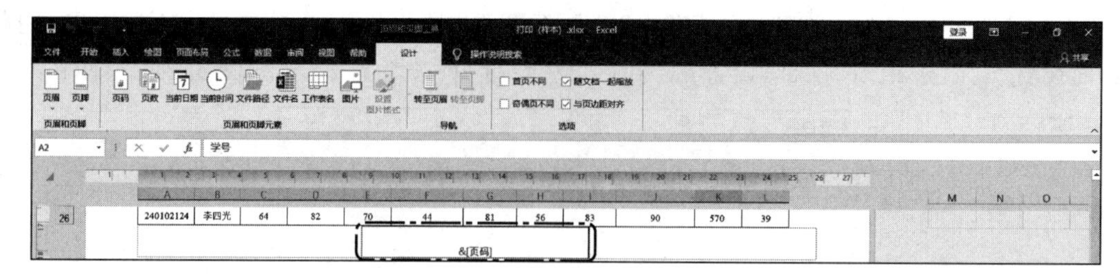

图 4.143　添加“页码”

(3) 选择“文件”|“打印预览”选项，在弹出页面选择“页面设置”，弹出“页面设置”对话框。

(4) 在“页面”选项卡中将“起始页码”设置为 100，如图 4.144 所示。

图 4.144　“起始页码”设置

三、跨页打印工作表标题

(1) 选择“页面布局”|“页面设置”|“打印标题”选项。

(2) 弹出“页面设置”|“工作表”对话框。

(3) 在“打印标题”区域，选取“顶端标题行”右侧的折叠按钮，利用鼠标拾取工作表数据区域的标题和行标题部分，即第 1、2 行数据，如图 4.145 所示。

(4) 单击“打印预览”按钮，直接跳转到“打印及打印预览”窗口，查看是否产生符合要求的跨页打印行标题。

(5) 单击“打印”按钮即可。

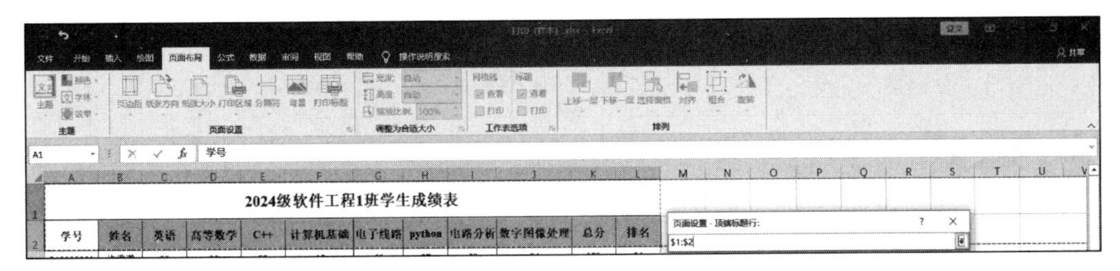

图 4.145 “标题行”设置

知识拓展

保护工作簿

如果不希望其他人修改工作簿或者不想被别人看到其中的内容，则可以对工作簿设置保护。下面以设置密码保护为例进行说明。

(1) 选择“文件”|“信息”|“保护工作簿”|“用密码进行加密”选项。

(2) 弹出“加密文档”对话框，在“密码”文本框中输入密码。

(3) 单击“确定”按钮，将弹出“确认密码”对话框，再次输入密码，单击“确定”按钮。

(4) 此时在权限区域会出现提示“需要密码才能打开此工作簿”。

(5) 保存该工作簿，退出 Excel。再次打开时需要输入正确密码才可以。

小　　结

Excel 是使用最为广泛的电子表格处理软件之一。本章以 Excel 2019 为例，详细介绍了 Excel 2019 制作电子表格的基础知识。任务一涉及的知识点包括工作簿、工作表和单元格的基本操作、输入数据和编辑工作表。任务二和任务三涉及的知识点包括使用公式与函数。任务四涉及的知识点包含对数据筛选、数据排序和分类汇总。任务五涉及的知识点包括制作旋风图、迷你图以及数据透视表。任务六涉及的知识点包括电子表格的打印等操作。

且以青春报祖国

任务一案例“制作‘数读’二十大报告表”，折射出新时代十年的非凡成就，数字的背后是收获，是奋斗，更是希望和力量；任务二案例“制作学生成绩统计表”，反映出分数掌握在自己手中，认真拼搏，才能不负此生；任务三案例“制作 BMI 指数计算器”，明晰远离身材焦虑，健康才是生命之本，以及案例“表白神器”，理解背后正确的爱情观；任务四案例“整理销售明细表”，了解工作不易，未来可期；任务五案例“数据图表化”将呆板的数据变得图表化、立体化、生动化。本章提供从个人到国家，从学习(学生成绩统计表)到工作(员工绩效表)，从身体(BMI 指数计算器)到精神(表白神器)各角度素材，让学生在学习 Excel 知识的基础上，浅析世界观、人生观及价值观。

习　题

一、选择题

1. 在 Excel 的单元格中，显示的内容是“＃＃＃＃”，则表示(　　)。

A. 数字输入出错　　B. 输入数字的单元格宽度过小

C. 公式输入出错　　D. 数字输入不符合单元格当前格式设置

2. 在 Excel 工作表中，表示一个以单元格 A2、F2、A8、F8 为 4 个顶点的单元格区域，正确的表达方式是(　　)。

A. A2:A8:F2:F8　　B. A2:F8

C. A2:A8　　D. A8:F2

3. 在 Excel 中，单击单元格区域中第一个单元格，然后按住功能键(　　)键，再单击区域的最后一个单元格，可以将单元格区域选中。

A. Shift　　B. Alt　　C. Ctrl　　D. Tab

4. 在 Excel 中，工作表第 F 列第 3 行交叉位置处的单元格，利用绝对引用地址方式表示为(　　)。

A. $F$3　　B. $F3　　C. F3　　D. F$3

5. 在 Excel 中已经建立图表，当工作表中图表数据源的内容变化后，图表中数据(　　)。

A. 发生相应变化　　B. 不出现变化

C. 自然消失　　D. 生成新图表

二、实操题

1. 在 Excel 环境下，在工作表 EA2 中完成以下操作：

(1) 将 A1:F1 表格区域合并及居中，将字号设置为 20，字形为加粗。

(2) 将 A2:F2 中的所有单元格内容设置为居中、加粗。

(3) 将 A3:B34 中的所有单元格内容设置为居中、斜体。

(4) 将 C3:F34 中的所有单元格字体设置为“仿宋_GB2312”、居中。

(5) 将第 2 行到第 34 行的行高设置为 16，将 D、E、F 列宽设置为 9。

(6) 为工作表的数据区 A2:F34 域加上蓝色双实线外边框，黄色单实线内边框。

(7) 为 A2:F2 中的所有单元格加上“图案颜色(黄色 60%)，图案样式(6.25%灰色)”的底纹。

2. 在 Excel 环境下，在工作表 EA4 中完成以下操作：

(1) 在“总分”列，利用函数求出每个学生的总分，总分结果居中显示 1 位小数。

(2) 在“大学外语评定”列，通过 IF 函数求出对每个学生的评定：若大学外语成绩大于或等于 60 分，则为“及格”，否则为“不及格”，评定结果居中显示。

(3) 在单元格 I2 通过函数求出全班总分的最低分。

(4) 在单元格 I3 通过函数求出全班总分的最高分。

(5) 在单元格 I4 通过函数求出全班总分的平均分，并设置平均分的数字格式为显示 2 位小数的数值类型。

(6) 在单元格 I5 通过函数求出总分小于 200 的人数。

3. 在 Excel 环境下，在工作表 EA5 中完成以下操作：

(1) 将工作表中的数据设置为水平居中。

(2) 在工作表 Sheet1 中以“平均值”为主关键字(递减)，“年龄”为次关键字(递减)对工作表数据进行排序。

4. 在 Excel 环境下，在工作表 EA7 中完成以下操作：

(1) 用“高级筛选”将性别为女、得分超过 6 分的记录，复制到以 A35 单元格为左上角的输出区域，条件区是以 G1 单元格为左上角的区域。

(2) 用“高级筛选”将职业为农民且得分大于 9 分的记录筛选出来，复制到以 A45 单元格为左上角的输出区域，条件区是以 G4 单元格为左上角的区域。

5. 在 Excel 环境下，在工作表 EA8 中完成以下操作：

对数据进行分类汇总：将工作表中的数据，以“销售地区”为分类字段，将“销售额”进行“求和”分类汇总。

6. 在 Excel 环境下，在工作表 EA9 中完成以下操作：

根据工作表 EA9 的数据创建三维面积图，横坐标为年级，纵坐标为专业，数值(Z)轴标题为“人数”，图例在绘图区中靠右显示，不显示数值轴主要网格线，图表标题为“计算机系学生人数”，把生成的图表直接放在 EA9 工作表中，背景墙用“画布”纹理填充。

第五部分　演示文稿制作软件 PowerPoint 2019

PowerPoint 是 Microsoft Office 系列软件中的一个重要组成部分，是一款专业的演示文稿制作软件。允许用户可视化操作，将文本、图像、动画、音频和视频集成到一个可重复编辑和播放的文档中，并可以通过多种平台进行演示。演示文稿用途广泛，在学术交流、辅助教学、广告宣传、产品展示等方面发挥着重要作用。

PowerPoint 2019 比以前的版本增加了很多实用功能，主要包括平滑切换、缩放定位、墨迹书写、文本荧光笔、3D 模型、在线插入 SVG 图标、简化背景消除、导出超高清 4K 视频等。

利用 PowerPoint 2019 设置演示文稿内容的操作与利用 Word 2019 处理文档有许多相同之处。因此，对于前面已经介绍过的知识，此部分将不再具体讲解。此部分将以演示文稿的制作流程和应用为主线，介绍 PowerPoint 2019 制作演示文稿的方法。

任务一　PowerPoint 2019 基本操作

任务描述

利用 PowerPoint 软件制作一份名为“中国梦”的幻灯片，加强学生对“中国梦”含义的理解，提高学生爱国主义情怀。通过学习该演示文稿的制作，认识 PowerPoint 的工作界面，掌握演示文稿的基本编辑操作，效果如图 5.1 所示。

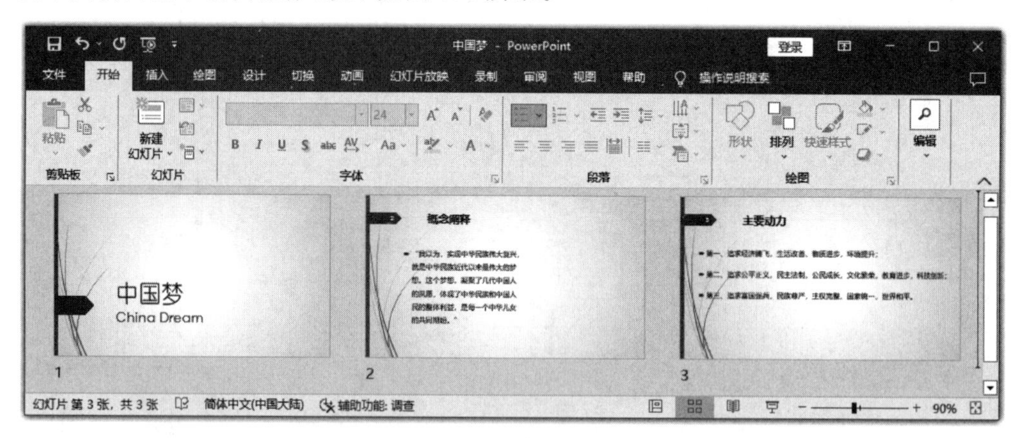

图 5.1　任务一效果图

具体要求如下。

(1) 启动 PowerPoint，创建空白演示文稿。

(2) 为演示文稿插入新幻灯片，使其由 3 张幻灯片组成。

(3) 为每张幻灯片选择适合的版式。

(4) 结合原有文字素材,为幻灯片添加文字。

(5) 将演示文稿应用“丝状”主题。

(6) 将其保存在 D 盘,文件名为“中国梦.pptx”。

任务目标

◆ 掌握 PowerPoint 的创建与保存方法。

◆ 熟悉 PowerPoint 的工作界面、各选项卡的组成及功能。

◆ 掌握演示文稿、幻灯片的基本概念。

◆ 掌握幻灯片的插入、复制、移动、删除等操作。

◆ 能够在幻灯片上添加文字,为演示文稿应用主题。

知识介绍

一、PowerPoint 启动与退出

1. PowerPoint 的启动

在系统中成功安装 PowerPoint 后,可以通过以下几种方法启动程序。

(1) 利用“开始”按钮启动。在 Windows 界面下,单击“开始”按钮,用键盘输入 P 或 p,进入自动搜索方式,在搜索出的项目中选取 PowerPoint 即可。

(2) 利用快捷图标启动。如果桌面上已经装有 PowerPoint 的快捷方式图标,启动 Windows 操作系统后,直接用鼠标双击该快捷方式图标即可。

(3) 利用已有的 PowerPoint 文件启动。在计算机里找到已有的 PowerPoint 文件,用鼠标双击该文件即可启动 PowerPoint,同时打开该演示文稿文件。

(4) 以创建演示文稿方式启动。桌面的空白处右击,在弹出的快捷菜单中,单击“新建”选项,在“新建”的下级菜单中选择“Microsoft PowerPoint 演示文稿”选项。

2. PowerPoint 的退出

可以通过以下 3 种方法退出 PowerPoint。

(1) 单击 PowerPoint“标题栏”右侧的“关闭”按钮。

(2) 对当前窗口按快捷键 Alt+F4 关闭。

(3) 在任务栏中当前窗口的按钮上右击,选择“关闭”选项。

二、基本概念

(1) 演示文稿:在 PowerPoint 中,一个完整的演示文稿文件称为演示文稿,它是由一组幻灯片组成的。

(2) 幻灯片:幻灯片是演示文稿的组成部分,它通常包括文字、图片、表格等,也会加上一些特效动态显示效果。如果把演示文稿比喻成一本书,那么幻灯片就是组成这本书的每一页。

三、PowerPoint 2019 工作界面

只有熟悉了 PowerPoint 2019 的工作界面,才能灵活地运用 PowerPoint 2019 提供的各

种功能。PowerPoint 2019 界面布局紧凑简洁，便于用户操作，如图 5.2 所示。

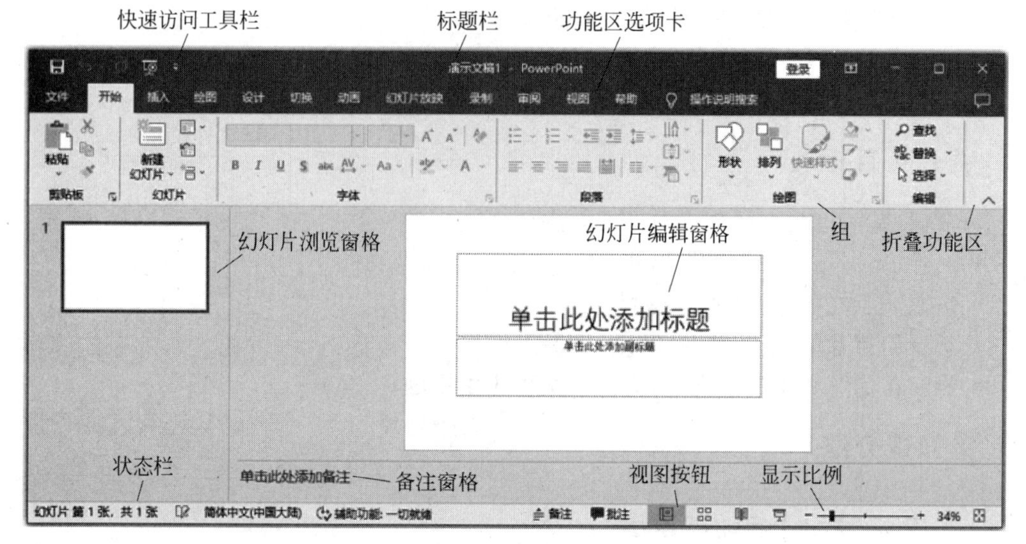

图 5.2　PowerPoint 2019 窗口组成

(1) 标题栏位于窗口的顶部，显示软件的名称 PowerPoint 和当前文档的名称，还包括最左侧的快速访问工具栏和最右侧的"最小化""最大化"(向下还原)和"关闭"按钮。

(2) 功能区中包含多个选项卡，每个选项卡中都包含了相应的组，双击选中的选项卡可以显示和隐藏组，选项卡是一组相关的选项，当选项处于显示状态时，单击组内的选项，可以执行对应的功能。

(3) 幻灯片编辑窗格，在普通视图模式下，中间部分是"幻灯片编辑窗格"，用于查看每张幻灯片的整体效果，还可以输入文本、编辑文本、插入各种媒体和编辑各种效果，幻灯片编辑窗格是进行幻灯片处理和操作的主要窗口。

(4) 在幻灯片浏览窗格中可以快速查看整个演示文稿中任意一张幻灯片，也可以完成幻灯片的新建、选定、移动、复制和删除等操作。

(5) 备注窗格，每张幻灯片都有备注页，用于保存幻灯片的备注信息，以便在展示演示文稿时进行参考，或者输入不显示给观众看的内容。

(6) 状态栏位于窗口的最底部，显示当前演示文稿的基本信息，包括当前幻灯片编号、幻灯片总页数、视图切换按钮、显示比例调整滑块等。

四、PowerPoint 2019 视图方式

可以通过在编辑演示文稿时选用不同的视图方式使文稿的浏览和编辑更加方便，PowerPoint 共提供了 6 种视图方式，可以通过使用"视图"|"演示文稿视图"组中的相关选项来实现。如图 5.3 所示，分别为"演示文稿视图"组的"普通""大纲视图""幻灯片浏览""备注页""阅读视图"。

常用的 4 种视图方式介绍如下。

(1) "普通"视图是主要的编辑视图，可用于撰写或设计演示文稿。该视图有 3 个工作区域：演示文稿左侧是"幻灯片浏览"窗格，右侧上部为幻灯片编辑窗格，右侧下部是备注窗格。

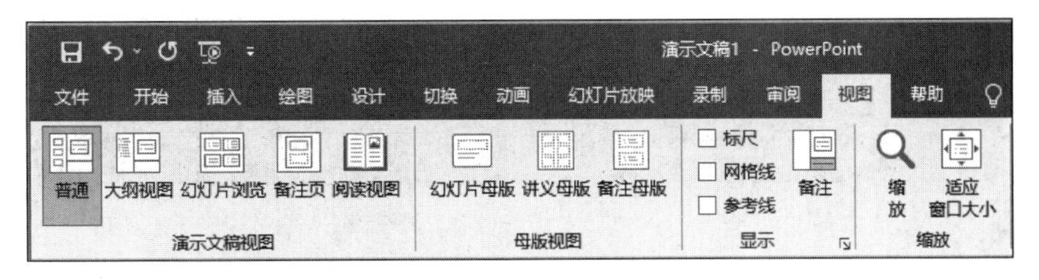

图 5.3　视图方式

（2）“幻灯片浏览”视图中可以直接显示幻灯片的缩略图，在该视图中，可以直观地查看所有幻灯片，如幻灯片之间颜色、结构搭配是否协调等。也可在该视图模式下对幻灯片进行移动、复制、删除，更改幻灯片的放映时间，选择幻灯片的切换效果和进行动画预览等操作，但不能直接对幻灯片内容进行编辑或修改。如果要对幻灯片进行编辑，可双击某一张幻灯片，系统会自动切换到幻灯片编辑窗格，如图 5.4 所示。

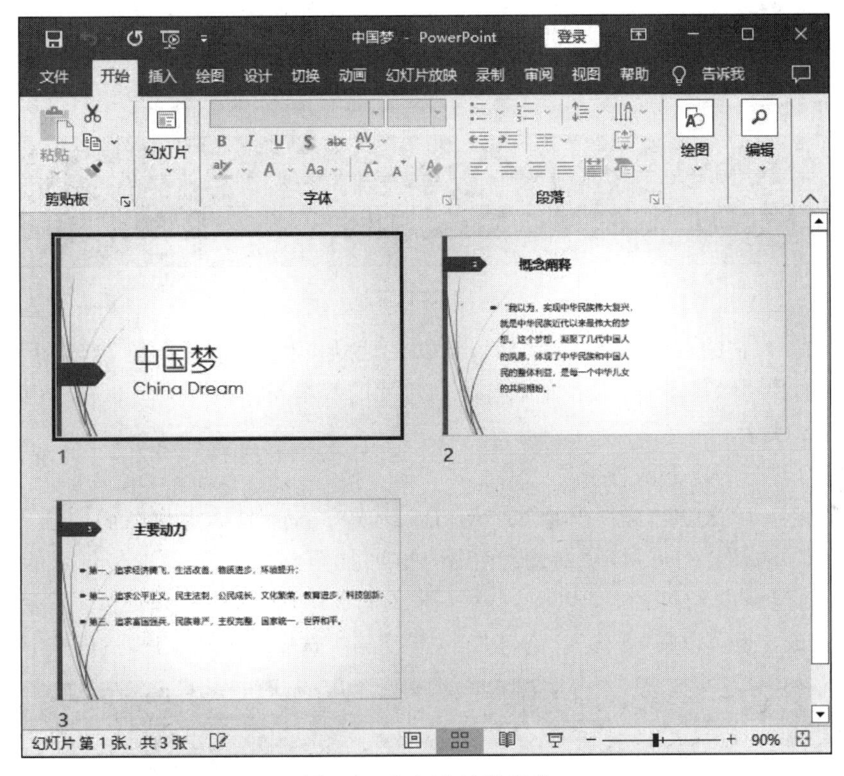

图 5.4　幻灯片编辑窗格

（3）“幻灯片浏览”视图可以动态显示幻灯片，包括文字显示、动画、声音效果、切换效果等。选择该视图可以从当前幻灯片开始放映（按 F5 键可以快捷地从第一张幻灯片开始放映），按 Esc 键，可以退出幻灯片放映。

（4）“阅读”视图一般用于幻灯片的简单预览，幻灯片在阅读视图中只显示标题栏、状态栏和幻灯片放映效果，如图 5.5 所示。

五、幻灯片的基本操作

在创作时，先打开一个演示文稿，下一步就要开始对其进行编辑了。演示文稿是由一张

图 5.5　幻灯片阅读视图

张幻灯片组成的，它的数量并不是固定的，可以在“普通”和“幻灯片浏览”方式下，根据需要对其进行增加和删除等操作，下面介绍有关幻灯片的基本操作。

1. 插入幻灯片

插入幻灯片分为以下两种情况。

（1）添加空白幻灯片。在“普通”或“幻灯片浏览”中，将光标定位在需要插入新幻灯片的位置，选择“开始”|“幻灯片”|“新建幻灯片”选项，如图 5.6 所示，完成幻灯片的插入操作。

提示：创建新的幻灯片，可以先选中一张幻灯片，按快捷键 Ctrl＋C，然后按快捷键 Ctrl＋V 来完成。也可以在“普通”|“幻灯片浏览”窗格中选中一张幻灯片，然后按 Enter 键。

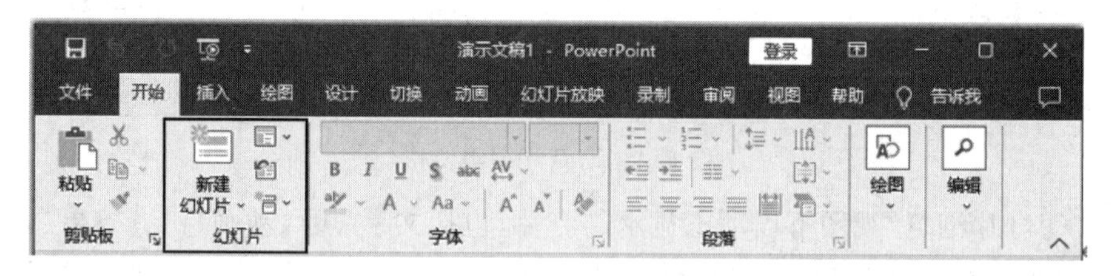

图 5.6　“开始”|“幻灯片”组

（2）重用已有幻灯片。除了添加空白幻灯片外，还可以通过“重用幻灯片”选项将已经制作好的幻灯片插入当前演示文稿中，操作方法如下：

① 单击“开始”|“幻灯片”|“新建幻灯片”下拉按钮，选择“重用幻灯片”选项，如图 5.7 所示；

② 在“重用幻灯片”窗格中，选择“浏览”|“浏览文件”选项；

③ 在“浏览”对话框中，找到要插入的演示文稿，单击“打开”选项，即可将所有的幻灯片导入到“重用幻灯片”窗格中；

④ 在“重用幻灯片”窗格中，单击所需的幻灯片，即可插入到当前演示文稿中。在插入幻灯片时，如果需要保留源格式，则可以先选中“保留源格式”复选框，再插入幻灯片。

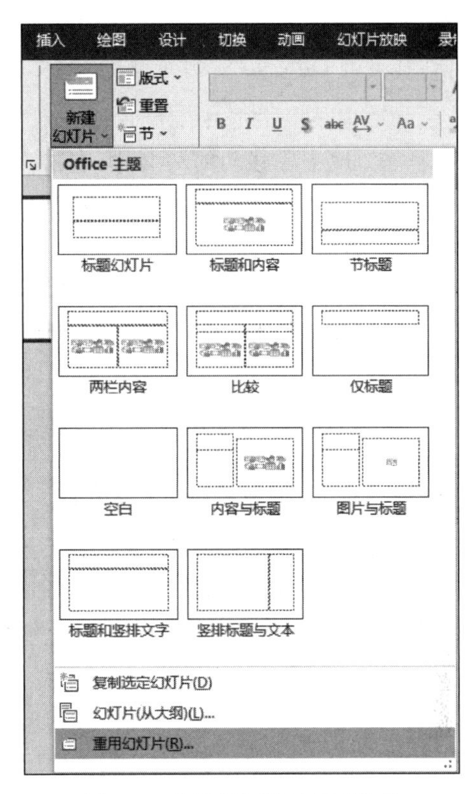

图 5.7　选择“重用幻灯片”选项

2. 选择幻灯片

关于幻灯片的操作经常在“普通”下的“幻灯片窗格”或“幻灯片浏览”视图中操作。

(1) 选择单张幻灯片。在“普通”中，可以通过单击幻灯片窗格右侧滚动条区域的“上一张”“下一张”按钮，选择幻灯片。在“普通”的“幻灯片窗格”或“幻灯片浏览”视图中，可直接单击选择幻灯片。

(2) 选择多张不连续的幻灯片。在按住 Ctrl 键的同时，分别单击要选择的幻灯片缩略图，即可实现不连续选择。再次单击已选中幻灯片缩略图可取消对其的选择。

(3) 选择多张连续幻灯片。单击要选择的第一张幻灯片，按住 Shift 键，再单击最后一张幻灯片，即可实现连续选择。

(4) 选择全部幻灯片，按快捷键 Ctrl+A 可以选择全部幻灯片。

3. 复制幻灯片

幻灯片可以在同一个演示文稿或不同的演示文稿间进行复制，复制幻灯片常用的方法有以下几种。

(1) 选中要复制的幻灯片，单击“开始”|“剪贴板”的 按钮，再将光标定位在目标位置，单击“粘贴”按钮 ，如图 5.8 所示。

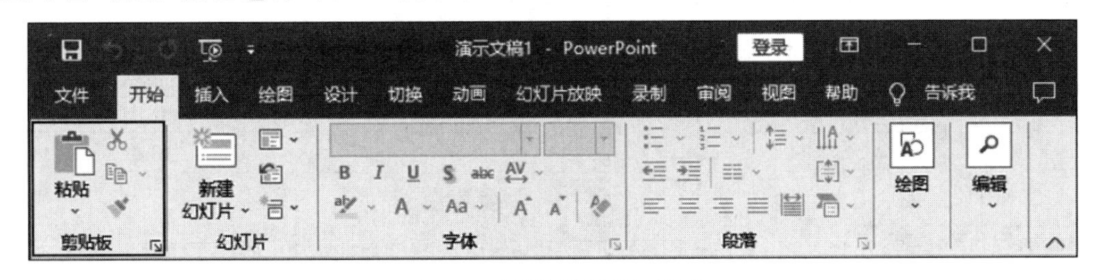

图 5.8　“开始”|“剪贴板”组

(2) 选中要复制的幻灯片，按住 Ctrl 键直接拖动到目标位置，可实现复制。

(3) 选中要复制的幻灯片，右击，从弹出的快捷菜单中选择“复制幻灯片”选项，再将光标定位在目标位置，右击，从弹出的快捷菜单中选择“粘贴选项”选项，完成幻灯片的粘贴。

4. 移动幻灯片

在“普通视图”中，移动幻灯片常用的方法有以下几种。

(1) 选中要移动的幻灯片,单击“开始”|“剪贴板”的 按钮,再将光标定位在目标位置,单击“粘贴”按钮 。

(2) 用鼠标将选中幻灯片拖曳到目标位置,可实现幻灯片的移动。

(3) 选中要移动的幻灯片,右击,在弹出的快捷菜单中选择“剪切”选项,再将光标定位在目标位置,右击,从弹出的快捷菜单中选择“粘贴选项”选项,完成幻灯片的粘贴。

5. 删除幻灯片

删除幻灯片的方法有以下两种。

(1) 选择要删除的幻灯片,按 Delete 键。

(2) 选择要删除的幻灯片,右击,在弹出的快捷菜单中选择“删除幻灯片”选项。

6. 修改幻灯片版式

幻灯片版式是 PowerPoint 的一种常规排版格式,它通过放置占位符的方式对幻灯片中的标题、正文、图表等对象进行布局。常见幻灯片版式有标题幻灯片、标题和内容、节标题等 11 种,每种版式占位符的位置和格式有所不同。

要修改幻灯片版式,可选中幻灯片,选择“开始”|“幻灯片”|“版式”选项,如图 5.9 所示;或在幻灯片上右击,从弹出的快捷菜单中选择“版式”选项,单击所需版式即可,如图 5.10 所示。

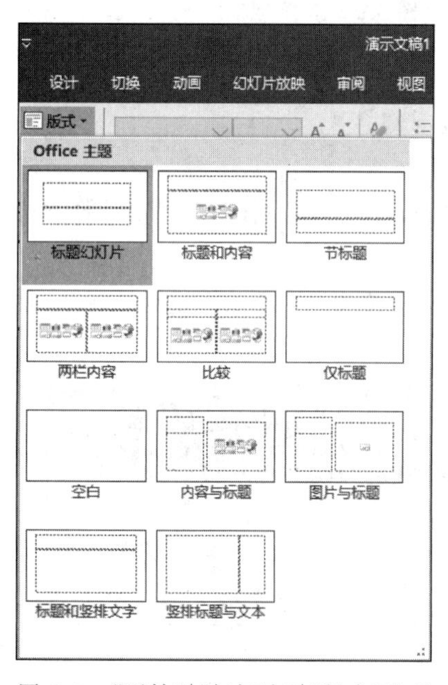

图 5.9 “开始”|“幻灯片”|“版式”选项

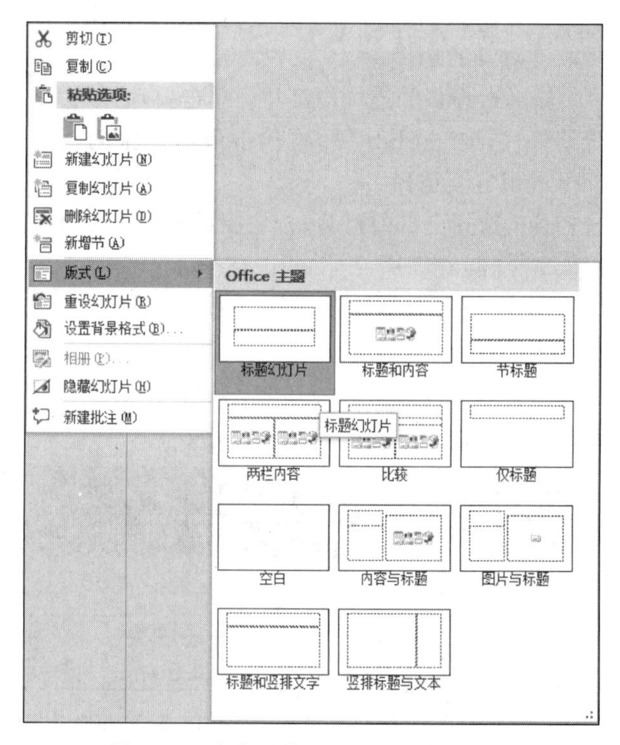

图 5.10 右击后弹出的“版式”快捷菜单

7. 利用“节”管理幻灯片

“节”是通过添加不同的节,将整个演示文稿划分成若干独立的部分进行管理,有助于规划演示文稿结构,为幻灯片的整体编辑和维护提供便利,2019 版本依旧保留了这个功能。

将视图切换为“普通视图”或“幻灯片浏览”视图,选择新节开始所在的幻灯片,选择“开

始”|“幻灯片”|“节”|“新增节”选项，完成节的插入操作，如图 5.11 所示。

插入节后，“幻灯片浏览窗格”中会出现“无标题节”，选中它并通过其右键快捷菜单命令实现节的重命名、删除节和幻灯片等操作，如图 5.12 所示。

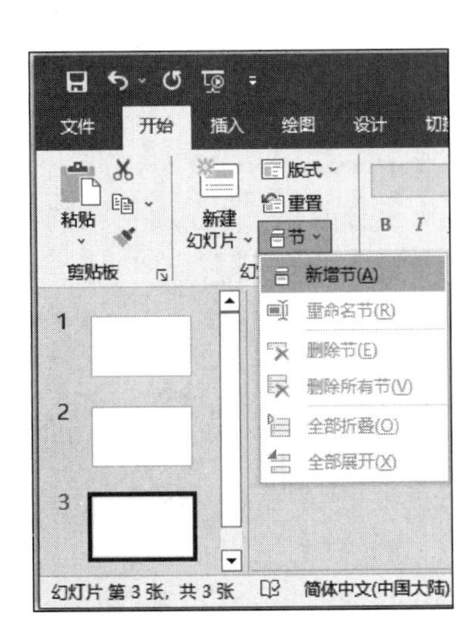

图 5.11 “新增节”选项

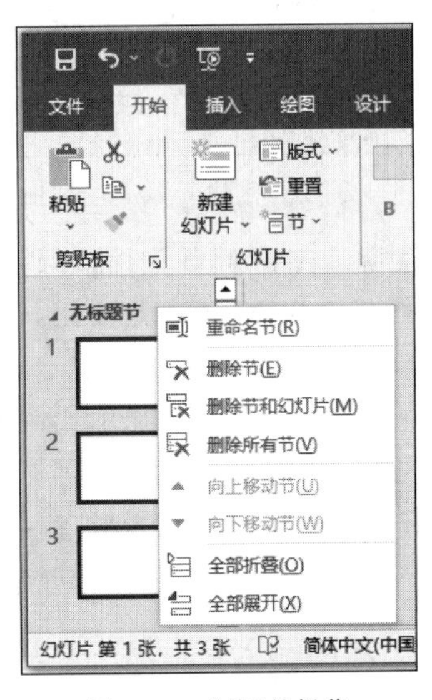

图 5.12 “节”的操作

在实际操作中，可根据文档结构添加多个节。

切换到幻灯片浏览视图，幻灯片将以节为单位进行显示，这样可以更全面、更清晰地查看幻灯片间的逻辑关系，如图 5.13 所示。

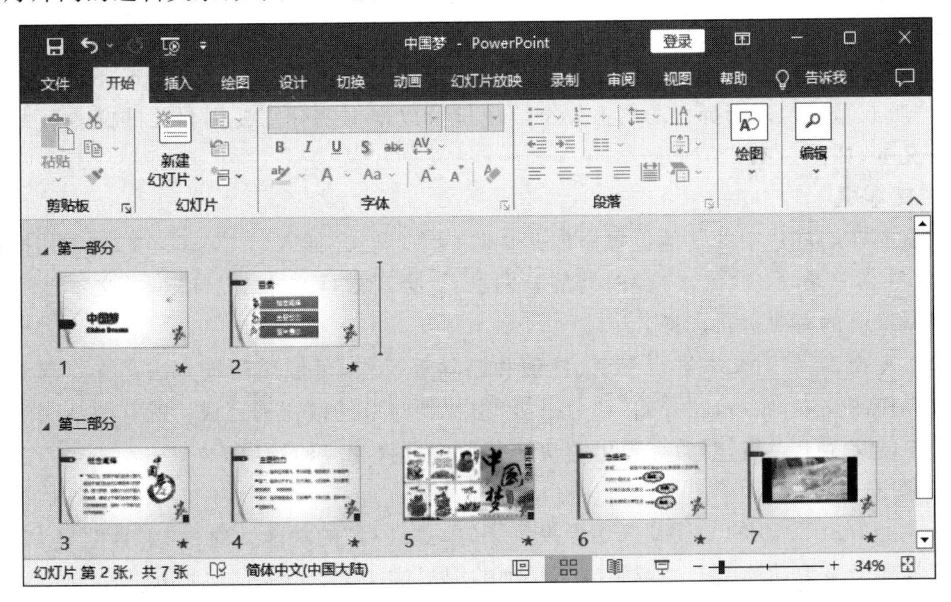

图 5.13 浏览节

8. 更改显示比例

当发现幻灯片在屏幕上的大小不适合编辑时，可以更改显示比例，常用方法如下。

(1) 在“视图”|“缩放”组中有“缩放”“适应窗口大小”选项，如图 5.14 所示，选择“缩放”

选项，会出现如图 5.15 所示的对话框，用户可以根据需要进行选择。

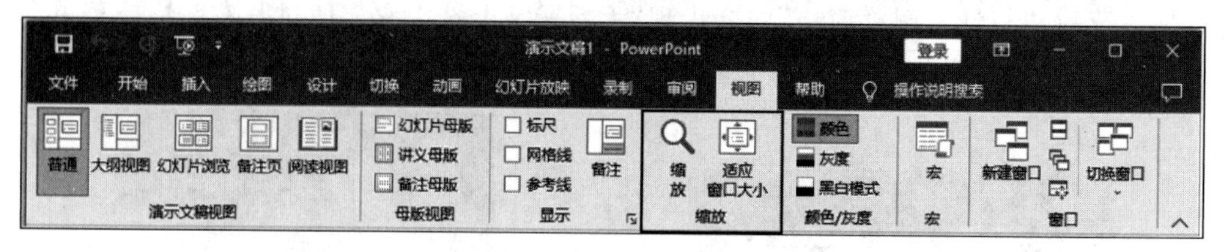

图 5.14 “视图”|“缩放”组

(2) 在窗口右下角，找到缩放级别按钮 100%，这个百分数就是幻灯片的显示比例，单击此按钮，会出现如图 5.15 所示的对话框，选择所需要的显示比例。

(3) 在窗口右下角拖动显示比例滑块，根据需要改变幻灯片的显示比例。

(4) 在窗口右下角单击按钮，可使幻灯片适应当前窗口大小。

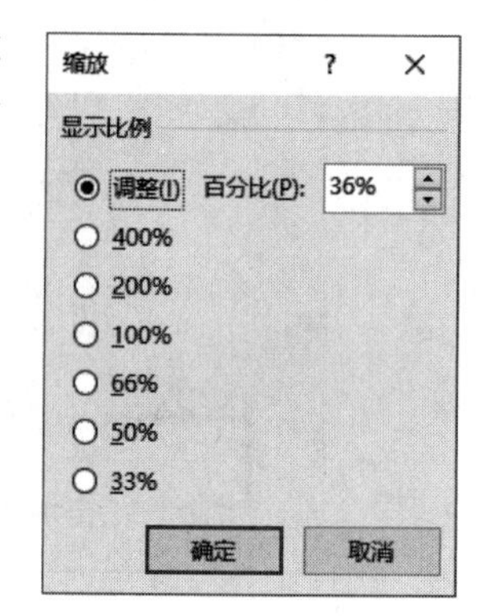

图 5.15 “缩放”对话框

六、文本的输入

文本是组成幻灯片的基本元素，常用输入文本的方法有以下几种。

1. 占位符

在编辑幻灯片时，PowerPoint 给用户提供了一种自动版式。自动版式中使用了许多占位符，例如，演示文稿的第一张幻灯片通常为标题幻灯片，其中包括两个文本占位符：一个为标题占位符，另一个是副标题占位符，如图 5.16(a)所示。同时用户可以选择“开始”|“幻灯片”|“版式”选项，来选择合适的占位符。用户可以根据实际需要用自己的文本代替占位符中的文本，如图 5.16(b)所示。

2. 文本框

当需要在幻灯片中的其他位置添加文本时，可以利用“插入”|“文本”|“文本框”按钮来完成，如图 5.17 所示。“文本框”的类型有两种：“绘制横排文本框”与“竖排文本框”，用户可以根据自己的需要进行选择。

输入完文本，要对文本进行复制、移动和删除等操作，可使用两种方法：一种方法是先选中要操作的文本，然后在“开始”|“剪贴板”组找到对应的按钮来完成；另一种常用的方法是在选中的文本上右击，然后在弹出的快捷菜单中选择相应的选项。

3. 墨迹书写

PowerPoint 2019 的“绘图”选项卡提供了“墨迹书写”的功能。通过“工具”“笔”“模具”“转换”等功能可手动绘制一些规则或不规则的图形或文字，如图 5.18 所示。

如软件界面没有“绘图”功能区，可通过选择“文件”|“更多”|“选项”，打开“PowerPoint 选项”对话框，在左侧选择“自定义功能区”选项，在右侧的“主选项卡”内选择项目菜单，添加到主菜单的功能区选项卡组里。

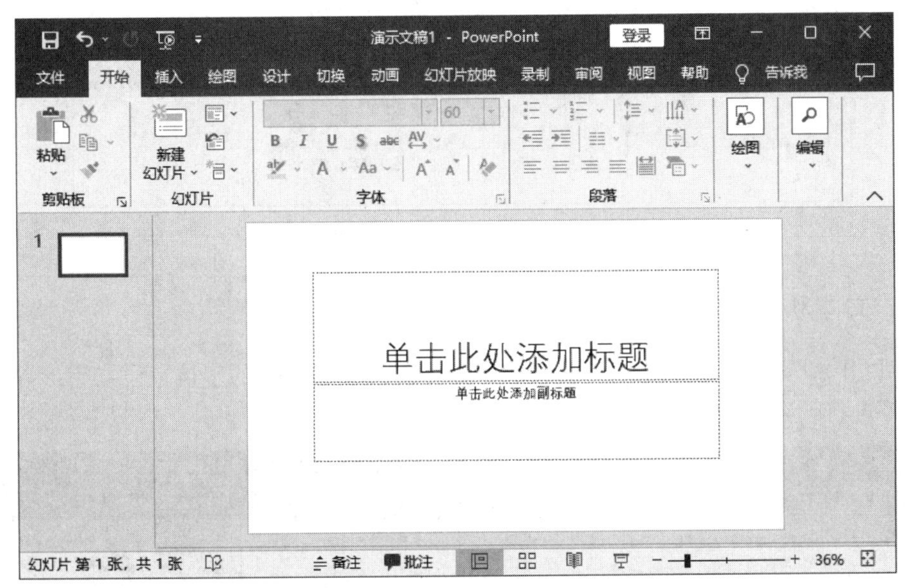

(a) 文本占位符

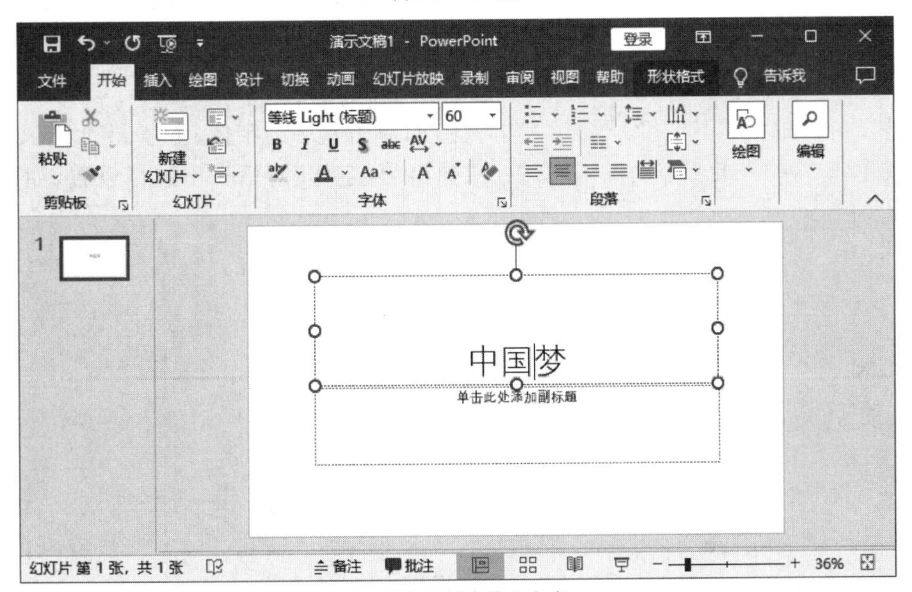

(b) 在占位符中输入文本

图 5.16　占位符的使用

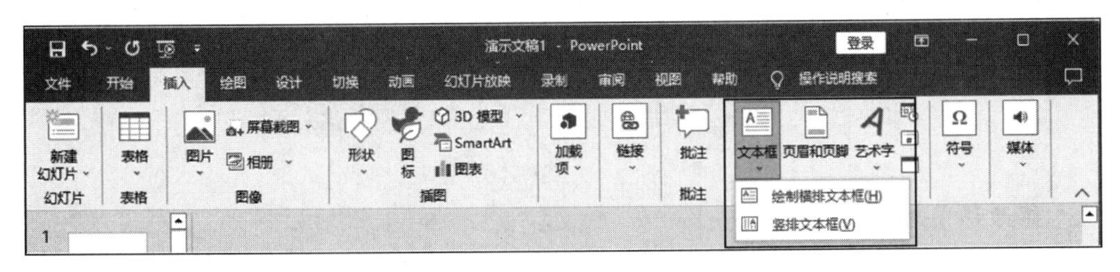

图 5.17　“插入”|“文本”组

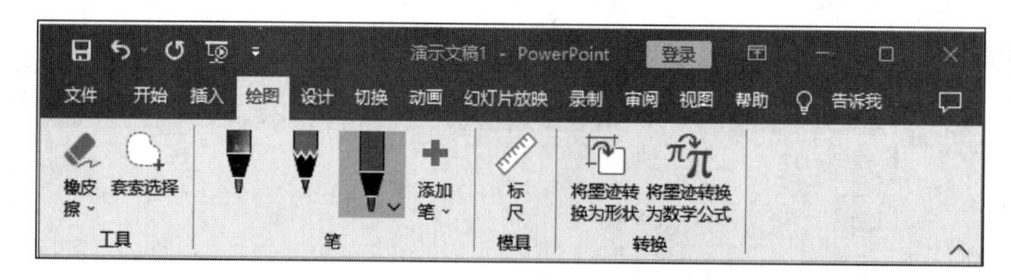

图 5.18 “墨迹书写”功能

七、文本和段落格式化

利用“开始”选项卡中的“字体”和“段落”两个组可以对文本的字体、字号、字形、颜色、段落格式等进行设置，如图 5.19 所示。

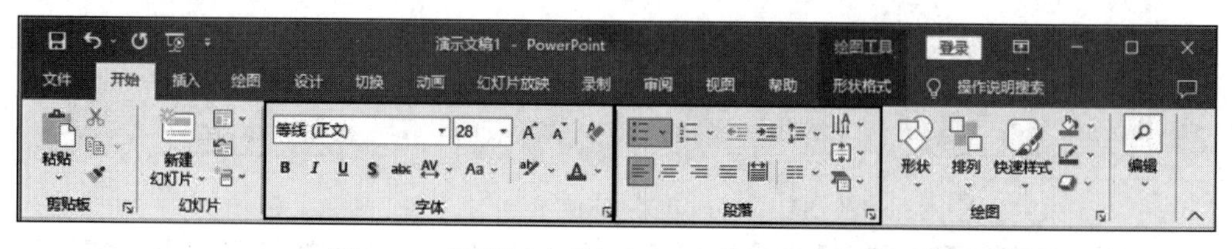

图 5.19 “开始”选项卡中的“字体”和“段落”组

1. 修改字体格式

选中要修改的文本，选择“开始”|“字体”选项，单击其中的字体、字号、字形等按钮进行设置；或单击“字体”组右下角的 按钮，在弹出的“字体”对话框中进行设置，如图 5.20 所示。

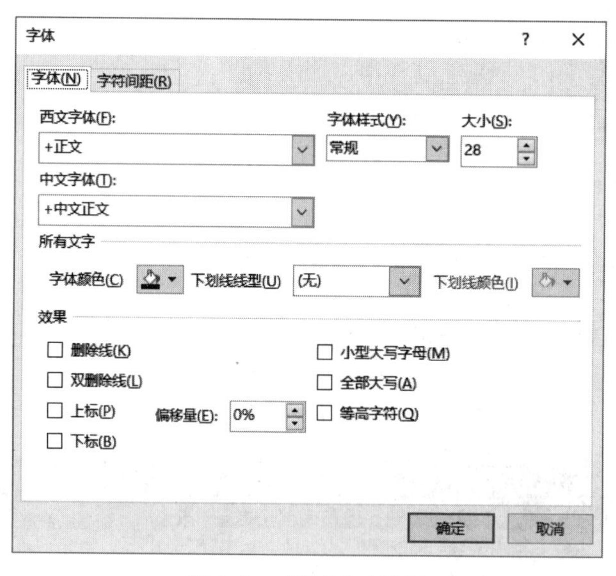

图 5.20 “字体”对话框

2. 修改段落格式

选中要修改的段落，选择“开始”|“段落”，单击其中的项目符号和编号、行距、文字方向、对齐方式分栏等按钮进行设置；或单击“段落”组右下角的 按钮，在弹出的“段落”对话框中进行设置，如图 5.21 所示。

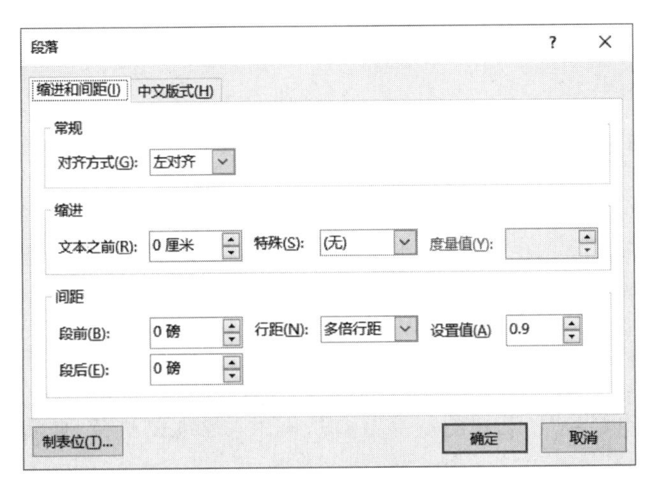

图 5.21 “段落”对话框

八、演示文稿主题的应用

演示文稿的主题是对幻灯片中的标题、文字、图表和背景等元素进行统一设定的一组配置，该配置包含主题颜色、主题字体和主题效果，PowerPoint 提供了大量系统预设的主题，用于快速更改幻灯片的整体外观。应用主题样式的方法如下所述。

1. 应用主题样式

（1）应用主题样式。打开演示文稿，在“设计”|“主题”|“样式”列表中选择一个要应用的主题样式；也可以单击右侧的下拉列表按钮，在打开的“所有主题”列表中查看并选中某一主题样式即可。

（2）设置应用范围。若要设置某个主题的应用范围，可右击主题，在弹出的快捷菜单中选中相应的选项。其中，“应用于所有幻灯片”选项是将所选择的幻灯片主题应用于演示文稿中所有的幻灯片；“应用于选定幻灯片”选项是将所选择的幻灯片主题只应用于选择的幻灯片；“设置为默认主题”选项是将所选择的幻灯片主题设置为默认的主题样式；“将库添加到快速访问工具栏”选项是将主题列表添加到快速访问工具栏。

2. 修改主题样式

应用主题样式后，可对颜色、字体、效果、背景样式进行修改，以便使主题样式更加符合用户需求。选择“设计”|“变体”|“颜色”选项，在“颜色”下拉列表框中选中某种预设的颜色效果，可用于设置背景颜色、字体颜色、图形图像等对象的颜色；选中“字体”选项，在“字体”下拉列表框中选中某种预设的字体效果，可用于设置中文字体、英文字体、标题字体、正文字体；选中“效果”选项，在“效果”下拉列表框中选中某种预设的效果，对图形、文本框、图片等进行设置，如图 5.22 所示。

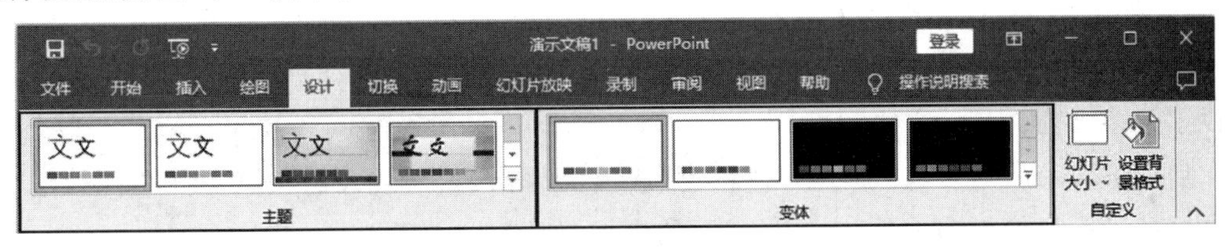

图 5.22 修改主题样式

任务实施

一、创建空白演示文稿

通过“开始”菜单或桌面快捷图标启动 PowerPoint 2019，选择“空白演示文稿”选项。如果正在处于 PowerPoint 2019 环境中，则可以使用选择“文件”|“新建”选项，完成空白演示文稿的创建。

二、添加幻灯片

选择“开始”|“幻灯片”|“新建幻灯片”选项，再添加 2 张幻灯片，使演示文稿由 3 张幻灯片组成。

三、更改幻灯片版式

第 1 张幻灯片使用默认的标题幻灯片版式；在第 2 张幻灯片中，选择“开始”|“幻灯片”|“版式”选项，选择两栏内容版式；第 3 张幻灯片使用标题和内容版式。

四、输入文字

结合原有的文字资料，通过占位符为幻灯片添加文字。

五、为演示文稿应用主题

选择“设计”|“主题”|“丝状”选项，为演示文稿添加丝状主题。

六、保存新创建的演示文稿

选择“文件”|“保存”|“浏览”选项，将演示文稿保存在 D 盘，文件名为“中国梦. pptx”。

七、退出 PowerPoint 2019

单击右上角的关闭按钮 ，退出 PowerPoint 2019。

知识拓展

一、使用模板创建演示文稿

在创建演示文稿时，可以使用“搜索联机模板和主题”。

在“任务一”中要求创建的是空白演示文稿，创建其他演示文稿时，可根据需要使用 PowerPoint 2019 自带的背景、版式、配色方案等元素的模板。这样创建的演示文稿给用户提供了很多方便。具体方法如下。

启动 PowerPoint 2019 后，单击“新建”选项，如图 5.23 所示，或选择“文件”|“新建”选项，在“搜索联机模板和主题”中选择需要的模板，如图 5.24 所示。

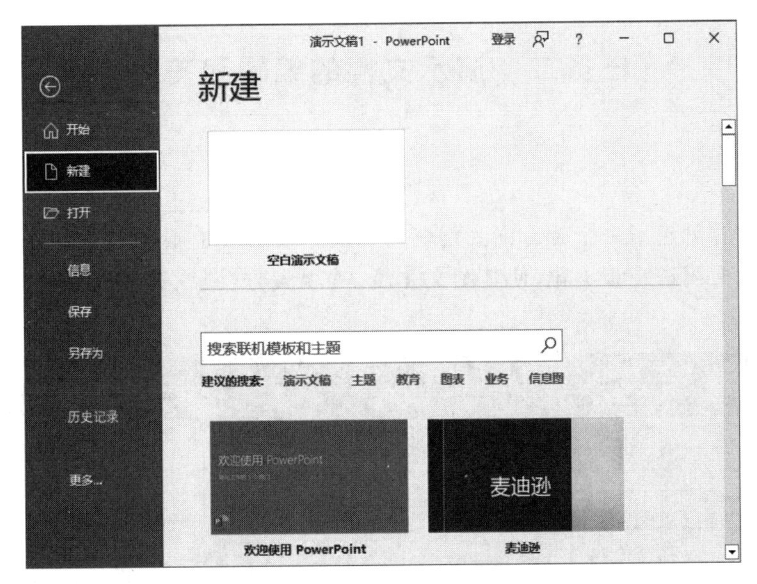

图 5.23 “新建”模板命令

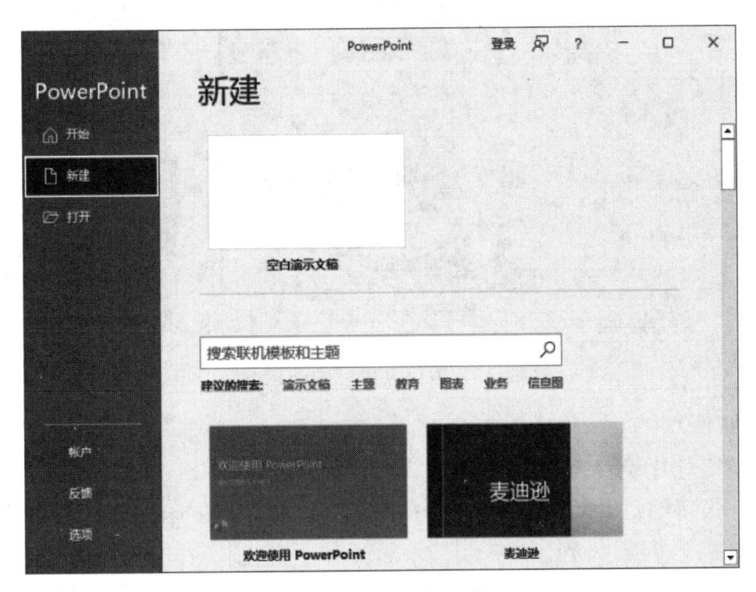

图 5.24 选择需要的模板

二、占位符与文本框

在幻灯片中,“占位符”就是先占据一个固定的位置,后续再往里面添加内容的符号。占位符通常表现为一个虚框,虚框内部往往有“单击此处添加标题”等提示语,单击之后,提示语会自动消失。它能起到规划幻灯片结构的作用,在更换不同主题时,占位符中的文字自带不同格式。

“文本框”可以放在幻灯片的任意地方,在文本框内可以对文本等内容进行编辑。

占位符与文本框的主要区别是,在占位符中编辑的文本在大纲视图中能显示出来,文本框中的文本不能在大纲视图中显示。

任务二　演示文稿的编辑和美化

任务描述

在任务一中,创建了一个带有 3 张幻灯片的演示文稿并完成了文字的输入和主题的设置,下面对演示文稿进一步美化,使其图文并茂、美观大方,图 5.25 为美化完成后的演示文稿效果。

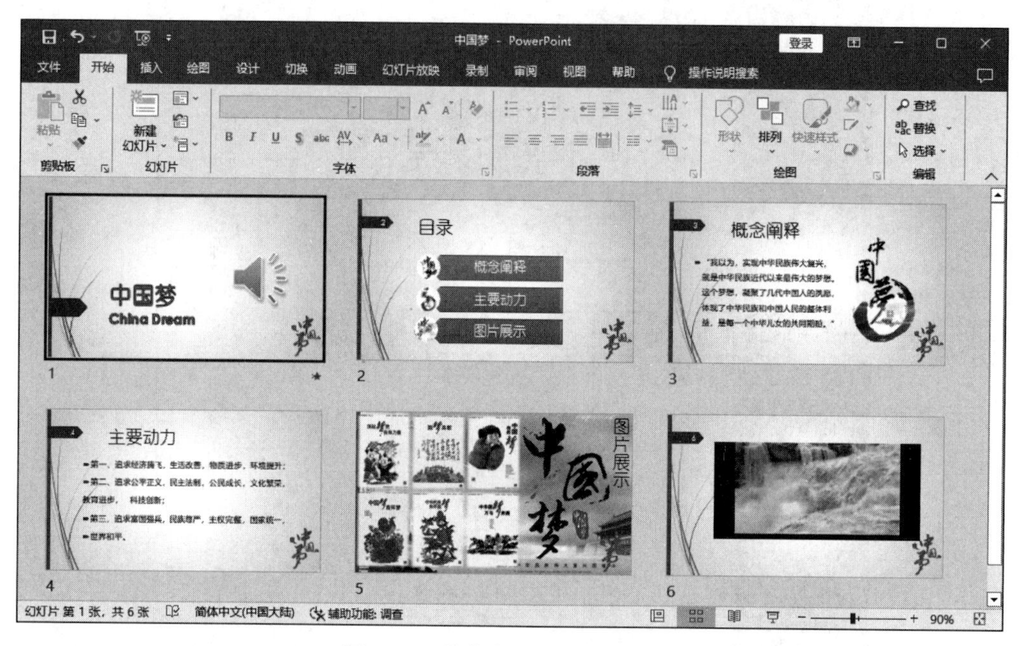

图 5.25　美化完成后的演示文稿

具体要求如下。

(1) 为标题幻灯片设置艺术字。

(2) 插入一张新幻灯片作为演示文稿的第 2 页,使用 SmartArt 图形为演示文稿制作目录。

(3) 第 3 张幻灯片使用占位符插入一张图片。第 4 张幻灯片加入文字内容。

(4) 增加第 5 张幻灯片,并在其中插入其他图片。

(5) 增加第 6 张幻灯片,插入素材中的视频。

(6) 在第 1 张幻灯片插入音频文件并设置跨幻灯片播放。

(7) 为第 5 张幻灯片添加背景图片。

(8) 使用幻灯片母版功能,完成为每张幻灯片右下角添加同一图片。

(9) 为每一张幻灯片插入日期与幻灯片编号(标题幻灯片除外)。

任务目标

- 掌握插入和编辑表格、插图等操作。
- 掌握插入和编辑音频、视频、屏幕录制等操作。

◆ 掌握设置幻灯片背景的方法。
◆ 掌握使用幻灯片母版的方法。
◆ 能够为幻灯片添加页眉/页脚、日期/时间和编号。

知识介绍

一、常用元素的插入与编辑

在制作幻灯片时，可以插入表格、图片、联机图片、屏幕截图、相册、形状、SmartArt 图形、图表等，使幻灯片图文并茂、画面生动。在 PowerPoint 中插入图形对象的方法主要有两种：一是通过“插入”选项卡中的相关工具组插入；二是通过幻灯片上内容占位符中的相关图标插入。下面主要介绍第一种方法，如图 5.26 所示。

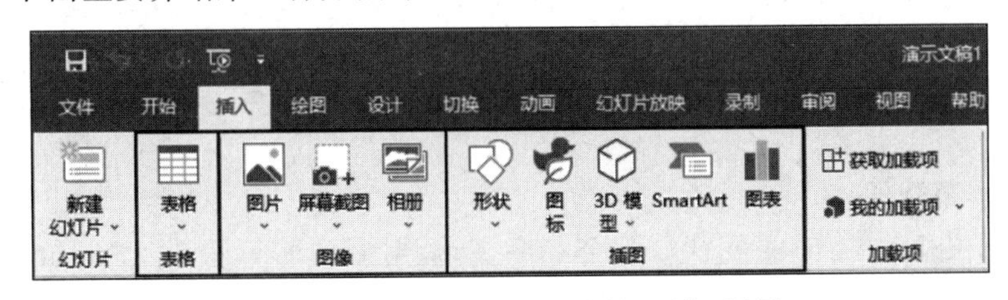

图 5.26　在幻灯片中插入表格、图像、插图

1. 插入图片

常用插入图片的方法是：选中要插入图片的幻灯片，单击“插入”|“图像”|“图片”按钮，弹出“插入图片”对话框，选择所需的图片，单击“打开”按钮，图 5.27 为“插入图片”对话框。

图 5.27　“插入图片”对话框

将图片插入到幻灯片中后，为了让图片效果更理想，还可以根据需要对图片做进一步编辑和修改，可通过选择“图片工具”|“格式”选项实现。图片的编辑与 Word 图片方法相同。

2. 插入联机图片

选择“插入”|“图像”|“联机图片”选项，进入“联机图片”对话框后，输入检索的关键字，

单击选择自己需要的图片,单击“插入”按钮后,选择的图片就顺利插入幻灯片中了,如图 5.28 所示。

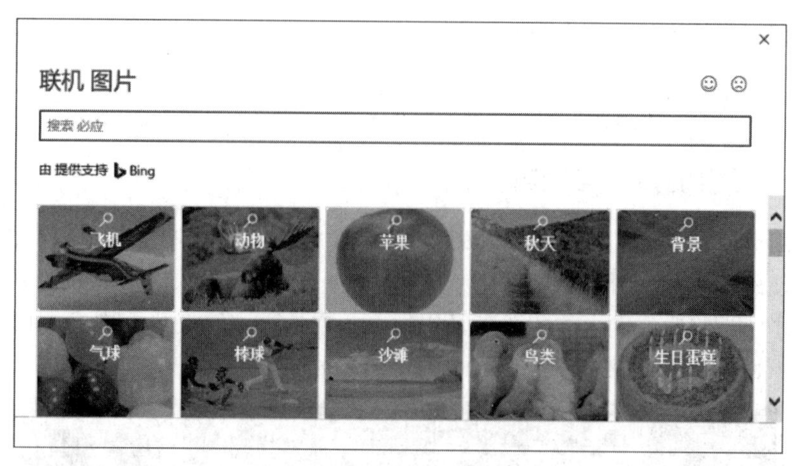

图 5.28 插入联机图片

3. 插入屏幕截图

制作演示文稿时,有时需要截取某个程序窗口、电影画面等图片。PowerPoint 的屏幕截图工具,使我们截取和导入此类图片变得更加容易。

选择“插入”|“图像”|“屏幕截图”选项,可以看到“可用的视窗”和“屏幕剪辑”,如图 5.29 所示,如果需要插入的程序窗口在“可用的视窗”里,那么直接点击需要的程序窗口即可;如果想进行屏幕剪辑,那么需要单击“屏幕剪辑”选项,PowerPoint 2019 文档窗口会自动最小化,此时鼠标指针变成一个“+”字图标,在屏幕上拖动鼠标即可进行手动截图,截图完毕图片自动插入当前幻灯片中。如想退出剪辑,可按 Esc 键。

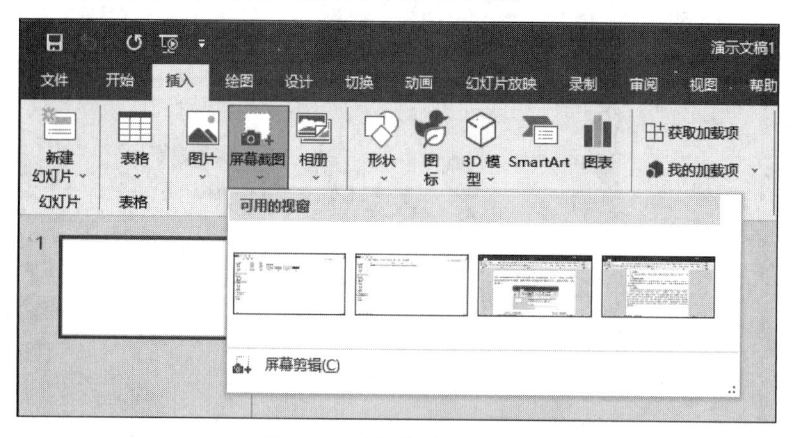

图 5.29 “屏幕截图”选项

图片、联机图片或屏幕截图插入幻灯片后,会显示“图片格式”选项卡,可在该选项卡中设置图片的格式,比如颜色、艺术效果、图片样式、边框、大小等,与 Word 处理图片格式相同。

4. 插入相册

相册是指包含图片的若干幻灯片构成的演示文稿。可以快速创建相册,避免了在每一张幻灯片中手工逐一插入图片的麻烦。

找到“插入”|“图像”|“相册”，打开其下拉菜单，选择“新建相册”，弹出“相册”对话框，如图 5.30 所示，设置文件来源、图片版式等，单击“创建”按钮，自动生成相册文件，如图 5.31 所示。

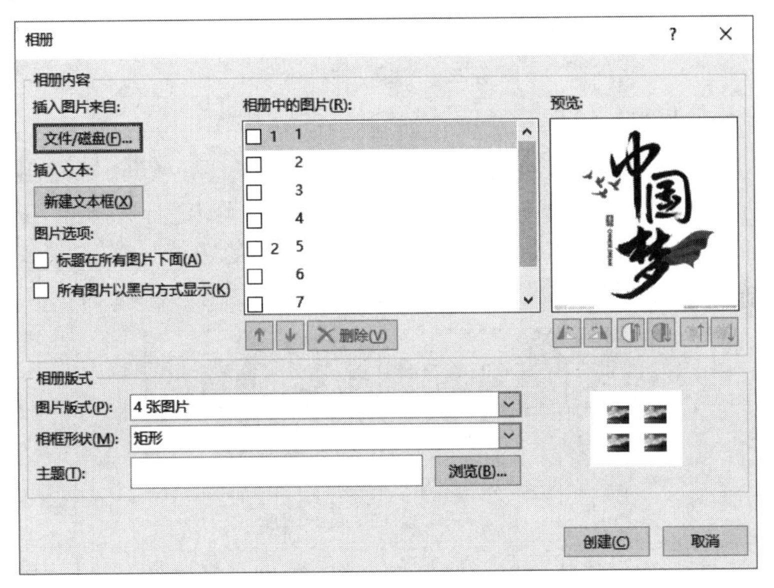

图 5.30 “相册”对话框

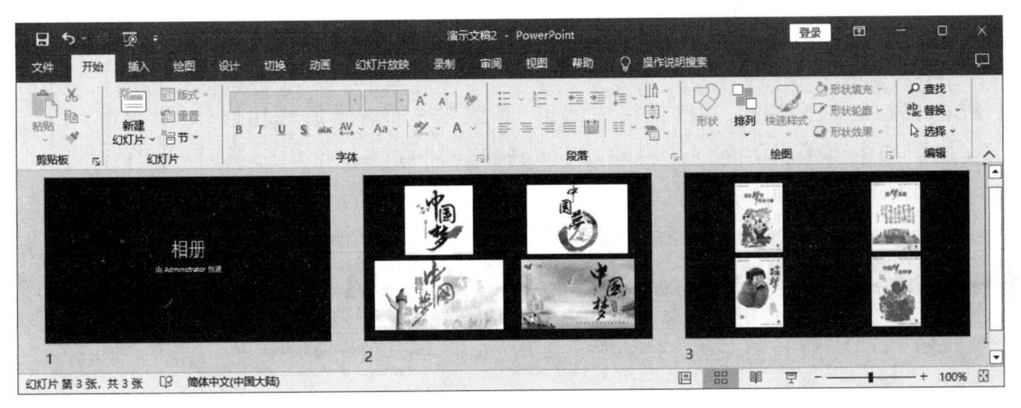

图 5.31 相册文件

与 Word 软件操作相同，为了丰富演示文稿的内容，幻灯片上也可以插入形状、图标、3D 模型、SmartArt、图表、文本与符号，具体操作与 Word 中相同。

二、插入“音频”“视频”与“屏幕录制”

在“插入”选项卡中，提供了“媒体”组，包括“音频”“视频”“屏幕录制”功能，如图 5.32 所示。同时 PowerPoint 2019 实现了对音频、视频、屏幕录制的简单编辑。

在幻灯片中可插入来自计算机的音频或录制的音频文件，音频文件类型主要有 MP3、WAV、WMA、MID 等；插入的视频可来自联机视频或计算机的视频，视频文件类型为 MP4、ASF、AVI、WMV、MPEG 等。

图 5.32 “插入”|“媒体”组

1. 插入音频和视频

选择要添加音频或视频的幻灯片，选择“插入”|“媒体”|“音频”或“视频”选项，弹出如图 5.33 所示的下拉列表，根据要插入的音频、视频的类型进行选择。

例如，要插入在计算机中存储的音频，可选择“PC 上的音频”，弹出“插入音频文件”对话框，选择文件，单击“插入”下拉按钮，选择将视频“插入”或“链接到文件”。

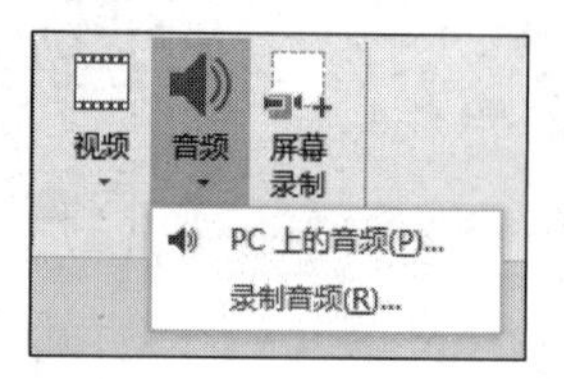

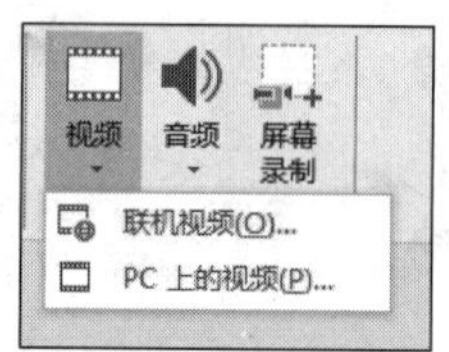

图 5.33 插入音频和视频

插入成功后，音频在幻灯片中以图标显示，视频则显示其第一幅画面。当鼠标指针移动到音频图标或视频的画面上时，就会出现控制条来简单地控制音频和视频的播放。

2. 音频和视频的编辑

PowerPoint 支持音频、视频的简单编辑，两类文件的剪辑方法相似，主要通过“播放”选项卡完成。选中要编辑的音频或视频，PowerPoint 将在功能区中显示“播放”选项卡，剪辑操作主要在“播放”选项卡进行，如图 5.34 所示。

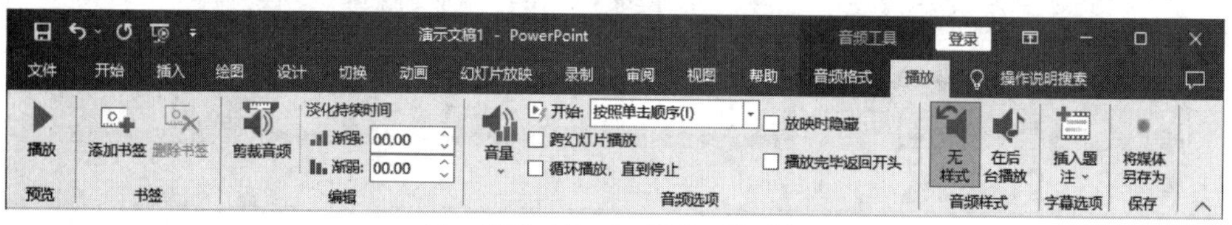

(a) “音频工具”|“播放”选项卡

(b) “视频工具”|“播放”选项卡

图 5.34 编辑音频和视频

1）添加和删除书签

PowerPoint 在剪辑音频、视频文件时借助“书签”来标识某个时刻，可在音频、视频中设置多个书签，以便剪辑时能快速准确地跳转到该时刻。

要在视频中添加书签，可先播放视频并暂停到希望添加书签的位置，选择“播放”|“书

签”|“添加书签”选项，即可在当前时刻添加一个书签。

要删除书签，可选中播放控制条中的书签，选择“播放”|“书签”|“删除书签”选项。

2）视频编辑

与以前版本一样，PowerPoint 2019 包括音频、视频剪辑功能，在幻灯片中选中要编辑的视频，在“播放”|“编辑”中可进行简单的视频截取、切换效果设置。

（1）剪裁视频。选择“剪裁视频”选项，弹出“剪裁视频”对话框，通过设置“开始时间”和“结束时间”来截取视频。

（2）淡化持续时间。以秒为单位，输入“淡入”“淡出”时间。

3）视频选项

“播放”|“视频选项”组提供了多个视频选项，可用于设置视频的播放效果。

（1）音量控制音频的“低”“中”“高”“静音”效果。

（2）设置视频开始播放的方式，可选择“自动”或“单击时”两种方式。“自动”是指当幻灯片切换到视频所在幻灯片时视频自动播放；“单击时”是指切换到视频所在的幻灯片时，单击鼠标才开始播放视频。

除此之外，还可根据所需情况，设置视频“全屏播放”“未播放时隐藏”“循环播放，直到停止”和“播放完毕返回开头”。

3. 插入屏幕录制

屏幕录制使用方法非常简单，单击“屏幕录制”后，在屏幕上方出现如图 5.35 所示的对话框，可以自定义录制区域，选择是否录制音频，是否需要鼠标指针，确认后单击“录制”按钮，这时会有 3 秒的倒计时提示(见图 5.36)，按快捷键 Shift＋Windows＋Q 可以停止录制。

图 5.35 “屏幕录制”对话框

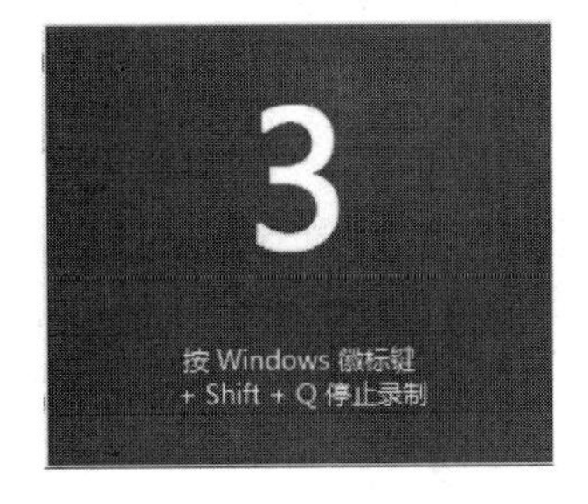

图 5.36 录制倒计时

停止录制后，录制的视频就自动插入到幻灯片页面中了，非常方便；还可以对其进行简单的剪辑操作。

最后，如果想以文件的形式单独保存刚刚录制的视频，则可以在幻灯片上选中该视频，右击，在弹出的快捷菜单中选择“将媒体另存为”选项，进而将录制的视频导出到演示文稿之外。

三、设置幻灯片背景

幻灯片的背景是指幻灯片中除占位符、文本框、图形图像等各种对象以外的区域，可根据需要对幻灯片背景进行设置。

幻灯片背景格式可通过“设计”|“自定义”|“设置背景格式”选项进行设置，如图 5.37 所示。在幻灯片非占位符区域右击，在弹出的快捷菜单中选择“设置背景格式”选项，也可打开“设置背景格式”窗格。

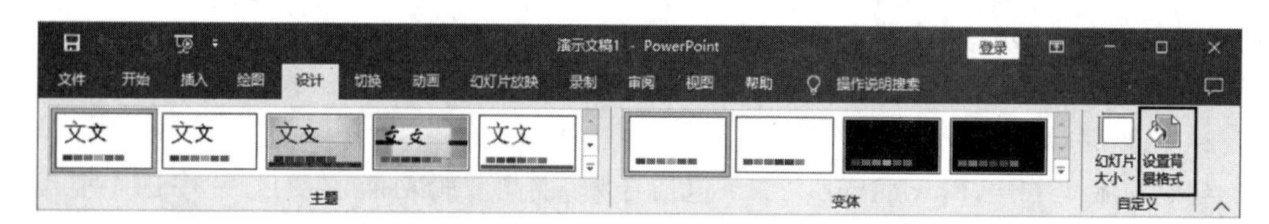

图 5.37　设置背景格式

可以通过选择“纯色填充”“渐变填充”“图片或纹理填充”“图案填充”“隐藏背景图形”等模式设置背景格式，如图 5.38 所示。

在“设置背景格式”窗格最底端单击“重置背景”按钮，将取消本次设置；单击“应用到全部”按钮可在当前演示文稿的所有幻灯片中应用背景。

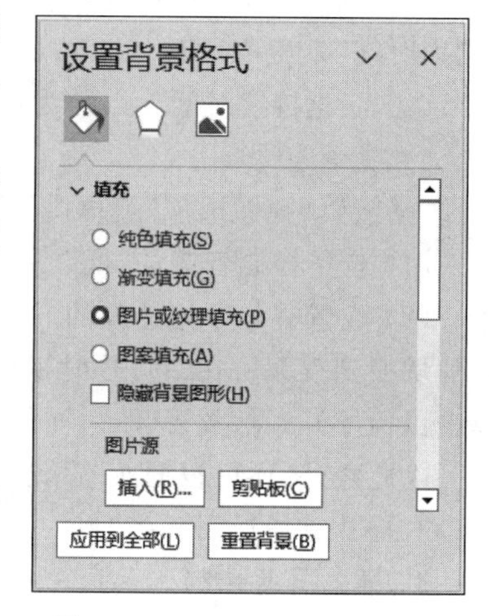

图 5.38　“设置背景格式”选项

四、使用幻灯片母版

幻灯片母版是一种模板，记录了所有幻灯片的布局信息和版式。幻灯片的布局信息是指颜色、字体、图形等统一设计的各种元素；幻灯片版式是指幻灯片上标题和副标题文本、列表、图片、表格、图表、自选图形、视频等元素的排列方式。使用幻灯片母版，可将演示文稿中的每张幻灯片快速设置成统一的样式。

1. 打开母版视图

打开演示文稿，在“视图”|“母版视图”中选择相应的母版类型。PowerPoint 2019 提供了 3 种母版类型，即幻灯片母版、讲义母版和备注母版，如图 5.39 所示。

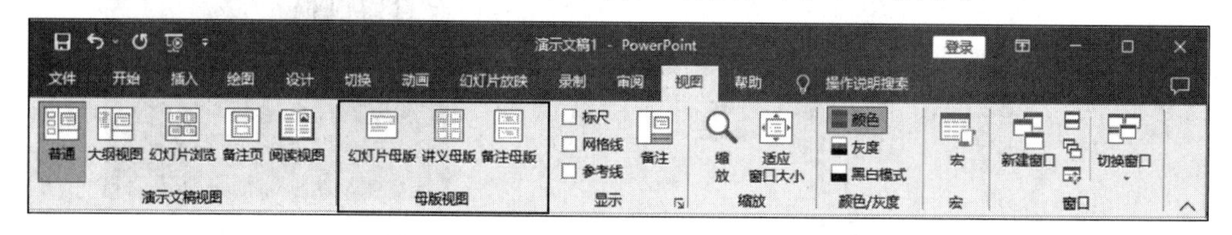

图 5.39　“视图”|“母版视图”组

进入某个视图方式后，在功能区中系统会自动添加相应的母版选项卡。如选中“幻灯片母版”，系统打开幻灯片母版视图，在功能区中添加“幻灯片母版”选项卡。

“幻灯片母版”用于控制演示文稿中所有幻灯片的格式，是最常用的一种母版。在幻灯片母版视图下，左侧窗格中显示当前主题的演示文稿中包含的各种版式幻灯片，选中某个版式幻灯片，可对其内容和格式进行编辑，当关闭母版视图后，会返回普通视图中，插入该版式的幻灯片后，会自动应用设置的内容和格式，如图 5.40 所示。

在“讲义母版”视图中，一个页面可显示多张幻灯片，此视图下，可以设置页眉和页脚的内容并调整其位置，改变幻灯片放置方向；也可以使用讲义母版视图，将讲义稿打印并装订成册，如图 5.41 所示。

“备注母版”用于设置备注页面的格式。若需要将幻灯片和备注页显示在同一个页面内，则可以在此视图中查看，如图 5.42 所示。

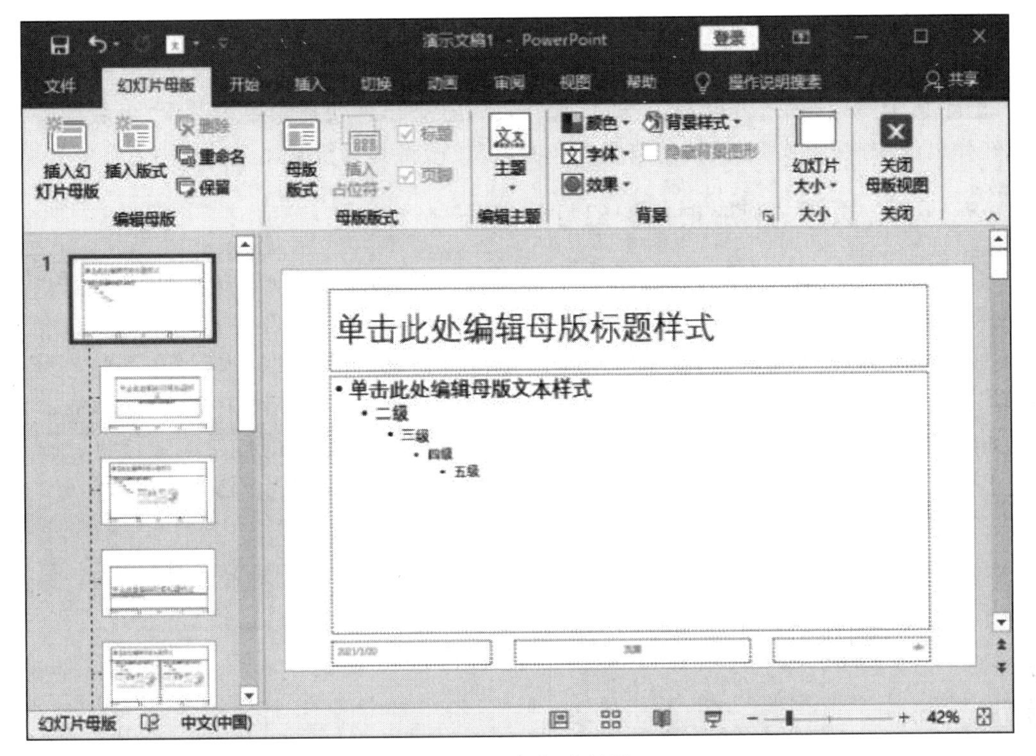

图 5.40　幻灯片母版

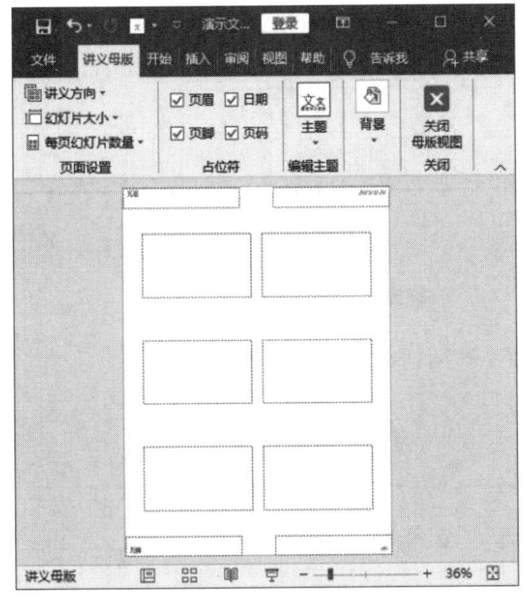

图 5.41　讲义母版

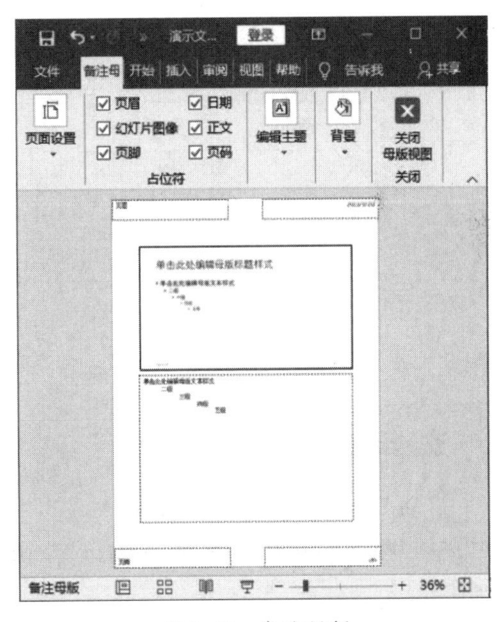

图 5.42　备注母版

2. **编辑母版**

编辑母版的方法与编辑普通幻灯片的方法相同，进入所需要的母版视图并对母版中的内容和格式进行设置后，单击“关闭母版视图”按钮，即可退出母版编辑状态。

“幻灯片母版”在默认情况下通常包含标题占位符、文本占位符、日期占位符、页脚占位符、幻灯片编号占位符5种。用户可以在占位符中输入相应的内容并设置格式。也可以选择任意一个占位符，按Delete键将其从模板中删除。

删除某个占位符后，可以右击“幻灯片”窗格，在弹出的快捷菜单中选中“母版版式”选项，在弹出的“母版版式”对话框中选中相应的占位符，将其重新添加到母版中。

五、页眉/页脚、日期/时间和幻灯片编号

幻灯片中经常使用页眉/页脚、日期/时间、幻灯片编号等对象，母版为这些对象预留了占位符，但默认情况下在幻灯片中并不显示它们。

如要显示页眉/页脚、日期/时间和幻灯片编号等信息，可选择“插入”|“文本”|“页眉和页脚”(或“日期和时间”“幻灯片编号”)，在弹出的“页眉和页脚”对话框中选中相应的选项即可，如图5.43所示。设置完毕后，如果想向当前幻灯片或所选的幻灯片添加信息，则单击“应用”按钮；如果要向演示文稿中的每张幻灯片添加信息，则单击“全部应用”按钮。

图5.43 “页眉和页脚”对话框

任务实施

启动PowerPoint 2019，选择“文件”|“打开”选项，在弹出的“打开”对话框中找到任务一中“中国梦.pptx”所在的文件夹，打开“中国梦.pptx”文件。

一、制作标题幻灯片

(1) 选中幻灯片1，单击标题占位符，选中“中国梦”3个字，在“格式”|“艺术字样式”中选择一种样式，如图5.44所示。

(2) 采用同样方式完成副标题占位符的操作。

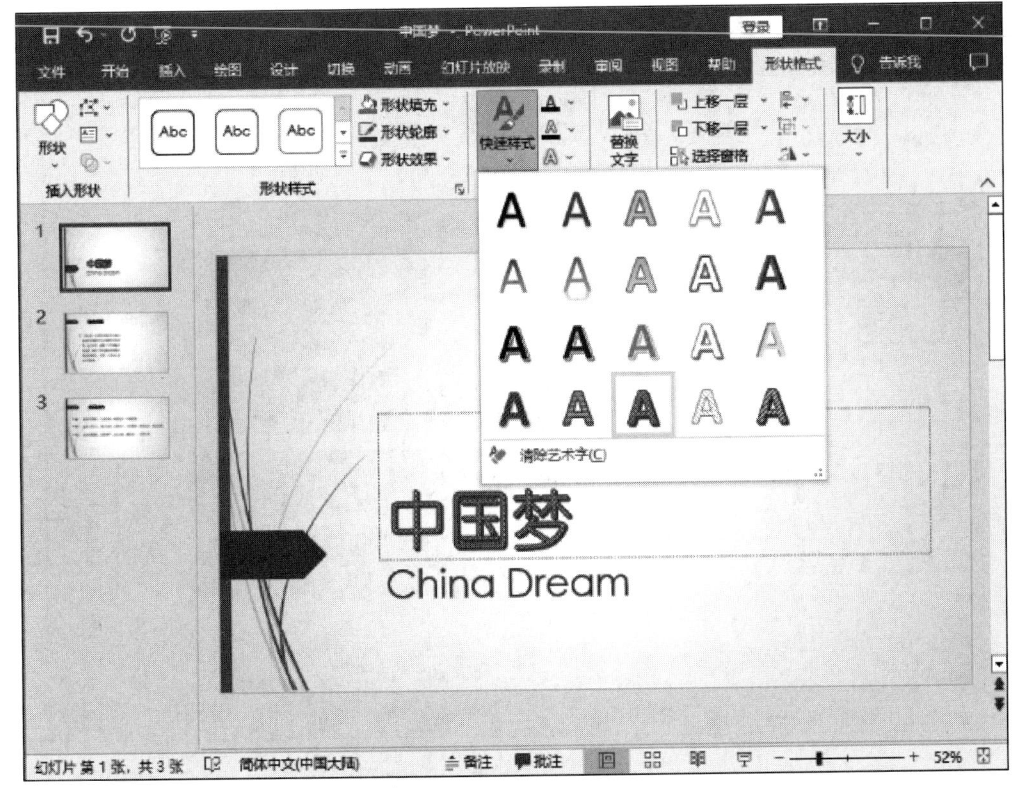

图 5.44　设置艺术字

二、制作目录幻灯片

(1) 在第 1 张幻灯片后，选择“开始”|“幻灯片”|“新建幻灯片”选项，插入一张“标题和内容”版式的幻灯片。

(2) 单击标题占位符，输入“目录”。

(3) 单击内容占位符，选择“插入”|“插图”|SmartArt 选项，在弹出的对话框中，选择适当的图形，也可在内容占位符中单击 SmartArt 按钮完成插入 SmartArt 图形功能，如图 5.45 所示。

三、插入图片

(1) 选择第 3 张幻灯片，在右侧占位符中，单击“插入”|“图片”按钮，选择合适的图片，如图 5.46 所示。

(2) 增加第 5 张幻灯片，使用“竖排文本框”输入文字“图片展示”，选择“插入”|“图像”|“图片”选项，选择其他 6 张图片，如图 5.47 所示。

四、插入视频文件

增加第 6 张幻灯片，在内容占位符中，选择“插入视频”选项，或选择“插入”|“媒体”|“视频”|“PC 上的视频”选项，在弹出的“插入视频文件”对话框中，插入素材中的“中国梦.mp4”视频，幻灯片效果如图 5.48 所示。

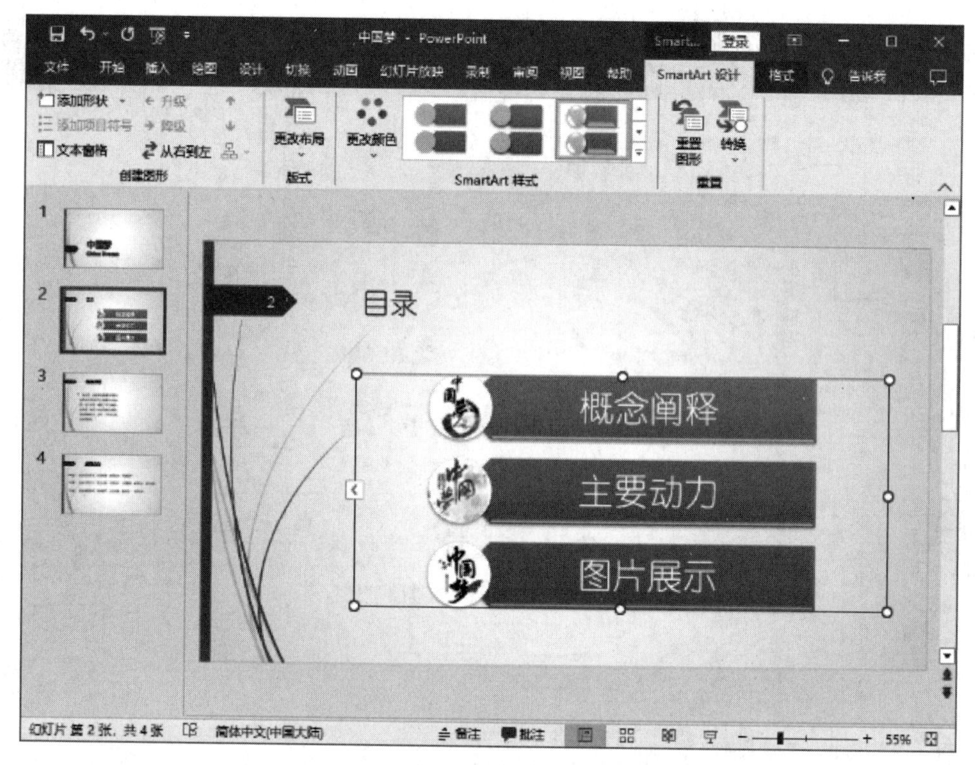

图 5.45　设置 SmartArt 图形

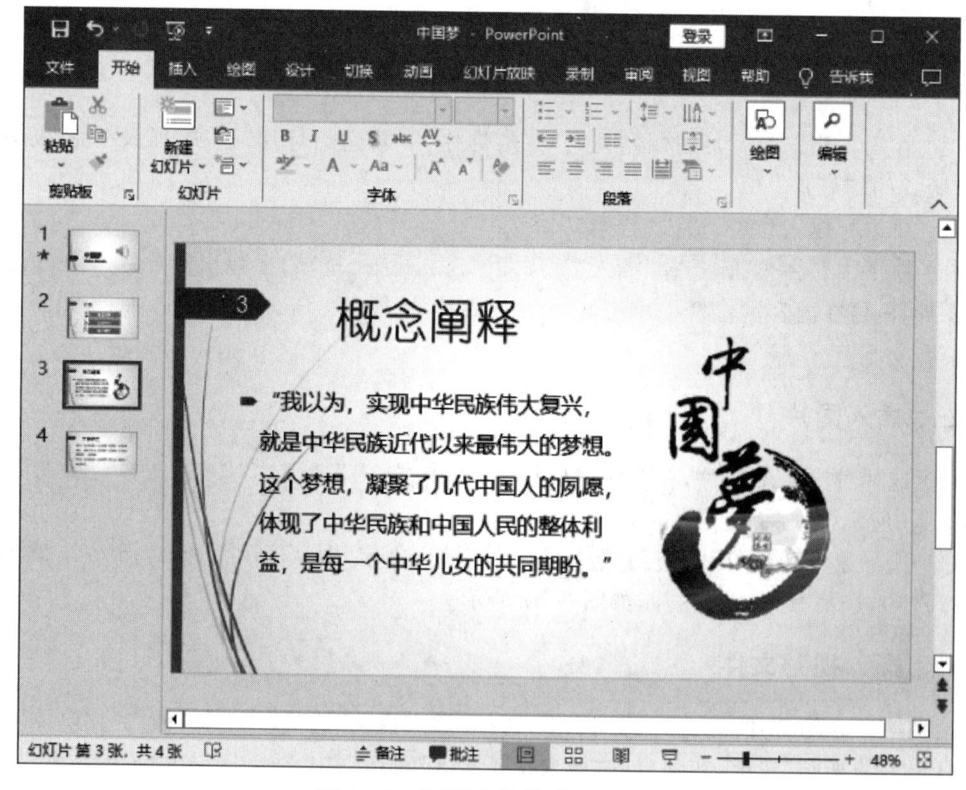

图 5.46　使用"占位符"插入图片

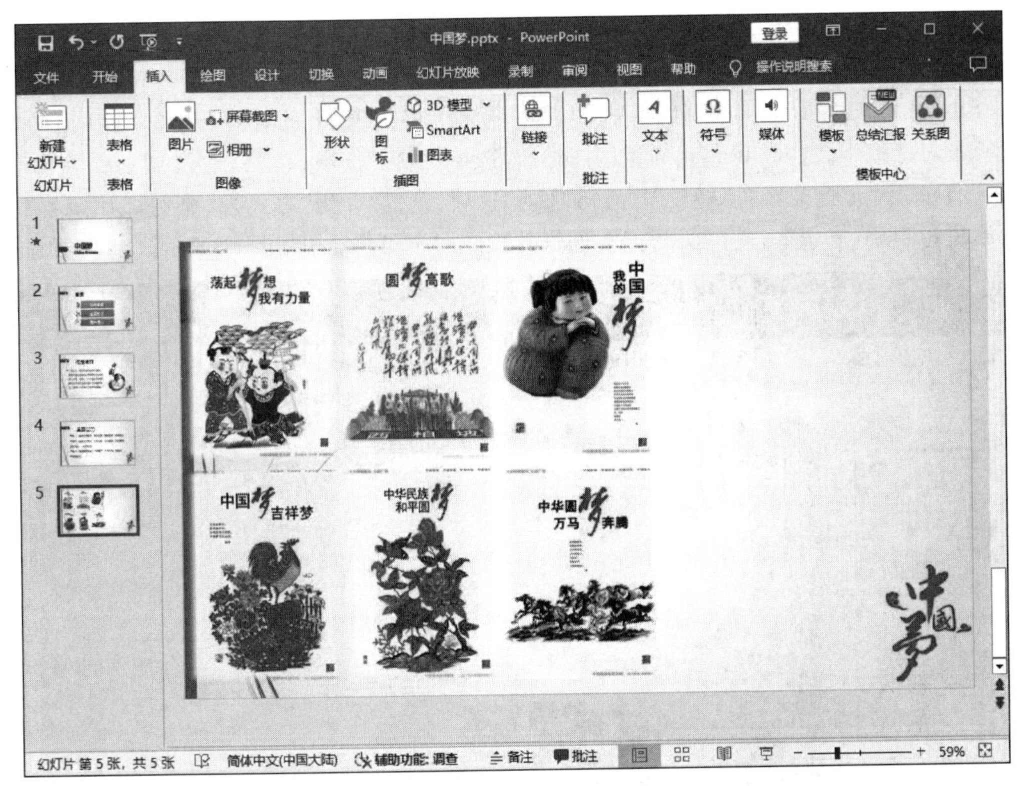

图 5.47　使用“插入”选项卡插入图片

图 5.48　插入视频文件

五、插入音频文件

(1) 选择标题幻灯片,选择“插入”|“媒体”|“音频”|“PC上的音频”选项,在弹出的“选择音频”对话框中,选择“我和我的祖国.mp3”,选择“插入”选项。

(2) 选择“音频工具”|“播放”|“音频选项”选项,设置“开始”方式为“跨幻灯片播放”,选中“放映时隐藏”复选框,使喇叭图标在幻灯片放映时不可见,如图5.49所示。

图5.49 插入音频文件

(3) 选择插入的音频图标,使用“动画窗格”中的“效果选项”选项,设置成“在5张幻灯片后停止播放”。

六、添加背景图片

(1) 选择第5张幻灯片。

(2) 在幻灯片空白处右击,在弹出的快捷菜单中选择“设置背景格式”选项。

(3) 在“设置背景格式”窗格中,选中“图片或纹理填充”单选按钮,如图5.50所示。

(4) 选择“插入”|“浏览”选项,在弹出的“插入图片”对话框中,插入所需要的图片,如图5.51所示。

(5) 背景设置成功后,调整幻灯片上文字的位置及大小,以适应背景图片,如图5.52所示。

七、使用幻灯片母版

使用“母版”功能,为所有幻灯片的右下角添加同一图片。

(1) 选择“视图”|“母版视图”|“幻灯片母版”选项。

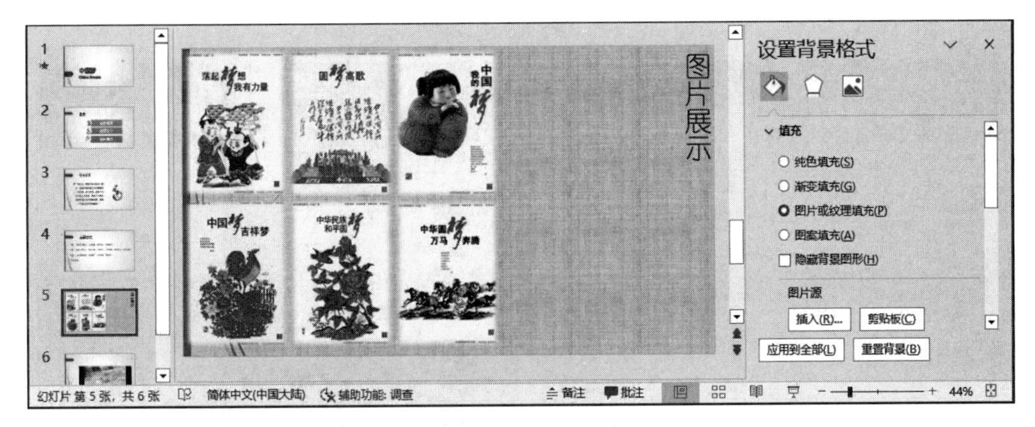

图 5.50　使用“图片或纹理填充”

图 5.51　“插入图片”对话框

(2) 在左侧“幻灯片母版”窗格中，选择第 1 张母版，适用于当前演示文稿的所有幻灯片。

(3) 在此母版上选择“插入”|“图像”|“图片”选项，找到适合的图片，插入到母版中，并将其拖动到母版的右下角，如图 5.53 所示。

(4) 关闭“幻灯片母版”，结果如图 5.54 所示。

八、添加幻灯片编号

(1) 选择“插入”|“文本”|“幻灯片编号”选项，打开如图 5.55 所示的“页眉和页脚”对话框。

(2) 选中“幻灯片编号”和“标题幻灯片中不显示”复选框。

(3) 单击“全部应用”按钮。

按快捷键 Ctrl+S，保存演示文稿，结果如图 5.56 所示。

图 5.52　添加背景图片

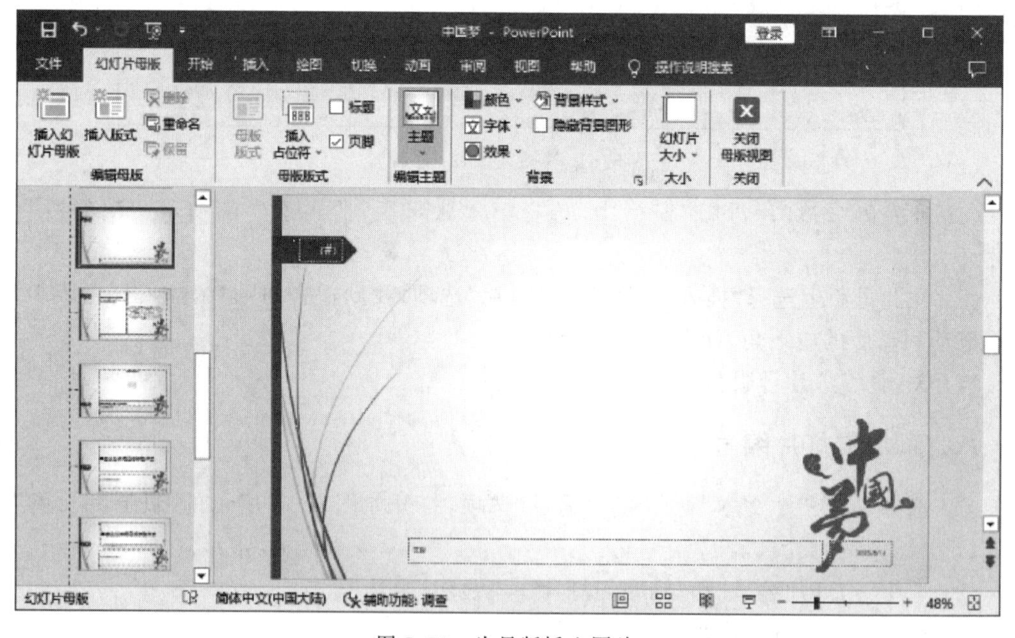

图 5.53　为母版插入图片

图 5.54　使用母版为所有幻灯片插入图片

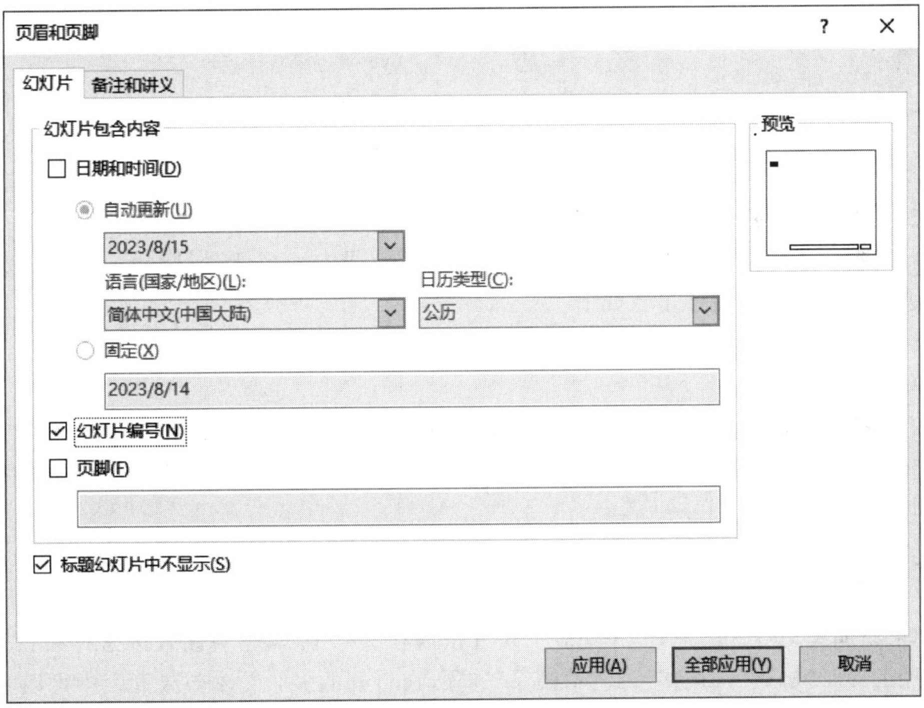

页眉和页脚

幻灯片　备注和讲义

幻灯片包含内容

☐ 日期和时间(D)

◉ 自动更新(U)

2023/8/15

语言(国家/地区)(L):　日历类型(C):

简体中文(中国大陆)　公历

○ 固定(X)

2023/8/14

☑ 幻灯片编号(N)

☐ 页脚(F)

☑ 标题幻灯片中不显示(S)

预览

应用(A)　全部应用(Y)　取消

图 5.55　“页眉和页脚”对话框

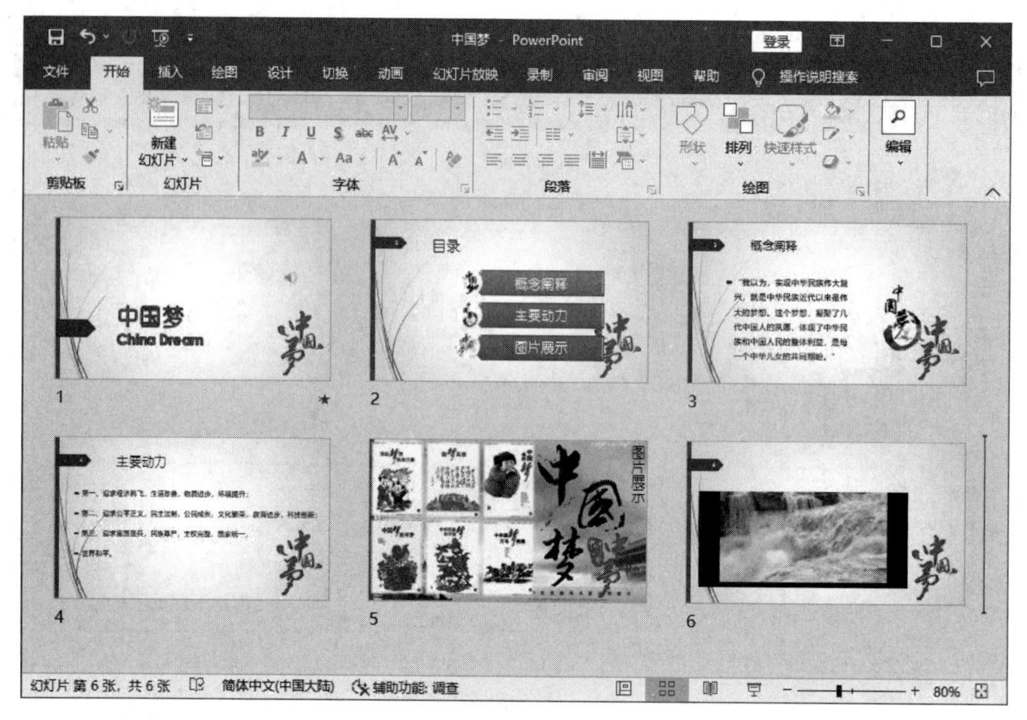

图 5.56　制作结果

知识拓展

一、图片背景的删除

当制作幻灯片时，插入的图片背景与幻灯片的主题颜色不匹配会影响幻灯片的播放效果，这时可以对图片进行调整，使图片和幻灯片更好地融为一体。

例如，在任务二的第 3 张幻灯片插入图片时，图片带有白色背景，影响了整张幻灯片的美观，去除图片背景的具体步骤如下。

(1) 选中目标图片，选择“图片工具”|“格式”|“删除图片背景”选项，图片背景将会自动被选中。

(2) 用鼠标拖动图形中的矩形范围选择框，使用“优化”组的“标记要保留的区域”或“标记要删除的区域”进行标记，即将被删除的部分会变成紫色，选择“保留更改”，即完成图片背景的删除。

二、让图片更加个性化

如果添加到幻灯片的图片，按照统一尺寸摆放在文档中，总是会让人感觉缺少个性。选择“图片工具”|“格式”|“调整”|“艺术效果”选项，在打开的多个艺术效果列表中可以对图片应用不同的艺术效果，使其看起来更像素描、线条图形、绘图作品等。随后单击“图片样式”，在该样式列表中选择一种类型，就可以为当前图片添加一种样式效果。此外，还可以根据需要对图片进行颜色、图片边框、图片版式等项目设置，使用户轻松制作出有个性的图片效果。

三、母版与模板的区别

母版规定了演示文稿(幻灯片、讲义、备注)的文本、背景、日期及页码格式。母版体现了演示文稿的外观,包含了演示文稿中的共有信息。每个演示文稿提供了一个母版集合,包括幻灯片母版、标题母版、讲义母版、备注母版。

模板是演示文稿中的特殊一类,扩展名为.pot,用于提供样式文稿的格式、配色方案、母版样式及产生特效的字体样式等,应用设计模板可以快速生成风格统一的演示文稿。

四、插入公式与批注

1. 插入公式

选择"插入"|"符号"|"公式"选项,展开"公式选项区"下拉列表,选择其中的某一公式项,在幻灯片中即插入已有的公式,再单击此公式,则出现"公式工具"|"设计"选项卡。在编写公式时,单击"墨迹公式"选项,会弹出"数学输入控件"窗口,其中包括"写入""擦除""选择和更正""清除"选项和"插入"和"取消"按钮,可帮助人们更好地编辑公式,如图 5.57 和图 5.58 所示。

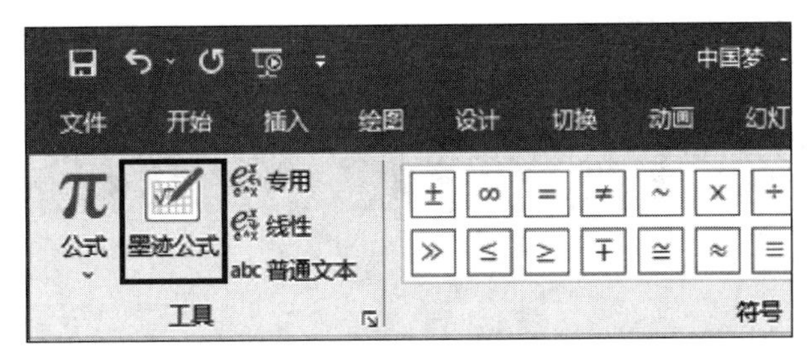

图 5.57 "公式工具"|"设计"选项卡

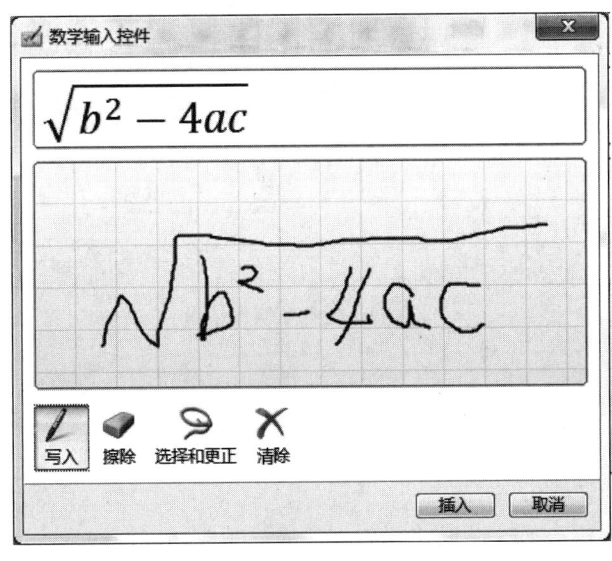

图 5.58 "数学输入控件"对话框

2. 插入批注

利用批注的形式可以对演示文稿提出修改意见。批注就是审阅文稿时在幻灯片上插入的附注，批注会出现在黄色的批注框内，不会影响原演示文稿。

选择需要插入批注的位置，选择“审阅”|“新建批注”选项，或在任务栏中单击“批注”选项，在当前幻灯片上会出现批注框，在框内输入批注内容，单击批注框以外的区域即可完成输入。

任务三　让演示文稿动起来

任务描述

以上任务中的“中国梦.pptx”文件虽然制作完成，但略显呆板。如果能为演示文稿中的对象加入一定的动画效果，幻灯片的放映会更加生动精彩，不仅可以增加演示文稿的趣味性，还可以吸引观众的眼球。具体要求如下。

(1) 为标题幻灯片上标题占位符添加动画：自左向右飞入，中速。为副标题占位符添加动画：按字母顺序弹跳进入。在幻灯片放映时，标题、副标题按顺序自动播放。

(2) 为幻灯片设置切换效果。

(3) 为第 2 张幻灯片的 SmartArt 图形中每项制作对应的超链接。

(4) 使用“触发器”制作选择题幻灯片。

制作结果如图 5.59 所示。

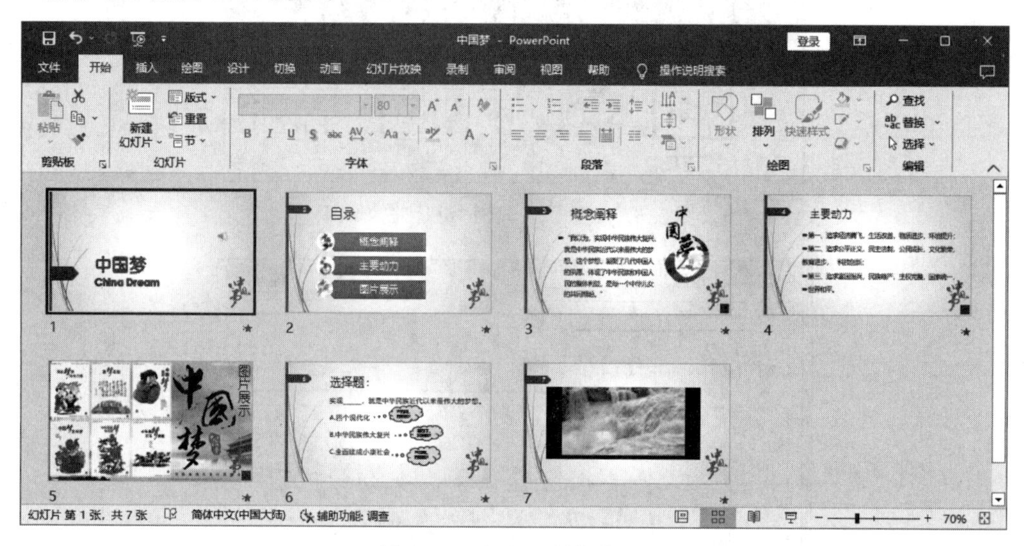

图 5.59　任务三制作结果

任务目标

◆ 掌握幻灯片的动画设置方法。

◆ 掌握幻灯片的切换方式。

◆ 掌握利用超链接和动作设置改变幻灯片播放顺序的方法。

知识介绍

为演示文稿中的文本或其他对象添加的特殊视觉效果被称为动画效果。PowerPoint

中的动画效果主要有两种类型：一种是自定义动画，是指为幻灯片内部各个对象设置的动画，如文本、图片、形状、表格等；另一种是幻灯片切换动画，又称翻页动画，是指幻灯片在放映时更换幻灯片的动画效果。

一、创建自定义动画

PowerPoint 2019 为幻灯片中的对象提供了更加丰富的动画效果，增强了幻灯片放映的趣味性。幻灯片内的对象如文本、图片、形状等，都可以被赋予进入、退出和强调等动画效果，甚至可以按照指定的路径移动。PowerPoint 2019 的动画效果设置主要在“动画”选项卡中进行，如图 5.60 所示。

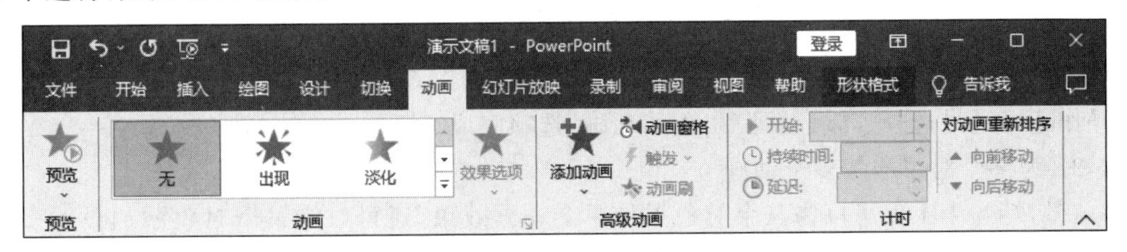

图 5.60 “动画”选项卡

1. 添加动画效果

1）为某个对象添加单个动画

首先选中要添加动画效果的对象，选择“动画”|“动画”|“动画效果”选项，如图 5.61 所示。动画效果可分为“进入”“强调”“退出”和“动作路径”4 类，选择所需的动画效果，即可完成动画添加。如取消动画效果，可再次选中对象，选择动画效果为“无”。

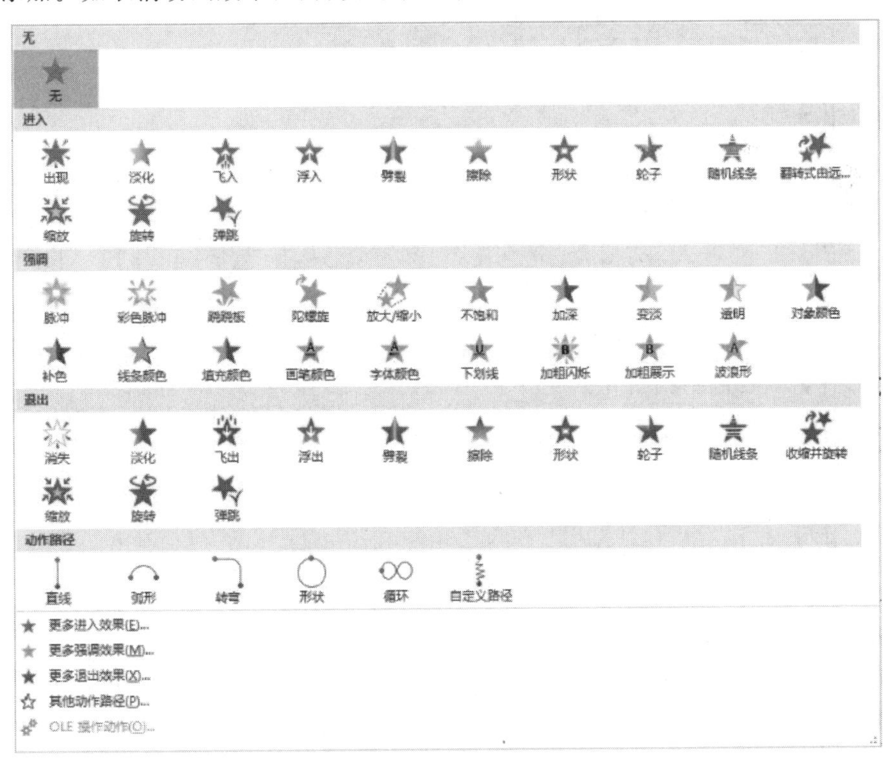

图 5.61 “动画效果”列表

"进入"动画效果是通过设置显示对象的运动路径、样式、艺术效果等属性，制作该对象从隐藏到显示的动画过程，例如，对象飞入或弹跳进入。

"强调"动画主要是以突出显示对象自身为目的，为对象添加各种具有显示功能的动画元素，如对象放大或缩小、更改颜色等。

"退出"动画是通过设置显示对象的各种属性，制作该对象从显示到消失的动画过程，例如，对象飞出、淡出或消失等。

"动作路径"动画是一种典型的动作动画，用户可为显示对象指定移动的路径轨迹，控制显示对象按照这一轨迹运动，如对象直线移动、弧线移动或沿着圆形图案移动等。

以上 4 种动画可以单独使用，也可组合使用，使一个对象同时具有多种动画效果。

如需要更加丰富的动画效果，可参考如下操作。以"进入"效果为例，选择"动画效果"|"更多进入效果"选项，弹出"更改进入效果"对话框，如图 5.62 所示，选择更多的进入效果，此操作还可通过选择"高级动画"|"添加动画"选项完成。

2）为某个对象添加多个动画

在幻灯片中不仅可以为某个对象添加单个动画效果，还可以为某个对象添加设置多个动画效果。在对象添加了单个动画效果后，可选择"动画"|"高级动画"|"添加动画"选项，打开动画样式列表框，从中选择一种动画样式，为对象添加另一种动画效果。

添加动画效果后，在该对象的左上方会显示对应的多个数字序号。在"动画"|"高级动画"|"动画窗格"中显示了添加的动画效果列表，其中的选项按照为对象设置动画的先后顺序而排列，并用数字序号进行标识，其中音频文件的相关属性也可以在动画窗格中设置。如果动画设置为自动播放，那么它的数字序号为 0，如图 5.63 所示。

图 5.62 更改进入效果

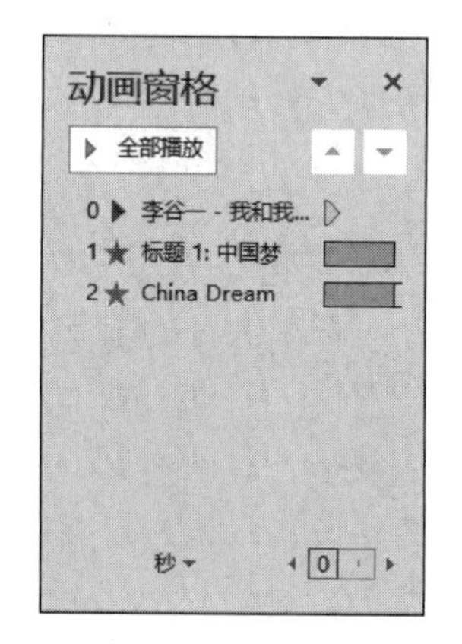

图 5.63 动画窗格

2. 设置动画效果属性

动画效果的属性可以修改，例如，"飞入"效果可修改方向；"轮子"效果可修改"轮辐图案"和"序列"等。如要修改动画效果，可在添加动画效果后，单击"效果选项"按钮，选择所需的其他动画效果，图 5.64 给出了"飞入"动画的效果选项。也可使用"动画窗格"，找到对应的动画后，右击，选择“效果选项”选项来完成。

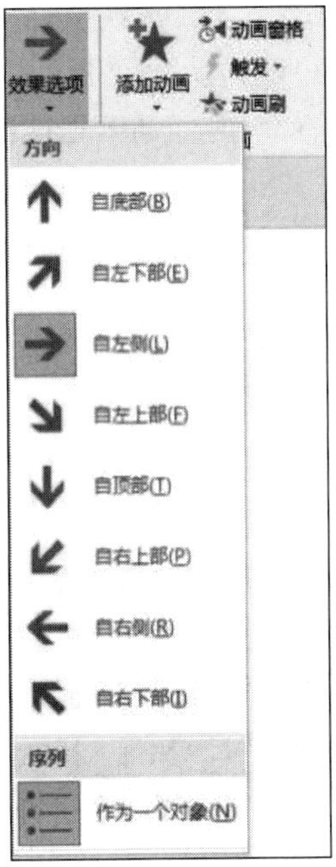

3. **高级动画设置**

（1）动画刷功能。该功能类似 Word、Excel 中的格式刷，可直接将某个对象的动画效果照搬到目标对象上面，而不需要重复设置，使得动画制作更加方便、高效。“动画刷”的操作非常方便，选中某个已设置完动画效果的对象，选择“动画”|“高级动画|“动画刷”，再将鼠标移动到目标对象上面单击一下，动画效果就被运用到目标对象上了。

（2）触发器功能。使用 PowerPoint 制作演示文稿时，可以通过触发器来灵活地控制演示文稿中的动画效果，从而真正地实现人机交互。例如，利用触发器可以实现单击某一图片出现该图片的文字介绍这样的动画效果。首先设置文字介绍的动画效果，然后选中文字介绍，选择“动画”|“高级动画”|“触发”选项，如图 5.65 所示，在下拉列表中选择需要发出触发动作的图片名字即可。也可在“动画窗格”中，打开该动画的“计时”对话框，进行触发器的编辑。

图 5.64 “飞入”效果选项

4. **动画计时**

PowerPoint 的动画计时，包括计时设置、动画效果顺序以及动画效果是否重复等方面。

1）显示动画窗格

“动画窗格”能够以列表的形式显示当前幻灯片中所有对象的动画效果，包括动画类型、对象名称、先后顺序等，默认情况下，“动画窗格”处于隐藏状态。选择“动画”|“高级动画”|“动画窗格”选项，可以显示或隐藏该窗格。

选择“动画窗格”的任意一项，右击，如图 5.66 所示，在弹出的快捷菜单中重新设置动画的开始方式、效果选项、计时、删除等操作。

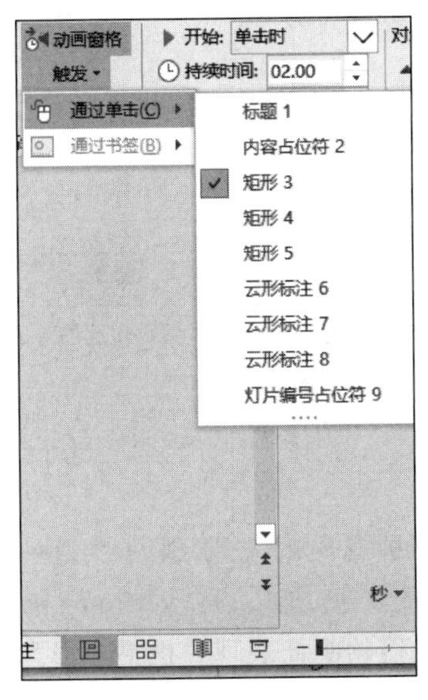

图 5.65 触发器

图 5.66 设置动画

2）计时选项设置

设置动画效果之后，可进行计时设置。PowerPoint 中动画效果的计时设置包括开始方式、持续时间和延迟时间、动画排序等，如图 5.67(a)所示，其选项说明分别如下。

“开始”用于设置动画效果的开始方式。“单击时”指单击幻灯片时开始播放动画，“从上一项开始”表示“动画窗格”列表中的上一个动画开始时也开始本动画，“从上一项之后开始”表示“动画窗格”列表中的上一个动画播放完成后才开始本动画。

“持续时间”用于设置动画的时间长度。

“延迟”用于设置上一个动画结束和下一个动画开始之间的时间。

对动画重新排序，已设置了动画效果的对象默认在左上角显示一个数字，用来表示该对象在整张幻灯片中的动画播放顺序，如幻灯片中有多个动画效果，可通过单击“向前移动”或“向后移动”重新调整动画播放顺序，也可以使用“动画窗格”中的 ▲▼ 两个按钮完成。

如要设置更加复杂的动画效果，可在“动画窗格”中选中对象，右击，在弹出的快捷菜单中选择“效果选项”或“计时”进行设置。“飞入”的动画效果如图 5.67(b)和图 5.67(c)所示。

(a) “动画”|“计时”组

(b) “飞入”动画设置动画效果对话框

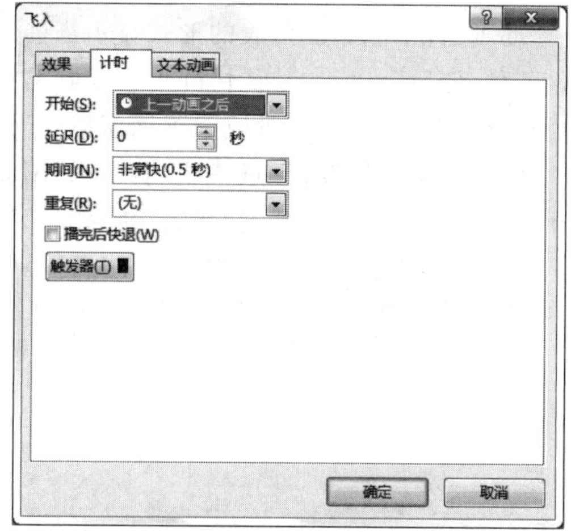

(c) “飞入”动画设置计时选项对话框

图 5.67 设置动画的效果与计时

二、设置幻灯片切换效果

幻灯片切换方式是指放映时幻灯片进入和离开屏幕时的方式，既可以为一组幻灯片设置同一种切换方式，也可以为每张幻灯片设置不同的切换方式。PowerPoint 提供了丰富炫目的幻灯片切换效果，设置步骤也更加简单，演示文稿的画面表现力也更加强大。

幻灯片切换效果主要在“切换”选项卡中进行设置，如图 5.68 所示。

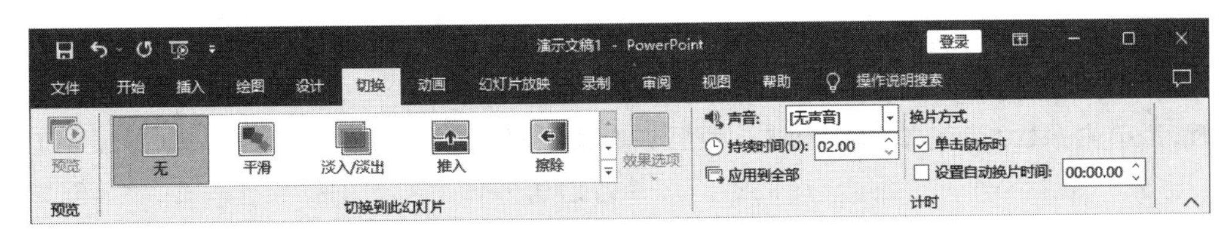

图 5.68 “切换”选项卡

1. 设置切换效果

选择要设置切换方式的幻灯片，选择“切换”|“切换到此幻灯片”|“切换效果”，单击下拉箭头，如图 5.69(a)所示，从“细微”“华丽”或“动态内容”3 类切换效果中选择所需切换效果，该效果将应用到当前幻灯片，如要为每张幻灯片设置不同的切换方式，只需在其他幻灯片上重复上述步骤即可。选择“效果选项”选项，在弹出的下拉菜单中可进行选择切换的方向、形状等设置。

如要所有幻灯片应用统一的切换效果，可在选中“切换效果”后，单击“计时”组的“应用到全部”按钮，如图 5.69(b)所示。

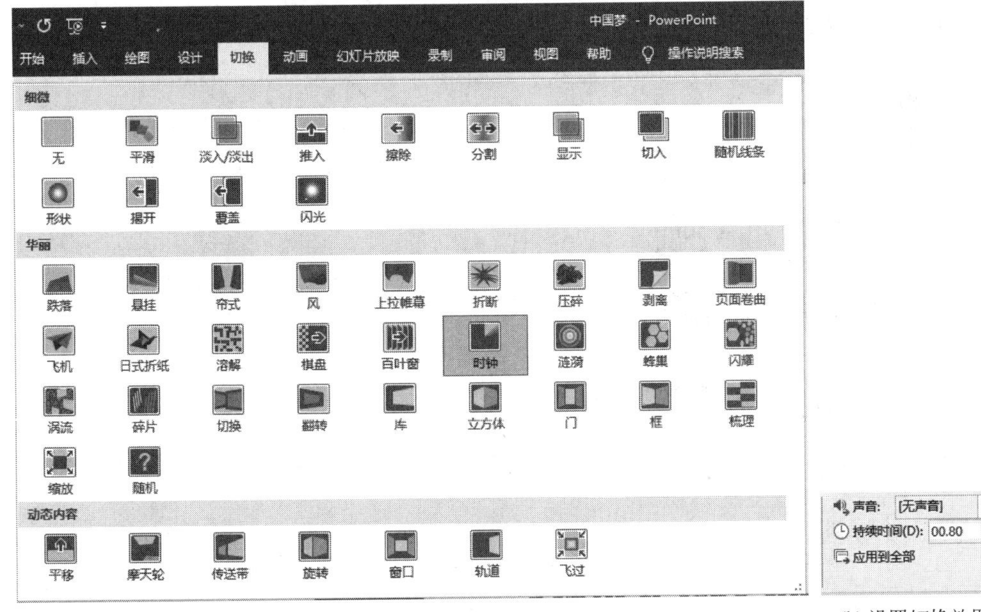

(a) 选择“切换效果”　　(b) 设置切换效果

图 5.69 为幻灯片添加切换效果

2. 设置切换计时

在“切换”|“计时”组可为幻灯片切换设置声音、持续时间、换片方式等，如图 5.70 所示。

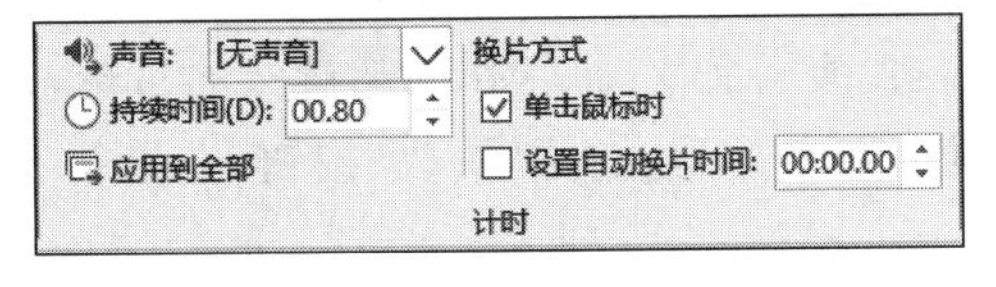

图 5.70 “切换”|“计时”组

(1) 可设置幻灯片切换时的声音播放方式，打开“声音”选项，在此可选择 PowerPoint 默认提供的十余种音效，还可设定为“播放下一段声音之前一直循环”“停止前一声音”或“无声音”。

(2) 持续时间以秒为单位设置幻灯片切换的时间长度。

(3) 换片方式设置幻灯片手工还是自动切换。如果选中“单击鼠标时”,则在播放幻灯片时,每单击一次鼠标,就切换一张幻灯片;如果选择“设置自动换片时间”,则需要在增量框中输入一个间隔时间,经过该时间后幻灯片自动切换到下一张幻灯片。

3. 删除/取消切换动画效果

如果要删除应用的切换动画效果,可在选择应用了切换效果的幻灯片后,选择“切换”|“切换到此幻灯片”,在幻灯片切换效果列表中选择“无”选项即可。

三、创建互动式演示文稿

创建超链接的目的是实现幻灯片与幻灯片、其他演示文稿、Word 文档、网页或电子邮件地址之间的跳转,演示文稿在放映时,当鼠标指针移到或单击链接源时,可以链接到目标对象。PowerPoint 可以为幻灯片中的文本、图形、图像、占位符、图表等元素添加超链接,方法如下。

1. 使用超链接选项

选中超链接源对象,选择“插入”|“链接”|“超链接”选项;也可以右击源对象,从弹出的快捷菜单中选择“超链接”选项,弹出“插入超链接”对话框,如图 5.71 所示。

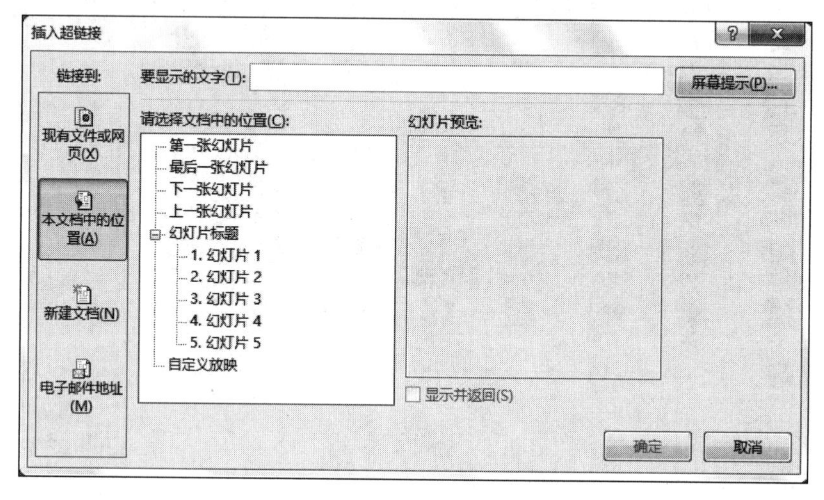

图 5.71 “插入超链接”对话框

(1) 现有文件或网页。该选项允许用户从本地磁盘或网络索引文档,将磁盘文件或网络文档的 URL 地址插入演示文稿,作为超链接的目标。

(2) 本文档中的位置。将本文档中某一张幻灯片作为超链接目标,选中该选项,将显示本演示文稿中的幻灯片和一些功能选项,选中相应的位置,单击“确定”按钮即可。

(3) 新建文档。新建一个演示文稿,将其作为超链接的目标,选中该选项,即可在“新建文档名称”文本框中输入演示文稿名称,单击“更改”按钮,选择新建文档要保存的位置,即可开始编辑新演示文稿。

(4) 电子邮件地址。该选项允许用户将电子邮件地址设置为超链接的目标。在“电子邮件地址”文本框中输入电子邮件地址,在“主题”文本框中输入邮件的主题信息,单击“确定”按钮,将其添加到演示文稿中。

2. 使用动作按钮

用户还可以通过动作按钮，为演示文稿对象添加超链接。选中添加动作的对象，选择“插入”|“链接”|“动作”选项，弹出“操作设置”对话框，如图 5.72 所示。选择“单击鼠标”|“单击鼠标时的动作”|“超链接到”选项，再在弹出的“超链接到”列表框中选中相应的选项即可，例如，选中“下一张幻灯片”选项，单击“确定”按钮，在播放状态下，单击添加此动作的对象，则会链接到下一张幻灯片。如果链接位置是其他幻灯片，可以单击“超链接到”按钮，在下拉菜单中选择相应的连接位置或对象即可。

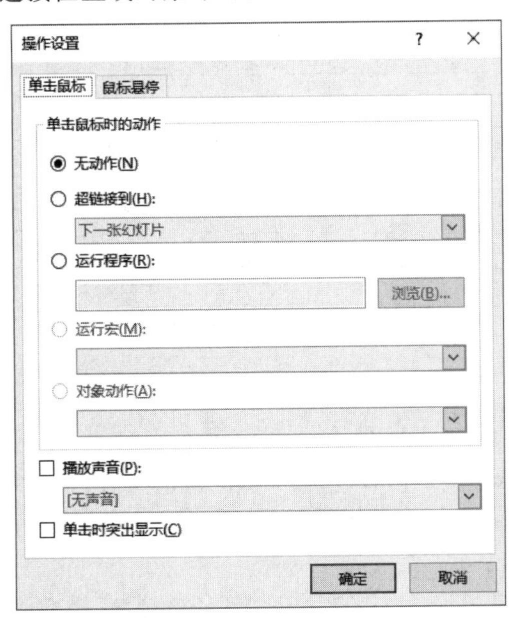

图 5.72 “操作设置”对话框

任务实施

启动 PowerPoint 2019 后，选择“文件”|“打开”选项，在“打开”对话框中找到任务二中“中国梦.pptx”所在的文件夹，打开“中国梦.pptx”文件。

完成任务三的操作步骤如下。

一、让幻灯片中的对象动起来

为标题幻灯片中的对象添加动画效果。

(1) 选定幻灯片 1 中的标题占位符。

(2) 选择“动画”|“动画”|“飞入”选项，在“动画窗格”里，找到此动画，右击选择“效果选项”，使用“效果”选项卡设置“自左侧”方向飞入，使用“计时”选项卡中的“开始”选项，选择“与上一动画同时”，“期间”选择“中速(2 秒)”，如图 5.73 所示。

(3) 选择副标题标题占位符。

(4) 选择“动画”|“动画”|“弹跳”选项，通过“效果”选项卡设置“文本动画”为“按字母顺序”。

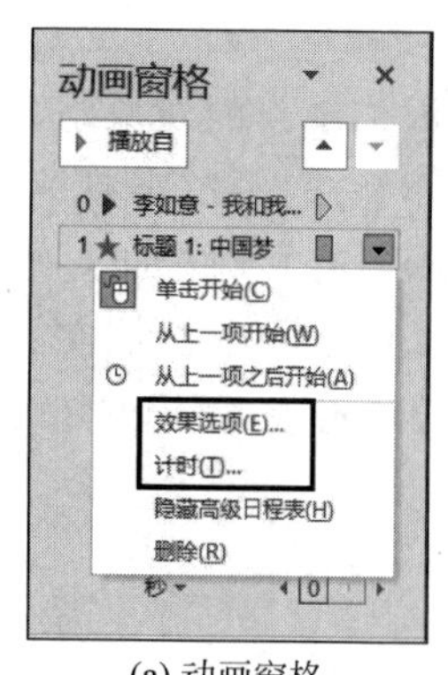

(a) 动画窗格

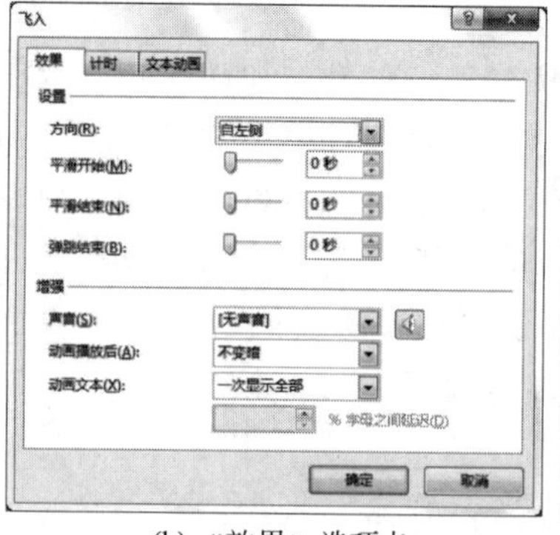

(b) “效果”选项卡

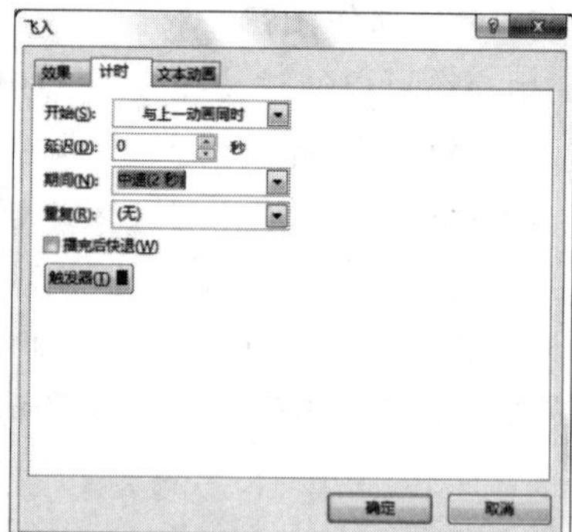

(c) “计时”选项卡

图 5.73　设置标题占位符动画

二、让幻灯片动起来

选择“切换”|“切换到此幻灯片”右边的快翻按钮，选择一种切换方式，例如“时钟”，可以为每张幻灯片设置切换方式。如果单击“全部应用”按钮，则将这种幻灯片切换方式应用于本演示文稿的所有幻灯片。

三、制作选择题幻灯片

观看完“中国梦”演示文稿的内容，下面完成一道选择题的制作。

(1) 在幻灯片“普通视图”左侧的“幻灯片浏览视图”窗格中，添加一张新的幻灯片，作为演示文稿的第 6 张幻灯片。

(2) 在标题中输入“选择题：”，调整占位符大小和位置，内容占位符输入“实现______，就是中华民族近代以来最伟大的梦想。”，添加 3 个文本框，输入 3 个选项，如图 5.74 所示。

(3) 选择“插入”|“插图”|“形状”选项，插入一个“思想气泡：云”来显示答案提示。

(4) 选中添加的“思想气泡：云”，在“形状样式”中分别设置“形状填充”“形状轮廓”和“形状效果”，右击这个云形标注，在弹出的快捷菜单中选择“编辑文字”选项，在图形中添加文字提示“不对哦，再想想！”，并用“文字填充”设置文字颜色，如图 7.75 所示。

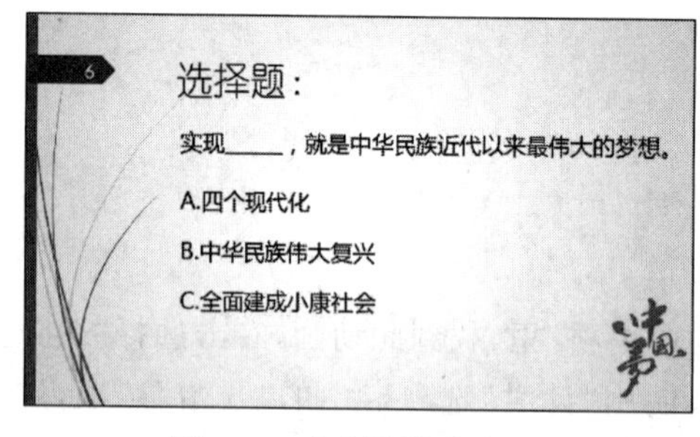

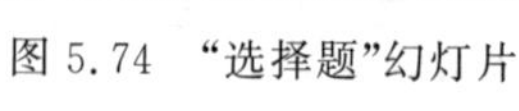
图 5.74　“选择题”幻灯片

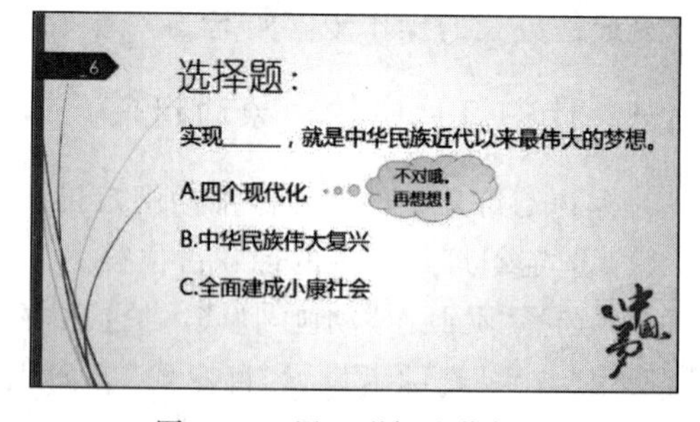

图 5.75　用云形标注作提示

(5) 按住 Ctrl 键，拖动此形状，进行复制，并编辑正确答案旁边的提示，设置完成后，如图 5.76 所示。

(6) 选定第 1 个思想气泡，选择“动画”，在动画库中选择“淡化”，设置“持续时间”为“02.00”。在“动画窗格”中找到此云形标注，右击，在弹出的快捷菜单中选择“淡化”|“计时”

选项，在弹出的对话框中，设置触发器，如图 5.77 所示。设置完毕后，继续右击，选择“效果选项”，弹出“淡化”|“效果”选项卡，设置“播放动画后隐藏”，如图 5.78 所示。在“动画窗格”中显示的动画内容如图 5.79 所示。

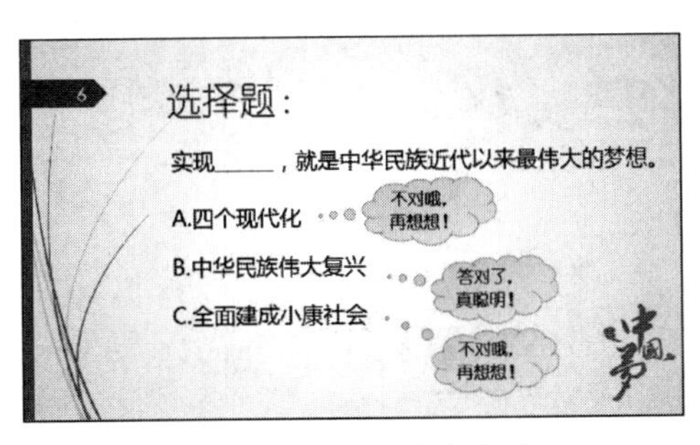

图 5.76 “选择题”幻灯片

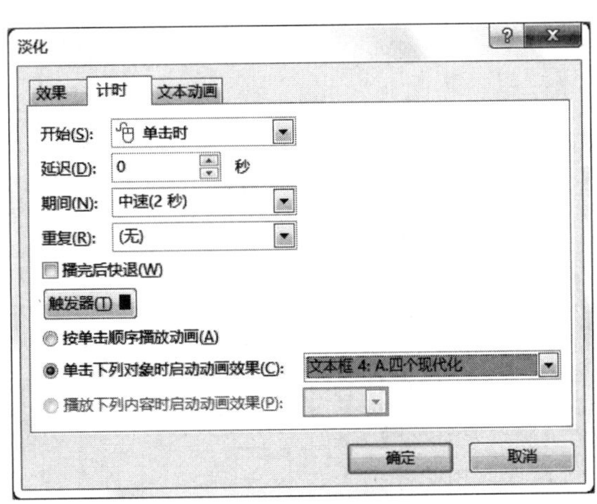

图 5.77 “淡化”|“计时”选项卡

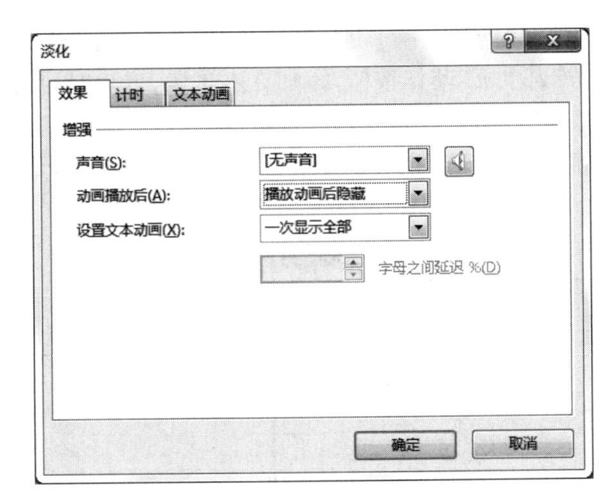

图 5.78 “淡化”|“效果”选项卡

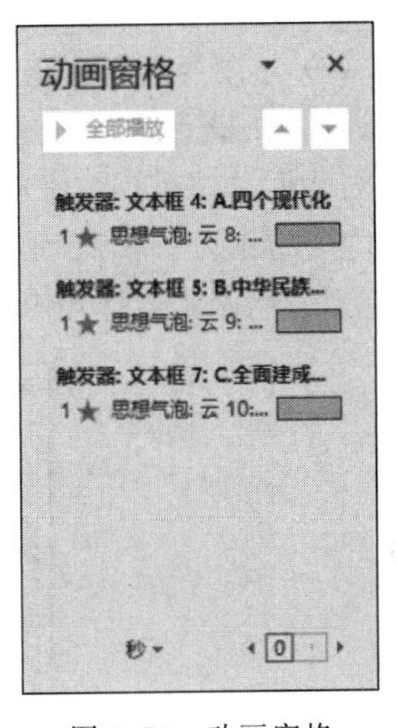

图 5.79 动画窗格

(7) 其他两个思想气泡按以上步骤设置，只是触发的对象不同，正确答案的提示设置为“下次单击后隐藏”，完成选择题幻灯片的制作。在完成第 1 个思想气泡的“淡化”动画后，还可以使用“动画刷”来完成其他两个思想气泡的动画。

四、在目录页设置超链接

PowerPoint 演示文稿的放映顺序是从前向后播放的，如果要控制幻灯片的播放顺序就需要进行动作设置。

(1) 选择第 2 张幻灯片，选定 SmartArt 图形中的第一个矩形，如图 5.80 所示。选择“插入”|“链接”|“超链接”选项，弹出“插入超链接”对话框，设置如图 5.81 所

图 5.80 “目录”幻灯片

示，选择“概念阐释”幻灯片，单击“确定”按钮。分别选定其他矩形，按上述操作，连接到相应的幻灯片。

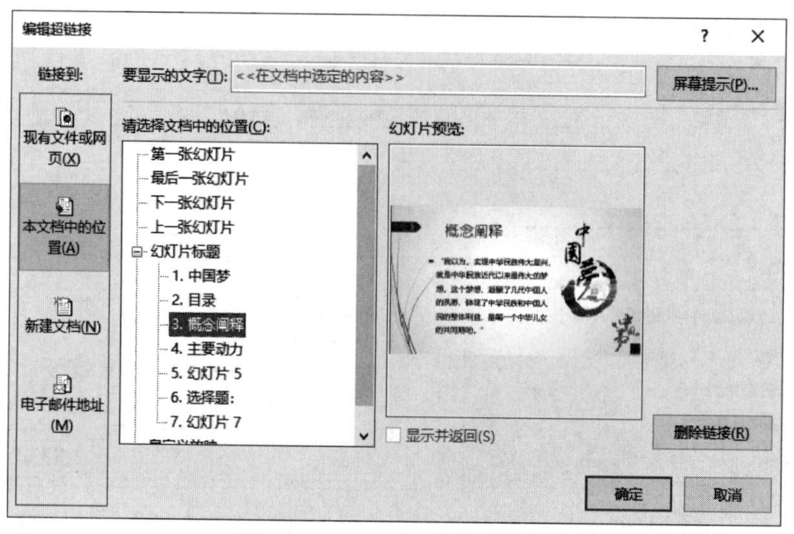

图 5.81 “插入超链接”对话框

(2) 为内容幻灯片添加“返回”按钮。选定“概念阐释”幻灯片，选择“插入”|“插图”|“形状”选项，在最下面的“动作按钮”中选择“转到主页”动作按钮，添加在右下角，弹出“操作设置”对话框，如图 5.82 所示。选择“超链接到”|“幻灯片”弹出“超链接到幻灯片”对话框，如图 5.83 所示，选择第 2 张幻灯片，单击“确定”按钮，结果如图 5.84 所示。选定此按钮，分别复制到后面两张幻灯片中，完成返回到目录幻灯片的操作。

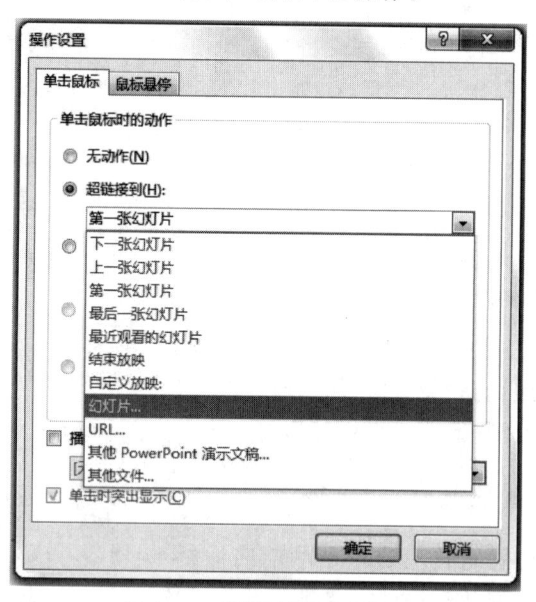

图 5.82 “操作设置”对话框

(3) 将标题幻灯片中的音乐，使用“动画窗格”中的“效果选项”选项，设置成“在 6 张幻灯片后停止播放”。

(4) 放映每一张幻灯片，观看效果，并保存。

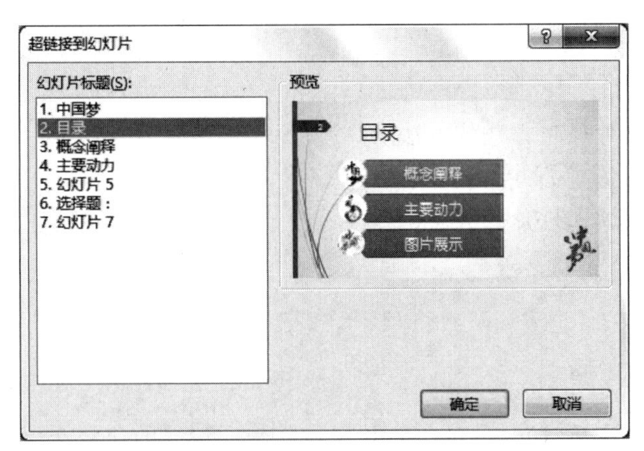

图 5.83 “超链接到幻灯片”对话框

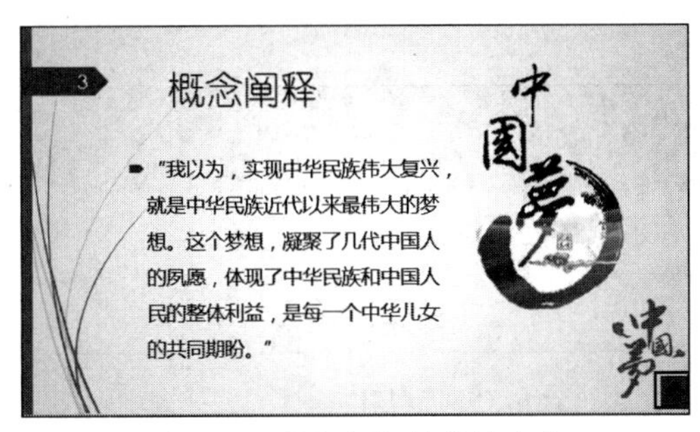

图 5.84 “返回”超链接的内容

知识拓展

“高级动画”组中的参数主要包括添加动画、动画窗格、触发器、动画刷等动能。为对象设置好动画效果后，用户可以在“高级动画”功能中根据需求为对象设置这些参数。

“动画窗格”功能

显示动画窗格后，可以对已创建自定义动画的对象设置更多的参数。“动画窗格”以下拉列表的形式显示当前幻灯片中所有对象的动画效果，包括动画类型、对象名称、先后顺序等。默认情况下，动画窗格处于隐藏状态，选择“动画”|“高级动画”|“动画窗格”选项，则在幻灯片编辑窗格的右侧显示该窗格。

在“动画窗格”中可以对所选定动画的运行方式进行更改，单击则可重新设置对象动画的开始方式、效果选项、计时等。

任务四　放映与输出演示文稿

任务描述

演示文稿制作完成后，通过幻灯片放映可将演示文稿展示给观众，放映时可以根据使用者的不同需要设置不同的放映方式，排练计时等，以满足不同的需求。任务要求如下所述。

(1) 通过“排练计时”为每张幻灯片设置放映时间。

(2) 将“中国梦.pptx”演示文稿以视频文件格式导出。

任务目标

- 掌握设置幻灯片放映方式的方法。
- 掌握设置排练计时的方法。
- 掌握自定义放映幻灯片的方法。

知识介绍

一、放映演示文稿

演示文稿制作完成后，通过放映幻灯片可以将精心创建的演示文稿展示给观众或客户。以下将介绍设置幻灯片放映的操作方法，该操作主要在“幻灯片放映”选项卡中进行，如图 5.85 所示。

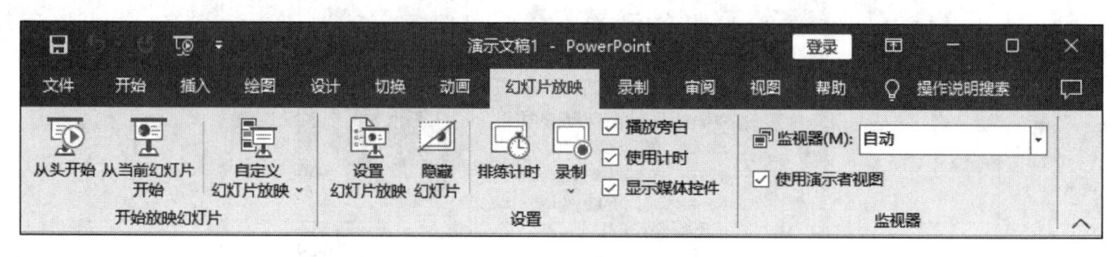

图 5.85 “幻灯片放映”选项卡

1. “开始放映幻灯片”组

在“幻灯片放映”|“开始放映幻灯片”组中可以设置幻灯片的放映方式，幻灯片的放映方式有“从头开始”“从当前幻灯片开始”和“自定义幻灯片放映”3 种方式。

(1) 从头开始：单击该按钮，演示文稿从第 1 张幻灯片开始放映，该功能的快捷键是 F5。

(2) 从当前幻灯片开始：放映从当前幻灯片页面开始，也可使用快捷键 Shift+F5。

(3) 自定义幻灯片放映：是很灵活的一种方式，它只是用于显示选择的幻灯片，因此，可以对一个演示文稿进行多种不同的放映。设置如下：选择“自定义幻灯片放映”选项，弹出“自定义放映”对话框，单击“新建”按钮，弹出“定义自定义放映”对话框，在此对话框的“在演示文稿中的幻灯片”列表框中选择合适的幻灯片，单击“添加”按钮，将其添加至“在自定义放映中的幻灯片”列表中。确定返回至“自定义放映”对话框后，单击“放映”按钮即可开始放映自定义的幻灯片。

2. “设置”组

在“幻灯片放映”|“设置”组中可设置“设置放映方式”“隐藏幻灯片”“排练计时”“录制”等多种操作。

1) 设置幻灯片放映

选择“设置幻灯片放映”，即可打开“设置放映方式”对话框，在其中可以选择“放映类型”“放映选项”“放映幻灯片”“推进幻灯片”“多监视器”等选项，如图 5.86 所示。

(1) “放映类型”包括“演讲者放映(全屏幕)”“观众自行浏览(窗口)”“在展台浏览(全屏幕)”。“演讲者放映(全屏幕)”是系统默认的放映类型，此种放映方式可全屏幕显示演示文稿中的每张幻灯片，演讲者具有完全的控制权，可以采用人工换片方式，若对“排练计时”做

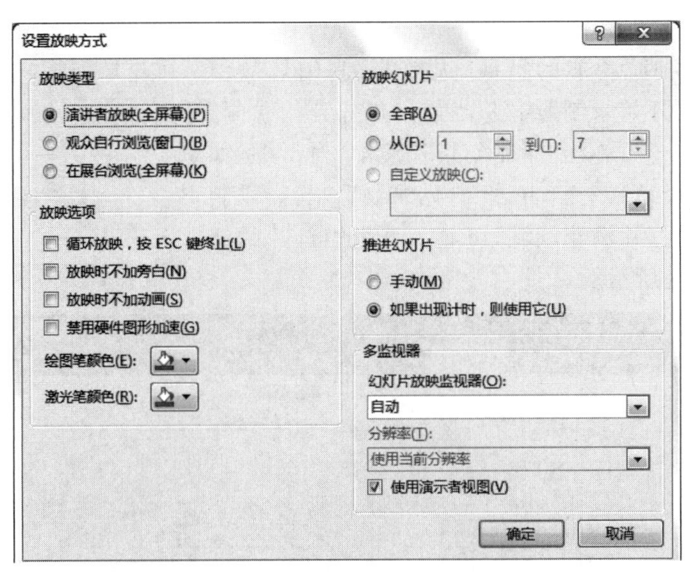

图 5.86 “设置放映方式”对话框

了设置,也可不用人工换片方式。如果选择“观众自行浏览(窗口)”,则以窗口形式显示幻灯片,通过状态栏中的“菜单”命令进行翻页、编辑、复制和打印等。选择“在展台浏览(全屏幕)”放映方式,PowerPoint 会自动选中“循环放映,按 ESC 键终止”复选框。此时换片方式可选择“如果存在排练时间,则使用它”,放映时会自动循环放映。

(2)“放映选项”包括“循环放映,按 ESC 键终止”“放映时不加旁白”“放映时不加动画”等选项。“循环放映,按 ESC 键终止”是指循环放映幻灯片,按下 Esc 键可终止幻灯片放映,如果选中“在展台浏览(全屏幕)”单选按钮,则只能放映当前幻灯片。“放映时不加旁白”是指观看放映时,不播放任何声音旁白。“放映时不加动画”指显示幻灯片时不带动画,如项目符号不会变暗,飞入的对象直接出现在最后的位置。

(3)“放映幻灯片”选项包括“全部”“从…到…”“自定义放映”。“全部”选项表示播放所有幻灯片,当选中此单选按钮时,将从当前幻灯片开始放映。“从…到…”选项表示在幻灯片放映时,只播放“从”和“到”数值框中输入的幻灯片范围,而且是按数字从低到高播放该范围内的所有幻灯片。如从 2 到 6,则播放是从第 2 张幻灯片开始播放,一直到第 6 张结束。“自定义放映”选项表示运行在列表中选定的自定义放映。

(4)“推进幻灯片”包括“手动”和“如果出现计时,则使用它”。如果选择“手动”,则放映时换片的条件是,单击鼠标或每隔数秒自动播放;或者右击,在弹出的快捷菜单中选择“前一张”“下一张”或“定位至幻灯片”选项。此时,PowerPoint 会忽略默认的排练时间,但不会删除。如果选择“如果出现计时,则使用它”,则使用预设的排练时间自动放映。如果幻灯片没有预设的排练时间,则仍然必须人工换片。

2)隐藏幻灯片

如有的幻灯片在放映时不需要播放,可利用“隐藏幻灯片”将它隐藏。

3)排练计时

使用“排练计时”功能,在幻灯片放映时,PowerPoint 会弹出“录制”窗口,记录幻灯片的播放时间。当幻灯片自动放映时,该时间可用于控制幻灯片的播放和动画效果显示。

4）录制幻灯片演示

这是“排练计时”功能的扩展，选择“录制幻灯片演示”，会显示“从头开始录制”或“从当前幻灯片开始录制”两个选项，任选一个可弹出“录制幻灯片演示”对话框，如图 5.87 所示，选择录制内容，单击“开始录制”按钮。录制结束后，切换到幻灯片浏览视图，可显示每张幻灯片的演示时间，如图 5.88 所示。

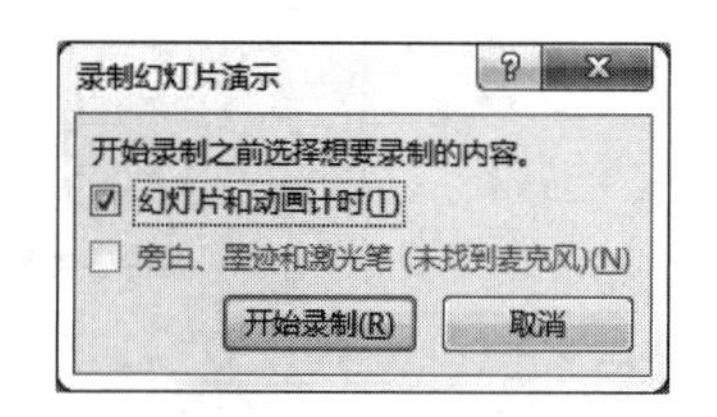

图 5.87 “录制幻灯片演示”对话框

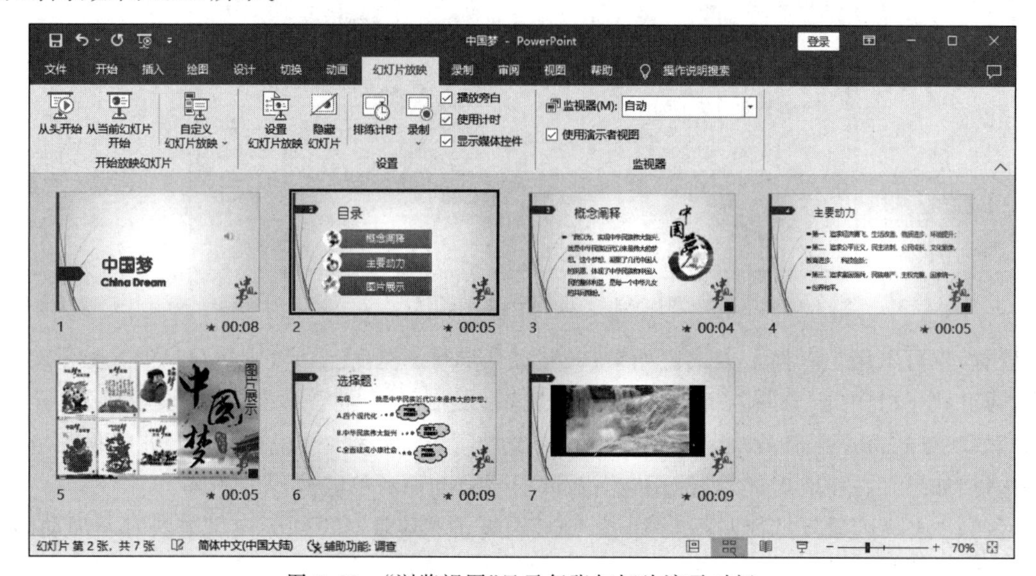

图 5.88 “浏览视图”显示每张幻灯片演示时间

二、演示文稿的共享与导出

1. 共享

通过共享选项中的“与人共享”“电子邮件”“联机演示”选项，可以将演示文稿与其他人共享，在如图 5.89 所示的窗口可选择以下 3 种选项。

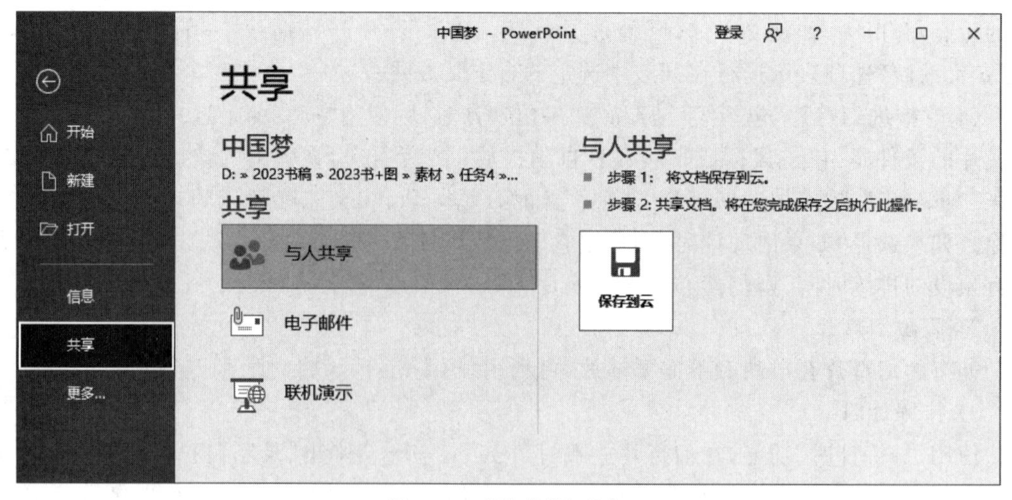

图 5.89 “共享”选项卡

(1)“与人共享”选项通过将演示文稿保存到云并将链接发送给他人,分享演示文稿。

(2)“电子邮件”选项可以将当前演示文档作为新邮件附件或者以 PDF 形式、XPS 形式或者 Internet 传真形式共享给其他人。

(3)“联机演示”选项通过使用 Office Presentation Service 免费公共服务,其他用户就可以在 Web 浏览器中观看演示放映共享的演示文稿,无须进行设置。

2. 导出

PowerPoint 2019 通过“文件”|“导出”选项,可“创建 PDF/XPS 文档”“创建视频”“将演示文稿打包成 CD”“创建讲义”“更改文件类型”,如图 5.90 所示。

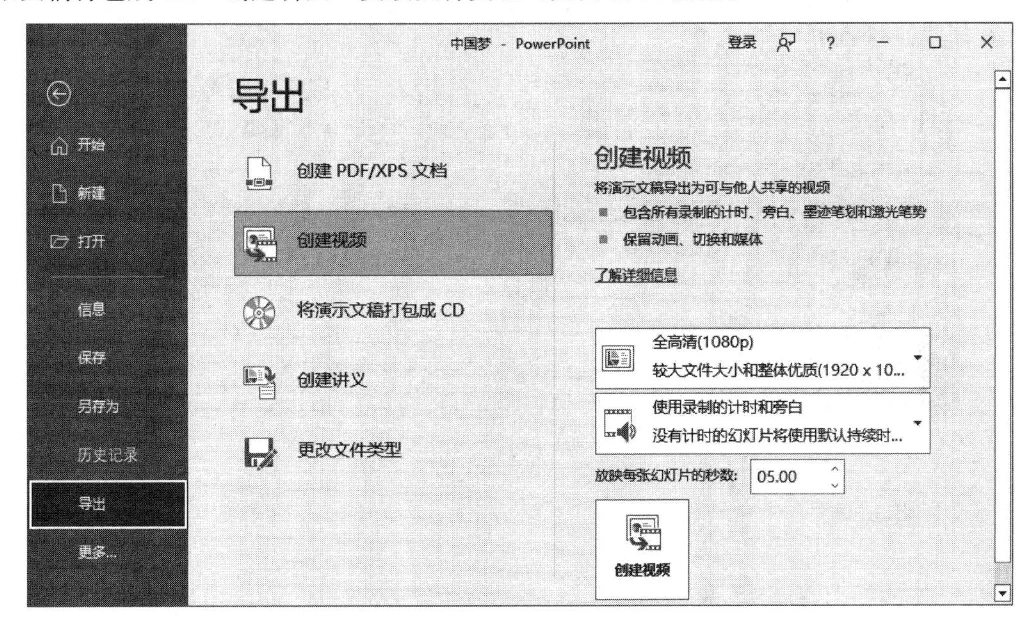

图 5.90 “文件”|“导出”选项

(1)“创建 PDF/XPS 文档”选项可以完成把演示文稿保存成 PDF 或 XPS 格式的文档。

(2)“创建视频”选项将演示文稿转换为视频格式,这是为了在未安装 PowerPoint 的计算机中能够正常放映的一种操作。在工作区显示创建视频说明,根据播放要求设置“演示文稿质量(PowerPoint 2019 新增了超高清 4K 视频)”“计时和旁白”“放映每张幻灯片的秒数”,之后单击“创建视频”按钮,演示文稿将导出为视频,视频格式为.mp4 或.wmv。

(3) PowerPoint 中的“将演示文稿打包成 CD”功能同样可以使演示文稿在没有安装 PowerPoint 的计算机上放映幻灯片。此功能可将一个或多个演示文稿随同支持文件复制到 CD 中,方便那些没有安装 PowerPoint 2019 的用户放映演示文稿。默认情况下 PowerPoint 使用播放器、链接文件、声音、视频和其他设置会打包在其中,这样就可以在其他计算机上运行打包的演示文稿。

3. 打印演示文稿

演示文稿的各张幻灯片制作好后,可以将所有的幻灯片以一页一张的方式打印,或者以多张为一页的方式打印,或者只打印备注页,或者以大纲视图的方式打印。

选择“文件”|“打印”选项,弹出如图 5.91 所示的“打印”窗口。在该窗口中,可对幻灯片打印的份数、幻灯片打印的版式、打印的模式以及打印的颜色等进行设置。

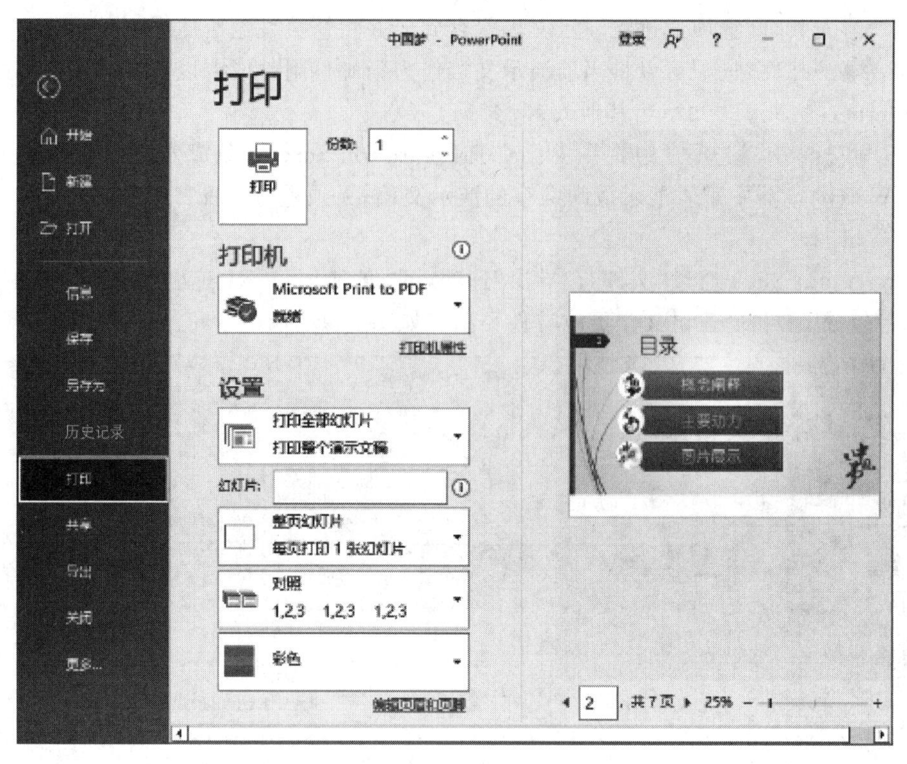

图 5.91 “打印”窗口

任务实施

一、为幻灯片设置放映时间

选择“幻灯片放映”|“设置”|“排练计时”,完成每张幻灯片放映时间的设置。

二、打包演示文稿

(1) 打开“中国梦.pptx”演示文稿。

(2) 选择“文件”|“导出”选项。

(3) 选择“创建视频”选项,在右侧窗格选择“超高清”,并设置每张幻灯片放映的秒数。

(4) 单击底端“创建视频”按钮。

(5) 在弹出的“另存为”对话框中,将文件夹的名字设置为“中国梦演示文稿视频”,位置指定为“桌面”,保存类型选择.mp4 格式,单击“保存”按钮。

(6) 关闭“中国梦.pptx”演示文稿。

三、放映视频

在桌面双击“中国梦演示文稿视频.mp4”,即可观看视频。

所有任务都完成了,最后演示文稿的效果如图 5.92 所示。

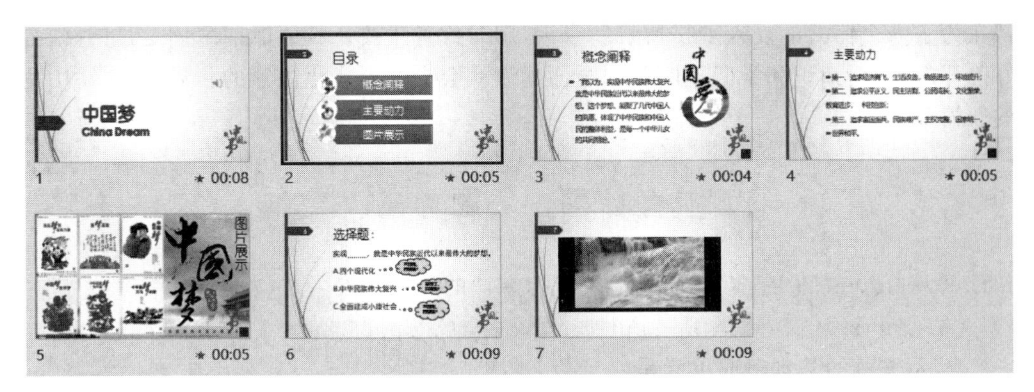

图 5.92 “中国梦.pptx”最后效果

小　　结

这一部分通过 4 个任务循序渐进地介绍了 Microsoft PowerPoint 2019 的基本操作：创建演示文稿、编辑幻灯片、在幻灯片中添加各种对象、设置动作和超链接、运行与打包等。Microsoft PowerPoint 2019 是功能强大的电子演示文稿制作软件，熟练掌握它的应用，读者将能在各种信息展示领域制作出更加生动形象的电子演示文稿。

自 信 中 国

求伯君被称为“中国第一程序员”，也被称为“WPS 之父”。他曾果断拒绝 Microsoft 开出的 75 万美元年薪，只为打造独一无二的民族品牌。

1980 年高考，求伯君以数学满分的傲人成绩考入国防科技大学信息系统专业。毕业后，他来到了蓬勃发展中的深圳，没想到，在这里他萌生了伟大的民族理想，要用中国软件取代 Microsoft“WORDSTAR”。

从 1988 年 5 月到 1989 年 9 月，求伯君把自己关在深圳蔡屋围酒店的房间里，夜以继日地写代码。一年零四个月中，求伯君住了三次院，第二次肝炎复发时，他直接把计算机搬到病房里继续写。24 岁的求伯君在这种常人难以忍受的孤独中，用汇编语言写下了十几万行代码。

1989 年 9 月，WPS 1.0 正式发布，填补了中国计算机中文字处理的空白。没有发布会和广告，WPS 仅仅凭着口碑就迅速火了起来，在国内市场占有率一度高达 90%，成为一个时代标志。

1997 年，求伯君带领开发的 WPS 97 获得了巨大的成功，打破了 Microsoft Word 在桌面计算机的字处理垄断，WPS 97 推出两个月，就销售了一万三千多套。扛着民族软件的大旗，WPS 系列软件一直和 Microsoft 的 Office 系列软件斗争到今天，我们现在下载的，已经是全免费的 WPS 2019 了。

这就是中国的程序员！中国计算机虽然起步晚，但是，因为一代代中国程序员的不懈奋斗，才使得今天我们的计算机水平可以与世界齐头并进！

一百年的烽火历程，一百年的风风雨雨，一百年的辉煌业绩，一百年来，各行各业的中国人都在为了一个伟大的复兴梦拼搏着。今天,新时代青年要认真回顾前辈们走过的路,继续走好前行的路,用知识和学问不断开创全面建设社会主义现代化国家的新局面,书写中华民族的新篇章。

习　　题

1. PowerPoint 2019 演示文稿存储以后,默认的文件扩展名是(　　)。

A. .pptx　　B. .ppt　　C. .pot　　D. .pps

2. 演示文稿的基本组成单元是(　　)。

A. 图形　　B. 文本　　C. 超链点　　D. 幻灯片

3. 幻灯片中占位符的作用是(　　)。

A. 表示文本长度　　B. 限制插入对象的数量

C. 表示图形大小　　D. 为文本、图形预留位置

4. PowerPoint 的母版有(　　)种类型。

A. 3　　B. 5　　C. 4　　D. 6

5. PowerPoint 的"超链接"选项可实现(　　)。

A. 实现幻灯片之间的跳转　　B. 实现演示文稿幻灯片的移动

C. 中断幻灯片的放映　　D. 在演示文稿中插入幻灯片

6. 如果将演示文稿置于另一台不带 PowerPoint 系统的计算机上放映,那么应该对演示文稿进行(　　)。

A. 复制　　B. 打包　　C. 移动　　D. 打印

7. 在(　　)模式下可对幻灯片进行插入、编辑对象的操作。

A. 幻灯片视图　　B. 大纲视图

C. 幻灯片浏览视图　　D. 备注页视图

8. 在"幻灯片浏览视图"模式下,不允许进行的操作是(　　)。

A. 幻灯片的移动和复制　　B. 自定义动画

C. 幻灯片删除　　D. 幻灯片切换

9. 在演示文稿中插入超级链接时,所链接的目标不能是(　　)。

A. 另一个演示文稿　　B. 同一演示文稿的某一张幻灯片

C. 其他应用程序的文档　　D. 幻灯片中的某一个对象

10. 在 PowerPoint 中,演示文稿与幻灯片的关系是(　　)。

A. 同一概念　　B. 相互包含

C. 演示文稿中包含幻灯片　　D. 幻灯片中包含演示文稿

第六部分 计算机网络与安全

今天，电话网络、电视网络和计算机网络已得到广泛应用。在这些纵横交织的网络中，计算机网络作为现代技术的标志，已成为世界经济增长的主要动力并以令人惊叹的速度向前发展着。

计算机网络传输多种数据揭示了计算机网络的发展是计算机技术与通信技术相结合的产物。为迎接信息社会的挑战，世界各国纷纷建设信息高速公路、国家信息基础设施等计划，其目的就是构建信息社会的重要物质和技术基础。在信息社会，信息资源已成为社会发展的重要战略资源。计算机网络是国家信息基础建设的重要组成部分，也是一个国家综合实力的重要体现。

任务一 Internet 接入方式

任务描述

互联网接入技术的发展非常迅速，带宽由最初的 14.4kb/s 发展到目前的 100Mb/s 甚至 1000Mb/s，接入方式由过去单一的电话拨号方式，发展成现在多样的有线和无线接入方式。接入终端开始向移动设备发展。根据接入后数据传输的速度，Internet 的接入方式可分为宽带接入和窄频接入。

宽带接入方式有 ADSL(非对称数字专线)接入、有线电视上网(通过有线电视网络)接入、光纤接入、无线宽带接入和人造卫星宽带接入等。

窄频接入方式有电话拨号上网(20 世纪 90 年代网络刚兴起时比较普及，因速度较慢，渐被宽带连线所取代)、窄频 ISDN 接入、GPRS 手机上网和 CDMA 手机上网等。

任务目标

- ◆ 掌握计算机网络的定义和功能。
- ◆ 掌握计算机网络的分类。
- ◆ 掌握计算机网络的组成。

知识介绍

一、计算机网络的起源及发展

世界上最早出现的计算机网络的雏形是美国 1952 年建立的一套半自动地面防空(SAGE)系统，它使用远距离通信线路将 1000 多台终端连接到一台旋风计算机上，实现了计算机远距离的集中控制。这种由一台计算机经过通信线路与若干台终端直接连接的方式被称为主机-终端系统或面向终端的计算机网络。

这种面向终端的计算机网络在20世纪60年代获得了很大发展，其中一些至今仍在使用，如美国的SABRE1系统，是美国航空公司与IBM公司联合研制的全国飞机票联机订票系统，它由一台中央计算机与分布在全美各地的2000多个终端相连。另外，在图书、军用及一些商用网中，这种面向终端的计算机网络也起到了很大作用。

从现在的角度看，主机-终端系统还不能代表完整的计算机网络，它只是我们现在所说的计算机网络的一部分。它存在两个明显的缺点：一是主机负荷重，这是因为它既要担负通信控制工作，又要担负数据处理工作；二是线路利用率低，特别是远程终端更为突出。为减轻主机负担和提高线路利用率，20世纪60年代出现了一种在主机和通信线路之间设置的通信控制处理机，专门负责通信控制，在终端较为集中的区域设置集线器，大量终端先通过低速线路连到集线器上，集线器则通过高速线路与主机相连，这种结构常采用小型机作为通信控制处理机，它除完成通信控制外，还具有信息处理、信息压缩、代码转换等功能，这种结构被称作具有通信功能的多机系统。

随着计算机应用的发展，一些大公司或部门往往拥有多台计算机，有时这些计算机之间需要交换信息，于是出现了一种以传输信息为主要目的、用通信线路将两台或多台计算机连接起来的网络形式，被称为计算机通信网络。这是计算机网络的低级形式。

随着计算机通信网络的发展和广泛应用，用户不仅要求计算机之间能传输信息，而且希望共享网络内其他计算机上的信息或使用网络上的其他计算机来完成自己的某些工作，这种以共享网上资源为目的的计算机网络，就是我们现在所称的计算机-计算机网络，简称计算机网络。它可以让使用网络中的资源与使用本地资源一样方便。

我国的计算机网络自20世纪80年代以来发展非常迅速，铁道部、公安部、军队、民航和银行系统都建立了自己的专用网络，“三金”工程的启动和实施使我国的网络基础设施得到了进一步的完善和提高。在计算机网络标准化方面，我国于1988年制定了与ISO的“开放系统互连基本参考模型”相对应的《信息处理系统　开放系统互连基本参考模型》(GB 9387—1988)。

二、计算机网络的定义与功能

1. 计算机网络系统的定义

什么是计算机网络？人们从不同的角度对它提出了不同的定义，归纳起来，可以分为3类。

从计算机与通信技术相结合的观点出发，人们把计算机网络定义为“以计算机之间传输信息为目的而连接起来，实现远程信息处理并进一步达到资源共享的系统”。20世纪60年代初，人们借助于通信线路将计算机与远方的终端连接起来，形成了具有通信功能的终端-计算机网络系统，首次实现了通信技术与计算机技术的结合。

从资源共享角度，计算机网络是把地理上分散的资源，以能够相互共享资源(硬件、软件和数据)的方式连接起来，并且各自具备独立功能的计算机系统的集合体。

从物理结构上，计算机网络又可定义为在协议控制下，由若干计算机、终端设备、数据传输和通信控制处理机等组成的集合。

综上所述，计算机网络定义为：凡是将分布在不同地理位置并具有独立功能的多台计算机，通过通信设备和线路连接起来，在功能完善的网络软件(网络协议及网络操作系统等)

支持下，以实现网络资源共享和数据传输为目的的系统，称为计算机网络。可以从以下3个方面理解计算机网络的概念。

（1）计算机网络是一个多机系统。两台以上的计算机互连才能构成网络，这里的计算机可以是微型计算机、小型计算机和大型计算机等各种类型的计算机，并且每台计算机具有独立功能，即某台计算机发生故障，不会影响整个网络或其他计算机。

（2）计算机网络是一个互联系统。互联是通过通信设备和通信线路实现的，通信线路可以是双绞线、电话线、同轴电缆、光纤等"有形"介质，也可以是微波或卫星信道等"无形"介质。

（3）计算机网络是一个资源共享系统。计算机之间要实现数据通信和资源共享，必须在功能完善的网络软件支持下。这里的网络软件包括网络协议、信息交换方式及网络操作系统等。

2. 计算机网络的功能

从计算机网络的定义可以看出，计算机网络的主要功能是实现计算机各种资源的共享和数据传输，随着应用环境的不同，其功能也有一些差别，大体有以下4个方面。

（1）资源共享。计算机网络中的资源可分成三大类，即硬件资源、软件资源和数据资源。硬件共享：为发挥大型计算机和一些特殊外围设备的作用，并满足用户要求，计算机网络对一些昂贵的硬件资源提供共享服务；软件共享：计算机网络可供共享的软件包括系统软件、各种语言处理程序和各式各样的应用程序；数据共享：随着信息时代的到来，数据资源的重要性越来越大，数据共享也变得越来越重要。

（2）数据通信。该功能用于实现计算机与终端、计算机与计算机之间的数据传输，不仅是计算机网络的最基本功能，也是实现其他几个功能的基础。本地计算机要访问网络上另一台计算机的资源就是通过数据传输来实现的。

（3）提高系统的可靠性和可用性。计算机网络一般都属于分布式控制，计算机之间可以独立完成通信任务。如果有单个部件或者某台计算机出现故障，由于相同的资源分布在不同的计算机上，这样网络系统可以通过不同路由来访问这些资源，不影响用户对同类资源的访问，避免了单机无后备机情况下的系统瘫痪现象，大大提高了系统的可靠性。可用性是指当网络中某台计算机负担过重时，网络可将新的任务转交给网络中空闲的计算机完成，从而均衡各台计算机的负载，进而提高每台计算机的可用性。

（4）分布式处理。用户可以根据情况合理地选择网内资源，在方便和需要进行数据处理的地方设置计算机，对于较大的数据处理任务分别交给不同的计算机来完成，以达到均衡使用资源、实现分布处理的目的。

三、计算机网络的分类及性能评价

从不同的角度，基于不同的划分原则，可以得到不同类型的计算机网络。

按网络的作用范围及计算机之间连接的距离可分为局域网、广域网、城域网3种。

（1）局域网（Local Area Network，LAN）地理范围一般在10km以内，属于一个单位或部门组建的小范围网络。例如，一个学校的计算机中心或一个系的计算机各自互连起来组成的网络就是一个局域网。局域网组建方便，使用灵活，是计算机网络中最活跃的分支。

（2）广域网（Wide Area Network，WAN）也叫远程网，它的地理范围可以从几十千米到几万千米。例如，一个国家或洲际间建立的网络都是广域网络。广域网用于通信的传输装置和介质，一般都由电信部门提供，能实现广大范围内的资源共享。Internet 就是一个覆盖了 180 多个国家和地区、连接了上千万台主机的广域网。

(3) 城域网(Metropolitan Area Network，MAN)介于广域网和局域网之间，作用距离从几十千米到上百千米，通常覆盖一个城市或地区。

网络还可按网络的数据传输与交换系统的所有权划分，分为专用网和公用网两种。专用网一般是由某个部门或企业自己组建的，也可以租用电信部门的专用传输线路，如航空、铁路、军队、银行都有本系统的专用网络。公用网一般都由国家电信部门组建和管理，网络内传输和交换的装置可提供给单位或个人使用。

另外，网络还可按传输的信道分为基带、宽带、模拟和数字网络等。按网络的拓扑结构可以分为总线型网络、星状网络、树状网络、环状网络、网状网络等。按交换技术可分为电路交换、报文交换、分组交换网络等。

任务实施

一、打开设置界面

(1) 单击任务栏左下角“视窗图标”，单击“设置”图标，进入“Windows 设置”界面，如图 6.1 所示。

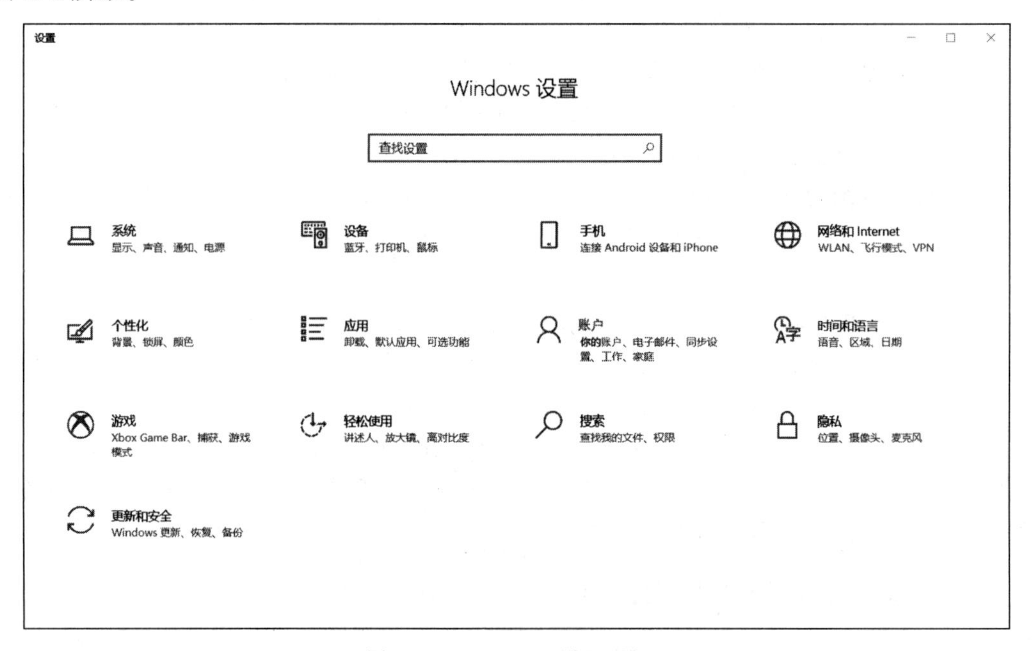

图 6.1 “Windows 设置”界面

(2) 选择“网络和 Internet”|“以太网”选项，如图 6.2 所示。

(3) 单击“网络和共享中心”链接，选择“设置新的连接或网络”，打开如图 6.3 所示的“设置连接或网络”对话框，选择“连接到 Internet”，单击“下一步”按钮。

(4) 在如图 6.4 所示的界面中选择“宽带(PPPoE)”，单击“下一步”按钮。

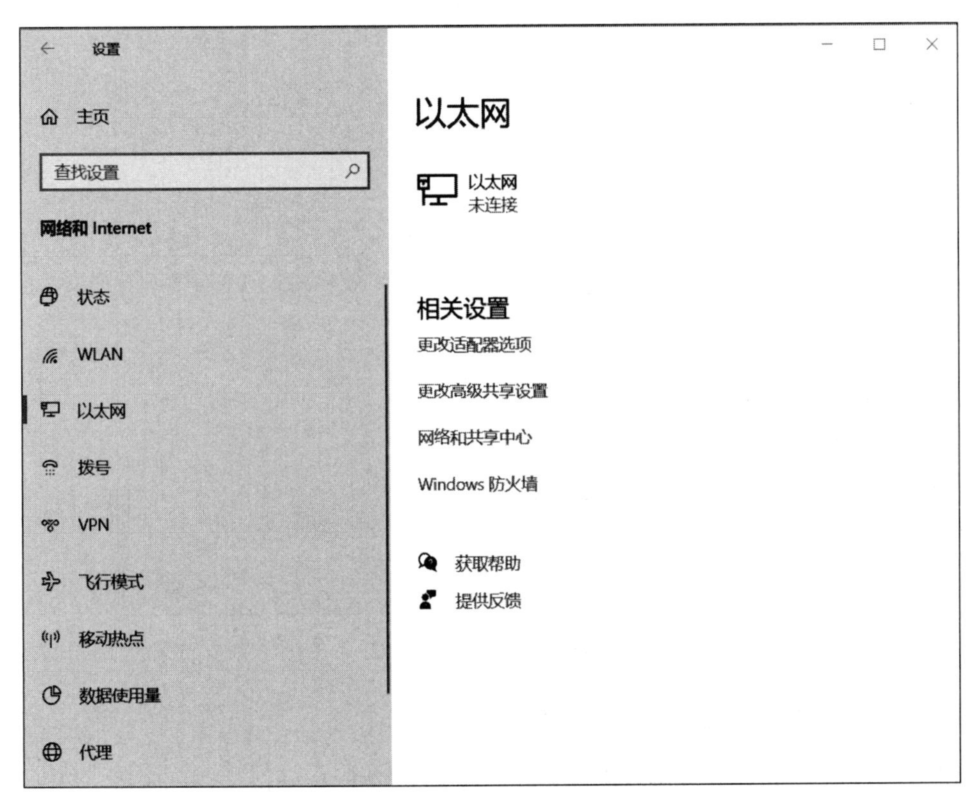

图 6.2 “以太网”界面

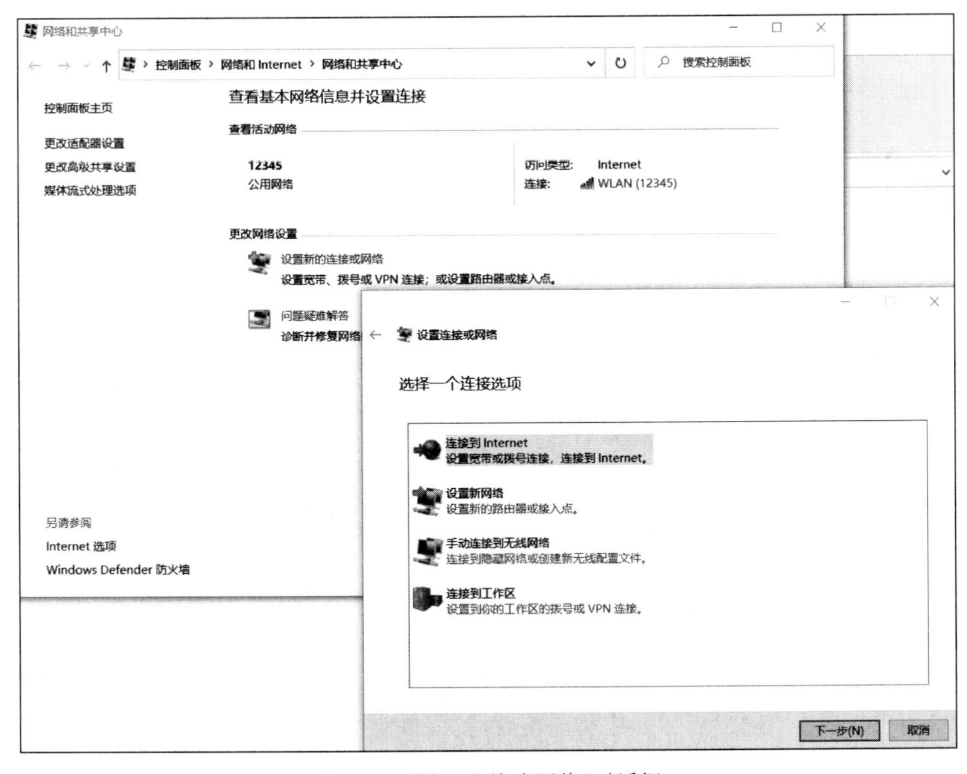

图 6.3 “设置连接或网络”对话框

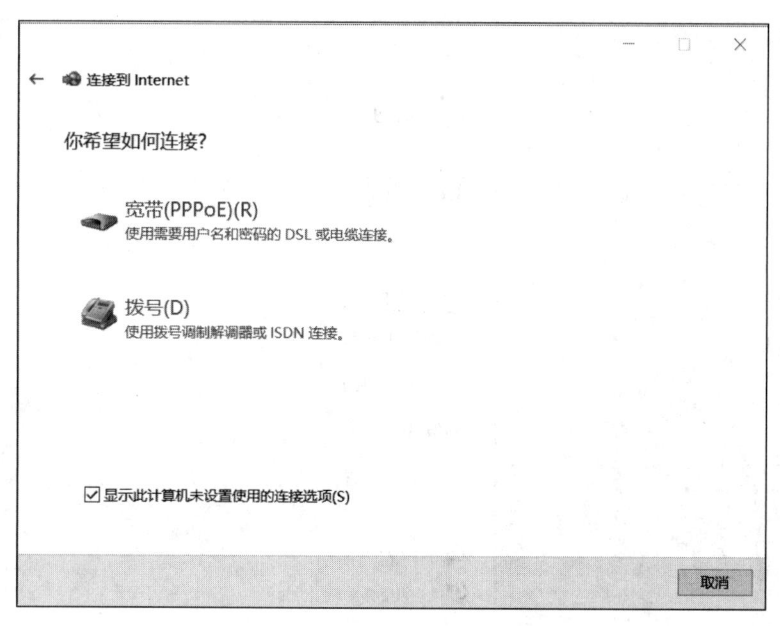

图 6.4　连接到 Internet(1)

二、输入 ISP 提供信息

(1) 在如图 6.5 所示的界面中输入互联网服务提供商(Internet Service Provider,ISP)提供的信息(用户名和密码)。

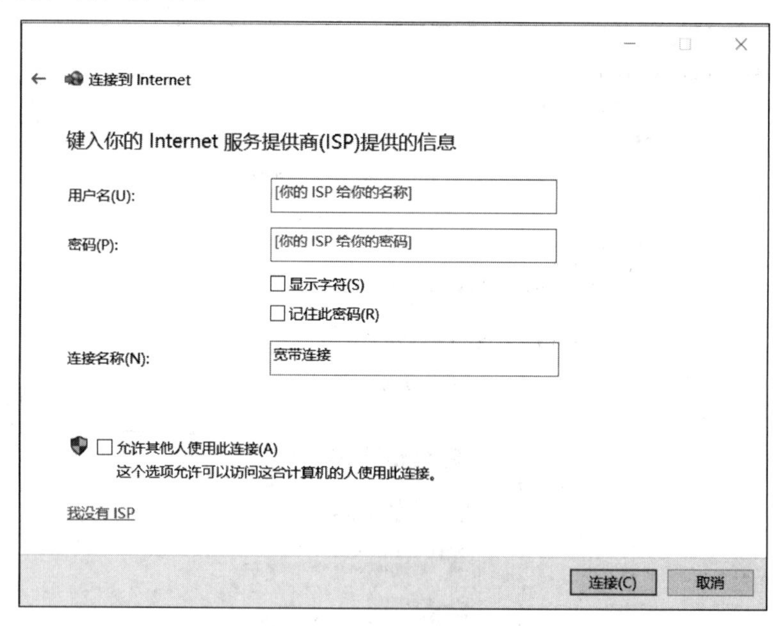

图 6.5　连接到 Internet(2)

(2) 在如图 6.5 所示的界面中输入“连接名称”,这里只是一个连接的名字,可以随便输入(如 ABCD),单击“连接”按钮。成功连接后,就可以使用浏览器上网了。

知识拓展

从网络实现上看，网络一般由网络硬件、网络软件两大部分构成。

一、网络硬件

(1) 计算机在网络中根据承担的任务不同，可分别扮演不同的角色。在基于个人计算机的局域网中，网络的核心是服务器，一般都用高档个人机或专用服务器来担任。根据服务器在网络中的作用，又可将它划分为文件服务器、通信服务器、打印服务器、数据库服务器等。

(2) 网卡又称网络适配器。它是网络通信的基本硬件，每一台工作站和服务器都必须配备一块网卡，插在扩展槽中，计算机通过它与网络通信线路相连接。

(3) 通信线路用来连接服务器、工作站及其他设备。局域网常用的有同轴电缆、双绞线、光缆，还可通过微波、红外线、激光等建立无线连接。一般双绞线传输速率较低，同轴电缆较高，光纤更高。

(4) 局部网络通信设备主要用于延伸传输距离和辅助完成网络布线。常用的有集线器(hub)和中继器(repeater)。集线器可使多个工作站连接到它上面，常用的有 8 口、16 口等。它便于布线，具有再生、放大和管理多路通信的能力。中继器是用来对信号进行放大以提高传输距离的一种设备。

(5) 网络互连是指局域网与局域网、主机系统与局域网、局域网与广域网的连接。网络的互连设备有网桥、路由器和网关。此外，计算机若要用电话线联网，还需要配置调制解调器(modem)。网桥一般用于同类型局域网之间的互连，且各局域网采用同样的网络操作系统。路由器是网络互连中使用较多的设备，它用于连接多个逻辑上分开的子网，每个子网代表一个单独的网络。当从一个子网传输数据到另一个子网时，就由路由器来完成这项工作。路由器具有判断网址和选择路径的功能，它在复杂的网络环境中可建立起较灵活的连接。

二、网络软件

网络软件包括网络操作系统和网络协议等。网络操作系统是指能够控制和管理网络资源的软件。它由多个系统软件组成，在基本系统中有多种配置和选项可供选择，使得用户可以根据不同的需要和设备构成最佳组合的互联网操作系统。目前常见的网络操作系统有 Windows 8、Windows 10、Linux、UNIX、Novell Netware 等。网络协议保证网络中两台设备之间正确地传送数据。通信常用的协议有 IPX/SPX 协议和 TCP/IP 等。

任务二　利用 Microsoft Edge 进行网上信息检索

任务描述

Microsoft 公司的 Microsoft Edge 是基于万维网(World Wide Web)的网络浏览客户端软件，当用户通过拨号或专线方式进入 Internet 后，运行 Microsoft Edge 浏览器就可以访问万维网，并在 Microsoft Edge 浏览器提供的菜单、选项引导下，实现对 Internet 资源的调用。

(1) 网上信息浏览和保存：浏览搜狐网站，保存网页及图片文件至本地硬盘。

(2) 信息检索：根据关键词搜索吉林师范大学博达学院的信息。

(3) 基于网页的文件下载：搜索提供 QQ 软件的网站，并下载该软件。

任务目标

- ◆ 掌握信息浏览及保存的方法。
- ◆ 掌握网上信息检索的方法。
- ◆ 掌握基于网页文件下载的一般方法。

知识介绍

一、Internet 概述

Internet 中文译名为因特网，又叫作国际互联网。它是由那些使用公用语言互相通信的计算机连接而成的全球网络。一旦连接到它的任何一个结点上，就意味着计算机已经联入 Internet 了。Internet 目前的用户已经遍及全球，有超过几亿人在使用 Internet，并且它的用户数还在以等比级数上升。

Internet 是在美国早期的军用计算机网阿帕网(ARPANET)的基础上经过不断发展变化形成的。Internet 的起源主要可分为以下几个阶段。

1. Internet 的雏形阶段

1969 年，美国国防部高级研究计划局开始建立一个命名为 ARPANET 的网络。当时建立这个网络的目的是出于军事需要，计划建立一个计算机网络，当网络中的一部分被破坏时，其余网络部分会很快建立起新的联系。人们普遍认为这就是 Internet 的雏形。

2. Internet 的发展阶段

美国国家科学基金会(National Science Foundation，NSF)在 1985 年开始建立计算机网络 NSFNET。NSF 规划建立了 15 个超级计算机中心及国家教育科研网，用于支持科研和教育的全国性规模的 NSFNET，并以此作为基础，实现同其他网络的连接。NSFNE 成为 Internet 上主要用于科研和教育的主干部分，代替了 ARPANET 的骨干地位。1989 年 MILNET(由 ARPANET 分离出来)实现和 NSFNET 连接后，就开始采用 Internet 这个名称。自此以后，其他部门的计算机网络相继并入 Internet，ARPANET 就宣告解散了。

3. Internet 的商业化阶段

20 世纪 90 年代初，商业机构开始进入 Internet，使 Internet 开始了商业化的新进程，成为 Internet 大发展的强大推动力。1995 年，NSFNET 停止运作，Internet 已彻底商业化了。

二、访问万维网

万维网也称为 Web，是 Internet 中发展最为迅速的部分，它向用户提供了一种非常简单、快捷、易用的查找和获取各类共享信息的渠道。由于万维网使用的是超媒体超文本信息组织和管理技术，任何单位或个人都可以将自己需向外发布或共享的信息以 HTML 格式存放到各自的服务器中。当其他网上用户需要信息时，可通过浏览器软件(如 Microsoft Edge)进行检索和查询。

Microsoft 公司的 Microsoft Edge 是基于 World Wide Web(万维网)的网络浏览客户端软件,当用户通过拨号或专线方式进入 Internet 后,运行 Microsoft Edge 浏览器就可以访问万维网,并在 Microsoft Edge 浏览器提供的菜单、选项引导下,实现对 Internet 资源的调用。

1. 打开及关闭 Microsoft Edge 浏览器

到目前为止,Microsoft Edge 浏览器已经内置于最新的 Windows 10 系统之中。本书介绍 Microsoft 公司 Microsoft Edge 浏览器的基本使用方法。

(1) 要使用 Microsoft Edge 浏览器浏览网页,用户首先应知道如何打开 Microsoft Edge 浏览器和如何关闭浏览器。要打开 Microsoft Edge 浏览器窗口,可执行以下任一种操作:选择"开始"|M|Microsoft Edge 选项;双击桌面上的 Microsoft Edge 图标;在"开始"菜单旁边的快速启动栏中,单击 Microsoft Edge 卡片图标。

(2) 要关闭 Microsoft Edge 浏览器,只需在浏览器窗口执行下面操作即可:单击窗口右上角的"关闭"按钮;使用快捷键 Alt+F4 关闭当前窗口。

2. 输入网址

在 Microsoft Edge 的地址栏中输入 Web 站点的地址,可以省略"http://",而直接输入网址。例如,键入"cn. bing. com",然后按 Enter 键,打开如图 6.6 所示的窗口。

图 6.6 Microsoft Edge 窗口

此外,还可以在地址栏的下拉列表中选择曾经访问过的 Web 站点,从而方便地登录到曾经访问过的地址。Microsoft Edge 浏览器还具有自动完成功能,可以帮助用户简化统一资源定位(Universal Resource Locator,URL)地址的输入,减少用户由于键盘输入而造成的地址信息错误;还可以自动添加 Internet 地址的前缀和后缀,修正语法错误。

3. Microsoft Edge 中主页的设置

每次启动 Microsoft Edge 浏览器,Microsoft Edge 浏览器都会自动打开使用者设置的空白页面、上一次关闭的页面或打开一个或多个特定页面。该选项可以改变,使得每次启动 Microsoft Edge 浏览器,打开的是用户设置好的页面。改变该设置的方法如下。

（1）单击浏览器右下角处的齿轮形图标，如图 6.7 所示，弹出“设置”对话框。

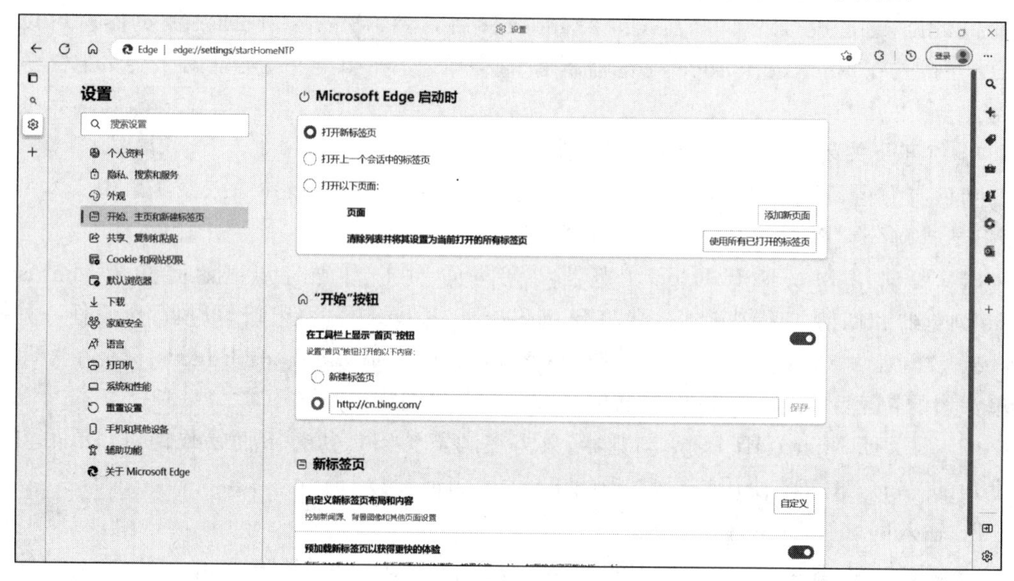

图 6.7 “开始、主页和新建标签页”选项卡

（2）在“设置”界面选择“开始、主页和新建标签页”选项卡，设置 Microsoft Edge 启动时的页面。其中，“打开新标签页”选项可在 Microsoft Edge 启动时打开一个空白页面；“打开上一个会话中的标签页”选项在打开 Microsoft Edge 软件时将恢复上一次没有关闭的标签页；“打开以下页面”选项可以直接在地址栏输入想打开的地址。单击输入网页的 URL 地址栏，添加作为主页站点的地址。或者选择“使用所有已打开的标签页”来清除之前添加的 URL 地址并将其设置为当前打开的所有标签页。

（3）Microsoft Edge 提供了在工具栏上显示“开始”按钮的选项，当设置界面中“在工具栏上显示‘首页’按钮”选项被选中时，Microsoft Edge 地址输入栏前会显示“主页”图标。设置“首页”按钮打开的内容。“新建标签页”选项可在 Microsoft Edge 启动时打开一个空白页面；也可以直接向地址栏中输入主页站点的地址，打开特定页面。

4. 收藏夹

“收藏夹”用于存储和管理用户感兴趣的网址、阅读列表，历史访问的网站记录以及下载过的文件列表。

（1）将网址添加到收藏夹。浏览到感兴趣的网站，可以将站点地址添加到收藏夹中，以后要浏览此网页时，可以从收藏夹列表中方便地找到并打开它，免去了重复输入 URL 的麻烦。

（2）添加收藏夹文件夹。可以将收藏夹收藏的网站归类，方便寻找。

（3）搜索收藏夹。可以利用关键字在收藏夹中快速寻找收藏的网站。

（4）导入收藏夹。选择“收藏夹”|“导入收藏夹”命令，将转入“导入收藏夹”页面，可以从其他浏览器和密码管理器导入浏览器数据。

5. 保存网页到本地硬盘

用户可以将网页文件保存到硬盘，具体方法如下。

（1）打开要保存到本地硬盘的页面。

(2) 在网页的空白处右击,在弹出的快捷菜单中选择"另存为"命令,弹出"另存为"对话框,指定该网页的保存路径、保存的文件类型以及保存到本地的文件名,单击"保存"按钮。

Microsoft Edge 浏览器不但可以将网页的文字部分保存在本地硬盘,还可以同时将网页中包含的图片保存到本地硬盘。若网页是一个框架页面,则 Microsoft Edge 浏览器会将每一个框架页面保存到本地硬盘。

6. 保存 Internet 上的图像

(1) 打开相应的 Internet 网页。

(2) 在要保存的图片上右击,在弹出的快捷菜单中选择"将图像另存为"命令,弹出"另存为"对话框。在"另存为"对话框中选择保存文件的位置,并为图片文件命名后,单击"保存"按钮。

7. 打印网页

Microsoft Edge 浏览器提供了非常丰富的打印功能,使得打印出来的页面与浏览器中所显示的完全一致。

用户在打印当前网页前,可以对页面进行设置,例如,纸张大小、页边距等,具体步骤如下。

(1) 选择要打印网页所在的浏览器窗口。

(2) 在网页的空白处右击,在弹出的快捷菜单中选择"打印"命令。

(3) 在弹出的"打印"对话框中对纸张大小、页眉和页脚、页边距及打印机等进行设置。

(4) 设置完成后,单击"打印"按钮。

三、通信协议 TCP/IP

每个计算机网络都必须有一套统一的协议,否则计算机之间无法进行通信。网络协议是网络中计算机之间进行通信的一种语言和规范准则,它定义了计算机进行信息交换所必须遵循的规则,并被信息交换的双方所认可,接收到的信息和发送的信息均以这种规则加以解释。不同的计算机网络或网络操作系统可以有不同的协议,而网络的各层中存在着许多协议,接收方与发送方同层的协议必须一致,否则一方将无法识别另一方发出的信息。Internet 采用了 TCP/IP,Internet 能以惊人的速度发展与 TCP/IP 的贡献是分不开的。

TCP/IP 最早是由 ARPA 制定并加入 Internet 中的。以后,TCP/IP 进入商业领域,以实际应用为出发点,支持不同厂商、不同机型、不同网络的互联通信,并成为目前备受瞩目的工业标准。

各种计算机网络都有各自特定的通信协议,如 Novell 公司的 IPX/SPX、IBM 公司的 SNA、DEC 公司的 DNA 等,这些通信协议相对于自己的网络都具有一定的排他性。在很多情况下,需要把不同的系统连接在一起,以提高不同网络之间的通信能力。但是不同的通信协议由于其专用性,使得不同系统之间的连接变得十分困难。

TCP/IP 很好地解决了这一问题。TCP/IP 提供了一个开放的环境,它能够把各种计算机平台,包括大型机、小型机、工作站和 PC 很好地连接在一起,从而达到了不同网络系统互联的目的。从 Netware 网络服务器和工作站,到 UNIX 系统主机、IBM 和 DEC 的大中型计算机等,TCP/IP 都提供了很好的连接支持。实际上,TCP/IP 支持众多的硬件平台并兼容各种软件应用,能够把各种信息资源连接在一起,满足不同类型用户的要求。

由于TCP/IP的开放性，使得各种类型的网络都可以方便地接入Internet。随着Internet的发展，将会有越来越多的网络接入Internet，使用其丰富的资源。从这个意义上说，Internet是以TCP/IP为主同时兼顾各种协议的网络，一些专家称Internet是多协议的计算机网络，这与TCP/IP的作用是分不开的。在未来的信息社会发展中，这种开放的环境会促使更多的资源加入进来，形成一个全球性的资源宝库。

TCP/IP所采用的通信方式是分组交换方式。所谓分组交换，简单说就是数据在传输时分成若干段，每个数据段称为一个数据包，TCP/IP的基本传输单位是数据包，主要包括两个协议，即TCP和IP。这两个协议可以联合使用，也可以与其他协议联合使用，它们在数据传输过程中主要完成以下功能：

(1) 由TCP把数据分成若干数据包，给每个数据包写上序号，以便接收端把数据还原成原来的格式。

(2) IP给每个数据包写上发送主机和接收主机的地址，一旦写上源地址和目的地址，数据包就可以在物理网上传送数据了。IP还具有利用路由算法进行路由选择的功能。

(3) 这些数据包可以通过不同的传输途径(路由)进行传输，由于路径不同，加上其他的原因，可能出现顺序颠倒、数据丢失、数据失真甚至重复的现象。这些问题都由TCP来处理，它具有检查和处理错误的功能，必要时还可以请求发送端重发。

简言之，IP负责数据的传输，而TCP负责数据的可靠传输。

TCP的建立是一个三次握手的过程，虽然传输比较可靠，但是传输速度比较慢，由此产生了传输速度快，但是不十分可靠的UDP传输。

两者有各自的优点和不足，因此被用于不同方面的应用，比如UDP的典型应用就是IP电话，在打IP电话时要求数据传输速度快，但是允许传输不十分可靠，也就是说，即使中间丢弃了一些包，对通话效果的影响很小。另外，QQ也是采用UDP方式传输数据的，因为如果采用TCP方式，所发送信息都要与腾讯服务器进行TCP会话，会使得腾讯的服务器无法承受这么大的负荷而导致瘫痪。因此，QQ需要采用UDP的点对点传输方式。

谈到TCP，就不得不提到DOS和DDOS攻击，DOS攻击 (Denial Of Service)即拒绝服务攻击，是指攻击者通过消耗受害网络的带宽，消耗受害主机的系统资源，发掘编程缺陷，提供虚假路由或DNS信息，使被攻击目标不能正常工作。DDOS则是分布式的拒绝服务攻击。

四、IP地址与域名

1. IP地址

Internet将世界各地大大小小的网络互联起来，这些网络上又各自有许多计算机接入，为了使用户能够方便快捷地找到Internet上信息的提供者或信息的目的地，全网的每一个网络和每一台主机(包括工作站、服务器和路由器等)都分配了一个Internet地址，称为IP地址。就像我们生活中的“门牌号”，IP地址是网上唯一的通信地址。TCP/IP协议族中IP的一项重要功能就是处理在整个Internet网络中使用统一格式的IP地址。

1) IP地址的组成

目前每个IP地址由32位二进制数组成，包括网络标识和主机标识两部分。每个IP地址的32位分成4个8位组(4字节)，每个8位组之间用圆点(.)分开，8位组的二进制数用

0～255 的十进制数表示，这种表示方法称为"点分十进制"表示法。例如，IP 地址 11001010.11000000.01011000.00000001 可以写成 202.192.88.1。

2）IP 地址的分类

TCP/IP 将 Internet 中的地址分为 5 种，即 A 类、B 类、C 类、D 类和 E 类地址。其中，D 类地址为多目地址（multicast address），用于支持多目传输。E 类地址用于将来的扩展之用。目前用到的地址为 A 类、B 类和 C 类。

A 类地址的第一个 8 位组高端位总是二进制 0，其余 7 位表示网络标识（NetID），其他 3 个 8 位组共 24 位用于主机标识（HostID），如图 6.8 所示。这样，A 类地址的有效网络数就为 126 个（除去全 0 和全 1），A 类网络地址第一字节的十进制值为 000～127。

在 B 类地址中，第一个 8 位组的前 2 位总为二进制数 10，剩下的 6 位和第二个 8 位组共 14 位二进制数表示网络标识，第三个和第四个 8 位组共 16 位表示不同的主机标识，如图 6.8 所示。每个网络中的主机数为 254。B 类网络地址第一字节的十进制值为 128～191。

C 类地址中，第一个 8 位组的前 3 位总为二进制数 110，剩下的 5 位和第二个 8 位组、第三个 8 位组共 21 位二进制数表示网络标识，第四个 8 位组共 8 位表示不同的主机标识，如图 6.8 所示。C 类地址是最常见的 IP 地址类型，一般分配给规模较小的网络使用。C 类网络地址第一字节的十进制值为 192～223。

A 类	网络号	主机号			网络号	主机号		
	00000000	00000000	00000000	00000000	01111111	11111111	11111111	11111111

B 类	网络号		主机号		网络号		主机号	
	10000000	00000000	00000000	00000000	10111111	11111111	11111111	11111111

C 类	网络号			主机号	网络号			主机号
	11000000	00000000	00000000	00000000	11011111	11111111	11111111	11111111

图 6.8 IP 地址的分类

3）子网与子网掩码

一个网络上的所有主机都必须有相同的网络地址，而 IP 地址的 32 个二进制位所表示的网络数是有限的，因为每个网络都需要唯一的网络标识。随着局域网数目的增加和机器数的增加，经常会碰到网络地址不够的问题。解决办法是采用子网寻址技术，即将主机地址空间划出一定的位数分配给本网的各个子网，剩余的主机地址空间作为相应子网的主机地址空间。这样，一个网络就分成了多个子网，但这些子网对外则呈现为一个统一的单独网络。划分子网后，IP 地址就分成网络、子网和主机 3 部分。在组建计算机网络时，通过子网技术将单个大网划分为多个小的网络，通过互联设备连接，可以减轻网络拥挤，提高网络性能。

子网掩码是 IP 地址的一部分，它的作用是界定 IP 地址的哪些部分是网络地址，哪些部分是主机地址和多网段环境中对 IP 地址中的网络地址部分进行扩展，即通过子网掩码表示子网是如何划分的。子网的掩码取决于网络中使用的 IP 地址的类型。

A 类地址：IP 地址中第一字节是网络 ID 号，其余字节为主机 ID 号，掩码是 255.0.0.0。

B 类地址：IP 地址中前两字节是网络 ID 号，后两字节是主机号，掩码是 255.255.0.0。

C 类地址：IP 地址的前 3 字节是网络 ID 号，最后一字节是主机号，掩码是 255.255.255.0。

4）IP 地址解析

网间地址能够将不同的物理地址统一起来，这种统一是在 IP 层以上实现的，对于物理地址，IP 不做任何改动，在物理网络内部依然使用原来的物理地址。这样，在网间网中就存在两种类型的地址，为了保证数据的正确传输，必须在两种地址之间建立映射关系，这种映射就叫作地址解析。地址解析协议（ARP）完成 IP 地址到物理地址的转换，并把物理地址与上层隔离。

通常 ARP 用映射表工作，表中提供了 IP 地址和物理地址（如 MAC 地址）之间的映射。在局域网中（如以太网），ARP 把目的 IP 地址放入映射表中查询，如果 ARP 发现了该地址，便把它返回给请求者。如果 ARP 在映射表中找不到所需地址，ARP 就向网络广播 ARP 请求，该 ARP 请求包含 IP 的目标地址，收到广播的一台机器认出了 ARP 请求中的 IP 地址，该机器便把自己的物理地址以 ARP 应答方式返回给发出请求的主机，这样就实现了从 IP 地址到物理地址的解析。

2. 域名系统 DNS

域名（Domain Name，DN）是对应于 IP 地址的层次结构式网络字符标识，是进行网络访问的重要基础。

由于 IP 地址由 4 段以圆点分开的数字组成，记忆和书写很不方便。TCP/IP 专门设计了另一种字符型的主机命名机制，称为域名服务系统（Domain Name System，DNS）。域名服务系统的主要功能有两点：一是定义了一套为机器取域名的规则；二是把域名高效率地转换成 IP 地址。

主机的域名被分为若干个域（一般不超过 5 个），每个域之间也用圆点隔开，域的级别从左向右变高，低级域名包含于高级域名之中。其域名类似于下列结构：

计算机主机名.机构名.网络名.最高层域名

其中，最高层域名为国别代码，例如，我国的最高层域名为 cn，加拿大为 ca，德国为 de，只有美国注册的公司域名没有国别代码。在最高层域名下的二级域名分为类别区域名和行政区域名两类。

类别区域名有 ac（科研机构）、com（商业机构）、edu（教育机构）、gov（政府部门）、net（网络服务供应商）和 org（非营利组织）等。

行政区域名是按照中国的各个行政区划分而成的，包括 34 个“行政区域名”，适用于我国各省、自治区、直辖市，例如，bj（北京市）、sh（上海市）、gd（广东省）等。

Internet 上主机的域名与 IP 地址的关系就像一个人的姓名与身份证的关系一样，相互对应。有了域名服务系统，凡域名空间中有定义的域名都可以有效地转换成 IP 地址；反之，IP 地址也可以有效地转换成域名。因此，用户可以等价地使用域名或 IP 地址。用户在访问某单位的主页时，可以在地址栏中输入域名或 IP 地址。

任务实施

一、网上信息浏览和保存

（1）启动 Microsoft Edge 浏览器，在浏览器窗口地址栏输入网址 http://www.sohu.com，按 Enter 键后就可进入搜狐网站主页，如图 6.9 所示。

图 6.9 搜狐主页

(2) 在搜狐主页上，单击“教育”链接，进入有关教育方面的页面。找到感兴趣的标题，单击后便可打开相应的页面。

(3) 单击“高校”栏目中的一篇文章，打开此网页。

(4) 选择“文件”菜单中“另存为”命令，将网页保存在桌面上，文件名为“sohu 教育频道”，文件类型为 mhtml。

(5) 关闭当前窗口，在“教育”页面中单击工具栏上的 ← 按钮，退回到搜狐主页。

(6) 将鼠标指针移至左上角“搜狐”图标处，右击，选择“图片另存为”命令，将图片保存在本地磁盘。

注意：

(1) 鼠标在页面上移动时，如果指针变成手形，则表明它是链接。链接可以是图片、三维图像或彩色文本(通常带下画线)。单击链接便可打开链接指向的 Web 页。

(2) 直接转到某个网站或网页，可在地址栏中直接键入 URL 地址，如“www.163.com/”“http://123.sogou.com/”等。

(3) Windows 10 上增加了图形按钮，把鼠标放到图形按钮上，会出现文字解释。单击“后退”按钮，返回上次查看过的 Web 页；单击“前进到”按钮，可查看在单击“后退”按钮前查看的 Web 页。

(4) 单击“主页”按钮，可返回每次启动 Microsoft Edge 时显示的 Web 页。单击“收藏”按钮，从收藏夹列表中选择站点。

(5) 如果 Web 页无法显示完整信息，或者想获得最新版本的 Web 页，可单击“刷新”按钮。

二、信息检索

(1) 在浏览器窗口地址栏输入网址 http://www.baidu.com，按 Enter 键后进入百度搜索网站，如图 6.10 所示。

图 6.10　百度搜索界面

(2) 在文本框中输入搜索关键词“吉林师范大学博达学院”，并单击“百度一下”按钮，搜索出超过 7 140 000 条相关结果，如图 6.11 所示。

图 6.11　搜索结果

(3) 网页跳转到搜索结果的网页中，显示与搜索关键字相关的网页，通过以上方法即可完成使用搜索引擎搜索信息的操作。

注意：搜索文本框中，可输入“吉林师范大学博达学院 & 招生简章”，实现多关键词检索。

三、基于网页的文件下载

(1) 启动 Microsoft Edge 浏览器，在浏览器窗口地址栏输入网址 http://www.baidu.com，

按 Enter 键后进入百度搜索网站，如图 6.10 所示。

（2）在搜索文本框中输入 qq，并单击“百度一下”按钮，搜索出如图 6.12 所示的相关链接。单击“QQ-新不止步，乐不设限”链接，进入如图 6.13 所示的页面。

图 6.12　QQ 百度搜索界面

图 6.13　QQ 下载

（3）单击网页下部的 Windows 图标，跳转页面后单击“立即下载”按钮，即可下载 QQ 软件。

注意：由于网络带宽的限制，较大文件的下载往往会中断，这时最好的方法是采用网络下载工具实现断点续传。

知识拓展

一、Internet 网的七层网络模型——OSI

开放系统互连(Open System Interconnection,OSI)七层网络模型称为开放式系统互连参考模型,这是一个逻辑上的定义,一个规范,它把网络从逻辑上分为了 7 层。每一层都有相关、相对应的物理设备,比如路由器、交换机。OSI 七层模型是一种框架性的设计方法,建立七层模型的主要目的是为解决异种网络互联时所遇到的兼容性问题,其最主要的功能就是帮助不同类型的主机实现数据传输。它的最大优点是将服务、接口和协议这 3 个概念明确地区分开来,利用 7 个层次化的结构模型在不同的系统、不同的网络之间实现可靠的通信。

物理层是 OSI 的第一层,它虽然处于最底层,却是整个开放系统的基础。物理层为设备之间的数据通信提供传输介质及互连设备,为数据传输提供可靠的环境。

数据链路层可以粗略地理解为数据通道。物理层要为终端设备间的数据通信提供传输介质及其连接。介质是长期的,连接是有生存期的,在连接生存期内,收发两端可以进行不等的一次或多次数据通信。每次通信都要经过建立通信联络和拆除通信联络两个过程。这种建立起来的数据收发关系就叫作数据链路。在物理介质上传输的数据难免受到各种不可靠因素的影响而产生差错,为了弥补物理层上的不足,为上层提供无差错的数据传输,就要能对数据进行检错和纠错。数据链路的建立、拆除,对数据的检错、纠错是数据链路层的基本任务。

网络层的产生也是网络发展的结果。在联机系统和线路交换的环境中,网络层的功能没有太大意义。当数据终端增多时,它们之间由中继设备相连,此时会出现一台终端要求不只是与唯一的一台而是能和多台终端通信的情况,这就产生了把任意两台数据终端设备的数据连接起来的问题,即路由或寻径问题。另外,当一条物理信道建立之后,被一对用户使用,往往有许多空闲时间被浪费掉,人们自然会希望让多对用户共用一条链路,为解决这一问题,就出现了逻辑信道技术和虚拟电路技术。

传输层是两台计算机经过网络进行数据通信时,第一个端到端的层次,具有缓冲作用。当网络层服务质量不能满足要求时,传输层可以提高服务质量,满足上层网络的需求;当网络层服务质量较好时,它只做很少的工作。传输层还可进行复用,即在一个网络连接上创建多个逻辑连接。传输层也称为运输层,传输层只存在于端开放系统中,是介于低 3 层通信子网系统和高 3 层之间的一层。传输层是很重要的一层,因为它是源端到目的端对数据传送进行控制从低到高的最后一层。

会话层提供的服务可使应用建立和维持会话,并能使会话获得同步。会话层使用校验点可使通信会话在通信失效时从校验点继续恢复通信。这种能力对于传送大的文件极为重要。会话层、表示层、应用层构成开放系统的高 3 层,面对应用进程提供分布处理、对话管理、信息表示、恢复最后的差错等。

表示层的作用之一是为异种机通信提供一种公共语言,以便能进行互操作。这种类型的服务之所以需要,是因为不同的计算机体系结构使用的数据表示法不同。例如,IBM 主机使用 EBCDIC 编码,而大部分 PC 使用的是 ASCII 码。在这种情况下,便需要会话层来完成这种转换。

应用层向应用程序提供服务，这些服务按其向应用程序提供的特性分成组，并称为服务元素。有些可为多种应用程序共同使用，有些则为较少的一类应用程序使用。应用层是开放系统的最高层，是直接为应用进程提供服务的。其作用是在实现多个系统应用进程相互通信的同时，完成一系列业务处理所需的服务。其服务元素分为两类：公共应用服务元素（CASE）和特定应用服务元素（SASE）。CASE 提供最基本的服务，它成为应用层中任何用户和任何服务元素的用户，主要为应用进程通信、分布系统实现提供基本的控制机制。SASE 则要满足一些特定服务，如文件传送、访问管理、作业传送、银行事务、订单输入等。

二、IPv4 和 IPv6

1. IPv4

Internet 采用的核心协议族是 TCP/IP 协议族。IP 是 TCP/IP 协议族中网络层的协议，是 TCP/IP 协议族的核心协议。目前 IP 的版本号是 4（IPv4），发展至今已经使用了 30 多年。IPv4 的地址位数为 32 位，也就是最多有 2^{32} 台计算机可以连到 Internet 上。

2. IPv6

IPv6 是下一版本的 Internet 协议，也可以说，是下一代 Internet 协议，它的提出最初是因为随着 Internet 的迅速发展，IPv4 定义的有限地址空间将被耗尽，地址空间的不足必将妨碍 Internet 的进一步发展。为了扩大地址空间，拟通过 IPv6 重新定义地址空间。IPv6 采用 128 位地址长度，几乎可以不受限制地提供地址。按保守方法估算，IPv6 实际可分配的地址，整个地球的每平方米面积上仍可分配 1000 多个地址。和 IPv4 相比，IPv6 的主要改变就是地址的长度为 128 位，也就是说，可以有 2^{128} 个 IP 地址，相当于 10^{38}。这么庞大的地址空间，足以保证地球上的每个人拥有一个或多个 IP 地址。考虑到 IPv6 地址的长度是原来的 4 倍，RFC l884 规定的标准语法建议把 IPv6 地址的 128 位（16 字节）写成 8 个 16 位的无符号整数，每个整数用 4 个十六进制位表示，这些数之间用冒号分开，例如，841b：e34f：l6ca：3eOO：80：c8ee：f3ed：bf26。在 IPv6 的设计过程中除了一劳永逸地解决了地址短缺问题以外，还考虑了在 IPv4 中解决不好的其他问题，主要有端到端 IP 连接、服务质量、安全性、多播、移动性和即插即用等。

3. IPv4 向 IPv6 的过渡

IPv6 是在 IPv4 的基础上进行改进，一个重要的设计目标是与 IPv4 兼容，因为不可能要求立即将所有结点都转变到新的协议版本中，这需要有一个过渡时期。与 IPv4 相比，IPv6 面向高性能的网络（如 ATM），同时，也可以在低带宽的网络（如无线网）上有效地运行。

IPv4 的网络和业务将会在一段相当长的时间里与 IPv6 共存，许多业务仍然要在 IPv4 网络上运行很长时间，特别是 IPv6 不可能马上提供全球的连接，很多 IPv6 的通信不得不在 IPv4 网络上传输，因此过渡机制非常重要，需要业界的特别关注和重视。IPv4 向 IPv6 过渡的过程是渐进的、可控制的，过渡时期会相当长，而且网络/终端设备需要同时支持 IPv4 和 IPv6，最终的目标是使所有的业务功能都运行在 IPv6 的平台上。

任务三　电子邮件的使用

任务描述

电子邮件(Electronic mail,E-mail)是互联网上使用最为广泛的一种服务,是使用电子手段提供信息交换的通信方式,通过连接全世界的 Internet,实现各类信号的传送、接收、存储等处理,将邮件送到世界的各个角落。电子邮件不只局限于信件的传递,还可用来传递文件、声音及图形、图像等不同类型的信息。

(1) 在 Internet 上申请一个免费邮箱。

(2) 利用免费邮箱收发电子邮件。

任务目标

◆ 掌握在网络中申请免费邮箱的方法。

◆ 掌握电子邮件的接收和发送方法。

◆ 掌握邮件管理及设置邮件文件夹的方法。

知识介绍

电子邮件是 Internet 最早的服务之一,1971 年 10 月,美国工程师雷·汤姆·林森(Ray Tom Linson)于所属 BBN 科技公司在剑桥的研究室,首次利用与 ARPANET 连线的计算机将信息传送至指定的另一台计算机,这便是电子邮件的起源。早期的电子邮件只能像普通邮件一样进行文本信息的通信,随着 Internet 的发展,电子邮件是 Internet 上使用最多和最受用户欢迎的一种应用服务。电子邮件将邮件发送到邮件服务器,并存放在该服务器的收信人邮箱中。收信人可随时上网到邮件服务器信箱中读取邮件。上述过程相当于利用 Internet 为用户设立了存放邮件的信箱,因此 E-mail 称为“电子信箱”。它不仅使用方便,而且具有传递迅速和费用低廉的优点。现在电子邮件中不仅可以传输文本形式,还可以包含各种类型的文件,如图像、声音等。

一、E-mail 地址

与普通的邮件一样,E-mail 也需要地址,与普通邮件的区别在于它是电子地址。所有在 Internet 之上有信箱的用户都有自己的一个或几个 E-mail 地址,并且这些 E-mail 地址都是唯一的。邮件服务器就是根据这些地址,将每封电子邮件传送到各个用户的信箱中,E-mail 地址就是用户的信箱地址。就像普通邮件一样,能否收到 E-mail 取决于是否取得了正确的电子邮件地址。一个完整的 Internet 邮件地址由两部分组成,即用户账户和邮件服务器地址,邮件服务器的地址可以是 IP 地址,也可以是域名表示的地址,即主机名+域名。邮箱地址的格式为:用户账户@邮件服务器地址。

假定 E-mail 地址为 xyz@ * . com,这个 E-mail 地址的含义是:这是位于(at) * . com 公司的一个用户账户名为 xyz 的电子邮件地址。

二、E-mail 协议

使用 E-mail 客户端程序时，需要事先配置好，其中最重要的一项就是配置接收邮件服务器和发送邮件服务器。表 6.1 为常用 E-mail 邮箱接收和发送邮件服务器地址。

表 6.1　部分常用 E-mail 邮箱接收和发送邮件服务器地址

提供商	接收邮件服务器地址	发送邮件服务器地址	提供商	接收邮件服务器地址	发送邮件服务器地址
网易	pop. 163. com	smtp. 163. com	搜狐	pop. sohu. com	smtp. sohu. com
新浪	pop. sina. com	smtp. sina. com	腾讯	pop. qq. com	smtp. qq. com

电子邮件服务经常使用的协议有 POP3、SMTP 和 IMAP。

1. POP3 协议

POP3(Post Office Protocol 3)协议通常用于接收电子邮件，使用 TCP 端口 110。这个协议只包含 12 个命令，客户端计算机将这些命令发送到远程服务器；反过来，服务器返回给客户端计算机两个回应代码。服务器通过侦听 TCP 端口 110 开始 POP3 服务。当客户主机需要使用服务时，它将与服务器主机建立 TCP 连接。当连接建立后，POP3 发送确认信息。客户和 POP3 服务器相互(分别)交换命令和响应，这一过程一直持续到连接终止。

2. SMTP

简单邮件传输协议(Simple Mail Transfer Protocol，SMTP)通常用于发送电子邮件，使用 TCP 端口 25。SMTP 工作在两种情况下：一是电子邮件从客户机传输到服务器；二是从某一个服务器传输到另一个服务器。SMTP 是一个请求/响应协议，命令和响应都是基于 ASCII 文本，并以 CR 和 LF 符结束，响应包括一个表示返回状态的 3 位数字代码。

3. Internet 消息访问协议

Internet 消息访问协议(Internet Message Access Protocol，IMAP)用于接收电子邮件，目前使用比较多的是 IMAP4，使用 TCP 端口 143。

与 POP3 相比，IMAP 可以实现更加灵活高效的邮箱访问和信息管理，使用 IMAP 可以将服务器上的邮件视为本地客户机上的邮件。在用传统 POP3 收信的过程中，用户无法知道信件的具体信息，只有在全部收入硬盘后，才能慢慢地浏览和删除。也就是说，使用 POP3，用户几乎没有对邮件的控制决定权。使用 IMAP，邮件管理就轻松多了。在连接后，可以在下载前预览全部信件的主题和来源，即时判断是下载还是删除，同时具备智能存储功能，可将邮件保存在服务器上。

三、E-mail 的方式

因为使用方式上的差异，可以将 E-mail 的收发使用的软件划分为两种形式：Web mail 和基于客户端的 E-mail。

Web mail：顾名思义，可以直译为“网页邮件”，就是使用浏览器，然后以 Web 方式收发电子邮件。

基于客户端的 E-mail：这种 E-mail 的收发需要通过客户端的程序进行。这样的 E-mail 客户端程序，常用的有 Outlook Express、Foxmail 等。

Web mail 使用浏览器进行邮件的收发，每次使用时都需要打开相应的页面，输入用户账户和密码，才能够进入 E-mail 账户。使用 E-mail 客户端则比较简单，安装配置好 E-mail 客户端后，直接通过 E-mail 客户端程序便可以进行邮件的收发了。

现在 Internet 上的大多数免费或收费电子邮件均提供 Web mail 和 E-mail 客户端两种方式。

任务实施

一、在 Internet 上申请一个免费邮箱

在 Internet 上，有些网络运营商提供了免费的邮箱服务器供人们使用，可用搜索引擎加以搜索。现以网易的免费邮箱登录注册为例，介绍申请方法和操作步骤。

(1) 双击桌面上的 Microsoft Edge 图标，运行 Microsoft Edge 浏览器。

(2) 在地址栏键入 http://freemail.163.com，并按 Enter 键，进入网易的免费邮箱登录注册页面，如图 6.14 所示。

图 6.14 免费邮箱登录注册页面

(3) 单击免费邮箱的"注册新账号"选项，进入如图 6.15 所示的注册页面。

(4) 输入允许的邮件地址(账号)，假定为 boda_163163；设置密码并确认密码，假定密码为 Password2023；输入正确的验证码，同意"用户须知"和"隐私权相关政策"。

(5) 若注册成功，就在网易上拥有了一个免费邮箱，从此就可以在进入网易后使用邮箱。使用方法是在如图 6.14 所示的页面内输入邮件地址和密码，然后单击"登录"按钮。

本例中免费邮箱用户名为 boda_163163，密码为 Password2023，电子邮件地址为 boda_163163@163.com，此时便可直接使用免费邮箱了。

图 6.15　注册页面

二、利用免费邮箱收发电子邮件

(1) 运行 Microsoft Edge 浏览器，在地址栏键入 http://freemail.163.com，进入网易的免费邮箱登录注册页面(见图 6.14)。

(2) 在账号栏中键入用户名和密码，单击“登录”按钮。

(3) 在如图 6.16 所示的电子邮件管理界面中，单击左窗口中的“写信”，在“收件人”框中键入收件人的邮件地址，在“主题”框中键入邮件的标题，在正文框中键入邮件的内容，如图 6.17 所示。

图 6.16　电子邮件管理界面

(4) 单击“发送”按钮，即可将发件箱中的邮件发送出去。

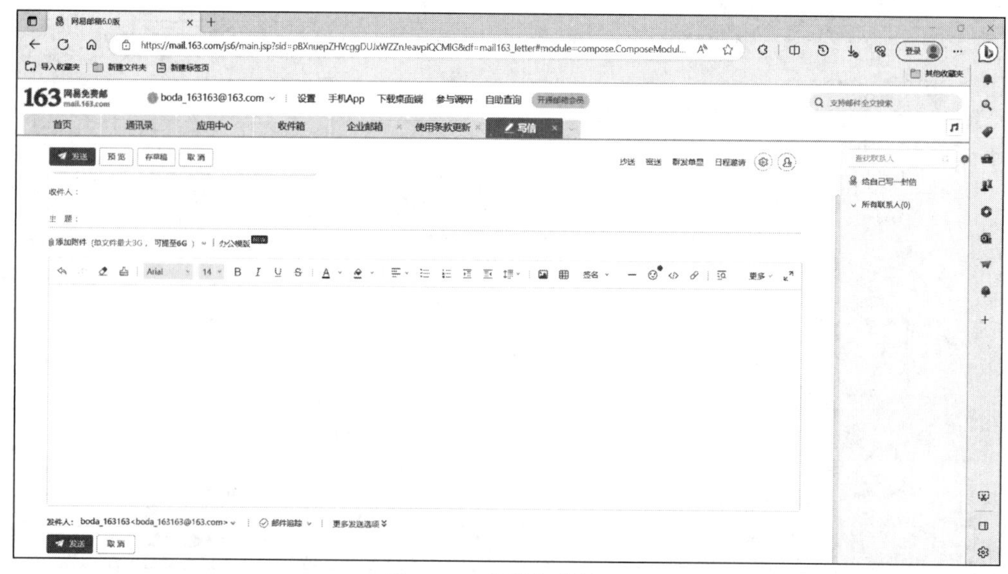

图 6.17　发送邮件界面

知识拓展

一、电子邮件软件 Outlook 的使用

Outlook 使得用户收发电子邮件时不必进入在线邮箱。通过对 Outlook 进行适当的配置，可方便地完成电子邮件的收发工作，从而大幅提高工作效率。

Outlook Express 是一个电子邮件客户端软件，主要功能是进行邮件收发管理。MS Office 中的 Outlook 2019 是一个 PIM(Personal Information Management)的个人信息管理软件，邮件收发管理只是它的功能之一，还包括日程管理、联系人管理、任务管理、便签等功能。

这里以中文版 Microsoft Outlook 2019 为例，设置网易 163 邮箱。

(1) 设置邮件账户。启动 Microsoft Outlook 2019 后，如图 6.18 所示。

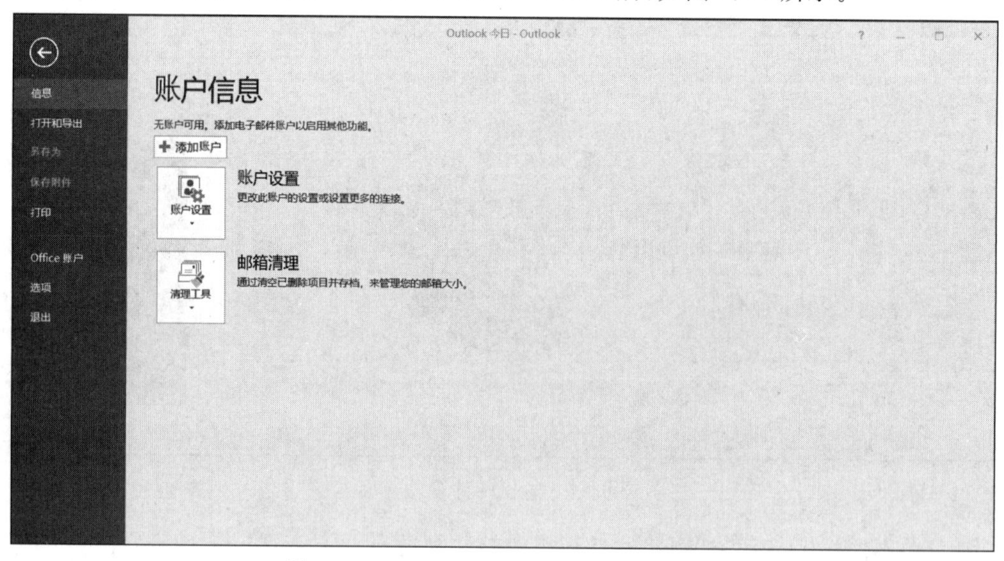

图 6.18　Microsoft Outlook 2019 启动界面

(2) 单击“添加账户”按钮，弹出如图 6.19 所示的对话框。

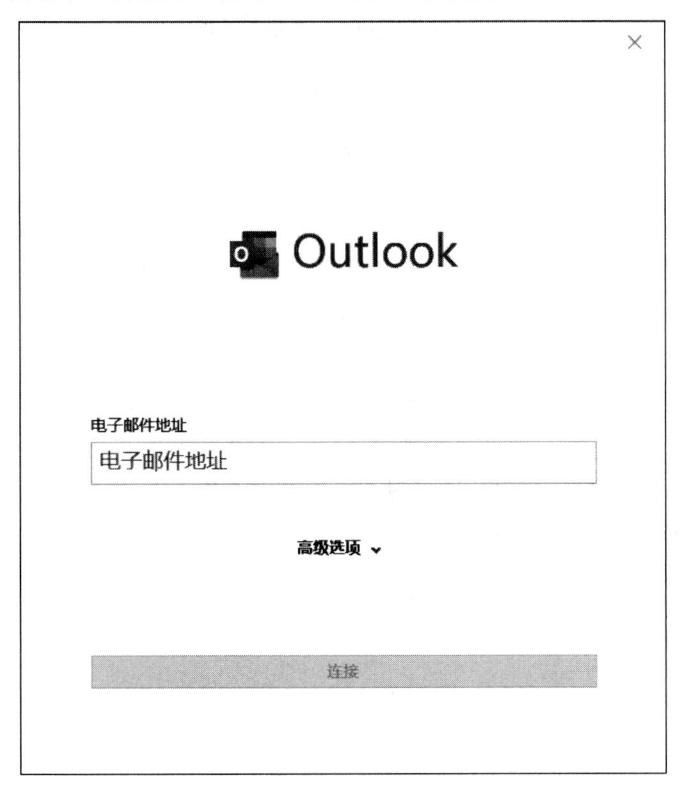

图 6.19　添加新账户

(3) 添加正确信息后，弹出“联机搜索您的服务器设置”界面，其中若出现配置成功字样，则说明设置成功了。

(4) 收发邮件。邮箱账户设置完后可以通过单击工具栏的发送/接收按钮收发邮件。

二、物联网

网络到底能带来哪些改变？的确，现在 PC 应该是每个年轻人都拥有的，平时用于交流、看网页、玩游戏等。而智能手机的发展，加上平板电脑的发展，大大促进了网络的发展。但网络的力量远远不止这些，它还能改变我们更多。例如，物联网技术如果发展起来，我们的生活将更加方便。

物联网是在计算机互联网的基础上，利用射频自动识别(RFID)、无线数据通信等技术，构造一个覆盖世界上万事万物的“物联网”(Internet of Things，IoT)。在这个网络中，物品(商品)能够彼此进行“交流”，而无须人的干预。其实质是采用 RFID 技术，通过计算机互联网实现物品(商品)的自动识别和信息的互联与共享。而 RFID 正是能够让物品“开口说话”的一种技术。在物联网的构想中，RFID 标签中存储着规范而具有互用性的信息，通过无线数据通信网络把它们自动采集到中央信息系统，实现物品(商品)的识别，进而通过开放新的计算机网络实现信息交换和共享，实现对物品的“透明”管理。

物联网概念的问世，打破了之前的传统思维。过去的思路一直是将物理基础设施和 IT 基础设施分开：一方面是机场、公路、建筑物，另一方面是数据中心、PC、宽带等。而在“物联网”时代，钢筋混凝土、电缆将与芯片、宽带整合为统一的基础设施，在此意义上，基础设施更像是一块新的地球工地，世界的运转就在它上面进行，其中包括经济管理、生产运行、社会管理乃至个人生活。

任务四　计算机网络安全

任务描述

在 Windows 10 中内置有防火墙功能，可以通过定义防火墙拒绝网络中的非法访问，从而主动防御病毒的入侵。在计算机中安装一套功能齐全的杀毒软件，对做好病毒防治工作来说是不错的选择。目前，国内市场上的杀毒软件有很多种，这些杀毒软件一般都具有实时监控功能，能够监控所有打开的磁盘文件、从网络上下载的文件及收发的邮件等。一旦检测到计算机病毒，就能立即给出警报，这里对 360 安全卫士进行介绍。

(1) 启用 Windows 10 防火墙。

(2) 360 安全卫士的使用。

任务目标

◆ 掌握 Windows 10 防火墙的使用方法。

◆ 会使用杀毒软件保护计算机。

知识介绍

一、计算机病毒的概念、特点和分类

1. 计算机病毒的概念

随着微型计算机的普及和深入，计算机病毒的危害越来越大。尤其是计算机网络的发展与普遍应用，使防范计算机网络病毒，保证网络正常运行成为一个非常重要而紧迫的任务。那么，何谓计算机病毒呢？计算机病毒在《中华人民共和国计算机信息系统安全保护条例》中被明确定义为：“指编制或者在计算机程序中插入的，破坏计算机功能或者破坏数据、影响计算机使用，并能自我复制的一组计算机指令或者程序代码”。

2. 计算机病毒的特点

(1) 寄生性。计算机病毒寄生在其他程序之中，当执行这个程序时，病毒就起破坏作用，而在未启动这个程序之前，它是不易被人发觉的。

(2) 传染性。计算机病毒不但本身具有破坏性，更有害的是具有传染性，一旦病毒被复制或产生变种，其速度之快令人防不胜防。传染性是病毒的基本特征。在生物界，病毒通过传染从一个生物体扩散到另一个生物体。在适当的条件下，它可得到大量繁殖，并使被感染的生物体表现出病症甚至死亡。同样，计算机病毒也会通过各种渠道从已被感染的计算机扩散到未被感染的计算机，在某些情况下造成被感染的计算机工作失常甚至瘫痪。

(3) 潜伏性。有些病毒像定时炸弹一样，让它什么时间发作是预先设计好的。比如“黑色星期五”病毒，不到预定时间根本觉察不出来，等到条件具备时一下子爆发，对系统进行破

坏。一个编制精巧的计算机病毒程序，进入系统之后一般不会马上发作，可以在几周或者几个月内甚至几年内隐藏在合法文件中，对其他系统进行传染，而不被人发现，潜伏性越好，其在系统中的存在时间就会越长，病毒的传染范围就会越大。

(4) 隐蔽性。计算机病毒具有很强的隐蔽性，有的可以通过病毒软件检查出来，有的根本就查不出来，有的时隐时现、变化无常，这类病毒处理起来通常很困难。

(5) 破坏性。计算机中毒后，可能会导致正常的程序无法运行，把计算机内的文件删除或受到不同程度的损坏。通常表现为增、删、改、移。

(6) 可触发性。病毒因某个事件或数值的出现，诱使病毒实施感染或进行攻击的特性称为可触发性。为了隐蔽自己，病毒必须潜伏，少做动作。如果完全不动，一直潜伏的话，病毒既不能感染也不能进行破坏，便失去了杀伤力。病毒既要隐蔽又要维持杀伤力，就必须具有可触发性。病毒的触发机制就是用来控制感染和破坏动作的频率的。病毒具有预定的触发条件，这些条件可能是时间、日期、文件类型或某些特定数据等。病毒运行时，触发机制检查预定条件是否满足，如果满足，则启动感染或破坏动作，使病毒进行感染或攻击；如果不满足，则病毒继续潜伏。

3. 计算机病毒的分类

根据多年对计算机病毒的研究，按照科学的、系统的、严密的方法，计算机病毒可分类如下。

1) 按病毒存在的媒体

根据病毒存在的媒体，病毒可以划分为网络病毒、文件病毒、引导型病毒。

(1) 网络病毒通过计算机网络传播感染网络中的可执行文件。

(2) 文件病毒感染计算机中的文件(如 COM、EXE、DOC 等)。

(3) 引导型病毒感染启动扇区(Boot)和硬盘的系统引导扇区(MBR)。

还有这 3 种情况的混合型，例如，多型病毒(文件和引导型)感染文件和引导扇区两种目标，这样的病毒通常都具有复杂的算法，它们使用非常规的办法侵入系统，同时使用了加密和变形算法。

2) 按病毒传染的方法

根据病毒传染的方法可分为驻留型病毒和非驻留型病毒。

(1) 驻留型病毒感染计算机后，把自身的内存驻留部分放在内存(RAM)中，这一部分程序挂接系统调用并合并到操作系统中去，它处于激活状态，一直到关机或重新启动。

(2) 非驻留型病毒在得到机会激活时并不感染计算机内存，一些病毒在内存中留有小部分，但是并不通过这一部分进行传染，这类病毒也被划分为非驻留型病毒。

3) 按病毒破坏的能力

(1) 无害型：除了传染时减少磁盘的可用空间外，对系统没有其他影响。

(2) 无危险型：这类病毒仅仅是减少内存、显示图像、发出声音。

(3) 危险型：这类病毒在计算机系统操作中造成严重的错误。

(4) 非常危险型：这类病毒删除程序、破坏数据、清除系统内存区和操作系统中重要的信息。

这些病毒对系统造成的危害，并不是本身的算法中存在危险的调用，而是当它们传染时会引起无法预料的和灾难性的破坏。由病毒引起其他的程序产生的错误也会破坏文件和扇区，这些病毒也可按照它们引起的破坏能力划分。一些现在的无害型病毒也可能会对新版的 DOS、Windows 和其他操作系统造成破坏。例如，在早期的病毒中，有一个 Denzuk 病毒在 360K 磁盘上可很好地工作，不会造成任何破坏，但是在后来的高密度软盘上却能引起大量的数据丢失。

随着 Microsoft 公司 Word 字处理软件的广泛使用和计算机网络尤其是 Internet 的推广普及，病毒家族又出现一种新成员，这就是宏病毒。宏病毒是一种寄存于文档或模板的宏中的计算机病毒。一旦打开这样的文档，宏病毒就会被激活，转移到计算机上，并驻留在 Normal 模板上。从此以后，所有自动保存的文档都会"感染"上这种宏病毒，而且如果其他用户打开了感染病毒的文档，宏病毒又会转移到他的计算机上。据美国国家计算机安全协会统计，这位"后起之秀"已占目前全部病毒数量的 80%以上。另外，宏病毒还可衍生出各种变种病毒，这种"父生子、子生孙"的传播方式实在让许多系统防不胜防，这也使宏病毒成为威胁计算机系统的"第一杀手"。

二、计算机病毒的防范措施

1. 感染计算机病毒的表现形式

计算机受到病毒感染后，会表现出不同的症状，下面把一些经常碰到的现象列出来，供读者参考。

(1) 机器不能正常启动。加电后机器根本不能启动，或者可以启动，但所需要的时间比原来的启动时间变长了。有时会突然出现黑屏现象。

(2) 运行速度降低。如果发现在运行某个程序时，读取数据的时间比原来长，存文件或调文件的时间都增加了，则可能是由病毒造成的。

(3) 磁盘空间迅速变小。由于病毒程序要进驻内存，而且能繁殖，因此使存储空间变小甚至变为 0，用户什么信息也存不进去。

(4) 文件内容和长度有所改变。一个文件存入磁盘后，本来它的长度和内容都不会改变，可是由于病毒的干扰，文件长度可能改变，文件内容也可能出现乱码。有时文件内容无法显示或显示后又消失了。

(5) 经常出现"死机"现象。正常的操作是不会造成死机现象的，即使是初学者，命令输入不对也不会死机。如果机器经常死机，则可能是由于系统被病毒感染了。

(6) 外部设备工作异常。因为外部设备受系统的控制，如果机器中有病毒，那么外部设备在工作时可能会出现一些异常情况，出现一些用理论或经验无法解释的现象。

以上仅列出了一些比较常见的病毒表现形式，还有其他一些特殊的现象，如系统引导速度减慢，丢失文件或文件损坏，计算机屏幕上出现异常显示，计算机系统的蜂鸣器出现异常声响，磁盘卷标发生变化，系统不识别硬盘，对存储系统异常访问，键盘输入异常，文件的日期、时间、属性等发生变化，文件无法正确读取复制或打开，命令执行出现错误，虚假报警，置换当前盘(有些病毒会将当前盘切换到 C 盘)，Windows 操作系统无故频繁出现错误，系统异常重新启动，Word 或 Excel 提示执行"宏"，时钟倒转(有些病毒会命名系统时间倒转，逆向计时)等，这些情况需要由用户自己判断。

2. 计算机病毒的预防

计算机用户要经常检测计算机系统是否感染病毒，一旦发现了病毒，就设法清除，这是一种被动的病毒防范措施。计算机病毒种类多,如有些新病毒就很难发现,所以对病毒应以预防为主,将病毒拒之计算机外,这才是最积极、最安全的防范措施。预防计算机病毒感染的主要措施主要有以下几种。

1) 建立良好的安全习惯

(1) 尽量不要访问一些明显带有诱惑性质的个人网站、不知名小网站以及一些黑客网站,有些黑客网站本身就带有病毒或木马。不要随便直接运行或直接打开电子邮件中夹带的附件文件,不要随意下载软件,尤其是一些可执行文件和 Office 文档。如果一定要执行,必须先下载到本地,用最新的杀毒软件查过后才可运行。

(2) 使用复杂的密码。有许多网络病毒是通过猜测简单密码的方式攻击系统的,因此使用复杂的密码,将会大大提高计算机的安全系数。

(3) 新购置的计算机和新安装的系统,一定要进行系统升级,保证修补所有已知的安全漏洞,经常备份重要数据。选择、安装经过公安部认证的防病毒软件,定期对整个系统进行病毒检测、清除工作。

(4) 要经常升级安全补丁。据统计,有 80%的网络病毒是通过系统安全漏洞进行传播的,所以用户应该定期到 Microsoft 网站去下载最新的安全补丁(比如使用奇虎 360 安全卫士),以防患于未然。

2) 严格病毒防治的规章制度

(1) 严格管理计算机,不随便使用在其他机器上使用过的可擦写存储介质,坚持定期对计算机系统进行计算机病毒检测。

(2) 硬盘分区表、引导扇区等的关键数据应作备份工作,并妥善保管。对重要数据文件定期进行备份工作,不要等到被计算机病毒破坏、计算机硬件或软件出现故障、用户数据受到损坏时再去急救。在任何情况下,总应保留一张写保护的、无计算机病毒的、带有常用 DOS 命令文件的系统启动软盘,以用于清除计算机病毒和维护系统。

(3) 在网关、服务器和客户端都要安装使用网络版病毒防火墙,建立立体的病毒防护体系,遭受病毒攻击,应采取隔离措施,待机器上的病毒清除后再联网。这些措施均可有效防止计算机病毒的侵入。

3) 积极使用计算机防病毒软件

通常,在计算机中安装一套功能齐全的杀毒软件,对做好病毒防治工作来说也是不错的选择。目前,国内市场上的杀毒软件有很多种,常用的有 ESETNOD32 杀毒软件(http://www.eset.com.cn/)、金山毒霸(http://db.kingsoft.com)、卡巴斯基(http://www.kaspersky.com.cn)、诺顿防病毒软件(http://www.symantec.com)、瑞星杀毒软件(http://www.rising.com.cn)、江民杀毒软件(http://www.jiangmin.com/)。

4) 安装防火墙软件

有时,计算机也会收到一些带有伤害性数据的数据包。例如,有人会发送一些包含搜索计算机弱点的程序的数据包,并对这些弱点加以利用。有的数据包则包含一些恶性程序,这些程序会破坏数据或者窃取个人信息。为了使计算机免受这些伤害,用户可以使用防火墙,以防止有害的数据包进入计算机并访问数据。防火墙(firewall)技术是保护计算机网络安全的最成熟、最早产品化的技术措施,它在信息网(内部网)和共用网(外部网)之间构造了一个保护层,即隔离层,用于监控所有进出网络的数据流和来访者,以达到保障网络安全的目的。

总之，计算机病毒攻击与防御手段是不断发展的，要在计算机病毒对抗中保持领先地位，必须根据发展趋势，在关键技术环节上实施跟踪研究，按要求安装网络版杀毒软件，并尽快提高自己的计算机维护和上网操作的水平等。

三、计算机网络安全的威胁

1. 计算机安全和网络安全的含义

计算机安全是指为保护数据处理系统而采取的技术的和管理的安全措施，保护计算机硬件、软件和数据不会因偶尔或故意的原因而遭到破坏、更改和泄密。计算机安全是一个组织机构本身的安全。

网络安全从其本质上来讲，就是网络上的信息安全。从广义上说，凡是涉及网络信息的保密性、完整性、可用性、真实性和可控性的相关技术和理论，都是网络安全要研究的领域。一般认为，网络安全是指网络系统的硬件、软件及其系统中的数据受到保护，不受偶然的或者恶意的原因而遭到破坏、更改和泄露，系统连续可靠正常运行，网络服务不被中断。

2. 网络信息安全的特征

(1) 保密性：指信息不泄露给非授权的用户、实体或过程，或供其利用的特性。在网络系统的各个层次上有不同的机密性及相应的防范措施。例如，在物理层，要保证系统实体不以电磁的方式(电磁辐射、电磁泄漏)向外泄露信息，在数据处理、传输层面，要保证数据在传输、存储过程中不被非法获取、解析，主要的防范措施是密码技术。

(2) 完整性：指数据未经授权不能进行改变的特性，即信息在存储或传输过程中保持不被修改、不被破坏和丢失的特性，完整性要求信息保持原样，即信息正确生成、正确存储和正确传输。完整性与保密性不同，保密性要求信息不被泄露给未授权人，完整性则要求信息不受各种原因破坏，影响网络信息完整性的主要因素有设备故障，传输、处理或存储过程中产生的误码，网络攻击，计算机病毒等，主要防范措施是校验与认证技术。

(3) 可用性：网络信息系统最基本的功能是向用户提供服务，用户所要求的服务是多层次的、随机的，可用性是指可被授权实体访问，并按需求使用的特性，即当需要时能存取所需的信息。网络环境下拒绝服务、破坏网络和有关系统的正常运行等都属于对可用性的攻击。

(4) 可控性：指对信息的传播及内容具有控制能力，保障系统依据授权提供服务，使系统在任何时候都不被非授权人使用，对黑客入侵、口令攻击、用户权限非法提升、资源非法使用等采取防范措施。

(5) 可审查性：提供历史事件的记录，对出现的网络安全问题提供调查的依据和手段。

任务实施

一、启用防火墙

防火墙最基本的功能就是控制在计算机网络中，不同信任程度区域间传送的数据流。

(1) 在桌面上选择“开始”|“设置”选项，弹出 Windows“设置”窗口，选择“网络和Internet”|“以太网”|“Windows 防火墙”，如图 6.20 所示。

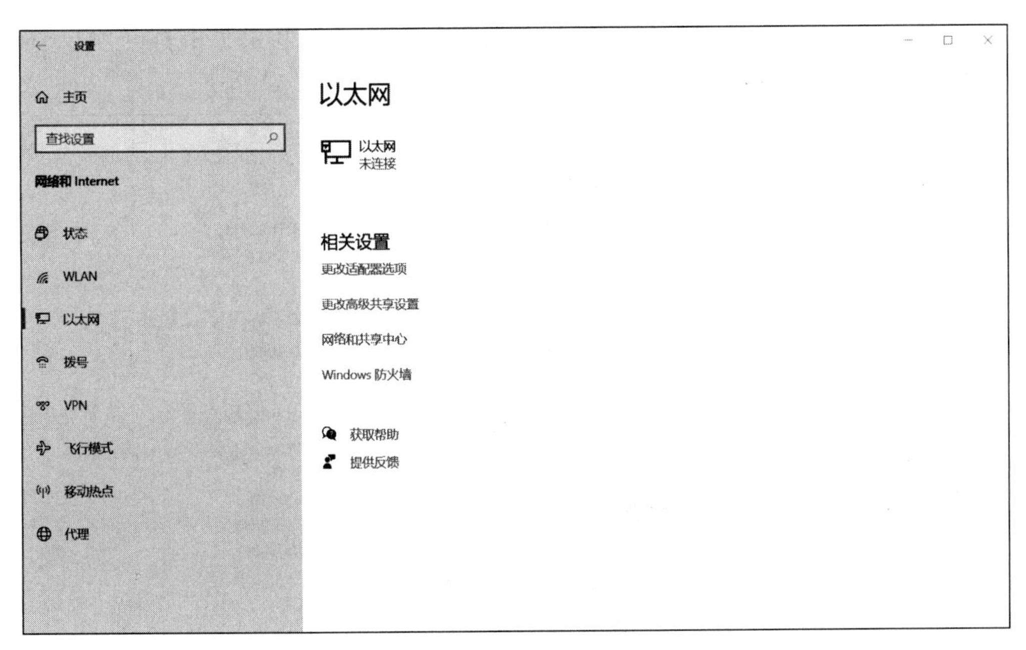

图 6.20　Windows 防火墙界面

（2）选择“Windows 防火墙”选项，弹出“防火墙和网络保护”窗口，如图 6.21 所示。

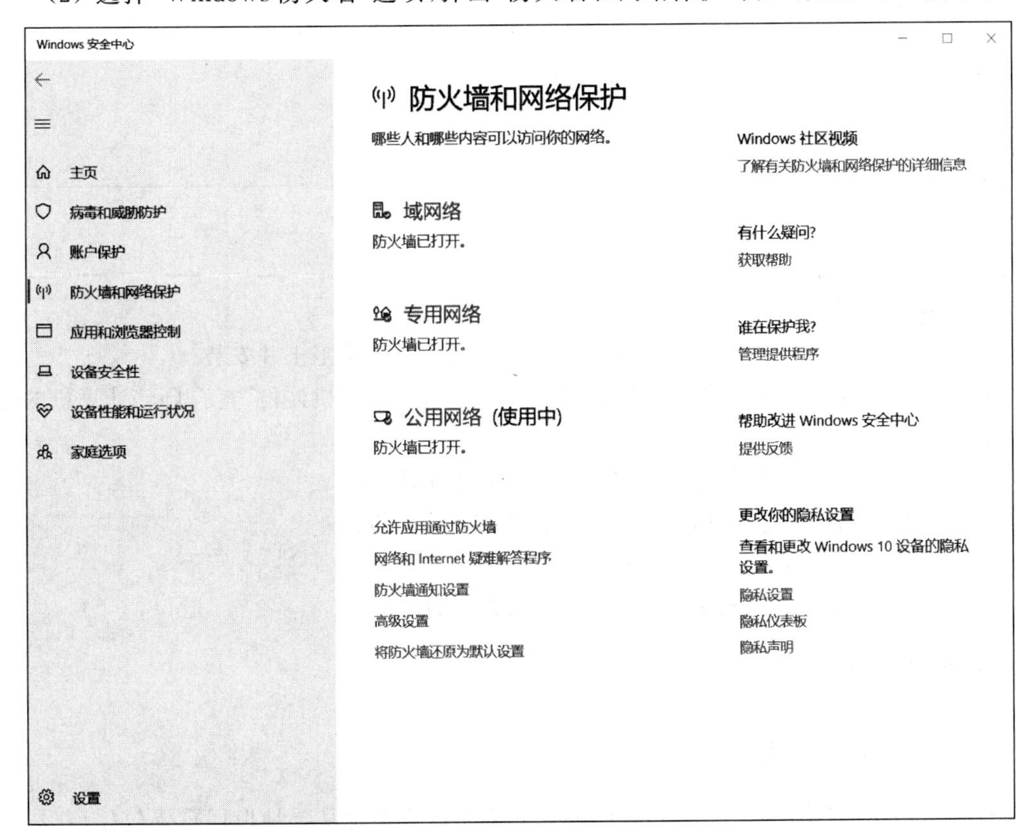

图 6.21　Windows 防火墙

(3) 任意选择"域网络""专用网络""公用网络"之一,在其主页中打开"Microsoft Defender 防火墙"开关,如图 6.22 所示。

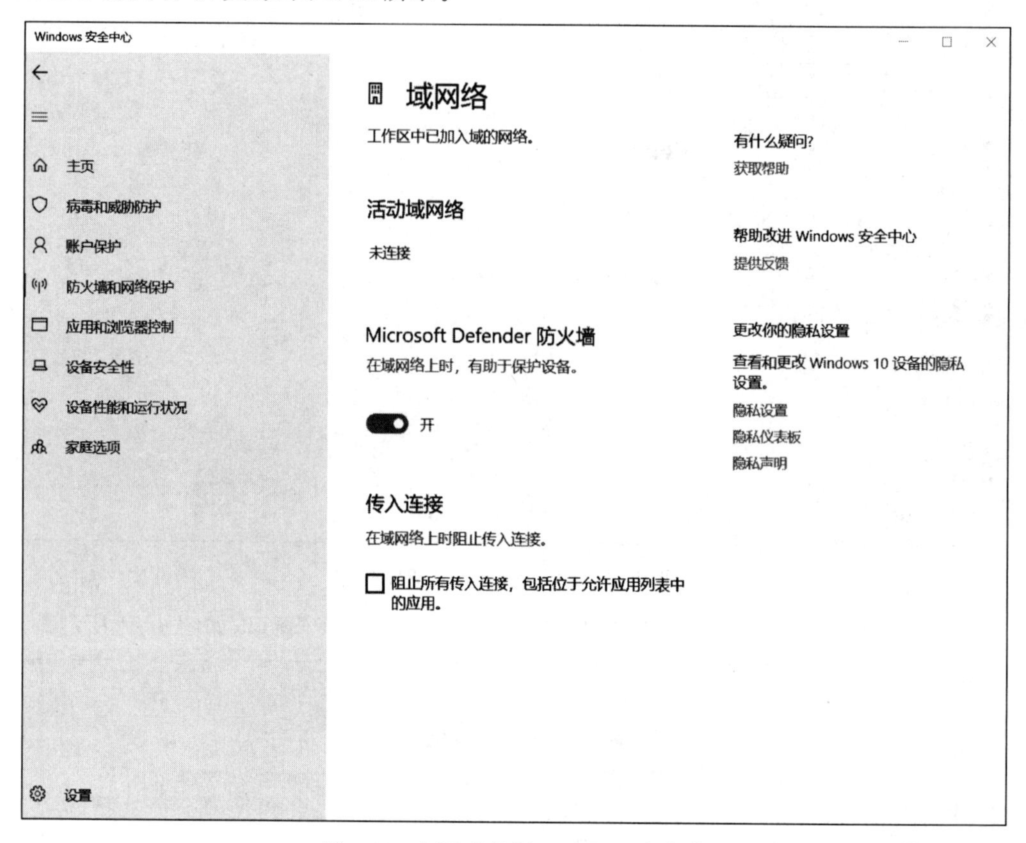

图 6.22 打开或关闭 Windows 防火墙

二、360 安全卫士的使用

(1) 登录 360 安全中心的主页,下载最新版本的 360 安全卫士并安装。

(2) 打开如图 6.23 所示界面,单击"立即体检",进行计算机体检,查看自己计算机的健康指数。

(3) 单击"木马查杀",利用 360 安全卫士全盘查杀木马。

(4) 单击"电脑清理",利用 360 安全卫士清理系统垃圾。

(5) 单击"系统修复",利用 360 扫描并修复系统漏洞。

(6) 单击"优化加速",利用 360 清理不需要的插件程序。

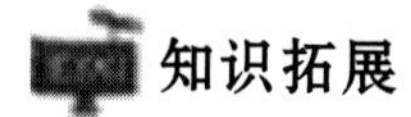

知识拓展

一、网络安全的案例

通过开放的、自由的、国际化的 Internet,人们可以方便地从异地取回重要数据、获取信息,但同时要面对网络开放带来的数据安全的新挑战和新危险。从下面的案例中可以感受到网络面临的安全威胁的严重性。

图 6.23 360 安全卫士

1. 国外计算机互联网出现的安全问题案例

1996 年初，据美国旧金山的计算机安全协会与联邦调查局的一次联合调查统计，有 53%的企业受到过计算机病毒的侵害，42%的企业的计算机系统在过去的 12 个月被非法使用过。而五角大楼的一个研究小组称美国一年中遭受的攻击达 25 万次之多。

2001 年 Code Red(红色代码)是一种蠕虫病毒，本质上是利用了缓存区溢出攻击方式，使用服务器的 80 端口进行传播，而这个端口正是 Web 服务器与浏览器进行信息交流的渠道。与其他病毒不同的是，Code Red 并不将病毒信息写入被攻击服务器的硬盘，它只是驻留在被攻击服务器的内存中。该病毒大约在世界范围内造成了 280 万美元的损失。

2003 年冲击波(Blaster)病毒是利用 Microsoft 公司在当年 7 月 21 日公布的 RPC 漏洞进行传播的，只要是计算机上有 RPC 服务并且没有打安全补丁的计算机都存在有 RPC 漏洞，该病毒感染系统后，会使计算机产生下列现象：系统资源被大量占用，有时会弹出提示 RPC 服务终止的对话框，并且系统反复重启，不能收发邮件、不能正常复制文件、无法正常浏览网页，复制粘贴等操作受到严重影响，DNS 和 IIS 服务遭到非法拒绝等。该病毒造成了 200 万～1000 万美元的损失，而事实上受影响的计算机则是成千上万，不计其数。

2004 年震荡波(Sasser)病毒会在网络上自动搜索系统有漏洞的计算机，并直接引导这些计算机下载病毒文件并执行，因此整个传播和发作过程不需要人为干预。只要这些用户的计算机没有安装补丁程序并接入互联网，就有可能被感染。它的发作特点很像当年的冲击波病毒，会让系统文件崩溃，造成计算机反复重启。该病毒目前已经造成了上千万美元的损失。

2008 年年末出现的“超级 AV 终结者”结合了 AV 终结者、机器狗、扫荡波、Autorun 病毒的特点，是金山毒霸“云安全”中心捕获的新型计算机病毒。它对用户具有非常大的威胁。它通过 Microsoft 系统的特大漏洞 MS08067 在局域网传播，并带有机器狗的还原功能，会下载大量的木马，对网吧和局域网用户影响极大。

2011 年 6 月黑客联盟 LulzSec 攻击美国中央情报局网站，黑客集团 LulzSec 宣布为美国中央情报局网站打不开负责，根据不同的报告，该黑客联盟还发送了 62 000 封电子邮件和密码组合，鼓励人们尝试，如 Facebook、Gmail 和 PayPal 的网站账号密码。

2012 年 1 月，亚马逊旗下美国电子商务网站 Zappos 遭到黑客网络攻击，2400 万用户的电子邮件和密码等信息被窃取。

2014 年上半年，全球互联网遭遇多起重大漏洞攻击事件袭击：OpenSSL 的心脏出血(Heartbleed)漏洞、IE 的 0Day 漏洞、Struts 漏洞、Flash 漏洞、Linux 内核漏洞、Synaptics 触摸板驱动漏洞等被相继发现。攻击者利用漏洞可实现对目标计算机的完全控制，窃取机密信息。

2017 年 5 月 12 日，一种名为“想哭”的勒索病毒袭击全球 150 多个国家和地区，影响领域包括政府部门、医疗服务、公共交通、邮政、通信和汽车制造业。

2. 我国计算机互联网出现的安全问题案例

1997 年初，北京某 ISP 被黑客成功侵入，并在清华大学“水木清华”BBS 站的“黑客与解密”讨论区张贴有关如何免费通过该 ISP 进入 Internet 的文章。

1998 年 8 月 22 日，江西省中国公众媒体信息网被计算机“黑客”攻击，整个系统瘫痪。

2001 年 5 月 17 日，长沙破获首例“黑客”攻击网吧案。黑客利用国内的一个黑客工具对 OICQ 进行攻击，致使网吧停业三天。5 月 30 日，北京某大学生利用网上下载的黑客软件进入某网站，盗取了某公司的上网账户和密码并且散发，致使该公司的经济损失达 40 多万元。

2005 年 12 月 17 日，吉林市政府网站被一个 13 岁的小黑客攻破。

2008 年 4 月，红心中国发起网站“我赛网”不断遭受黑客攻击，曾经一度关闭。反 CNN 网站同样也在遭遇黑客攻击，并直接导致超过 27 个小时网民无法登录。

2011 年 1 月，许多人都收到了一条来自 13225870398 的短信，称中行网银 E 令已过期，要求立即登录网址进行升级。金山网络安全中心 20 日发布橙色安全预警称，这是不法分子冒充中国银行以中行网银 E 令(网上银行动态口令牌)升级为由实施网络诈骗，此类诈骗手法将传统的短信诈骗与钓鱼网站相结合，欺骗性更强。

2012 年 10 月，据业内人士微博爆料，京东商城充值系统于 2012 年 10 月 30 日晚 22 点 30 分左右出现重大漏洞，用户可以用京东积分无限制充值 Q 币和话费。

2012 年 7 月中旬，据悉，黑客们公布了他们声称的雅虎 45.34 万名用户的认证信息，还有超过 2700 个数据库表或数据库表列的姓名以及 298 个 MySQL 变量。

2014 年 5 月，山寨网银和山寨微信客户端，伪装成正常网银客户端的图标、界面，在手机软件中内嵌钓鱼网站，欺骗网民提交银行卡号、身份证号、银行卡有效期等关键信息，同时，部分手机病毒可拦截用户短信，中毒用户将面临网银资金被盗的风险。

2018 年 12 月 1 日，火绒安全团队曝光了一个以微信为支付手段的勒索病毒在国内爆发。几日内，该勒索病毒至少感染了 10 万台计算机，通过加密受害者文件的手段，已达到勒索赎金的目的，而受害者必须通过微信扫一扫支付 110 元赎金才能解密。

以上这些仅仅是网络安全遭受黑客攻击的冰山一角，根据中国国家计算机网络应急处理中心估计，中国每年因“黑客”攻击造成的损失已达到 76 亿元，无论是前一阶段流行的“机器狗”还是现阶段大规模泛滥的“勒索”病毒，黑色产业都在干扰着互联网的正常运行。

面对如此严重危害计算机网络的种种威胁，必须采取有力的措施来保证计算机网络的安全。但是现有的计算机网络大多数在建设之初都忽略了安全问题，即使考虑了安全，也只是把安全机制建立在物理安全机制上，因此，随着网络互联程度的深入，这种安全机制对于网络环境来说形同虚设。另外，目前网络上使用的协议，如 TCP/IP 根本没有安全保障，完全不能满足网络安全的要求。因此，深入研究网络安全问题，在网络设计中实施全面的安全措施，对建设一个安全的网络具有十分重大的意义。

二、网络安全防范的主要措施

1. 防火墙技术

防火墙是在两个网络之间执行访问控制策略的一个或一组系统，包括硬件和软件，目的是保护网络不被他人侵扰。它是一种被动的防卫控制安全技术，其工作方式是在公共网络和专用网络之间设立一道隔离墙，以检查进出专用网络的信息是否被准许，或用户的服务请求是否被授权，从而阻止对信息资源的非法访问和非授权用户的进入。

2. 数据加密技术

数据加密技术是为了提高信息系统与数据的安全性和保密性，防止机密数据被外部破译而采用的主要技术手段之一。它的基本思想是伪装明文以隐藏真实内容。目前常用的加密技术分为对称加密技术和非对称加密技术。信息加密过程是由加密算法实现的，两种加密技术对应的算法分别是常规密码算法和公钥密码算法。

3. 虚拟局域网

虚拟局域网(Virtual Local Area Network，VLAN)是采用网络管理软件构建的可跨越不同网段、不同网络的端到端的逻辑网络。一个 VLAN 组成一个逻辑子网，即一个逻辑广播域，它可以覆盖多个网络设备，允许处于不同地理位置的网络用户加入到一个逻辑子网中。VLAN 技术把传统的基于广播的局域网技术发展为面向连接的技术，从而使网管系统能够限制虚拟网外的网络结点与网内的通信，防止基于网络的监听入侵。

4. 虚拟专用网

虚拟专用网(Virtual Personal Network，VPN)技术是指在公共网络中建立专用网络。VPN 不是一个独立的物理网络，它只是逻辑上的专用网，属于公网的一部分，是在一定的通信协议基础上，通过 Internet 在远程客户机与企业内网之间建立一条秘密的、多协议的虚拟专线，所以称为虚拟专用网。

5. 入侵检测技术

入侵检测技术(Intrusion Detection Systems，IDS)是近几年出现的新型网络安全技术，目的是提供实时的入侵检测以及采取相应的防护手段。它是基于若干预警信号来检测针对主机和网络入侵事件的技术。一旦检测到网络被入侵之后，立即采取有效措施来阻断攻击，并追踪定位攻击源。入侵检测技术包括基于主机的入侵检测技术和基于网络的入侵检测技术两种。

6. 安全审计技术

安全审计技术记录了用户使用网络系统时所进行的所有活动过程，可以跟踪记录中的有关信息，对用户进行安全控制。它分诱捕与反击两个阶段：诱捕是通过故意安排漏洞，接受入侵者的入侵，并诱使其不断深入，以获得更多的入侵证据和入侵特征；反击是当系统掌握了充分证据和准备后，对入侵行为采取的有效措施，包括跟踪入侵者的来源和查询其真实身份，切断入侵者与系统的链接等。

7. 安全扫描技术

安全扫描技术是一种重要的网络安全技术。安全扫描技术与防火墙、入侵检测系统互相配合，能够有效提高网络的安全性。通过对网络的扫描，网络管理员可以了解网络的安全配置和运行的应用服务，及时发现安全漏洞，客观评估网络风险等级。网络管理员可以根据扫描的结果更正网络安全漏洞和系统中的错误配置，在黑客攻击前进行防范。

8. 防病毒技术

网络防病毒技术是网络应用系统设计中必须解决的问题之一。病毒在网上的传播极其迅速，且危害极大。在多任务、多用户、多线程的网络系统工作环境下，病毒的传播具有随机性，从而大大增加了网络防杀病毒的难度。目前最为有效的防治办法是购买商业化的病毒防御解决方案及其服务，采用技术上和管理上的措施。

小　　结

这一部分通过 4 个任务介绍了网络的定义、功能、分类和组成；Internet 的概念和应用；电子邮件的使用；网络安全方面的问题。通过任务描述、任务目标、知识介绍、任务实施、知识拓展 5 个环节的安排，循序渐进地介绍了网络的相关概念，不仅呈现给读者一幅网络的发展画卷，还可以掌握网络的基础应用。

依法治国

2021 年 6 月 10 日，第十三届全国人民代表大会常务委员会第二十九次会议通过《中华人民共和国数据安全法》，自 2021 年 9 月 1 日起施行。这是我国第一部以数据为保护对象的法律，作为全球数据安全综合立法的首创性探索，对于全球数据安全、利用安全具有引领和示范意义。

随着该法深入实施和全社会数据安全保护理念和措施的不断加强，其积极影响会全面显现。一是有利于构建实质有效的个人信息和数据安全合规体系，为个人信息安使用全提供保护依据，减少个人隐私数据的泄露，切实保护中国企业和公民的信息及数据导学习兴安全合法权益。二是促进以数据为核心资源的相关行业发展，尤其是 5G、人工智能、云计算、大数据、区块链等数字经济产业的健康发展，杜绝数据的“地下黑色产业”以及各种盗用数据、买卖数据的非法行为。三是稳步推进数字强国建设，通过构建数执行数据安全保障体系，充分发挥数据的基础资源作用和引擎作用，形成数字经济创新发展、传统产业数字化转型加快推进、新业态新模式不断涌现的数字强国建设新局面。

习　题

一、选择题

1. 浏览 Web 网站必须使用浏览器，目前常用的浏览器是(　　)。
   A. Hot mail　　B. Outlook Express
   C. Inter Exchange　　D. Microsoft Edge
2. 在 Internet 中 WWW 的中文名称是(　　)。
   A. 广域网　　B. 局域网　　C. 企业网　　D. 万维网
3. Internet 实现了分布在世界各地的各类网络的互连，其最基础和核心的协议是(　　)。
   A. TCP/IP　　B. FTP　　C. HTML　　D. HTTP
4. E-mail 地址(如 lw@cun.edu.cn)中，@的含义是(　　)。
   A. 和　　B. 或　　C. 在　　D. 非
5. 代表网页文件的扩展名是(　　)。
   A. mhtml　　B. txt　　C. doc　　D. ppt
6. IP 地址的主要类型有 4 种，每类地址都由(　　)组成。
   A. 48 位 6 字节　　B. 48 位 8 字节
   C. 32 位 8 字节　　D. 32 位 4 字节
7. 根据域名代码规定，域名为.edu 表示的网站类别应是(　　)。
   A. 教育机构　　B. 军事部门　　C. 商业组织　　D. 国际组织
8. IP 地址 11011011.00001101.00000101.11101110 用点分十进制表示可写为(　　)。
   A. 219.13.5.238　　B. 217.13.6.238
   C. 219.17.5.278　　D. 213.11.5.218

二、简答题

1. 什么是 Internet?
2. 网络硬件都包括哪几部分?
3. 简述计算机网络安全的含义。
4. 试辨认以下 IP 地址的网络类别：

① 01010000.10100000.11.0101

② 10100001.1101.111.10111100

③ 11010000.11.101.10000001

④ 01110000.00110000.00111110.11011111

⑤ 11101111.11111111.11111111.11111111

5. 试述电子邮件的特点和工作原理。
6. 电子邮件地址的格式和含义是什么?
7. 如何打开保存在本地磁盘上的网页?
8. 对于未申请注册域名的网站，可以直接在 Microsoft Edge 地址栏输入 IP 地址对其浏览吗?

参考文献

[1] 谭振江.计算思维与大学计算机基础[M].北京：人民邮电出版社，2013.

[2] 王彪，乌英格，张凯文，等.大学计算机基础——实用案例驱动教程[M].北京：清华大学出版社，2012.

[3] 周明红，王建珍.计算机基础[M].3版.北京：人民邮电出版社，2013.

[4] 王建发，李术彬，黄朝阳.Excel疑难千寻千解丛书普及版[M].北京：电子工业出版社，2013.

[5] 吴卿.办公软件高级应用(Office 2010)[M].杭州：浙江大学出版社，2012.

[6] 黄林国，焦宗钦.大学计算机二级考试应试指导(办公软件高级应用)[M].北京：清华大学出版社，2013.